Schriftenreihe aus dem Institut für Strömungsmechanik

Herausgeber
J. Fröhlich, S. Odenbach, K. Vogeler

Institut für Strömungsmechanik
Technische Universität Dresden
D-01062 Dresden

Band 5

Martin Kunze

Einfluss der Rippenposition in einem Kühlkanal auf die Filmkühlung und den inneren Wärmeübergang

TUDpress
2013

Die vorliegende Arbeit wurde als Abschlussbericht über das DFG-geförderte Forschungsvorhaben DFG VO 820/8-1 erstellt, das am Institut für Strömungsmechanik der Technischen Universität Dresden im Zeitraum von 01. März 2010 bis 31. Juli 2013 bearbeitet wurde. Eine Kurzzusammenfassung ist am 16. September 2013 bei der Deutschen Forschungsgemeinschaft eingereicht worden.

This work was created as a final report for the project DFG VO 820/8-1 that had been carried out at the Institute of Fluid Mechanics of the TU Dresden from 01 March 2010 to 31 July 2013.
An abstract has been submitted to the DFG (Deutsche Forschungsgemeinschaft) on 16 September 2013.

Projektleiter | Project leader
Prof. Dr.-Ing. Konrad Vogeler, TU Dresden

Bearbeiter | Author
Dr.-Ing. Martin Kunze, TU Dresden

Bibliografische Information der Deutschen Nationalbibliothek
Die Deutsche Nationalbibliothek verzeichnet diese Publikation in der Deutschen Nationalbibliografie; detaillierte bibliografische Daten sind im Internet über http://dnb.d-nb.de abrufbar.

Bibliographic information published by the Deutsche Nationalbibliothek
The Deutsche Nationalbibliothek lists this publication in the Deutsche Nationalbibliografie; detailed bibliographic data are available in the Internet at http://dnb.d-nb.de.

ISBN 978-3-944331-39-3

Verlag der Wissenschaften GmbH
Bergstr. 70 | D-01069 Dresden
Tel.: 0351/47 96 97 20 | Fax: 0351/47 96 08 19
http://www.tudpress.de

Gesetzt vom Autor. | Typeset by the author.
Printed in Germany.

Vorwort

Die hier vorliegende Arbeit entstand während meiner Anstellung am Institut für Strömungsmechanik, Lehrstuhl für Turbomaschinen und Strahlantriebe an der Technischen Universität im Zeitraum von 2010 bis 2013. Die Idee zu diesem Projekt wurde dabei in einem Gespräch zwischen Prof. Vogeler und Prof. Weigand über ganz unterschiedliche Sachverhalte zum Thema Turbinenkühlung geboren. Für dieses „fruchtbare Brainstorming“ bin ich beiden Professoren sehr dankbar, denn es gab mir die Gelegenheit, mich mit dem Thema rund um das Innenkühlsystem der Turbinenschaufeln intensiv zu beschäftigen und meine Kenntisse in Richtung der transienten Wandtemperaturmessmethode mittels thermochromatischer Flüssigkristalle deutlich zu erweitern. Die experimentellen und numerischen Untersuchungen wurden dann im Zuge des DFG-geförderten Forschungsprojekt DFG VO 820/8-1 durchgeführt. Für die finanzielle Unterstützung im Rahmen dieser Arbeit möchte ich mich hiermit bei der Deutschen Forschungsgemeinschaft recht herzlich bedanken.

Weiterhin gilt mein Dank den Studenten die innerhalb ihres großen Beleges oder Diplomarbeit tatkräftig zur Erfüllung der Projektziele mit viel Eigeninitiative und Motivation beigetragen haben. Zu nennen sind hier Bettina Möller, Marlene Böttger, Robert Stephan und Florian Wischnat. Ohne ihre Mithilfe wäre dieses Projekt nicht möglich gewesen. Herausheben möchte ich Franz-Xaver König, der im Rahmen seiner Studienarbeiten mit seinem unermüdlichen Enthusiasmus und Selbstständigkeit die Entwicklung des Flüssigkristallmesssystems und der Auswertesoftware *TLCoat* vorantrieb. Er hat mit dieser Arbeit seine ausprägt struktrierte und wissenschaftliche Arbeitsweise bewiesen. Mit großer Sorgfalt und Eigeninitiative hat er ein komplexes Auswertetool erstellt und damit etwas von Wert geschaffen, dessen Arbeitsaufwand den zeitlichen Rahmen der Belege übersteigt. Dies ist nicht selbstverständlich und daher gebührt ihm mein besonderer Dank sowie die höchste Anerkennung für diese Leistung. Bedanken möchte ich mich auch für die Unterstützung bei der Entwicklung der transienten Flüssigkristallmethode durch Dr. Rico Poser vom ITLR der

Universität Stuttgart, der mit Bereitstellen des Testvideos (inkl. der Ergebnisse) sowie mit Tips und Tricks rund um diese Messmethode uns wertvolle Zeit bei der Fehlersuche gespart hat. Weiterhin möchte ich mich bei allen Mitarbeitern der Zentralwerkstatt des Mollierbaus bedanken, ohne deren Expertise die Fertigung der Prüfstandskomponenten nicht möglich gewesen wäre. Mein besonderer Dank gilt hierbei den CNC-Fräsmechanikern Rene Kramer und Rolf Rostalski, die unermüdlich die vielen Plexiglas- und Kunststoffbauteile mit teilweise sehr hoher Passgenauigkeit produziert haben. Auch Andreas Steudtner, Mike Pfeiffer, Thomas Hoffmann und der Werkstattmeister Joachim Koch haben durch ihren Einsatz beim Aufbau des Prüfstandes und durch die unkomplizierte sowie vor allem schnelle Hilfe bei kleineren bis mittleren „Katastrophen“ zum erfolgreichen Gelingen des Projektes maßgeblich mit beigetragen. Desweiteren gilt mein Dank meiner Frau und meines kleinen Sohnes Julian, die mal wieder meine teils langen Arbeitszeiten und Wochenenden, die ich am Prüfstand während der Messkampagnen verbracht habe, stoisch ertragen und mich immer unterstützt haben.

Martin Kunze
Dresden im Dezember 2013

Inhaltsverzeichnis

Symbolverzeichnis

Lateinische Buchstaben

Symbol	Einheit	Beschreibung
a	$[m^2/s]$	Temperaturleitzahl
A	$[m^2]$	Querschnittsfläche
AR	$[-]$	Breiten-zu-Höhenverhältnis des Kanals $= (W/H)$
c_p	$[J/(kgK)]$	spezifische Wärmekapazität
CoP	$[-]$	Kühlleistungszahl
D	$[m]$	Durchmesser der Filmkühlbohrung
D^+	$[-]$	dimensionsloser Durchmesser $= \left(\sqrt{\tau_w/\rho}\, D/\nu\right)$
D_h	$[m]$	hydraulischer Durchmesser
D_R	$[-]$	Dichteverhaltnis $= (\rho_h/\rho_m)$
e	$[m]$	Rippenhöhe
E	$[J]$	Gesamtenergie
EF	$[-]$	Wärmeübergangsverstärkungsfaktor
E_w	$[-]$	Wärmeleistungszahl
f	$[m]$	Brennweite
f	$[1/s]$	Frequenz
f	$[-]$	Widerstandsbeiwert
$F_{1,2}$	$[-]$	Transferfunktionen des SST-Turbulenzmodells
h	$[J/(kgK)]$	spezifische Enthalpie
H	$[-]$	Grenzschichtformfaktor
H	$[m]$	Kanalhöhe
I	$[-]$	Impulsverhältnis zwischen Kühlluft und Heißgas
I	$[A]$	Stromstärke
k	$[m^2/s^2]$	turbulente kinetische Energie
K	$[-]$	Verlustkoeffizient für Siebe
Kvs	$[-]$	Durchflusskennwert

L	[m]	Länge
$\dot{m}$	$[kg/s]$	Massenstrom
M	$[-]$	Ausblasrate
Ma	$[-]$	Machzahl
n	[1/min]	Drehzahl
N	$[-]$	Anzahl
Nu	$[-]$	Nusseltzahl
Nu_0	$[-]$	Nusseltzahl des glatten Kanals
Nu_{ref}	$[-]$	Nusseltzahl des stromaufliegenden Rippensegmentes
p	[Pa]	Druck
P	[m]	Teilung
Pr	$[-]$	Prandtlzahl
$\dot{q}$	[W/m^2]	spezifische Wärmestromdichte
$\dot{Q}$	[W]	Wärmestrom
R	[J/(kgK)]	spezifische Gaskonstante
R_u	[J/(kgK)]	universelle Gaskonstante
Re	$[-]$	Reynoldszahl
s	[m]	Rippenabstand bezüglich der Filmbohrung
S	$[-]$	Sensitivitätskoeffizient, Skalierfaktor
S_R	$[-]$	Saugverhältnis von Bohrung zu Kühlluft
t	[s]	Zeit
T	[K]	Temperatur
TP	$[-]$	Thermischer Leistungsparameter
T_R	$[-]$	Temperaturverhältnis $= (T_h/T_m)$
Tu	$[-]$	Turbulenzgrad
u	[m/s]	Geschwindigkeit
$\overline{u}$	[m/s]	zeitgemittelte Geschwindigkeit
$u^{'}$	[m/s]	Geschwindigkeitsfluktuation
U	[V]	Spannung
V	[m^3]	Volumen
$\dot{V}$	[m^3/s]	Volumenstrom
V_R	$[-]$	Geschwindigkeitsverhältnis $= (u_h/u_m)$
W	[m]	Kanalbreite

x	[m]	axiale Koordinate
y	[m]	laterale Koordinate
z	[m]	wandnormale Koordinate
Δx	[m]	Interferenzstreifenabstand
y^+	[–]	entdimensionierter Wandabstand der ersten Netzzelle

Griechische Buchstaben

α	[°]	Inklinationswinkel der Filmbohrung
α	[W/(m^{2}K)]	Wärmeübergangskoeffizient
β	[°]	lateraler Anstellwinkel des Filmbohrung
β	[–]	Flächenversperrungsverhältnis
γ	[°]	Rippenanstellwinkel
δ	[m]	Messvolumengröße
δ^*	[m]	Verdrängungsdicke
Δ	[–]	Differenz
ε	[m^2/s^3]	turbulente Dissipation
η	[–]	Filmkühleffektivität
φ	[°]	Ventilstellwinkel
ψ	[–]	Massenstromverhältnis von Bohrung zu Kühlkanal
Θ	[m]	Impulsverlustdicke
Θ	[–]	normierte Temperatur
κ	[–]	Isentropenexponent
λ	[W/(mK)]	Wärmeleitfähigkeit
λ	[m]	Wellenlänge
μ	[kg/(ms)]	dynamische Viskosität
ν	[m^2/s]	kinematische Viskosität
ξ	[–]	elementare Fehlervariable
Π	[–]	statisches Druckverhältnis
ρ	[kg/m^3]	Dichte
τ	[s]	Zeitabschnitt
ω	[1/s]	turbulente Frequenz
ω^*	[–]	normierte Wirbelstärke $= (\omega_x \, D/u_m)$

Subskripte und Superskripte

0	Referenzwert
aW	adiabate Wand
ax	axial
A	Austritt
B	Bulk
c	Kühlluft (engl. coolant)
cl	Mittellinie (engl. centerline)
dyn	dynamischer Anteil
D	Doppler
D_h	bezogen auf hydraulischen Durchmesser
ges	gesamt
el	elektrisch
E	Eintritt, Empfänger
h	Bohrung
hg	Heißgas
i, j	Zählindizes
IW	Analysefeld (engl. Interrogation window)
k	Kanal
l	lokal
lat	lateral
m	Hauptströmung
Map	Mapping
max	maximal
min	minimal
ms	Kanalmitte
P	Partikel
pit	Pitot
pr	Prandtlsonde
Pl	Kalibrierplatte
$Puls$	Pulsabstand
Q, L	Q-Switch der Laserlampe
r	Rippe
s	glatter Kanal

S	Sender
t	total
$Trav$	Koordinatensystem der Traversierung
umg	Umgebung
v	Verlust
V	Verdichter, Verzeichnung
W	Wand

Abkürzungen

3FS	dreistufiges Filtersystem
CCD	**C**harged-**C**oupled **D**evice
CFD	**C**omputational **F**luid **D**ynamics
CVP	**C**ounter-Rotating **V**ortex **P**air
DEHS	Di(2-Ethylhexyl)sebacat
DV	**D**ruckstell**v**entil
DWT	**D**iskrete **W**avelet-**T**ransformation
EDM	**E**lectrical-**D**ischarge **M**achining
GCI	Gitterkonvergenzindex
HSV	**H**orse-**S**hoe **V**ortex
LE	Vorderkante (engl. **L**eading **E**dge)
ME	**M**ess**e**bene
PR	**P**ilot**r**eglereinheit
DS	**D**ruck**s**eite
RANS	**R**eynolds-**A**veraged **N**avier **S**tokes
RS	**R**ippen**s**egment
SS	**S**aug**s**eite
SNR	**S**ignal-to-**N**oise **R**atio
TBC	**T**hermal **B**arrier **C**oating
TEC	**T**hermo-**E**lectric **C**ooler
TRZ	**T**urbinen**r**adgas**z**ähler
TE	**T**hermo**e**lement
TSP	**T**emperature-**S**ensitive **P**aint
WAP	**W**ieder**a**nlege**p**unkt

x	[m]	axiale Koordinate
y	[m]	laterale Koordinate
z	[m]	wandnormale Koordinate
Δx	[m]	Interferenzstreifenabstand
y^+	[–]	entdimensionierter Wandabstand der ersten Netzzelle

Griechische Buchstaben

α	[°]	Inklinationswinkel der Filmbohrung
α	[W/(m²K)]	Wärmeübergangskoeffizient
β	[°]	lateraler Anstellwinkel des Filmbohrung
β	[–]	Flächenversperrungsverhältnis
γ	[°]	Rippenanstellwinkel
δ	[m]	Messvolumengröße
δ^*	[m]	Verdrängungsdicke
Δ	[–]	Differenz
ε	[m^2/s^3]	turbulente Dissipation
η	[–]	Filmkühleffektivität
φ	[°]	Ventilstellwinkel
ψ	[–]	Massenstromverhältnis von Bohrung zu Kühlkanal
Θ	[m]	Impulsverlustdicke
Θ	[–]	normierte Temperatur
κ	[–]	Isentropenexponent
λ	[W/(mK)]	Wärmeleitfähigkeit
λ	[m]	Wellenlänge
μ	[kg/(ms)]	dynamische Viskosität
ν	[m^2/s]	kinematische Viskosität
ξ	[–]	elementare Fehlervariable
Π	[–]	statisches Druckverhältnis
ρ	[kg/m^3]	Dichte
τ	[s]	Zeitabschnitt
ω	[1/s]	turbulente Frequenz
ω^*	[–]	normierte Wirbelstärke = $(\omega_x\, D/u_m)$

Subskripte und Superskripte

0	Referenzwert
aW	adiabate Wand
ax	axial
A	Austritt
B	Bulk
c	Kühlluft (engl. coolant)
cl	Mittellinie (engl. centerline)
dyn	dynamischer Anteil
D	Doppler
D_h	bezogen auf hydraulischen Durchmesser
ges	gesamt
el	elektrisch
E	Eintritt, Empfänger
h	Bohrung
hg	Heißgas
i, j	Zählindizes
IW	Analysefeld (engl. Interrogation window)
k	Kanal
l	lokal
lat	lateral
m	Hauptströmung
Map	Mapping
max	maximal
min	minimal
ms	Kanalmitte
P	Partikel
pit	Pitot
pr	Prandtlsonde
Pl	Kalibrierplatte
$Puls$	Pulsabstand
Q, L	Q-Switch der Laserlampe
r	Rippe
s	glatter Kanal

1 Einleitung

In unserer heutigen, modernen Gesellschaft sind Turbomaschinen nicht mehr wegzudenken, die entweder als Gasturbinen im Bereich der elektrischen Stromerzeugung, als Strahltriebwerk im Bereich der Luftfahrt oder als Turboverdichter im Automobilbau verwendet werden. Dabei ist der prinzipielle Aufbau einer Gasturbine oder Strahltriebwerkes identisch und unterteilt sich in drei Hauptbaugruppen: den Verdichter mit dem Einlauf, der Verbrennungskammer und der sich anschließenden Turbine (siehe Abb. 1.1 a)). Das Arbeitsprinzip basiert auf dem thermodynamischen Brayton-

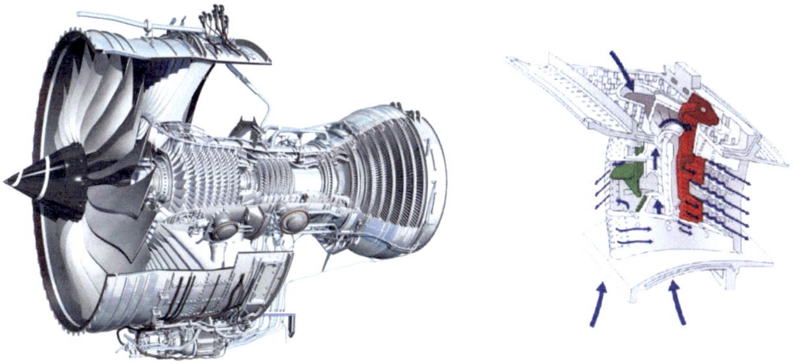

a) Rolls-Royce Strahltriebwerk Trent 1000

b) erste Leitreihe einer Hochdruckturbine mit konvektivem Innenkühlsystem und Filmkühlung

Abbildung 1.1: Schematischer Aufbau eines Strahltriebwerks und moderner Schaufelkühlsysteme in der Hochdruckturbine (nach Rolls Royce [101])

Kreisprozess, wobei spezifische Arbeit und thermischer Wirkungsgrad hauptsächlich durch das Verdichterdruckverhältnis, die Turbineneintrittstemperatur und die Komponentenwirkungsgrade bestimmt werden. Es wird dabei Luft aus der Umgebung angesaugt und im Verdichter auf einen hohen Druck komprimiert (Verdichtungsdruckverhältnis bis zu $\Pi_{tV} = 30$). Moderne Maschinen besitzen dabei meist 2- oder 3-Wellenkonfigurationen, wobei dann der Verdichter und die Turbine in einen Nieder-, (Mittel-) und Hochdruckteil gegliedert sind. In der Brennkammer wird dann der hochverdichteten Luft Brennstoff zugemischt und verbrannt. Das hochenergetische Heißgas-Gemisch wird anschließend über die Turbine wieder auf Umgebungsbedingungen entspannt. Dabei wird ein Großteil der in der Turbine entnommenen Arbeit für die Verdichtung im Kompressor benutzt. Der restliche Anteil wird entweder zur Schuberzeugung eingesetzt oder für den Antrieb eines Generators genutzt.

Die Steigerung des thermischen Wirkungsgrades lässt sich im wesentlichen über die Erhöhung der Turbineneintrittstemperatur realisieren. Damit das Material der einzelnen Komponenten im Heißgasstrang nicht über die vorgegebenen Grenzwerte hinaus belastet wird und seine prognostizierte Lebensdauer erreicht, werden die Brennkammer- und Turbinenbaugruppen durch geeignete Kühlmethoden gekühlt. Für den Einsatz der Kühlung muss ein beträchtlicher Anteil an Luft im hinteren Teil des Verdichters bereitgestellt werden, der nicht an dem Verbrennungsprozess teilnehmen kann. Diese Luftmenge wird aus dem Verdichter abgezapft und durch das Sekundärluftsystem der Maschine in die jeweiligen Turbinenkomponenten geleitet. Dabei verbraucht eine moderne Gasturbine mit Turbineneintrittstemperaturen von ca. 1770 K in etwa 18 bis 20 % des Eintrittsmassenstromes in den Verdichter (Vogeler [120]). Die erste Leitreihe der Hochdruckturbine ist, aufgrund der hohen thermischen Belastungen, mit etwa 6 % des Eintrittsmassenstromes der Hauptverbraucher an Kühlluft.

Heutige Turbinenbeschaufelungen sind hochkomplexe, gegossene Bauteile, die zur Kühlung eine Kombination aus konvektiver Innenkühlung und Filmkühlung verwenden (siehe Abb. 1.1 b)). Die vom Verdichter aus zugeleitete Kühlluft wird dabei sowohl zu den Plattformen als auch durch den Schaufelfuß ins Innere der Schaufel transportiert. Das komplexe Innenkühlsystem besteht aus mehreren Kühlkanälen mit unterschiedlichem Querschnitt, die über 180°-Umlenkungen miteinander verbunden sind. Beim Durchströmen dieser Kanäle wird aufgrund der Temperaturdifferenz zwischen Wand und Kühlluftströmung eine Wärmeübertragung initialisiert, was zu einer Absenkung der Materialtemperatur führt. Zur Anfachung des inneren Wärmeüberganges werden noch zusätzlich Turbulenzgeneratoren, wie bspw. Rippen oder Pin-Fins (mehrere, gestaffelte Reihen kleiner, umströmter Zylinder), eingesetzt. Zudem wird in sehr stark beanspruchten Bereichen im Inneren der Schaufel (wie an der Vorderkante) zusätzlich Kühlluft durch kleine Bohrungen direkt auf die Innenseite geleitet. Dadurch entstehen Prallstrahlen, die den Wärmeübergang im Bereich des Strahlstaupunktes lokal sehr stark anfachen.

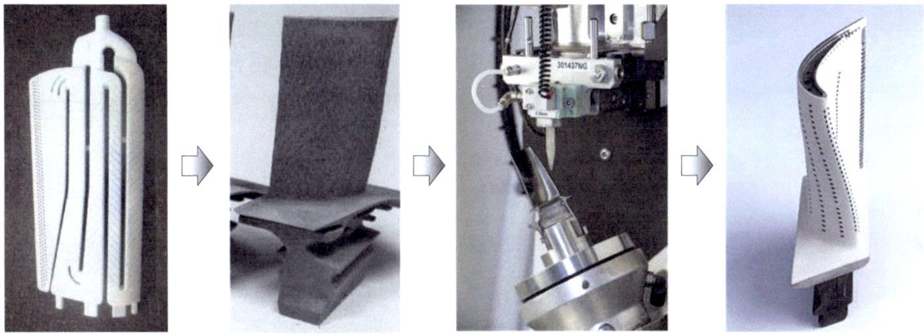

a) Keramikgießkern (Certech Int.)

b) Schaufelgussrohling (NASA)

c) High-Speed EDM für Filmbohrungen (WinBro Group)

d) Turbinenschaufel mit Innenkühlsystem, Filmlöchern und TBC (WinBro Group)

Abbildung 1.2: Typische Fertigungsprozessschritte einer Gasturbinenrotorschaufel mit einem Multipass-Kühlsystem

Um auch die Außenseite der Schaufel vor dem zerstörerischen Heißgas zu schützen, wird über kleine Bohrungen in den Wänden Kühlluft in die Wandgrenzschicht der Hauptströmung eingeblasen. Dabei wird das heiße Brennstoff-Luft-Gemisch von der zu kühlenden Wand verdrängt und aufgrund der kalten Kühlluft die Wandtemperatur herabgesenkt. Durch das dreidimensionale Strömungsfeld im Einblasebereich und den hochturbulenten Diffusionsprozess zwischen Heißgas und Kühluft in Strömungsrichtung, wird das Kühlfluid sehr schnell aufgebraucht. Aufgrunddessen muss der Kühlfilm bereits nach ca. 10 bis 20 Lochdurchmessern durch Ausblasung aus einer weiteren Bohrungsreihe erneuert werden.

Die Turbinenschaufeln werden mittels Vakuum-Feingußverfahren als einkristallin erstarrtes Bauteil gefertigt. Durch die Züchtung aus einem einzelnen Kristall wird die Enstehung von Korngrenzen als Störung in der Kristallstruktur vermieden. Die dabei verwendeten Nickelbasis-Superlegierungen besitzen eine hohe Festigkeit bei Einsatztemperaturen bis zu 1200°C. Das Innenkühlsystem mit allen notwendigen Einbauten, wie Rippen und Pin-Fins, wird durch die Herstellung eines Gießkernes modelliert, der meist aus Keramik gefertigt sind (siehe Abb. 1.2 a)). Konventionelle Kerne werden mittels einer vorgeformten Gießkokille und einer Keramiksuspension hergestellt. Dazu wird die Negativform des Kerns in der Gießkokille platziert und mit der Suspension gefüllt. Die Negativform ist meist als Wachsteil ausgeführt und beinhaltet schon, inklusive der Schwindmaße, die Abmessungen des späteren Kerns. Anschließend wird der so gefertigte keramische Innenkern in einer metallischen Gießform platziert, die dann mit Wachs gefüllt wird. Nach Erstarren dieser Wachsfüllung wird die metallische Gießform entfernt, die dann den keramischen Gießkern, eingebettet in einer Wachsumhüllung, freigibt (siehe auch Shah et al. [112]).

Die eigentliche Gießform für die Schaufel wird anschließend durch das Eintauchen und dem periodischen Drehen des Kern-Wachs-Modells in einer Keramiksuspension hergestellt. Danach werden trockene Partikel auf die Suspension aufgetragen, bestehend aus einem Bindermaterial aus kolloidalem Silizium und keramischen Partikel (Aluminiumoxid, Silizium, Zirkonium oder Aluminiumsilikate). Dieser Prozessschritt wird solange wiederholt, bis die geforderte Wanddicke der Gießhülle erreicht ist. Danach wird die Gießform getrocknet und auf höhere Temperaturen erhitzt, um das Wachs auszuschmelzen. Anschließend wird in einem Bridgman-Ofen die heiße Metallschmelze in die Form gefüllt und das Bauteil unter kontrollierter, gerichteter Wärmeabfuhr ausgehärtet (Bridgman-Stockbarger-Verfahren, Nacken-Kyropoulos-Verfahren oder Czochralski-Verfahren). Der keramische Gießkern wird später mittels Säurelösungen aus dem Bauteil geätzt. Dabei können während des Gießprozesses die Rippen im internen Kühlsystem relativ genau hergestellt werden, obwohl auch hier aufgrund von geringfügigen Kernverschiebungen eine gewisse Fertigungstoleranz von etwa einem Zehntel Millimeter beachtet werden muss.

Während der Schaufelfertigung erfolgt die Einbringung der Filmlöcher in das Kühlsystem als anschließender mechanischer Bearbeitungsschritt (siehe Abb. 1.2 c)). Die Bohrungen werden entweder über Hochgeschwindigkeits-EDM-Verfahren (Elektroerodieren) oder Laserbohren in das Schaufelblatt eingebracht. Dabei sind für die Kühlluftversorgung entlang des Kühlkanals in jedem Rippensegment meist nur ein oder maximal zwei Filmbohrungen vorgesehen. Typische, meist größere Fertigungstoleranzen der mechanischen Bearbeitung kombiniert mit den Gießungenauigkeiten hinsichtlich der Kernlage führen dazu, dass die Filmlöcher nicht an der korrekten, vorgesehenen Stelle in dem jeweiligen Rippensegment eingebracht werden können. Daher ist es möglich, dass Filmbohrungen in der Nähe des Staupunktbereiches der Kühlluftströmung, im Bereich der Ablösezone hinter den Rippen positioniert werden oder auch partiell eine Rippe schneiden. Um den Einfluss der Lochposition detaillierter zu untersuchen sowie das Potential einer genaueren Platzierung der Kühlbohrungen hinsichtlich der Wärmeübergangsanfachung abzuschätzen, werden in diesem Forschungsprojekt experimentelle und numerische Untersuchungen durchgeführt. Dazu wird das reale, interne Kühlsystem einer Turbinenschaufel abstrahiert und durch zwei rechteckige, senkrecht zueinander stehende Kanäle dargestellt. Der Kühlkanal ist dabei mit Rippen bestückt, wobei die beiden Kanäle über das mittlere Rippensegment und drei zylindrische Filmkühlbohrungen verbunden sind. Krümmungs- und Rotationseffekte werden bei diesem Aufbau aber vernachlässigt. Es werden für die Variation der Lochposition bezüglich der Rippen das Strömungsfeld und der Wärmeübergang bestimmt. Zusätzlich werden die Auswirkungen dieser Verschiebungen auf die Filmkühlausblasung im Heißgaskanal untersucht.

2 Stand der Technik

2.1 Filmkühlung

2.1.1 Kühlluftausblasung

Um den Filmkühlungsprozess zu initieren, wird Kühlluft durch das Sekundärluftsystem den Turbinenkomponenten zugeführt und über kleine Bohrungen in die Heißgasgrenzschicht auf Schaufel- und Plattformoberflächen ausgeblasen. Dabei muss der Druckverlust innerhalb des Sekundärluftsystems kleiner sein als der Druckverlust im heißen Strang der Maschine über die Brennkammer. Dadurch entsteht ein Druckverhältnis über das Filmloch $\Pi_{tc} > 1$ im Bezug auf den statischen Wanddruck in der Heißgasströmung Die Filmkühlung ist damit ein Mischprozess zweier Fluide mit unterschiedlichen Strömungsstrukturen und Temperaturen. Die Geschwindigkeits- und Turbulenzverteilung in beiden Strömungen hat einen erheblichen Einfluss auf die Kühlleistung der Filmstrahlen hat. Zur Beschreibung des Filmkühlprozesses stehen im Wesentlichen drei Strömungsparameter zur Verfügung, wobei nur zwei von den drei Parametern unabhängig voneinander wählbar sind. Die Ausblasrate ist dafür ein Schlüsselparameter, der das Verhältnis der Massenstromdichten von ausgeblasener Kühlluft und Heißgasströmung beschreibt. Dieser Parameter ist definiert als

$$M = \frac{\rho_h u_h}{\rho_{hg} u_{hg}} = \frac{\frac{\dot{m}_h}{A_h}}{\frac{\dot{m}_{hg}}{A_{hg}}} \tag{2.1}$$

Der Ausdruck ρu kann in ein Verhältnis von Massenstrom zu durchströmter Querschnittsfläche umgeschrieben werden. Eine Erhöhung der Ausblasrate hat bei konstanter Heißgasströmung einen größeren Kühlluftmassenstrom zur Folge. Grundlegende, systematische Untersuchungen zum Einfluss der Ausblasrate wurden von Baldauf [7] an einer zylindrischen Lochreihe durchgeführt.

Gemäß den Beobachtungen von Lutum et al. [78], konnten drei Hauptströmungsregime bei der Filmkühlung identifiziert werden. Im Bereich kleiner Ausblasraten ($0 < M < 0.5$) wird der Kühlfilm durch seinen geringen Austrittsimpuls aus dem Loch in Richtung Wand abgelenkt und in Strömungsrichtung zusammen mit dem Heißgas abtransportiert. Der Kühlfilm bleibt in diesem Strömungsregime an der zu kühlenden Wand angelegt auch wenn der Kühlluftmassenstrom erhöht wird. In diesem Bereich korreliert die Filmeffektivität mit dem Parameter der Ausblasrate, wie dies von Pedersen et al. [92] gezeigt wurde. Wird das Massenstromdichteverhältnis von Kühlluft zu Heißgas über diesen Bereich hinaus erhöht, erreicht die Filmeffektivität ihr Maximum, was mit erhöhter lateraler und axialer Kühlluftanhäufung auf den Wänden einhergeht. Hierbei liegt das Optimum der Ausblasrate für zylindrische Löcher bei ungefähr $M = 0.50$ (Goldstein et al. [42]). Durch die Diffuserwirkung am Lochaustritt bei fanshaped-Bohrungen liegt das Optimum für diese Bohrungsgeometrie bei deutlich größeren Ausblasraten von $M = 1.5$. Bei größeren Ausblasraten ($0.75 < M < 1.0$) tendiert der Kühlfilm dazu teilweise oder auch gänzlich von der Wand abzulösen. Dies führt zu einem dramatischen Absinken in der Filmeffektivität, welche nicht mehr mit der Ausblasrate korreliert und mit einem Anstieg der Wandtemperatur bei kürzerem axialen Einflussgebiet der Kühlung einhergeht. Weiterhin dient das Dichteverhältnis als wichtiger Parameter für die Filmkühlung

$$D_R = \frac{\rho_h}{\rho_m}. \tag{2.2}$$

Mit steigendem Dichteverhältnis nimmt der Austrittsimpuls der Kühlluft ab, sodass die Ablösetendenz der Filmstrahlen deutlich reduziert wird. Damit steigt bei konstanter Ausblasrate die Filmeffektivität der Filmkühlung. Wird für die Kühlluft ein Gas mit konstanten Stoffeigenschaften angenommen, so wird das Dichteverhältnis primär durch das Temperaturverhältnis $T_R = T_h/T_{hg}$ der beiden zu mischenden Gase beeinflusst. Die Untersuchungen von Ekkad et al. [34] zeigen an einer Reihe zylindrischer Bohrungen, dass durch ein größeres Dichteverhältnis und bei hoher Ausblasrate höhere lateral gemittelte Filmeffektivitäten erreicht werden können. Der Einfluss ist deutlich geringer bei kleineren Ausblasraten wo der Strahl noch an der Wand anliegt. Ähnliche Erkenntnisse erhielten auch Sinha et al. [114], worin der Effekt des Dichteverhältnisses (Erhöhung von D_R von 1.2 auf 1.6) bei kleiner Ausblasrate mit anliegendem Strahl auf ca. 33 % Anstieg in der Filmeffektivität beziffert wurde. Für eine Ausblasrate von $M = 1.00$ beträgt der Anstieg in der Filmeffektivität schon mehr als 60 %, da hier die Verringerung im Strahlimpuls bei abgelösten Kühlfilm sich deutlich stärker auswirkt. Als dritter Parameter zur Beschreibung der Filmkühlung dient das Impulsverhältnis nach

$$I = \frac{\rho_h u_h^2}{\rho_{hg} u_{hg}^2} = M^2 \frac{1}{D_R}. \tag{2.3}$$

Durch Einsetzen von Gleichung (2.1) und (2.2) wird deren Abhängigkeit von Ausblasrate und Dichteverhältnis klar sichtbar.

Das hochgradig dreidimensionale und turbulente Strömungsfeld im Heißgaspfad fördert den Transport der Kühlluftfilme und deren Diffusion in Strömungsrichtung. Durch die viskose Interaktion der beiden strömenden Medien entsteht ein komplexes drei-dimensionales Strömungsfeld im Kühlstrahl, welches durch ein System von mehreren Wirbelstrukturen charakterisiert ist. Weiterhin entwickeln sich aufgrund der Geschwindigkeitsgradienten zwischen Kühlluft und Heißgas Scherschichten im Bereich dieser Wirbel (Baldauf [7]). Diese Wirbelstrukturen werden bei einer wandnormalen Ausblasung sehr stark angefacht und deren Topologie lässt sich experimentell gut beobachten. Dies ist durch Kamotani und Greber [61] oder Andreopoulos und Rodi [4,5] beschrieben wurden. Margason [80] gibt einen guten Überblick der bis zu diesem Zeitpunkt erfolgten Forschungsvorhaben hinsichtlich des Strömungsregimes in einem ausgeblasenen Strahl mit Querströmung. Der Strahlquerschnitt eines wandnormalen Kühlstrahls wird dabei von einem gegensinnig drehenden Wirbelpaar dominiert, welches von einer Vielzahl an Forschern, wie Blanchard et al. [10], Cortelezzi und Karagozian [28], Smith und Mungal [115] oder Fric and Roshko [40] schon untersucht wurde.

Dieses System von Wirbeln ist aber nicht nur in einem quer zur Strömung eingetragenen Fluid präsent, sondern kann auch für die Einblasung durch angestellte Filmbohrungen, dort aber in abgeschächter Form, beobachtet werden. Ausführliche numerische Studien der Forschergruppe um Leylek [14, 56, 83, 121] untersuchten unterschiedliche Filmkühlkonfigurationen, angefangen von geraden Bohrungen bis hin zu Diffuserlöchern mit lateralem Anstellwinkel. Die numerischen Simulationen die von Walters und Leylek [121] durchgeführt wurden, zeigten ein hoch komplexes Strömungsfeld am Locheintritt welches sich mit den Betriebsbedingungen ändert und damit Einfluss auf die Lochinnenströmung hat. Beim Eintritt in das Filmloch wird die Kühlluft stark beschleunigt und erfährt eine extreme Umlenkung an der Lochkante hinein in die angestellte Filmbohrung. Dies führt zu einer dreidimensionalen Ablösezone an der stromab gelegenen Wand der Bohrung, welche der Hauptgrund für die ungleichförmige Geschwindigkeitsverteilung und die höhere Turbulenz im Filmloch ist.

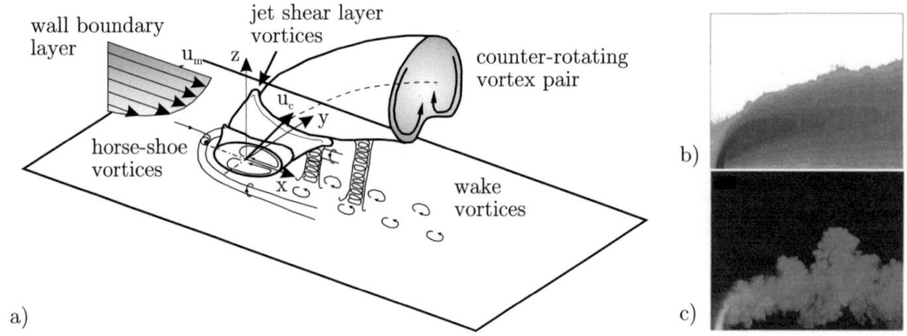

Abbildung 2.1: a) Strömungstopologie und kohärente Wirbelstrukturen für einen Filmstrahl in einer Querströmung nach Fric und Roshko [40]; sowie (b-c) Ensemble-gemitteltes (oben) und Momentanbild (unten) der Konzentrationsverteilung eines transversalen Fluidstrahls in einer Querströmung ($u_c/u_m = 5$, $Re_c = 16600$) aufgenommen von Smith und Mungal [115] mittels Planarer Laser-Induzierter Fluoreszenz (PLIF)

Das komplexe, hochgradig drei-dimensionale Strömungsfeld eines Filmstrahles, der in den Heißgasströmungspfad eingeblasen wird, ist in Abb. 2.1 dargestellt. Der wohl offensichtlichste Effekt ist die graduelle Ablenkung des Filmstrahls in Richtung Wand. Aus dem zusätzlich in die Heißgasströmung eingebrachten Volumen resultiert eine Verdrängungswirkung in lateraler und vertikaler Richtung auf die Querströmung, was zu erhöhten Geschwindigkeiten in den Scherschichten führt. Dabei wirkt der ausgeblasene Filmstrahl auf die Querströmung wie ein festes Hindernis, die sich im Staupunkt teilt und um den Strahlkern legt. Ist der Kühlluftimpuls gering, so wird der Kühlfilm teilweise von der verdrängten Heißgasgrenzschicht bedeckt. Dies zwingt die Strömungstrajektorien schon sehr zeitig noch innerhalb des Filmloches, ihre Richtung zu ändern, damit der Kühlfilm über die stromabgelegene Kante des Lochs in Richtung Wand hin abgelenkt werden kann.

Die Erhöhung des Kühlluftimpuls führt dann dazu, dass der austretende Filmstrahl weniger von der Querströmung beeinflusst wird und weiter in die Querströmung eindringen kann. Abhängig vom Impulsverhältnis wird der Kühlfilm weiter stromab wieder in Richtung Wand abgelenkt, um sich dort wieder anzulegen. Dabei entsteht direkt stromab des Filmloches eine kleine Ablösezone mit rezirkulierender Strömung, die zu Heißgaseinbruch in diesem Wandbereich führt. Dies resultiert in abfallenden Filmeffektivitätswerten in diesem Wandbereich. Mit größer werdendem Austrittsimpuls wird der Bereich des abgelösten Kühlfilms in Strömungsrichtung immer größer bis kein Kühlfluid mehr die Wandoberfläche benetzt. Die Nachlaufregion des Kühlstrahles wird von einem Wirbelsystem dominiert, welches den Transport von Heißgas in Richtung Wand anfacht und damit das Strömungs- und Mischungsverhalten des Kühlfilms nachhaltig beeinflusst. Darüber wird der Kühlstrahl in Strömungsrichtung aufgezehrt und verliert immer schneller seine Kühlwirkung. Dieses Wirbelsystem kann, gemäß der Klassifizierung von Fric und Roshko [40], in vier kohärente Wirbelstrukturen eingeteilt werden. Der Grossteil dieser Wirbel besitzt kohärente, turbulente Strukturen verschiedener Längen- und Zeitskalen und entsteht durch die Interaktion innerhalb der Scherschichten im Nahbereich der Lochausblasung.

Das Nachlaufgebiet des Filmkühlstrahles wird durch zwei gegensinnig drehende Wirbelstrukturen geprägt, die auch noch weit stromab der Bohrung detektiert werden kann. Diese wegen seiner typischen Form auch als Nierenwirbelpaar (CVP ... Counter-rotating vortex pair) bezeichnete Struktur entsteht am Bohrungseintritt. Hier wird das aus dem Kühlluftkanal entnommene Fluid in Richtung der Bohrungsachse stark umgelenkt. Dies initiiert einen Druckgradienten von der stromauf (verringerte Geschwindigkeit, hoher statischer Druck) zur stromab (erhöhte Geschwindigkeit durch Beschleunigung ins Loch, niedriger statischer Druck) gelegenen Lochseite. Dieser Prozess initiiert einen Transport von Fluid über die Wandgrenzschichten und wieder zurück in Richtung Lochmitte, woraus dann ein gegensinnig drehendes Wirbelpaar hervorgeht. Beim Austritt aus dem Loch wird der Filmkühlstrahl durch die Querströmung in Richtung Wand abgelenkt. Durch die Druckkräfte zwischen der Strahlober- und -unterseite und die Reibungskräfte in den Scherschichten des Kühlfilms wird eine rotierende Bewegung der Kühlluft an dessen Aussenseiten in Richtung Strahlkern eingeleitet. Experimente von Smith und Mungal [115] zeigten, dass unter bestimmten Vorraussetzungen das zeitaufgelöste Strömungsfeld im Strahlkern verschiedene Formen (symmetrisch, assymetrisch) annehmen kann. Daher zeigt auch die Strahlkernströmung entweder einen achsensymmetrische oder sinusförmige Bewegung des Nierenwirbelpaars. Basierend auf LES-Simulationen konstatierten Yuan et al. [129], dass die Position und Wirbelstärke des Nierenwirbelpaars mit der Zeit und entlang der Strömungsrichtung stark variiert. Die Wirbelstärke des CVP ist im Mischungsbereich des Strahls mit der Querströmung länger erkennbar als die fluktuierende Wirbelstärke im restlichen Hauptströmungsbereich.

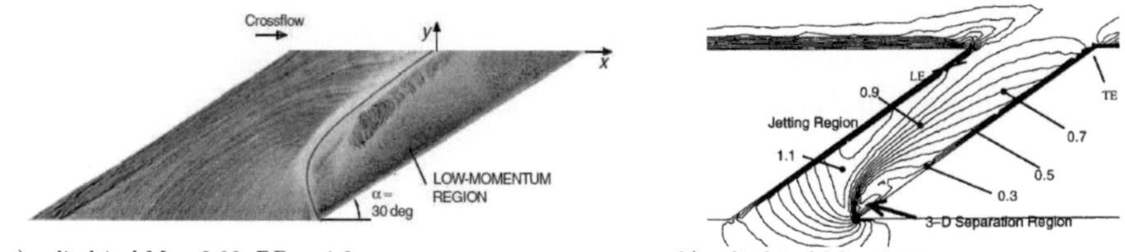

a) cylindrical M = 2.00, DR = 1.0 b) cylindrical M = 1.25

Abbildung 2.2: a) Strömungsvisualisierung in einem um 30° angestellten Filmkühlloch (Ausblasrate $M = 2.0$) durch Lee et al. [73] und b) Geschwindigkeitsverteilung für eine zylindrische, um 35° angestellte Kühlluftbohrung (Ausblasrate $M = 1.25$) von McGovern und Leylek [83]

Die Scherschicht zwischen Kühlstrahl und Querströmung wird weiterhin durch Ringwirbel beeinflusst, die durch Kelvin-Helmholtz Instabilitäten in dieser Mischungsschicht zwischen den beiden Fluiden entstehen. Eine weitere Wirbelstruktur, der Hufeisenwirbel, bildet sich im Staubereich der Wandgrenzschicht stromauf des Filmkühllochs. Der eingeblasene Kühlstrahl agiert hier als weiches Hindernis, was annähernd die Form eines schräg angestellten Zylinders hat. Dadurch wird die ankommende Strömung im Bereich des Hindernisses verzögert. Durch den entstehenden negativen Druckgradienten in Richtung Wand, beginnen sich die wandnahen Bereiche der Grenzschicht wirbelartig aufzurollen und sich vor dem Hindernis in zwei eigenständige Wirbeläste aufzuteilen. Diese werden dann um die Strahlsäule herum mit der Strömung transportiert. Die Wirbelstärke der dabei entstehenden Wirbel ist geringer als bei einem festen Hindernis. Der Grund liegt hierfür in den zusätzlichen Scherkräften zwischen dem Kühlstrahl und der Staupunktsströmung.

Weiterhin existieren zwei Wirbelstrukturen im Nachlauf des Kühlfilms. Einerseits entstehen kleine Wirbelstrukturen in Strömungsrichtung, die sich nahe der Wand befinden sowie vertikal ausgerichtete, zyklonartige Wirbel, die sich vom Strahlkern zur Wand hin ausdehnen. Diese instationären Wirbel werden durch die Interaktion zwischen Hufeisenwirbel und wandnormaler Strahlströmung initiiert (Yuan et al. [129]). Ausgehend von Fric und Roshko [39] oder Kelso et al. [64] bedingen die Ablösevorgänge auf der stromabgelegenen Seite des Filmstrahl die Formierung von kleinen Wirbeln, welche in Strömungsrichtung ihre Orientierung in vertikale, zyklonartige Nachlaufstrukturen ändern.

Da das Geschwindigkeitsprofil des austretenden Filmstrahls untrennbar mit dem Strömungsfeld in der Bohrung verbunden ist, haben Änderungen der Strömungsbedingungen am Locheintritt einen Einfluss auf die Interaktions- und Mischprozesse von Filmkühlung und Heißgas (siehe Burd und Simon [19]). Bei angestellten Filmbohrungen führt die starke Umlenkung am Locheintritt zur Ausbildung der Ablösezone an der stromab gelegenen Wand, die weit in das Loch einragen kann (siehe dazu auch Abb. 2.2). Dabei wird der effektive, durchströmte Lochquerschnitt deutlich verringert, was zu einer Beschleunigung der Strömung im unteren Teil der Bohrung führt. Dies wird üblicherweise als Jetting-Effekt bezeichnet. Für geringe Bohrungslängen kann dieser Effekt höhere Austrittsgeschwindigkeiten und stark verformte, assymmetrische Geschwindigkeitsprofile am Lochaustritt zur Folge haben. Weiterhin wird dadurch auch der effektive Einblasewinkel der Kühlluft erhöht, was zu einer deutlich zeitigeren Ablösetendenz führt (wie beispielsweise durch Lutum und Johnson [79] beobachtet).

2.1.2 Einflussparameter

Filmkühlung durch diskrete Bohrungen ist eine effiziente Methode um die Oberflächen der heißen Turbinenkomponenten vor dauerhaftem Schaden zu bewahren und die Lebensdauer der Komponenten durch die Reduktion der Materialtemperaturen unterhalb der Grenzwerte für den verwendeten Schaufelwerkstoff zu garantieren. Dabei ist der Prozess der Filmkühlung ein hochgradig dreidimensionaler turbulenter Strömungsvorgang, bei dem zwei Gase miteinander interagieren und es durch die Scherschichten zu einer thermischen wie hydrodynamischen Mischung entlang des Strömungspfades kommt. Das Verhalten der Kühlfilme auf den Turbinenkomponenten ist von einer Vielzahl von Parametern abhängig. Die dazugehörige Literatur zu diesem Thema ist so umfangreich, dass die nachfolgenden überblicksartigen Ausführungen nur einen kleinen Teil des gesamten Bildes zeigen und daher nicht als vollständig betrachtet werden können. Eine umfangreiche Ähnlichkeitsanalyse zum Thema Filmkühlung findet sich in der Dissertation von Baldauf [7]. Die nachfolgende Auflistung und Unterteilung der Einflussparameter (siehe Tab. 2.1) auf die Filmkühlung beruht auf den Ausführungen von Kissel [65]. Umfangreichere Beschreibungen zum Thema

	Geometrische Parameter	**Aerodynamische Parameter**
primär	Lochform Lochlänge Lochteilung & -staffelung Lochanstellwinkel Diffuserlänge Diffuseröffnungswinkel	Ausblasrate Dichteverhältnis Impulsverhältnis
sekundär	Lochposition Wandkrümmung Oberflächenrauhigkeit **Kühlluftzuführung:** Rippengeometrie Rippenteilung/-winkel Orientierung & Form der Kühlkanäle	instationäre Effekte (Rotor-Stator Interaktion) Rotationseffekte **Heißgasströmung:** Turbulenzgrad Machzahl Grenzschichtdicke Beschleunigung Druckgradient Sekundärströmung

Tabelle 2.1: Einflussparameter auf die Filmkühlung

der Einflussparameter auf den Filmkühlungsprozess finden sich ausserdem bei Bogard und Thole [12], Kissel [65] oder Lutum [78]. Zu weiterführenden Informationen über den technologischen Hintergrund von Diffuserbohrungen wird auf ein Review von Bunker [17] verwiesen.

Aufgrund von einer Vielzahl von Einschränkungen hinsichtlich mechanischer Integrität und thermischer Belastung bei der Auslegung von gekühlten Turbinenkomponenten führt die Verwendung von Kühlschlitzen zur Verringerung der Belastbarkeit und damit der Lebensdauer der Schaufeln. Daher wird die Filmkühlung meist nur durch diskrete Bohrungen in den Schaufelwänden bereitgestellt. Dies führt zu einer deutlichen Verringerung der Spannungsverhältnisse im Material, wobei die Kanten der Bohrungen als Rissinitiatoren mit erhöhter Kerbwirkung gelten. Zylindrische Filmbohrungsgeometrien wurden in der Vergangenheit häufig für Kühlaufgaben in Turbinen verwendet. Daher wurde fast jeder Aspekt des Filmkühlungsprozesses mit dieser Art von Bohrungsgeometrien experimentell und numerisch eingehend beleuchtet. Es existiert eine sehr große Datenbasis mit experimentellen Ergebnissen zu Filmeffektivität und Wärmeübergang, wie bspw. bei Goldstein et al. [42], Lutum and Johnson [79] or Yuen et al. [130].

Zur Verbesserung des Betriebsverhaltens wurden in den letzten Jahrzehnten vermehrt Diffuserlöcher für die Filmkühlung eingesetzt. Diese Geometrien sind zur Zeit die am häufigsten benutzte Filmkühltechnologie im Turbinenbau. Die Bohrungen bestehen aus einem zylindrischen Eintrittsteil, der sich über einen Bereich von minimal zwei bis drei Lochdurchmessern erstreckt (Hay und Lampard [50]). Der Austrittsbereich des Loches zeigt dabei einen in lateraler wie auch axialer Richtung öffenden Querschnitt, wobei ein Öffnungsverhältnis des Diffuserquerschnittes von zwei bis drei eingestellt wird. Weiterhin wird der Öffnungswinkel von typischen Diffuserbohrungen auf 10 bis 15° beschränkt, um oszillierende Strömungsablösungen an den Diffuserwänden zu vermeiden. Durch den sich öffnenden Lochquerschnitt wird einerseits der Austrittsimpuls der Kühlluft verringert. Andererseits ergibt sich durch das flachere Strahlkernprofil eine größere laterale Ausbreitung mit geringerer Kernturbulenz und verringertem Wärmeübergang im Bereich der Kühlluft. Dies hat eine deutliche höhere Filmeffektivität bei gleichem Kühlluftmassenstrom zur Folge. Durch den geringeren Austrittsimpuls bei Diffusorlöchern zeigen sich, im Vergleich zu zylindrischen Löchern, deutlich verringerte Einflüsse durch Parameter der Heißgasströmung, wie Machzahl, Turbulenzgrad oder Grenzschichtdicke (Saumweber et al. [104] or Gritsch et al. [44]).

Die Länge des Filmloches trägt entscheidend dazu bei wie und in welchem Ausmaß die Strömungseffekte am Locheintritt durch die Bohrung transportiert werden und die heißgasseitige Ausblasung beeinträchtigen. Bei schmalen Löchern ragt die im Eintrittsbereich entstehende Ablösezone in den Filmlochaustritt hinein und verändert damit entscheidend das Geschwindigkeitsprofil des Strahls. Ausserdem wird durch die Ablösezone der effektive Lochquerschnitt verkleinert, sodass sich dadurch der Einblasewinkel am Lochaustritt vergrößert. Dies führt zu einer erhöhten Ablösetendenz des

Kühlfilms bei schon kleinen Ausblasraten. Weiterhin wird durch die geringe Lochlänge dem am Locheintritt durch die Strömungsumlenkung entstehendem Wirbelpaar nicht genug Zeit zur Ausmischung beim Durchströmen des Loches gegeben. Dies führt zu größerer Wirbelstärke am Lochaustritt und bedingt dadurch eine stärkere Ausmischung der Kühlluft mit dem Heißgas und erhöhte Wärmeübergangsanfachung im Strahlkern nahe der Wand. Die Untersuchungen von Lutum und Johnson [79] zu diesem Thema zeigen Filmeffektivitätsmessungen für eine Reihe zylindrischer Löcher bei einer Variation des Lochlänge-zu-Durchmesserverhältnisses von $L/D = 1.75 \ldots 18$ und der Ausblasrate von $0.5 < M < 1.56$. Im Bereich des Lochlängenverhältnisses von $1.75 < L/D < 5$ sinkt die Filmeffektivität mit kleiner werdendem Längenverhältnis L/D. Wird ein Grenzverhältnis von $L/D = 5$ überschritten, so sind in den experimentellen Ergebnissen keine Änderungen in der Filmeffektivität mehr mit größer werdendem L/D zu erkennen. Auch Wilfert und Wolff [125] haben zwei verschiedene Lochlängen von $L/D = 4$ und 8 in Hinblick auf die Einflüsse der Strömungsbedingungen in einem internen Kühlkanal und einer Plenumsgeometrie auf die Filmeffektivität untersucht.

Die Neigung eines Filmloches wird in maschinentypischen Verhältnissen eher klein im Bereich von 30 - 35° gewählt, um eine erhöhte Ablösegefahr der Filmstrahlen bei höheren Kühlluftmassenströmen zu verhindern. Der Inklinationswinkel zwischen Bohrungsachse und Strömungsrichtung diktiert dabei während des Ausblasungsprozesses das Verhältnis von tangentialem und wandnormalem Geschwindigkeitsvektor. Bei sehr flacher Kühllufteinblasung wird die wandnormale Geschwindigkeitskomponente stark reduziert was die Ablösetendenz des Filmstrahls verringert. Wird der Inklinationswinkel vergrößert so nimmt diese Geschwindigkeitskomponente zu und fördert das Ablösen der Kühlluft von der Wand auch schon bei geringen Ausblasraten. Die wandnormale Einblasung von Kühlluft kann sich unter bestimmten Bedingungen, durch die extreme Umlenkung des Strahls, auch gewinnbringend für die Filmeffektivitätsverteilung in Strömungsrichtung auswirken. Foster und Lampard [38] haben dahingehend erhöhte Wärmeübergangskoeffizienten direkt stromab des Lochaustrittes beobachtet. Die Anfachung des Wärmeübergangs wird in Strömungsrichtung schnell geringer, wobei die Wärmeübergangskoeffizienten für eine flache Einblasung mit $\alpha = 35°$ eher im Fernfeld der Bohrung erhöht sind.

Studien zur Filmkühlung an der ebenen Platte, wie sie bspw. von Schmidt et al. [109], Ekkad et al. [35], Kaszeta [62] oder Ligrani [75] durchgeführt wurden, zeigen den Einfluss der lateralen Anstellung des Loches (compound angle). Diese Anstellung des Lochs kann auch mit einer Querströmungskomponente des Heißgases im Bereich des Lochaustrittes gleichgesetzt werden. Typische laterale Anstellwinkel β bewegen sich im Bereich von 0° (parallel zur Hauptströmung), 45°, 60° bis zu 90° (senkrecht zur Hauptströmung). Damit verbunden ist ein Anstieg in der lateralen Ausbreitung und dem Überdeckungsverhältnis der Kühlluft. Es kann weiterhin, abhängig von der gewählten Lochgeometrie, zu einem Anstieg in der Filmeffektivität führen. Ekkad et al. [34] haben dazu eine Reihe zylindrischer Löcher mit variierendem lateralen Anstellwinkel von $\beta = 0°$, 45° und 90° untersucht. Die Ergebnisse zeigten, dass in jedem Fall die Kühlluftausblasung mit einem lateralen Anstellwinkel zu größeren lateral-gemittelten Filmeffektivitäten führt. Hinsichtlich der Wärmeübergänge führt eine lateraler Lochanstellwinkel zu erhöhter Strahlkernturbulenz und damit zu einer Anfachnung des Wärmeübergangs im Lochaustrittsbereich. Zu ähnlichen Ergebnissen kommt auch Schmidt et al. [109] der, für eine zylindrische Lochreihe mit einem lateralen Anstellwinkel von 0° und 60°, erhöhte lateral gemittelte Filmeffektivitäten bis zu einem Impulsverhältnis von $I = 4.0$ beobachtet hat. Weiterführende Erläuterungen zu sekundären Einflussparametern wie Turbulenzgrad, Machzahl oder Grenzschichtdicke finden sich in Kunze [70].

2.2 Kühlkanal

2.2.1 Grundlagen

Beim Strömen des Fluides durch einen berippten Kühlluftkanal wird infolge der turbulenten Strukturen innerhalb der Wandgrenzschicht ein konvektiver Wärmeübergang angeregt. Dabei wird ein Wärmestrom $\dot{q}$ von der heißen Innenseite des Kanals an das Kühlfluid übertragen. Das Fluid wird hierdurch aufgeheizt. Das Ergebnis ist ein Abkühlen der Schaufel und ein Abführen der Wärme an den vorbei strömenden Kühlluftmassenstrom. Mit dem Einsatz von zusätzlichen Turbulatorgeometrien an den Wänden lässt sich dieser Prozess aktiv beeinflussen und der Wärmeübergang deutlich anfachen.

Die Nusselt-Zahl ist für diesen Vorgang eine wichtige Kennzahl zur Beschreibung des Wärmeübergangs. Sie charakterisiert das Verhältnis von Wärmeabfuhr durch Stofftransport zur Wärmeabfuhr durch Wärmeleitung. Sie setzt sich aus dem Wärmeübergangskoeffizienten α, dem Wärmeleitkoeffizienten λ und einer charakteristischen Länge L zusammen. In den nachfolgend dargestellten Messdaten wird diese charakteristische Länge durch den hydraulischen Durchmesser D_h des Kanals ersetzt.

$$Nu = \frac{\alpha\, L}{\lambda} \tag{2.4}$$

Die Nusselt-Zahl ist abhängig vom Strömungsfeld, dem Fluid, den geometrischen Verhältnissen und der Oberflächenrauheit. In einem glatten Rohr mit turbulenter Strömung kann die Nusselt-Zahl Nu_0 mit der nach Winterton [126] und von McAdams [82] vorgestellten Dittus-Boelter Korrelation

$$Nu_0 = 0.023\, Re^{\frac{4}{5}}\, Pr^n \tag{2.5}$$

mit $n = 0.33$ für einen Kühlvorgang und $n = 0.4$ für einen Heizprozess bestimmt werden. Hierbei bezeichnet ein Kühlvorgang eine rein durch erzwungene Konvektion verursachte Abkühlung, bei der die massenstromgemittelte Fluidtemperatur größer ist als die Wandtemperatur. Beim Heizprozess herrschen dementsprechend umgekehrte Temperaturverhältnisse. Die in Glg. (2.5) dargestellte Korrelation der Nusselt-Zahl ist nach Kays et al. [63] gültig für hydraulisch und thermisch ausgebildete turbulente Strömungen in glatten Rohren bzw. Kanälen. Sie kann für Prandtl-Zahlen im Bereich von $0.7 < Pr < 160$ sowie bei Reynolds-Zahlen $Re > 10^4$ und Rohrlängen-zu-Durchmesser-Verhältnisse von $L/D \geq 10$ verwendet werden. In den praktischen Untersuchungen wird der Wärmeübergang meist mit dem Wärmeübergangsverstärkungsfaktor Nu/Nu_0 beschrieben. Dieser setzt den Wärmeübergang einer gewählten Anordnung mit dem Wärmeübergang einer glatten Rohrströmung ins Verhältnis.

$$Nu/Nu_0 = Nu\, \frac{1}{0.023\, Re^{0.8}\, Pr^n}. \tag{2.6}$$

Neben der weitverbreiteten Dittus-Boelter-Korrelation existieren noch andere funktionale Zusammenhänge für den Wärmeübergang in glatten Kanälen, die eine höhere Genauigkeit und andere Durchflussbereiche aufweisen. Eine alternativ verwendbare Korrelation ist die Gleichung von Gnielinski [41]:

$$Nu = \frac{(f/8)\; (Re - 1000)\, Pr}{1 + 12.7\, \sqrt{(f/8)}\, \left(Pr^{\frac{2}{3}} - 1\right)}. \tag{2.7}$$

Mittels dieser Gleichung wird der Wärmeübergang in glatten Rohren und Kanälen unter Berücksichtigung des Widerstandsbeiwertes bestimmt. Der Gültigkeitsbereich dieser Korrelation wird durch Gnielinski [41] für folgenden Bereich der Reynolds- und Prandtlzahl definiert und umfasst $2300 < Re < 10^6$ und $0.6 < Pr < 10^5$. Der Reibungsbeiwert lässt sich dabei mit Hilfe des empirischen Gesetzes von Prandtl und Nikuradse für die turbulente Durchströmung eines hydraulisch glatten Rohres nach

$$\frac{1}{\sqrt{f}} = 2.0\, log\left(Re\,\sqrt{f}\right) - 0.8 \tag{2.8}$$

bestimmen. Nachteilig für die praktische Anwendung ist hierbei die implizite Formulierung des Reibungsbeiwertes f, sodass meist die Blasiusgleichung nach Glg. (2.16) benutzt wird. Durch die Wahl eines beliebigen Startwertes und einer geringen Anzahl an Iterationsschleifen lässt sich aber recht einfach der Beiwert bestimmen. Ähnliche Werte für den Reibungsbeiwert in der expliziten Darstellung liefert auch die Gleichung von Petukhov [93] mit

$$f = (0.790\, ln\, Re - 1.64)^{-2}\,. \tag{2.9}$$

Weiterhin existieren eine Vielzahl an Korrelationsfunktionen für den Wärmeübergang in berippten Kanälen, die zu einem Vergleich mit Messdaten herangezogen werden können. Für die Gegenüberstellung mit dem Wärmeübergang aus dem berippten Kühlkanal ohne Ausblasung wird im folgenden die Korrelation von Han und Park [49] verwendet, die auf Messdaten mit einer umfangreichen Parametermatrix basieren. Durch die Autoren wurden drei verschiedene Breiten-zu-Höhenverhältnisse $W/H = 1, 2, 4$ zwei Rippenteilungsverhältnisse $P/e = 10, 20$ und Rippenanstellwinkel von $90°$, $60°$, $45°$ bzw. $30°$ für verschiedene Reynoldszahlen vermessen. Die daraus ermittelte Korrelation für den mittleren Wärmeübergang in einem berippten Kanal setzt sich zusammen aus

$$Nu = \frac{Nu_s\, H + Nu_r\, W}{(W + H)} \tag{2.10}$$

wobei Nu_s und Nu_r die mittleren Nusseltzahlen der glatten bzw. berippten Kanalseite sind. Für den Parameter Nu_s wird die Dittus-Boelter-Beziehung benutzt, wie sie in Glg. (2.5) angegeben ist. Für den Anteil des Wärmeübergangs an der berippten Wand gilt folgende Beziehung

$$Nu_r = \frac{Re\, Pr\, f_r/2}{1 + \sqrt{\frac{f_r}{2}}\,(G - R)} \tag{2.11}$$

Der Parameter G stellt eine äquivalente Rauhigkeitsfunktion für den Wärmeübergang dar und wird folgendermaßen berechnet

$$G = 2.24 \left(\frac{W}{H}\right)^{0.10} \left(e^+\right)^{0.35} \left(\frac{\gamma}{90°}\right)^m \left(\frac{P_r}{e}\right)^n \tag{2.12}$$

mit

$$e^+ = \left(\frac{e}{D_h}\right) Re \sqrt{\frac{f_r}{2}}. \tag{2.13}$$

Hierbei gilt für die Exponenten m und n die folgende Fallunterscheidung: für quadratische Kanäle wird $m = 0.35$ bzw. $n = 0.10$ und für rechteckige Kanäle im Bereich der getesteten Verhältnisse W/H werden beide Koeffizienten $m,\ n = 0$.

Neben dem reinen Wärmeübergang ist in einem konvektiven Kühlsystem auch der Druckverlust Δp von Bedeutung. Dieser wird durch den Reibungsfaktor f beschrieben, in den auch die Strömungsgeschwindigkeit u, die Fluiddichte ρ, der hydraulische Durchmesser des Kühlluftkanals D_h und die Länge des betrachteten Kanalstücks L mit einfließen.

$$f = \frac{D_h\, \Delta p}{2\, \Delta l\, \rho\, u^2} \tag{2.14}$$

Da die Rippen nur auf der Ober- und Unterseite des Kanals angebracht sind, wird hierin der Widerstandsbeiwert durch einen mittleren, mit der Fläche gewichteten Widerstandsbeiwert ersetzt. Dieser lässt sich nach folgender Gleichung ermitteln

$$f = \frac{W f_r + H f_s}{W + H} \tag{2.15}$$

Hierbei sind f_s und f_r die Widerstandsbeiwerte für die jeweils glatten bzw. berippten Kanalseitenwände. Die Parameter W und H stellen die Breite und die Höhe des Kühlluftkanals dar. Der Widerstandsbeiwert für die glatten Kanalwände lässt sich beispielsweise anhand der Blasius'schen Formel für glatte Rohre mit zylindrischem Querschnitt ermitteln (vgl. McAdams [82])

$$f_s = 0.046 Re_{c,Dh}^{-0.2}. \tag{2.16}$$

Das Einbringen von Rippen in einen glatten Kanal führt zu einer periodischen Störung der Geschwindigkeits- und Temperaturgrenzschicht. Letzteres bedingt einen signifikanten Anstieg des Wärmeübergangs im Kühlluftkanal. Die Störung der wandnahen Strömung durch die Rippen bringt zusätzlich eine Erhöhung des Druckverlustes mit sich. Rippen, die mit einem Winkel $\gamma \neq 90°$ zur Strömung ausgerichtet sind, bedingen des Weiteren die Ausbildung von Sekundärströmungen, die Druckverlust wie auch Wärmeübertragung im Kühlkanal beeinflussen. Der Widerstandsbeiwert f_r für die berippten Wandflächen folgt nach Han und Park [49] mit

$$f_r = 2\left[R - 2.5\left(ln\left(\frac{2e}{D_h}\frac{2W}{H+W}\right) + 1\right)\right]^{-2}. \tag{2.17}$$

R ist definiert als die Rauhigkeitsfunktion für geometrisch ähnliche Rauhigkeit. Die Herleitung basiert auf einer Wandähnlichkeitsanalyse für vollentwickelte turbulente Strömungen in rechteckigen Kanälen mit vier berippten Wänden, wie sie in Han [45] zu finden ist. Die Rauhigkeitsfunktion beinhaltet sowohl das Seiten-Höhenverhältnis W/H des Kanals wie auch das Rippenteilung-zu-Rippenhöhenverhältnis P_r/e und den Anstellwinkel der Rippen γ

$$R = \left[12.31 - 27.07\left(\frac{\gamma}{90°}\right) + 17.86\left(\frac{\gamma}{90°}\right)^2\right]\left[\left(\frac{P_r}{10e}\right)^{0.35}\left(\frac{W}{H}\right)^m\right]. \tag{2.18}$$

Dabei wird der Exponent $m = 0$ für Rippen die senkrecht zur Kanalströmung angeordnet sind, d.h. $\gamma = 90°$. Für Rippenanordnungen mit $\gamma < 90°$ ist der Exponent $m = 0.35$ (falls $W/H > 2$, wird das Verhältnis $W/H = 2$ gesetzt). Ähnlich dem Wärmeübergang wird in praktischen Untersuchungen auch der Gesamtreibungsfaktor auf den Anteil der Reibung auf der glatten Kanalwand bezogen

$$f/f_0 = f\,\frac{Re^{0.2}}{0.046}. \tag{2.19}$$

Um eine Aussage über die Effektivität eines inneren Kühlprozesses durch die Kombination der beiden gegensätzlichen Prozesse von Druckverlust und Wärmeübergangsanfachung treffen zu können, wird die Kennzahl der thermischen Performance TP eingeführt

$$TP = \frac{Nu/Nu_0}{(f/f_0)^{\frac{1}{3}}}. \tag{2.20}$$

Mit diesem Parameter wird die Verstärkung des Wärmeübergangs auf den Druckverlust normiert. Eine hohe thermische Performance kennzeichnet demzufolge ein effektives Kühlsystem mit hohem Wärmeübergang an der Innenseite und gleichzeitig geringem Druckverlust.

2.2.2 Rippenumströmung

Durch die Implementierung von Rippen in Kühlkanälen wird eine periodische Störung der hydrodynamischen wie auch thermischen Grenzschicht hervorgerufen. Dies führt zu einem typischen Strömungsbild mit periodischer Ablösung vor der Rippe, Ausbildung einer Rezirkulationszone hinter der Rippe und abhängig vom Teilungsverhältnis der Rippe zum Wiederanlegen der Strömung an die Wand. In diesen Staupunktsbereichen steigt der Wärmeübergang beträchtlich an. Darüber hinaus wird durch die Rippenumströmung die Turbulenz in der Kernströmung erhöht und damit der Wärmeübergang weiter angefacht.

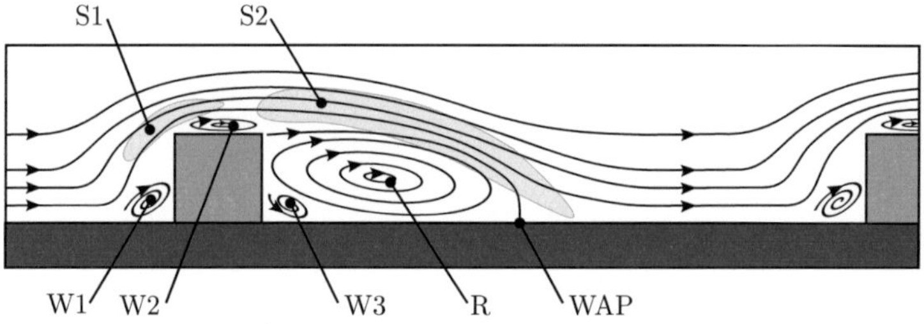

Abbildung 2.3: Strömungsstrukturen bei der Umströmung von Rippenturbulatoren

In Abb. 2.3 ist das Strömungsfeld beim Umströmen einer Rippe in einem Kanalquerschnitt dargestellt. Darüber hinaus sind markante Punkte und Wirbelstrukturen markiert. Es ist ersichtlich, dass die Strömung an der Querschnittsverengung an der Rippenvorderkante erheblich beschleunigt wird. An der Hinterkante der Rippe erfolgt eine starke Querschnittserweiterung mit Expansion der Strömung. Die Strömung kann der Wandkontur nicht mehr folgen und löst ab. Dies hat die Ausbildung der Scherschicht S2 zur Folge. Sie trennt die hochenergetische Kernströmung von der niederenergetischen Nachlaufströmung und treibt ein großes Rezirkulationsgebiet R an. Die Scherschicht nähert sich im weiteren Verlauf der Kanalwand an und fördert hierdurch

Fluid aus der Kernströmung in die Wandregion. Am Wiederanlegepunkt WAP legt sich die Strömung wieder an die Kanalwand an und es kommt zur Wiederausbildung einer Grenzschicht, welche durch weiterhin herrschende Scherkräfte fortwährend beschleunigt wird, bis es am nächsten Rippensegment wieder zur Unterbrechung kommt. Die Scherschicht teilt sich am Wiederanlegepunkt in einen stromauf und einen stromab fließenden Teil. Neben dem großen Rezirkulationsgebiet R existieren weitere Ablöseblasen. Der starke negative Druckgradient an der Rippenvorderkante in Kombination mit Wirbelstrukturen innerhalb der wiedergebildeten Grenzschicht führt zur Ausbildung des Wirbels W1. Laut Wang et al. [122] handelt es sich dabei um einen spiralförmigen Wirbel längs der gesamten Rippenfrontfläche. Diese Form ist ein Indikator für signifikante Strömungskomponenten in lateraler Richtung. Die Ablöseblase besitzt dreidimensionale Eigenschaften. Zudem handelt es sich um einen stark instationären Wirbel, der verschiedene stabile und instabile Zustände aufweist.

Über der Rippe bildet sich eine schmale Ablöseblase W2 aus. Wang et al. [122] begründet dies mit dem Eintreten der von den Rippen induzierten Aufwärtsströmung in die axiale Kernströmung. Der Geschwindigkeitsbetrag der Aufwärtsströmung ist von derselben Größenordnung wie der Betrag der Kernströmungsgeschwindigkeit. Dies führt zur Ausbildung der Scherschicht S1 über der Rippenkante, die den Wirbel W2 antreibt. An der Rippenoberseite treten die größten Geschwindigkeitsgradienten auf (Casarsa et al. [23,24]); die höchste Strömungsgeschwindigkeit liegt dabei unmittelbar im Bereich der Rippenvorderkante vor (Wang et al. [122]). Auch an der Lee-Seite der Rippe am Übergang zur Kanalwand kommt es zur Bildung eines Wirbels W3 in der Ecke zwischen Rippe und Seitenwand, der von der aufwärts gerichteten Rückströmung im Rezirkulationsgebiet R angetrieben wird.

2.2.3 Einflussgrößen

Ähnlich wie bei der Filmkühlung existiert auch zur Thematik des Wärmeübergangs und Strömunsgfeldes in internen Kühlsystemen eine Vielzahl von Untersuchungen. Nachfolgend kann daraus nur ein kleiner Ausschnitt betrachtet werden. Einflussfaktoren auf das Strömungsfeld und den inneren Wärmeübergang im Kühlluftkanal sind die Kanalgeometrie insbesondere das Höhen- zu Breitenverhältnis, die Geometrie der Turbulenzgeneratoren, die Rotation des Strömungskanals und Effekte am Kanaleintritt. Park et al. [90] untersuchte beispielsweise Kühlluftkanäle mit fünf verschiedenen Höhen- zu Breitenverhältnissen, die mit Rippen unterschiedlichen Anstellwinkels versehen waren. Die Ergebnisse zeigten, dass flache Kanäle mit kleinen Höhen- zu Breitenverhältnissen den Wärmeübergang deutlich günstiger beeinflussen als solche mit großem Seitenverhältnis. Zu ähnlichen Erkenntnissen gelangte auch Han [91]. Experimentelle Ergebnisse zum Einfluss der Rotation der Kühlkanäle liefern hierbei Huh et al. [54], Liu et al. [77] oder Elfert et al. [36].

Bei Verwendung von Rippen als Turbulenzgeneratoren sind geometrische Parameter wie das Verhältnis von Rippenhöhe- zu hydraulischen Durchmesser des Kanals (e/D_h), das Teilungsverhältnis (P_r/e) sowie die Form der Anordnung bezüglich der Durchströmrichtung des Kanals entscheidend. Dabei ist die Rippenteilung von entscheidender Bedeutung. Bei Platzierung von mehreren Rippen auf der Wandoberfläche steigt der innere Wärmeübergang. Dies wird aber durch einen deutlich höheren Druckverlust im Strömungskanal erkauft. Bei Reduzierung der Rippenanzahl sinkt dagegen der Druckverlust aber auch der Wärmeübergang. Taslim und Spring [116] fanden in ihren Untersuchungen anhand unterschiedlicher Rippenprofile, Rippenteilungen und Blockageverhältnisse (e/D_h) ein optimales Teilungsverhältnis hinsichtlich Wärmeübergang und Reibung. Die Untersuchungen von Liu et al. [77] mit Variation des Teilungsverhältnisses und Rotation des Kühlluftkanals zeigten im stationären Fall, dass für die verwendete Kanal- und Rippengeometrie das höchste Nusseltzahlverhältnis des gemittelten Wärmeübergangs bei einem Teilungsverhältnis $P_r/e = 10$ liegt.

Weiterhin sind die Kühlluftkanäle mit 180°-Umlenkungen miteinander verbunden, deren Gestaltung aufgrund des hochgradig dreidimensionalen Strömungsfeldes einen erheblichen Einfluss auf Wärmeübergang und Druckverlust des Bauteils hat. Dazu haben Schüler et al. [106, 107] Untersuchungen in einem anwendungsrelevanten Zwei-Pass-Kühlkanal mit versetzten Rippen bezüglich des Druckverlustes und des Wärmeübergangs durchgeführt. Mit Einbringung der Rippen zeigten die Ergebnisse einen Anstieg des Wärmeüberganges im Einlaufkanal um den Faktor $3 - 3.5$ und im Auslaufkanal von ca. 1.5. Bei Variation des Tipwandabstandes wurde deutlich, dass ein Optimum des Tipwandabstandes hinsichtlich Wärmeübergang und Druckverlust existiert. Weitere Untersuchungen zu berippten Kühlluftkanälen finden sich unter anderem auch bei Maurer et al. [81], Jenkins et al. [59] oder Amro et al. [2]. Dabei wird in den voran beschriebenen experimentellen Aufbauten der berippte Kühlluftkanal hinsichtlich Wärmeübergang und Strömungsfeld aber ohne den Einfluss der Filmbohrungen und der Ausblasung auf der Heißgasseite untersucht.

2.3 Einfluss der Kühlbohrungen

Im Gegensatz zu experimentellen und numerischen Studien hinsichtlich des Wärmeübergangs in internen Kühlkanälen sind die Arbeiten, die sich mit dem Zusammenhang zwischen Kühlkanal und Filmkühlausblasung beschäftigen, doch recht übersichtlich. Es zeigt sich aber in der neueren Literatur ein erwachendes Interesse an den Effekten, die durch die Kombination verschiedener Kühlmethoden auftreten. Wilfert und Wolff [125] untersuchten den Einfluss von abgerundeten Turbulatoren, die in der Nähe des Locheintrittes plaziert wurden, und interner Kühlluftquerströmung. Es wurde eine höhere Filmeffektivität für diese Turbulatoren von bis zu 30 % im Mittel (verglichen mit der Plenumsausblasung) durch die Messergebnisse prognostiziert. Für große Lochlängen-zu-Durchmesserverhältnisse L/D hat die Strömungsgeschwindigkeit im Kühlkanal in Form der Querströmungsmachzahl einen sichtbaren Einfluss von bis zu 10 % erhöhter Filmeffektivität. Die Autoren fanden heraus, dass die Effekte der internen Querströmung auf die Kühlluftausblasung mit größer werdender Lochlänge geringer werden. Daher zeigte der Fall mit kurzen Löchern ($L/D = 4$) und Leitrippen signifikant erhöhte lateral gemittelte Filmeffektivitäten mit bis zu 42 % im Mittel.

Der Einfluss der internen Kühlkanalströmung wurde von Kissel et al. [66] untersucht, der die Effekte für der Filmkühlausblasung mit einer Reihe zylindrischer Löcher und einem Kühlkanal mit 45° angestellten Rippen beschreibt. Die Reynoldszahl der Heißgas- sowie der Kühlluftströmung wurde variiert. Dabei zeigte sich ein signifikanter Einfluss der Reynoldszahl der Kühlkanalströmung auf die Verteilung des Wärmeübergangskoeffizienten auf der Heißgasseite. Mit steigender Reynoldszahl verringerte sich der lateral gemittelte Wärmeübergang um ca. 40 % für glatte Wände and ist leicht geringer bei ca. 30 % für den Fall mit Rippen. Im Gegensatz dazu zeigten die Ergebnisse für die adiabate Filmkühleffektivität geringere Sensitivität bei Variation der Kühlkanal-Reynoldszahl. Beim Einfluss der Rippen auf die Filmkühleffektivität ließ sich kein systematischer Trend beobachten, aber für geringe Heißgas-Reynoldszahlen war eine Absenkung der adiabaten Filmeffektivität zu verzeichnen. Dabei beeinflussen sich der Effekt bei Veränderungen in der Kühlluft- bzw. Heißgas-Reynoldszahl und der Effekt der durch die Einbringung der Rippen erzielt wird. Dies deutet auf einen Zusammenhang zwischen dem veränderten Strömungsfeld im berippten Kühlkanal und der Filmkühlausblasung hin. Die Position bezüglich des Filmlocheintritts und die Teilung der Kühlrippen wurden aber in diesen Untersuchungen nicht verändert.

Burd und Simon [19] haben den Effekt verschiedener Lochlängen und Kühlluftzuführung untersucht. Die gemessenen Lochausttrittsprofile und Turbulenzgradverteilungen zeigen für die Plenumsausblasung eine gleichmäßigere Profilausprägung und einen geringeren Jetting-Effekt. Bei der Untersuchung mit sehr kurzen Filmlöchern ist ein deutliche Geschwindigkeitsüberhöhung im Strahlaustrittsprofil und ein höherer Turbulenzgrad zu erkennen. Wird die Kühlluft über einen Kühlkanal in Gegenstromweise zugeführt, so wird der Effekt der Geschwindigkeitsüberhöhung in dem Austrittsprofil noch einmal deutlich verstärkt. Im Gegensatz dazu zeigt die Filmeffektivität entlang der Kanalmitte konsistente Werte für jede untersuchte Konfiguration der Kühlluftzuführung, wenn die Daten bei gleichem Geschwindigkeitsverhältnis V_R verglichen werden. Untersuchungen von Gritsch et al. [43] beschäftigten sich mit dem Einfluss der Kühlkanalorientierung relativ zu dem Eintritt der Filmlöcher auf den Durchflusskoeffizienten. Dabei zeigte sich, dieser Parameter stark abhängig ist von der internen (Kühlluft-)Machzahl und der äußeren (Heißgas-)Machzahl. Die höchsten Werte für den Durchflusskoeffzienten konnten Gritsch et al. [43] für den Fall ohne Kühlluftströmung feststellen, wobei dieser mit höherer interner Machzahl stark abfällt. Eine senkrechte Anordnung im Winkel von 90° von Kühl- und Heißgaskanal führt zu verringerten Durchflusskoeffizienten. Eine mögliche Erklärung lieferten dann weiterführende Messungen von Thole et al. [117] die an demselben Aufbau LDA-Messungen am Eintritt der Filmbohrung durchgeführt haben. Die Autoren konstatierten dass die Änderung im Durchflusskoeffizienten mit veränderten Strömungsbedingungen im Kühlkanal mit der Ausbildung der Ablösezone (Größe und Position) im Filmloch zusammenhängt.

Der Einfluss der Turbulatorenposition auf den Durchflusskoeffizienten von zylindrischen Löchern wurde von Bunker und Bailey [18] sowie von Heneka et al. [51] untersucht. Die Kühlluftbohrungen wurden in drei verschiedenen Positionen angeordnet: nahe der stromauf gelegenen Rippe, in der Mitte zwischen zwei Rippen and nahe der stromab positionierten Rippe. Bunker und Bailey [18] fanden den typischen Abfall des Durchflusskoeffizienten mit höherer Kühlluft-Machzahl, wie das auch schon bei Gritsch et al. [43] aufgezeigt wurde. Die Positionierung des Filmkühlloches nach dem Turbulator führt zu einer drastischen Verringerung des Durchflusskoeffizienten um 50 % für den Fall einer parallel zum Heißgas orientierten Kühlluftströmung. Wie von den Autoren beschrieben, liegt hier der Grund in der Positionierung innerhalb der Rezirkulationszone nach der Rippe. Die Ausprägung dieses Effektes ist weniger stark, wenn der Kühlluftkanal senkrecht zum Heißgaskanal angeordnet wird. Die mittlere Lochposition zeigt dabei nur einen geringen Einfluss auf den Durchflusskoeffizienten. Wird in der senkrechten Kühlkanalanordnung die Filmbohrung vor die stromab gelegene Rippe verschoben, so sinkt der Durchflusskoeffizient geringfügig durch den Blockageeffekt der Rippe. Die Ergebnisse lassen erkennen, dass die robusteste Konfiguration, mit den geringsten Unterschieden im Vergleich zum Fall einer glatten Kanalwand, die einer senkrechten Orientierung des Kühlkanals ist. Die Experimente von Heneka [51] zeigten einen Abfall des Durchflusskoeffizienten bei einer parallelen Anordnung des Kühlkanals mit der Heißgasströmung. Der Effekt wird durch die Blockagewirkung der Rippen noch verstärkt, je näher das Loch an die stromauf gelegene Rippe positioniert wird.

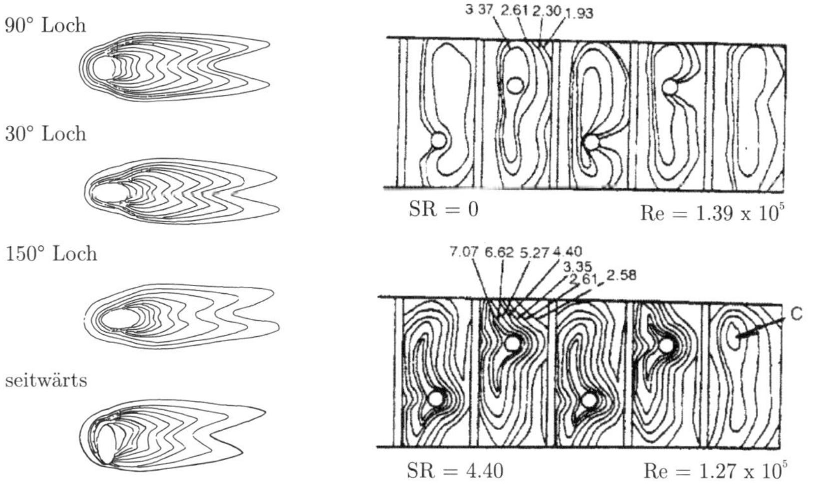

(a) Wärmeübergangsanfachung für verschiedene Absaugbohrungen, $S_R = 7.6$ (Byerley et al. [21])

(b) Wärmeübergangsanfachung in einem berippten Kühlkanal mit Filmlochabsaugung (Shen et al. [113])

Abbildung 2.4: Wärmeübergang im Bereich von Filmlocheintritten in Kühlkanälen

Gegenstand einer Reihe von Untersuchungen ist der Zusammenhang zwischen dem Absaugeffekt mehrerer Filmbohrungen auf die Strömung und den Wärmeübergang in Multipassagen-Kühlkanälen. Shen et al. [113] untersuchte den Einfluss von Bleedlöchern, die in einem quadratischen Kühlkanal zwischen 90°-Rippen positioniert wurden. Die Ergebnisse zeigten, dass durch die Implementierung der Bohrungen und deren Absaugeffekt die Ablösezone hinter den Rippen reduziert wurde. Daher stieg der gemittelte Wärmeübergang bis zu 25 % an. Dies resultierte einerseits aus der Verkleinerung der Zonen hinter den Rippen, die einen sehr geringen Wärmeübergang haben. Außerdem wird der Wärmeübergang durch die Bereiche um den Locheintritt erhöht, die durch sehr hohe Wärmeübergangskoeffizienten gekennzeichnet sind. Die Untersuchungen von Byerley et al. [21] hinsichtlich verschiedener Lochkonfigurationen (Variation des Inklinationswinkels von 90°, 30°, 150° und seitwärts angestelltes Loch) auf den Wärmeübergang bestätigen die hohe Wärmeübergangsanfachung im Bereich des Locheintrittes. Hierbei zeigt sich für ein angestelltes Filmloch mit einem Inklinationswinkel von typisch $\alpha = 30°$ Wärmeübergangsverhältnisse $Nu/Nu_0 = 7$ nahe der Lochkanten. Das Saugverhältnis der Filmbohrungen wurde dabei mit $S_R = 7.6$ konstant gehalten.

Ekkad et al. [33] untersuchten verschiedene Rippenkonfigurationen mit 90°-, 60° Parallel- und 60° V-Rippen sowie Absauglöchern in einen Zweikanal-Kühlsystem. Die detaillierten Nusseltzahlverteilungen zeigen für den Fall des glatten Kanals und Absaugung ein deutlichen Anstieg der Wärmeübergänge. Der Einfluss der Absauglöcher im zweiten Kühlstrang wird dabei durch die 180°-Umlenkung und die dort entstehende Sekundärströmung deutlich vermindert. Weiterhin ist für alle Rippengeometrien eine deutliche Erhöhung des lokalen Wärmeübergangs um die Lochkanten der Absaugbohrungen sichtbar. Die Ergebnisse für die flächengemittelten Wärmeübergänge zeigen dagegen keine Verringerung durch die Absaugung von Kühlluftmassenstrom durch die Löcher.

Chanteloup und Bölcs [27] studierten das Strömungsfeld mittels stereoskopischem PIV-System in einem berippten Zweikanal-Kühlsystem mit 45° Rippen und Absauglöchern, die in der Umlenkung wie auch im zweiten Kanalzweig positioniert waren. Der Einfluss der Bohrungen ist nicht nur im Bereich der Absaugung sichtbar sondern erstreckt sich auch weit stromauf in den ersten Kanalzweig. Die größten Änderungen durch die Absaugung betrifft die Sekundärströmung, die durch die schräg angestellten Rippen initiert wird. Dabei verändert sich deren Form von der symmetrischen Ausbildung ohne Absaugung hin zu einer stark assymmetrischen Kontur mit Fluidentnahme. Die detallierten Strömungsfelder werden von Chanteloup [26]

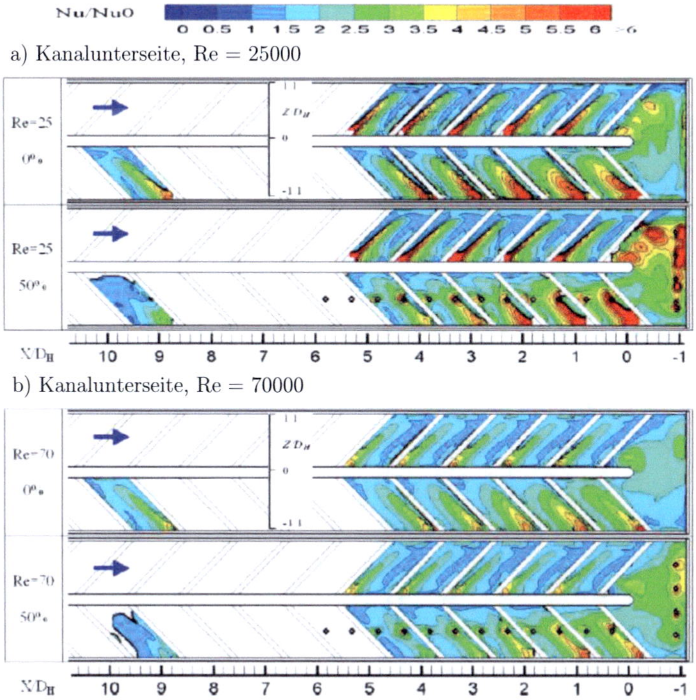

Abbildung 2.5: Wärmeübergangsverteilung Nu/Nu_0 in einem Zweikanal-Kühlsystem mit 45° Rippen und Kühlluftabsaugung ($C_{extrac} = \dot{m}_h/\dot{m}_c = 50\,\%$) mit Variation der Reynoldszahl (nach Chanteloup und Bölcs [26])

durch Wärmeübergangsmessungen in dem gleichen Aufbau komplettiert. Dabei wurde das Massenstromverhältnis für die 16 Entnahmelöcher in Schritten von 30 %, 40 % und 50 % variiert. Die Ergebnisse zeigen bei höchstem Absaugmassenstrom, dass der Wärmeübergang im Bereich des Locheintrittes im zweiten Kanalarm und in der Umlenkung stark angefacht wird. Hierbei konnten Nusseltzahlverhältnisse von $Nu/Nu_0 > 6$ im Bereich der Lochkanten bei einer Reynoldszahl von $Re = 25000$ beobachtet werden. Auch die flächengemittelten Wärmeübergänge wurden größer, was hauptsächlich durch die hohen Wärmeübergangskoeffizienten an der Lochkanten bedingt ist. Weiterhin ist in den Messungen interessanterweise eine Verringerung des Einflusses der Kühlluftentnahme auf den Wärmeübergang mit steigender Reynoldszahl ersichtlich.

Untersuchungen von Schüler et al. [108] beschäftigten sich mit dem Einfluss der Kühlluftentnahme durch Bohrungen in der Kanalseitenwand auf den Wärmeübergang. Dabei wurden mittel transienter Flüssigkristallmethode die Wärmeübergangsverteilungen für eine hohe Reynoldszahl von $Re = 100000$ und drei verschiedene Extraktionsverhältnisse von 0 %, 10 % und 20 % gemessen. Der Einfluss der Extraktionsbohrungen beschränkt sich dabei weitestgehend auf den Bereich des Locheintrittes. Im Bereich der Umlenkung steigt der Wärmeübergang um $5-10\,\%$ und verschwindet nach etwa 4-6 hydraulischen Kanaldurchmessern. Auf der berippten Oberseite des Auslasskanals zeigen die Ergebnisse verringerte Nusseltzahlen im Bereich von 10 %, was von den Autoren durch den geringeren Kühlluftmassenstrom begründet wird. Auch Thurman und Poinsatte [118] untersuchten den Einfluss der Extraktionslöcher auf den Wärmeübergang in Multipass-Kühlsystemen. Hierbei wurden zwei Rippenpositionen studiert, wobei die Löcher entweder mittig im Rippensegment und nahe an der stromauf gelegenen Rippe lagen. Die Ergebnisse zeigen einen deutlichen Anstieg der Wärmeübergänge im Bereich der Lochabsaugung, wenn das Loch nahe der Rippe positioniert wird. Dabei ändert sich auch die Form der Verteilung mit der Rippenposition. Weitere Arbeiten zu dieser Thematik finden sich bei Chang et al. [25], Liu et al. [76], Scheepers und Morris [105], Cukurel et al. [29] und Andrei et al. [3].

3 Zielsetzung

Mit dem Einsatz von Turbulenzgeneratoren in den komplexen Innenkühlsystemen von Turbinenschaufeln wird zur Erhöhung des kühlluftseitigen Wärmeüberganges beigetragen. Durch die Implementierung von Rippen in die Kühlluftkanäle wird die sich ausbildende Wandgrenzschicht periodisch gestört (siehe Abb. 3.1). Dabei bilden sich beim Wiederanlegen der hydrodynamischen und thermischen Grenzschicht in jedem Rippensegment Staupunktsbereiche mit deutlich erhöhtem Wärmeübergang aus. Während der Schaufelfertigung erfolgt die Einbringung der Filmlöcher in das Kühlsystem als anschließender mechanischer Bearbeitungsschritt nach dem Schaufelgießprozess. Dabei wird der Positionierung der Filmlöcher relativ zu den Rippen wenig Bedeutung beigemessen. Kombiniert man typische Gießungenauigkeiten mit den Fertigungstoleranzen der Bohrungen, kann die relative Lochposition im dafür vorgesehenen Rippensegment variieren. Es besteht daher die Möglichkeit, dass Filmbohrungen in der Nähe des Staupunktbereiches der Kühlluftströmung oder im Bereich der Ablösezone hinter den Rippen positioniert werden. Es wird erwartet, dass sich das rippeninduzierte Strömungsfeld und die Einströmung in die Filmbohrung gegenseitig beeinflussen. Dies hat wiederum wesentlichen Einfluss auf die Filmausblasung auf der Heißgasseite. Durch gezielte Positionierung der Filmlöcher innerhalb des Rippensegmentes sollte es daher möglich sein, die Kühlkanalströmung vor allem im Bereich der Rezirkulationszonen zu beeinflussen. Bei günstiger Interaktion von Filmbohrungsposition und rippeninduziertem Strömungsfeld ist eine Verkleinerung der Ablösezonen zu erwarten. Aufgrund dessen kann dann die Rippenteilung verkleinert und damit zusätzliche Turbulatoren in den Kühlkanal eingebracht werden. Dies würde in einer Erhöhung des mittleren Wärmeübergangs aber auch zu höheren Druckverlusten im Kühlkanal resultieren.

Ziel des vorgeschlagenen Projektes ist es, den Einfluss der Filmlochposition relativ zu den Rippen hinsichtlich des Strömungsfeldes und des inneren Wärmeübergangs zu untersuchen. Dabei soll eine systematische Parametervariation hinsichtlich Kühlluft-

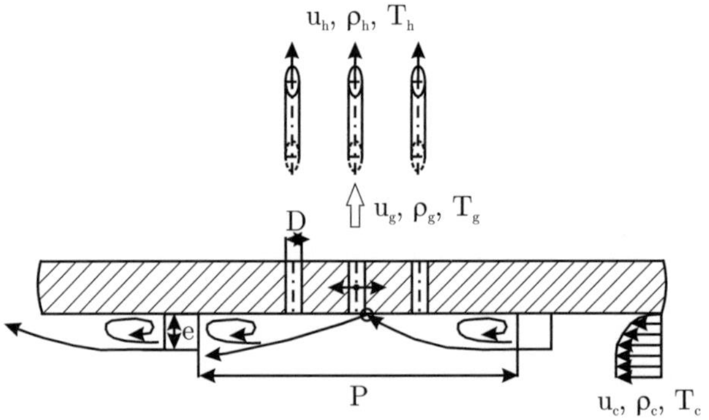

Abbildung 3.1: Prinzipskizze des rippeninduzierten Strömungsfeldes mit Filmkühlausblasung auf der Heißgasseite

Reynoldszahl, Ausblasrate und Rippe-zu-Lochposition durchgeführt werden. Nach Analyse und Bewertung der Datensätze erfolgen dann für ausgewählte Varianten die Untersuchungen zum Einfluss des Rippenteilungsverhältnisses. Die Ergebnisse sollen daher ein verbessertes physikalisches Verständnis des Zusammenspiels von Strömungen in berippten Kanälen und der Filmkühlung durch diskrete Bohrungen liefern. Wenn sich die Erwartungen erfüllen, können die aus den Untersuchungen ableitbaren Erkenntnisse langfristig in die Gestaltungsrichtlinien für zukünftige Turbinenkühlsysteme mit einfließen. Damit kann die zur Verfügung stehende Kühlluft besser ausgenutzt und eine Verbesserung des Kühlsystems erreicht werden. Dies führt zu einer Erhöhung des Wirkungsgrades und der Lebensdauer der Turbine. Für das Gesamtsystem resultieren diese Auswirkungen in einem geringeren Brennstoffverbrauch und Schadstoffemissionen.

4 Experimenteller Aufbau

Für die Untersuchungen der Filmkühlung mit beripptem Innenkühlkanal wurde der Plattenfilmkühlkanal (PFKK) der Technischen Universität Dresden benutzt. An diesem Versuchsstand sind in der Vergangenheit experimentelle Untersuchungen zur Filmkühlung an der ebenen Platte mit Kühlluftausblasung aus einem Plenum durchgeführt worden. Der generelle Aufbau des Prüfstandes und die Ergebnisse hinsichtlich der Filmkühleffektivität zylindrischer Bohrungsgeometrien sind in Kunze et al. [71] veröffentlicht worden. Der Prüfstand besteht im Generellen aus einer Heissgasblasstrecke, die über einen Radiallüfter versorgt wird. Weiterhin ist für die Modellierung des internen Kühlkanals und dessen Versorgung mit Druckluft eine Kühlluftstrecke ausgelegt worden. Eine Panoramaansicht des Prüfstandsanordnung ist in Abb. 4.1 dargestellt. Der Radiallüfter der Heissgasstrecke hat einen Druckaufbau von $\Delta p = 5000\,Pa$ bei einem maximalen Volumenstrom von $\dot{V} = 2000\,m^3/h$. Angetrieben wird dieser Lüfter durch einen Elektromotor mit einer Nennleistung von $10\,kW$ und einer Maximaldrehzahl von $n = 2880\,min^{-1}$.

Heissgasstrecke

Kühlluftstrecke mit beripptem Kühlkanal

Abbildung 4.1: Plattenfilmkühlkanal mit Kühlluftversorgung

Mit Hilfe eines Frequenzumrichters lässt sich die Frequenz und damit die Drehzahl des Motors im Bereich $0 < n < 50\,Hz$ bzw. $0 < n < 2880\,min^{-1}$ stufenlos regeln. Für die hier vorgestellten Untersuchungen wird als Betriebspunkt die maximal erreichbare Drehzahl eingestellt und konstant gehalten. Dies entspricht einer Kernströmungsgeschwindigkeit im Heissgaskanal von $u_m = 19.3\,m/s$ sowie einer Eintrittstemperatur von $T_{tm} = 305\,K$ mit einer Temperaturerhöhung durch den Verdichtungsprozess von ca. $\Delta T = 8\,K$. Danach folgt stromab eine Rohrspulenheizung mit einer elektrischen Gesamtanschlussleistung von $36\,kW$. Diese wird zur Einstellung höherer Heissgastemperaturen verwendet, wobei die Temperaturerhöhung maximal $63\,K$ betragen darf, da dann die thermische Warmformbeständigkeit des Plexiglas-Materials mit 93.5°C erreicht wird. Stromab der Heizung wird die Strömung in einem Diffuser verzögert und der Kanalquerschnitt wird auf einen Durchmesser von $300\,mm$ vergrößert. Danach schließt sich zur Strömungshomogenisierung eine Kombination aus zwei Sieben mit unterschiedlicher Maschenweite aber gleichem Drahtdurchmesser an. Nach Passieren der Beruhigungskammer, die mit einem Schenkregler zur Bypasssteuerung ausgerüstet ist, wird der kreisrunde Querschnitt mit Hilfe einer Düse mit einer Gesamtlänge von $0.4\,m$ auf die rechteckige Form des Heissgaskanals überführt. Aufgrund ihres Kontraktionsverhältnisses von 7:1 wird die Strömung auf die Heissgasgeschwindigkeit beschleunigt. Danach folgt eine Wabengleichrichterstruktur zur Homogenisierung der Strömung bevor mit Hilfe einer Prandtl-Sonde und eines Thermoelementes der statische, dynamische und der Totaldruck sowie die Totaltemperatur am Eintritt des Heissgaskanals gemessen werden.

Zur Einbringung von Seeding-Partikeln für die optischen Messtechniken (LDA, PIV) sind im Kanalboden, stromab der Messsonden und vor dem Kanaleintritt, drei Partikeldüsen eingebracht. Durch diese Düsen wird partikelbeladene Luft senkrecht in die Heissgasströmung eingeblasen. Dabei werden die Tracerteilchen durch die in der Kanalbreite unterschiedlich angeordneten Bohrungen in lateraler Richtung so verteilt, dass eine homogene Beladung der Strömung realisiert wird. Zwischen der Düse und dem Plexiglas-Kanal befindet sich eine Schaumstoffdichtung mit einer Dicke von $25\,mm$. Diese dient zur Entkopplung der schwingungsempfindlichen Kanäle von induzierten Vibrationen durch den Radiallüfter. Zur Bestimmung der Grenzschicht- und Turbulenzgradprofile sind in der Deckplatte des Heissgaskanals mehrere Messpositionen bei $x/D = -71, 54, -36, -18$ entlang der Kanalmittelline untergebracht. Hier können entweder Pitotsonden mit einem Schaftdurchmesser von maximal $4\,mm$

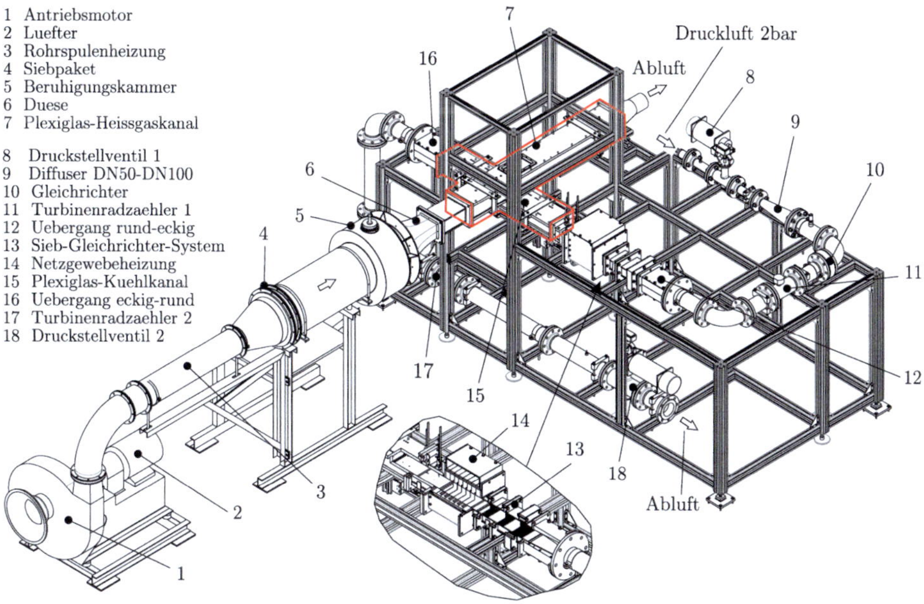

Abbildung 4.2: Schematische Darstellung der Versuchsstandsanordnung (Teststrecke ist rot umrahmt)

oder Hitzdrahtsonden in die Kanalströmung eingeführt werden. Der Heissgaskanal besteht aus Plexiglasplatten mit einer Plattendicke von 20 mm. Diese werden durch Nut und Feder ineinander eingesetzt und mittels Messing-Nutensteinen verschraubt. Die zylindrische Filmbohrungsreihe ist mit einem Abstand von $\Delta x = -0.52\,m$ in Bezug auf den Kanaleintritt in die Bodenplatte des Kanals eingebracht. Mit einem Abstand von $x/D = -30$ sind über der Lochteilung mehrere Wanddruckbohrungen mit einem Durchmesser von 1.0 mm und einem Länge-zu-Durchmesserverhältnis von $L/D = 5$ zur Messung des statischen Wanddruckes eingebracht. Weiterhin sind entlang der Kanalmittellinie und stromab des Bohrungsaustrittes 6 Oberflächenthermoelemente des Typ K mit einem Durchmesser von 0.5 mm in die Bodenplatte eingelassen. Dabei haben die ersten 4 Thermoelemente eine axiale Teilung von $4D$ wohingegen die beiden letzten eine leicht größere Teilung von $6D$ aufweisen. Die Anordnung aller Messstellen in der Heissgasstrecke kann in Abb. 4.3 nachvollzogen werden. Stromab des Heissgaskanals wird schließlich die Abluft über ein Schlauchsystem in die Umgebung abgegeben.

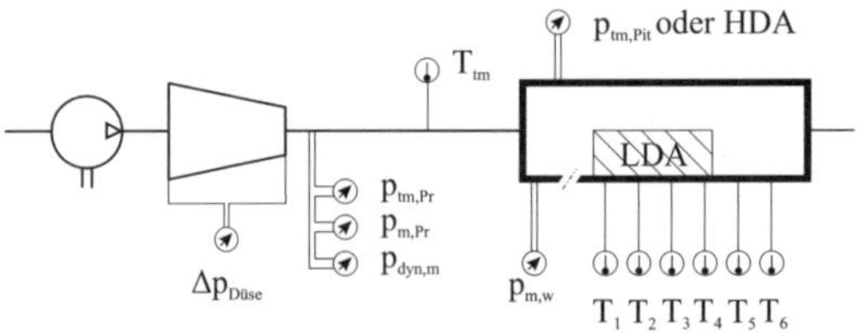

Abbildung 4.3: Anordnung der Messstellen in der Heissgasstrecke

Die Kühlluftstrecke besteht aus einer Vielzahl an Baugruppen und Einzelkomponenten, wobei die Abb. 4.2 die schematische Aufteilung in die einzelnen Baugruppen wiedergibt. Eine Versorgung der Kühlluftstrecke ist durch das hausinterne Druckluftsystem mit einem Systemdifferenzdruck zur Umgebung von $7\,bar$ sichergestellt. Zur Anbindung an das Druckluftsystem wurde eine zusätzliche Druckluftleitung mit einem Nennweite von DN 50 installiert. Durch zwei Absperrventile an der Anlage lässt sich der Prüfstand vom Hauptnetz trennen. Die aus dem System entnommene Druckluft wird in einer Zyklon-Filtereinheit nach dem Zentrifugalprinzip mit einer Filterfeinheit vom $8\mu m$ aufbereitet und einem Pilotdruckregler zugeführt. Zur präzisen Steuerung des Durchsatzes durch die Kühlluftstrecke wie auch zur Verstellung des Druckniveaus im Kühlkanal kommen pneumatische Stellventile zum Einsatz (siehe Abb. 4.4). Die verbauten Ventile des Bautyps 72.3 der Fa. Vetec besitzen einen doppel-exzentrisch gelagerten Drosselkörper, welcher über eine Welle durch einen pneumatischen Stellantrieb (Typ R) geschwenkt wird. Dazu wird Steuerluft im Bereich 3 bis $6\,bar$ benötigt. Die Ventile haben einen hohen Kvs-Wert und einen großen Regelbereich von 200:1. Der Schwenkbereich des Drosselkörpers liegt zwischen 8% und 100% was einem Bereich von minimal (regelbar) 1° und maximal 75° Öffnungswinkel entspricht. Hierbei wird durch die Wahl des Kvs-Wertes für jedes Ventil sichergestellt, dass mit dem Schwenkbereich des Drosselkröpers auch der geforderte Volumenstrombereich eingestellt werden kann. Die Ansprechempfindlichkeit innerhalb der linearen Kennlinie ist für jedes Ventil mit $\leq 0.1\,\%$ angegeben und die Hysterese der elektronischen Regeleinheit liegt bei $\leq 0.3\,\%$ Drosselkegelposition.

In der Kühlluftstrecke sind zwei Druckstellventile gleichen Typs mit unterschiedlichem Kvs-Wert verbaut. Das erste Stellventil (DV-1) befindet sich am Eintritt der Kühlluftstrecke und wird über den Pilot-Druckregler mit einem Eingangsdruck von maximal $2.8\,bar$ versorgt. Durch Verstellen des Drosselkörpers im Ventil wird

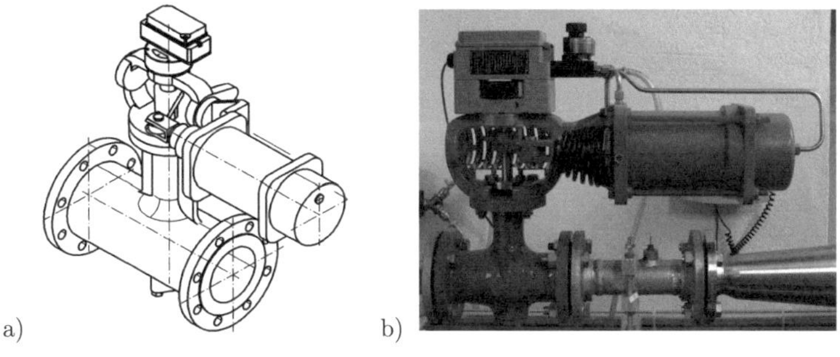

Abbildung 4.4: Aufbau der Druckstellventile

der geforderte Volumenstrom für eine bestimmte Kühlluft-Reynoldszahl eingestellt. Durch den Druckverlust im Ventil bei variabler Kegelstellung steigt der Austrittsdruck zwischen 1.04 und 1.20 bar absolut. Bei einem Eingangsdruck von 2.8 bar beträgt der einzustellende Volumenstrom, für einen Reynoldszahlbereich von $Re_{c,Dh} = 10000 - 100000$, zwischen 16 und $450\,m^3/h$. Damit wird der Durchflusskennwert für dieses Ventil mit $Kvs = 17$ gewählt und die Anschlüsse werden mit einer Nennweite von DN50 ausgeführt. Das zweite Stellventil (DV-2) ist weit stromab des Kühlluftkanals und des zweiten Turbinenradgaszählers installiert. Dieses Ventil wird benutzt, um das statische Druckniveau im Kühlkanal soweit anzuheben bis sich das erforderliche Druckverhältnis über die Filmbohrungen einstellt. Damit wird ein definiertes Ausströmen mit einer regelbaren Ausblasrate gewährleistet. Aufgrund der Androsselung der gesamten Kühlluftstrecke bei Verstellen des DV-2 sinkt der Durchfluss und damit die Reynoldszahl im Kühlkanal wieder. Daher müssen beide Ventile so oft iterativ verstellt werden bis sowohl die geforderte Kühlluft-Reynoldszahl als auch die Ausblasrate für die Filmbohrungen eingestellt ist. Am Ventil DV-2 sind die Druckdifferenzen zwischen Ein- und Austrittsdruck sehr gering und werden ausschließlich von den Durchströmverlusten des Ventils geprägt. Daher ist für die Auslegung von DV-2 nicht die Einstellung eines Volumenstromes wichtig, sondern die Minimierung der Druckverluste entscheidend. Dazu werden bei voll geöffnetem Ventil ($\varphi = 99\%$) die Druckverluste über das Ventil bestimmt. Durch die Wahl eines sehr grossen Durchflusskennwert mit $Kvs = 252$ und einem großen Austrittsquerschnitt mit einer Nennweite DN 100 werden die Druckverluste deutlich verringert. Die Austrittsgeschwindigkeiten am Ventil sind daher für einen Normvolumenstrombereich von $15 < \dot{V} < 650\,m^3/h$ mit maximal $23\,m/s$ sehr gering. Eine Zusammenfassung der Auslegungsdaten findet sich in Tabelle 4.1.

		$\dot{V}$ $[m^3/h]$	p_E $[Pa]$	p_A $[Pa]$	K_v $[-]$	φ $[\%]$	u_A $[m/s]$
DV-1	min	15	2.0	1.2	0.54	9	3.54
	max	450	2.0	1.2	16.32	96	106.10
DV-2	min	15	1.04	1.039995	247.81	99	0.53
	max	650	1.04	1.030750	249.34	99	23.19

Tabelle 4.1: Auslegungsdaten für die Drehkegelventile DV-1 und DV-2

Zur Ermittlung des Bohrungsmassestromes wird in der Kühlluftstrecke der Volumenstrom an zwei Stellen sowohl stromauf als auch stromab des Kühlkanals gemessen. Dazu werden Turbinenradgaszähler der Fa. Elster Instrumet verwendet (siehe Abb. 4.5). Hierbei wird durch das in den Zähler strömende Gas eine beschaufeltes Turbinenmessrad in Rotation versetzt. Die Drehzahl ist dabei proportional zum durchströmten Betriebsvolumen. Der Durchlauf des Turbinenrades wird registriert und die Einzelimpulse über einen Hochfrequenzimpulsgeber mit einer maximalen Frequenz von $f = 1570\,Hz$ bei $\dot{V}_{max}$ gezählt. Ein Gleichrichtereinsatz stromauf

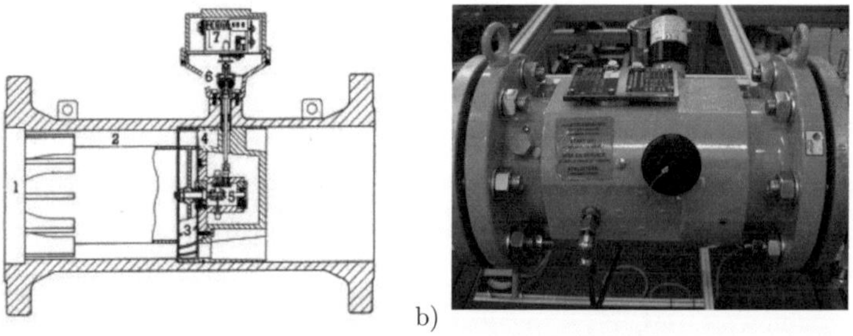

a) b)

Abbildung 4.5: Aufbau der Turbinenradgaszähler

des Turbinenradgaszählers vergleichmäßigt die Strömung die aus dem 90°-Bogen abströmt. Mit Hilfe eines Mantelthermoelementes (Typ K) und einer Wanddruckbohrung kann durch Messung der statischen Temperatur und des Druckes die Dichte des Strömungsmediums und damit der Massestrom für jeden Turbinenradgaszähler bestimmt werden. Durch Differenzbildung beider Massenströme wird, bei Annahme von vernachlässigbar kleiner Leckageströme im Prüfstand, der Bohrungsmassenstrom $\dot{m}_h$ ermittelt. Hieraus lässt sich dann mit der Massenstromdichte der Heissgasströmung die Ausblasrate M für die Filmbohrungen berechnen. Zur Ermittlung des Volumenstroms kommen zwei baugleiche Turbinenradgaszähler Elster G400-150 mit einem Messbereich von $32 < \dot{V} < 650\,m^3/h$ zur Anwendung. Die durch die Herstellerkalibrierung ermittelte Messungenauigkeit liegt im Bereich von 0.22 % bis 0.28 % des Messwertes.

Danach wird der Rohrquerschnitt durch ein aus Aluminium in zwei Halbschalen gefrästes Übergangsstück in den rechteckigen Kühlkanalquerschnitt von $144\,mm\,x\,72\,mm$ überführt. Daran schließt sich ein weiteres Gleichrichtersystem an, welches aus einem Wabengleichrichter und zwei hintereinander geschalteten Sieben besteht. Durch die Siebe werden vor allem die Geschwindigkeitsvariationen in Strömungsrichtung reduziert. Nach Bradshaw und Mehta [84] wird bei Sieben mit einem Gesamtdruckverlustkoeffizienten $K = \Delta p_v/\rho\,u^2 = 2$ ein Grossteil der rotierenden Anteile im Strömungsfeld vermindert. Bei der hier verwendeten Kombination werden 2 Siebe mit einem Einzeldruckverlustbeiwert von $K_i = 1$ und einem Versperrungsverhältnis von $\beta = 0.61$ ausgelegt. Das erste Sieb ist grobmaschiger mit einem Drahtdurchmesser von $1\,mm$ und einer Maschenweite von $5\,mm$. Das zweite, feinmaschigere Sieb hat einen Drahtdurchmesser von $0.4\,mm$ und eine Maschenweite von $2\,mm$. Für den Wabengleichrichter wird die einzelne Wabenzelle als Fünfeck ausgeführt, wobei deren Tiefe etwa 5-10 Zellendurchmesser betragen sollte. Die in diesem Fall verwendete Gleichrichterstruktur PAMG-XR1-3003 der Fa. Plascore ist aus Aluminium gefertigt. Der Wabeninnendurchmesser ist $6.3\,mm$ und die Tiefe beträgt $40\,mm$ ($6.3\,x$ Zellendurchmesser).

Direkt nach dem Gleichrichter schließt sich die Netzgewebeheizung für die Wärmeübergangsmessungen an. Eine detaillierte Beschreibung des Funktionsprinzips und der Auslegung findet sich im Abschnitt 4.2. Nach der Heizung wird das Kühlgas durch ein Zwischenstück aus Plexiglas geleitet. Hierin sind sowohl eine Prandtl-Sonde als auch eine Thermosonde zur Messung der gemittelten Totaltemperatur und ein Fluidther-

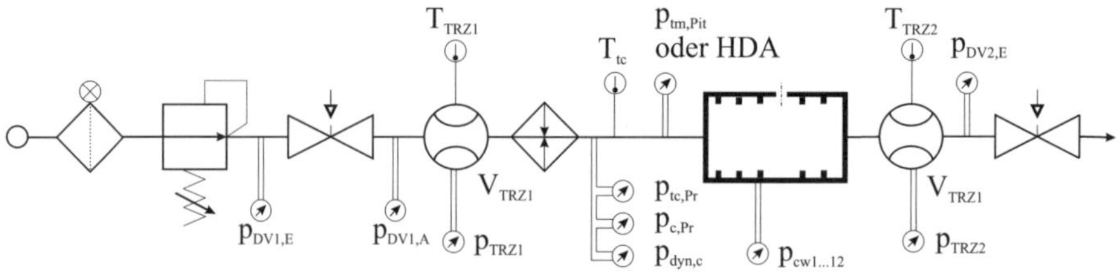

Abbildung 4.6: Anordnung der Messstellen in der Kühlluftstrecke

moelement mit offener Messperle installiert. Damit kann der transiente Verlauf der Heizungstemperatur am Austritt überwacht werden. Mit dem gemessenen statischen, dynamischen und Totaldruck an der Prandtl-Sonde wird am Eintritt des Kühlkanals die Kühlkanal-Reynoldszahl ermittelt. Direkt im Kühlkanal sind eine Vielzahl von Messstellen zur Bestimmung des Druckverlustes und der Bulktemperaturverteilung entlang der Kanalachse untergebracht. Dazu sind in die Deckplatte des Kühlkanals Gewindebohrungen in der Mitte jedes Rippensegmentes eingebracht. Hier können entweder Messröhrchen zur Bestimmung des Wanddruckes oder Führungshülsen für die Thermoelemente zur Aufzeichung des transienten Fluidtemperaturverhaltens installiert werden. Weiterhin ist mit einem Abstand von ca. 48 Lochdurchmessern vor der ersten Rippe eine Aufnahme für Druck- bzw. Hitzdrahtsonden in den Kanaldeckel integriert.

4.1 Kühlkanal- und Filmlochgeometrie

Zur Auswahl der Kanalgeometrien wurden im Vorfeld der Messungen detaillierte Vorüberlegungen durchgeführt. Als erstes bleibt der Heissgaskanal in seinen geometrischen Parametern, im Seiten-Höhen-Verhältnis sowie in seiner Länge unverändert. Die Seitenwände sind für die Ankopplung mit dem Kühlkanal modifiziert worden, um die Kreuzverbindungselemente aufnehmen zu können. Weiterhin wurde eine neue Bodenplatte mit einer Reihe von drei zylindrischen Filmkühlbohrungen gefertigt. Der Lochdurchmesser wurde mit $D = 5\,mm$ als geometrischer Parameter aus vorangegangenen Messungen übernommen. Dies gewährleistet die Vergleichbarkeit zu früheren Filmkühleffektivitätsmessungen mit einer Ausblasung durch ein Plenum. Hiermit kann der Einfluss der Kühlkanaldurchströmung evaluiert werden. Weiterhin ist durch die Konstanz des Bohrungsdurchmesser ein vergleichbares Eindring- und

Mischverhalten des Filmstrahls in die Heissgasgrenzschicht gegeben. Da die Fluidrandbedingungen im Heissgaskanal nicht verändert worden sind, ist auch die Grenzschichtdicke und damit der Einflussparameter auf die Filmkühlung $\delta^*/D = 0.31$ identisch. Die Vergrößerung des Bohrungsdurchmesser hätte sowohl für die Geometrie der Bodenplatte als auch für das Eindringverhalten weitreichende Konsequenzen. Bei gleichbleibender Grenzschichtdicke würde der sich vergrößernde Strahlquerschnitt einfach durch die Grenzschicht hindurch in die Heissgasströmung penetrieren. Eine Ablenkung des Filmstrahles hin zur Wand durch die Heissgasgrenzschicht wäre daher nicht mehr gegeben, was das Austrittsverhalten der Kühlluft selbst bei moderaten Ausblasraten $M \leq 0.5$ signifikant ändern würde. Weiterhin ist bei größer werdendem Lochdurchmesser eine Anhebung der Plattendicke unvermeidlich, um ein minimales Lochlängen-zu-Durchmesser-Verhältnis von $L/D = 5$ einzuhalten. Nach den Ergebnissen von Lutum et al. [79] tritt ab diesem Verhältnis keine Beeinflussung der Locheintrittsströmung und der dort entstehenden Ablösezone auf den Lochaustritt mehr auf. Dies bedeutet aber zugleich für die Kühlkanalkomponenten ein größeres Gewicht und größere Dimensionen, damit einen größeren Bauraum für den gesamten Prüfstand, schlechtere Handhabbarkeit bei Demontage/Montage sowie deutlich höhere Kosten für Material und Fertigung.

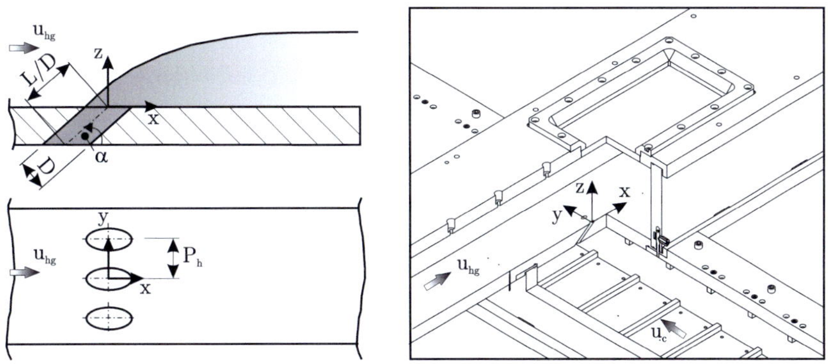

a) Filmlochgeometrie   b) Versuchsmodell des Heissgaskanals

Abbildung 4.7: Schematische Darstellung der Filmbohrungsgeometrie (a) und des Versuchsmodells für den Heissgaskanal (b)

Aufgrund des geringen Lochmassestromes im Vergleich zum Durchsatz des Kühlkanals ist für dessen präzise Bestimmung ein Volumenstrom außerhalb der Messunsicherheit der Turbinenradzähler notwendig. Gerade im Bereich der kleinen Kühlkanal-Reynoldszahlen spielt der Messfehler im Volumenstrom eine bedeutende Rolle (siehe auch Anhang A.3.1). Für die Einstellung einer Ausblasrate von $M = 0.50$ ergibt sich mit dem gewählten Lochdurchmesser ein Bohrungsmassestrom von $\dot{m}_h = 0.00022\,kg/s$ für eine Einzelbohrung, was einem Volumenstrom von $\dot{V}_h = 0.65\,m^3/h$ entspricht. Der Messfehler für den Volumenstrom gemessen mit einem Turbinenradzähler beträgt 0.22 % des Messwertes. Für eine Kühlkanal-Reynoldszahl von $Re_{c,Dh} = 10000$ ergibt sich ein Kühlluft-Volumenstrom von $\dot{V}_c = 59\,m^3/h$ mit einer Messgenauigkeit von $\Delta\dot{V}_c = \pm 0.13\,m^3/h$. Zur Bestimmung des Lochvolumenstromes wird die Differenz aus den Volumenströmen stromauf und stromab des Kühlkanals gebildet. Daher verdoppelt sich der Messfehler auf $\Delta\dot{V}_c = \pm 0.26\,m^3/h$ und beträgt etwa 40 % des Messwertes für den Lochvolumenstrom. Um diesen Fehler zu verringern werden statt einer Einzelbohrung drei Löcher untersucht. Damit wird der Bohrungsvolumenstrom verdreifacht und der Fehler im Volumenstrom fällt auf etwa 10 %, was äquivalent nur durch eine Vergrößerung des Durchmessers auf $D = 16\,mm$ erreicht werden kann. Mit größer werdender Ausblasrate wird dann der Fehler im Bohrungsvolumenstrom immer kleiner. Weiterhin kann durch die über der Teilung gleichmäßige Heissgasströmung der Einfluss der Rippenposition immer an dem nächstgelegenen Filmloch untersucht werden.

Der Inklinationswinkel der Bohrungen wurde mit 35° identisch zu schon untersuchten Bohrungsgeometrien gewählt. Die Teilung der Bohrung wurde mit einem Verhältnis von $P_h/D = 3$ so ausgewählt, dass sich einerseits noch diskrete Filmstrahlen auf der Wandoberfläche entwickeln. Andererseits jedoch soll bei gewählter Rippenteilung eine Verstellung der Rippen-zu-Lochposition gewährleistet sein. Die axiale Position der Filmbohrungen im Heissgaskanal mit $x_E/D = 112$ wurde hierbei nicht verändert. Aufgrund der notwendigen optischen Zugänglichkeit für die Laser-Messtechniken besteht der Heissgaskanal aus klaren Plexiglas-Platten mit einer Wandstärke von $20\,mm$. Diese Wandstärke wurde so gewählt, dass für die transiente Bestimmung der Wärmeübergänge im Kühlkanal die Annahme einer halbunendlichen Wand noch gilt und die maximale Versuchszeit vergrößert wird (siehe auch Abschnitt 5.4). Mit der gewählten Plattenstärke und dem Lochdurchmesser ergibt sich ein Längen-zu-Lochdurchmesserverhältnis für die Filmbohrung von $L/D = 7$.

	Heissgaskanal		Kühlluftkanal		Filmbohrung	
dimensionslose Parameter	W/H	1.45:1	W/H	2:1	L/D	7
			e/D	1.5	P_h/D	3
			e/D_h	0.078	α	35°
			P_r/e	10	β	0°
			γ	90°	N	3
Abmessungen [mm]	W	160	W	144	L	35
	H	110	H	72	D	5
	L_k	1600	L_k	1200	P_h	15
			D_h	96		
			e	7.5		
			P_r	75		

Tabelle 4.2: Geometrieparameter für Heissgas-, Kühlluftkanal und Filmbohrungen

Die Auslegung der Kühlkanalgeometrie erfolgt auf Basis typischer Geometrien einer realen Turbinenschaufel und ihrer konvektiven Innenkühlung. Dabei werden die nicht rechteckigen, ungleichförmingen Kanalquerschnitte idealisiert und auf eine rechteckige Kanalform übertragen. Da die Kühlkanäle radial verlaufen und durch Krümmer miteinander verbunden sind, ist die Kanalachse senkrecht zur Strömungsrichtung des Heissgases angeordnet. Daher wird auch der für die Untersuchungen gestaltete Kühlluftkanal senkrecht zum Heissgaskanal positioniert. Weiterhin ändert sich die Kanalform wie auch das Seiten-zu-Höhenverhältnis über die Schaufelsehne. Im Vorderkantenbereich ist der separate Innenkühlkanal eher als Dreieck gestaltet, wobei die Form dann weiter stromab in annähernd rechteckige Kanäle übergeht. Dabei ändert sich das Seiten-zu-Höhenverhältnis W/H in Abhängigkeit von der Position des Kanals (siehe auch Huh et al. [55]). Während im Vorderkantenbereich bis ca. 30 -40% Sehne eher schmale Kanäle mit einem Verhältnis von $W/H = 1:4$ bis $1:1$ vorherrschen, werden die Kanäle durch die immer geringer werdende Profildicke bis in den Bereich der Hinterkante breiter mit Verhältnissen bis 4:1 ausgeführt. Im mittleren Bereich der Schaufel ist die Form der Kühlkanäle eher quadratisch mit Seiten-zu-Höhenverhältnissen 1:2, 1:1 und 2:1. Für die hier durchgeführten experimentellen Untersuchungen wird dieser Bereich des internen Kühlsystems durch einen rechteckigen Kühlkanal mit einem Seiten-zu-Höhenverhältnis von $W/H = 2:1$ modelliert. Auch der Kühlluftkanal ist mit $20\,mm$ dicken Plexiglasplatten ausgeführt.

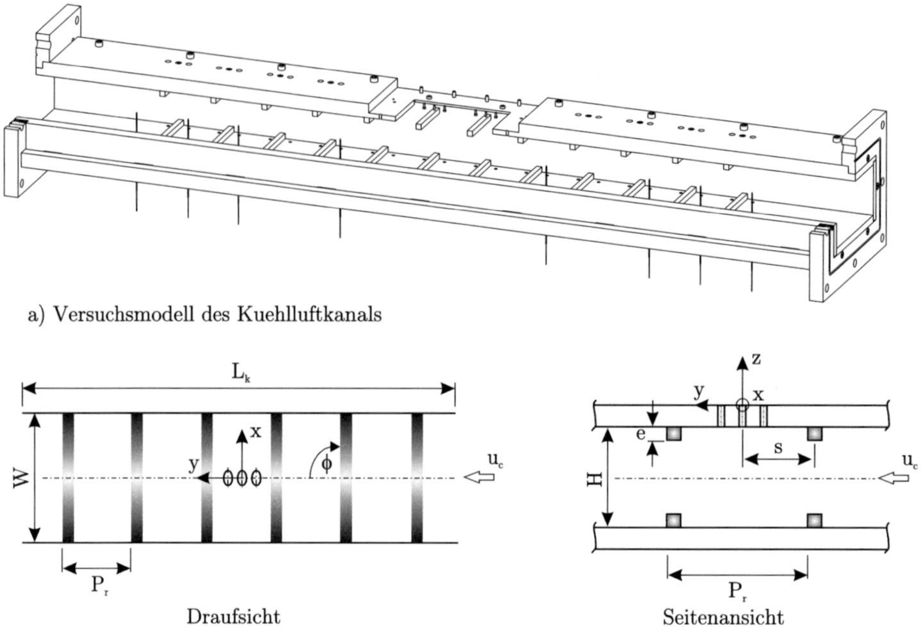

b) Kanalgeometrie

Abbildung 4.8: Schematische Darstellung des Versuchsmodells (a) und der Geometrieparameter des Kühlluftkanals (b)

Weiterhin ist das Verhältnis Rippenhöhe-zu-Lochdurchmesser entscheidend für den Einfluss der rippeninduzierten Strömung auf das Strömungsfeld am Locheintritt. Maschinentypische Verhältnisse für diesen Parameter bewegen sich im Bereich $1.0 < e/D < 1.5$ abhängig von der Position des Kühlkanals. Für den mittleren Schaufelbereich wurde hier ein Verhältnis von $e/D = 1.5$ angenommen. Hiermit ergibt sich eine Höhe für die quadratische Rippe von $e = 7.5\,mm$. Weiterhin sind zusätzliche dimensionslose Geometrieparameter notwendig, um ein maschinentypisches Design des Kühlkanals zu realisieren. Das Verhältnis von Rippenhöhe zum hydraulischen Durchmesser des Kanals e/D_h entspricht hierbei einem Versperrungsverhältnis der Rippen auf die Kühlluftströmung. Durch Wahl dieses Parameters wird der Einfluss der Rippen auf das Strömungsfeld und damit die Stärke der periodischen Störung der Strömungs- und thermodynamischen Grenzschicht festgelegt. Für die vorliegenden Untersuchungen wurde ein typisches Rippenhöhe-zu-hydraulischen Durchmesserverhältnis von $e/D_h = 0.078$ gewählt. Damit ergibt sich mit der Wahl eines Seitensverhältnisses W/H und des festgelegten Parameters e/D_h automatisch die geometrischen Abmessungen von Höhe und Breite des Kanals. Der rechteckige Kanal hat für einen hydraulischen Durchmesser von $D_h = 96\,mm$ eine Breite von $W = 144\,mm$ und eine Höhe $H = 72\,mm$.

Ein weiterer frei wählbarer Geometrieparameter ist das Rippenteilungsverhältnis P_r/e. Bei der Wahl dieses Parameters ist zu beachten, dass durch Variation dieser Größe die sich periodisch wiederholende Strömungsstruktur von Grenzschichtstörung, Ablösung hinter der Rippe und Wiederanlegen der Strömung empfindlich verändert wird. Die ideale Rippenteilung ist groß genug, um ein Wiederanlegen und damit eine Staupunktsausbildung der Kühlluftströmung zu gewährleisten. Damit ist ein hoher Wärmeübergang in diesem Bereich garantiert. Nichtsdestotrotz muss die Rippenteilung klein genug gewählt werden, um das Wiederanlaufen und die freie Entwicklung der Strömungs- und thermischen Grenzschicht weitestgehend zu vermeiden. Werden die Rippen zu nahe zusammengestellt ($P_r/e < 7$), kommt es nicht zu einem Wiederanlegen der Strömung und die Ablösegebiete vor und hinter der Rippe wachsen zusammen. Es kann passsieren dass die Strömung daher entweder direkt auf die nächste stromabgelegene Rippe trifft ($P_r/e = 5$) oder bei noch kleinerem Verhältnis die Rippe gänzlich passiert ($P_r/e = 2.5$) ohne das gewünschte Ablöseverhalten hervorzurufen. Untersuchungen in der Vergangenheit, von beispielsweise von Han et al. [48] oder Taslim und Spring [116], haben gezeigt, dass sich ein ideales Rippenteilungs-zu-Rippenhöhenverhältnis für senkrechte Rippenanordnungen bei etwa $P_r/e = 10$ befindet. Mit der gewählten Rippenhöhe von $e = 7.5\,mm$ ergibt sich somit eine Rippenteilung von $P_r = 75\,mm$.

Nach Festlegung der Geometrieparameter für den Kühlkanal kann auch der maximale Verstellweg s für die Rippen bestimmt werden. Ziel dieser Untersuchung ist die Ermittlung des Einflusses der rippennahen Umströmung bei Variation der Lochposition auf das Strömungsfeld am Bohrungsein- und austritt. Dazu werden der Einfachheit halber nicht die Bohrungen in der Bodenplatte des Heissgaskanals versetzt, sondern die Position der Rippen im Kühlluftkanal bezüglich der Filmbohrungen variiert. Der Abstandsparameter s/D beschreibt hierbei die Distanz vom Lochmittelpunkt der mittleren Bohrung zur Mitte der nächsten stromaufgelegenen Rippe (siehe auch Abb. 4.8 b)). Mit der gewählten Rippenteilung ergibt sich der maximale Verstellweg im Rippenfach von $\pm 3.25D$ in Bezug auf die symmetrische

Position bei $s/D_{sym} = 7.5$. An der Grenze des Verstellweges liegt dabei die Rippe tangential an Locheintrittskontur an. Um aber konstruktiv mit vertretbarem Aufwand die Befestigungen der Rippen im Kühlkanal unterzubringen, wird der Verstellbereich verkürzt und auf drei, feste Positionen mit $s/D = 4.5$, 7.5 sowie 10.5 durch einen minimalen Abstand zur Locheintrittskante von $0.25D$ begrenzt. Die Rippen werden über Schrauben im Kühlkanal fixiert und die nicht genutzten Gewindebohrungen für die anderen Rippenpositionen über Madenschrauben dicht verschlossen. Um ein periodisches Strömungsfeld mit den Rippen zu erreichen, werden sowohl sechs Rippen stromauf als auch sechs Rippen stromab der Filmbohrungen angeordnet. Mit dem maximalen Verstellweg der Rippen und einer Ein- und Auslauflänge für den Kühlkanal von einem hydraulischen Durchmesser ergibt sich eine Gesamtlänge des Kanals von $L_k = 1200\,mm$.

4.2 Netzdrahtgewebeheizer

Für die Anwendung der transienten Flüssigkristallmethode wird die Reaktion der Wandtemperatur auf Änderungen der Fluidtemperatur bestimmt. Dies dient zur Ermittlung des Wärmeübergangskoeffizienten an der Wand. Dazu wird, ausgehend von

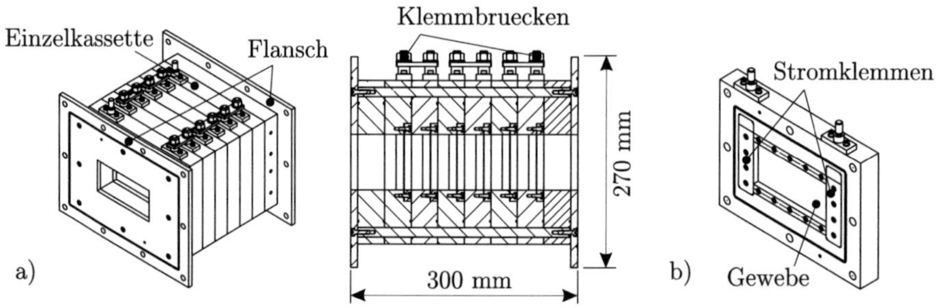

Abbildung 4.9: Schematische Darstellung des Netzgewebeheizers mit Komponenten (a) und Detailansicht der Einzelkassette (b)

einem thermodynamischen Gleichgewichtszustand im Kühlluftkanal, eine sprunghafte Temperaturänderung im Fluidmedium aufgebracht. Durch die so verursachte Temperaturdifferenz zwischen dem Fluid und der Wand wird ein Wärmestrom in die Wand initiiert und die Wandtemperatur steigt langsam. Um solch einen Temperatursprung zu realisieren ist eine spezielle Heizung mit geringer Ansprechzeit oder ein diskretes Umschalten zwischen einem kalten und einem warmen Luftstrom notwendig.

Die in diesem Fall verwendete Heizung besteht aus Edelstahlgewebe der Fa. Spörl GmbH (Werkstoffnummer: 1.4301) mit einem Drahtdurchmesser von 25 μm und einer Maschenweite von 40 μm. Durch kleine Drahtdurchmesser wird eine kürzere Ansprechzeit der Heizung realisiert. Das Gewebe besitzt daher eine offene Siebfläche von 37.9 % und produziert einen Druckverlust von $\Delta p_v = 4146$ Pa (abgeschätzt nach Idelchik [57]) bei maximaler Durchströmung mit einem Massenstrom von $\dot{m}_c = 0.21\, kg/s$. Dies entspricht einer Kühlluft-Reynoldszahl von $Re_{c,Dh} = 100000$ bezogen auf den hydraulischen Durchmesser des Kühlluftkanals.

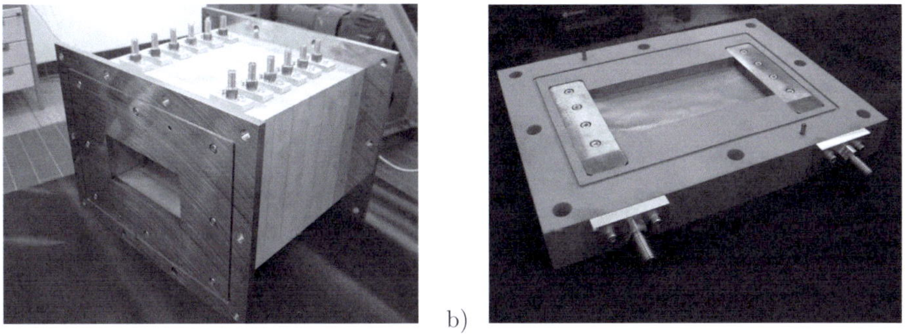

a) b)

Abbildung 4.10: Netzgewebeheizer für die Wärmeübergangsuntersuchungen am Plattenfilmkühlkanal mit (a) Gesamtansicht und (b) Einzelkassette mit eingelegtem Edelstahlgewebe und Stromklemmen

Die Gewebe sind auf den Innenquerschnitt des Kühlluftkanals von $144\, mm\, x\, 72\, mm$ zugeschnitten und werden von der Schmalseite aus in Kupferklemmen eingelegt. Diese Klemmen sind in Taschen innerhalb von Gehäusekassetten untergebracht, die aus dem Blockmaterial Necuron 700 (Fa. Girrbach) gefräst wurden. Das ist ein Werkstoff auf Epoxidharzbasis, welcher eine hohe Warmformbeständigkeit bis zu 170°C und einen geringen Wärmeausdehnungskoeffizienten von $42{\cdot}10^{-6}$ K^-1 aufweist. Es wird hauptsächlich für Laminierformen und -vorrichtungen sowie im Modellbau verwendet und lässt sich dadurch exzellent spanend bearbeiten. Der Heizer beinhaltet sechs baugleiche Kassetten, die mit Gewebe bestückt sind und durch Zentrierstangen verbunden werden. Damit wird eine identische Ausrichtung des Durchströmquerschnittes der Kassetten zueinander gewährleistet. Die Kassetten sind durch Rundschnüre aus EPDM mit einem Durchmesser von $2\,mm$ abgedichtet.

Die Heizung wird von einer wassergekühlten Gleichstromquelle pe4283 der Fa. Plating Electronics mit einer Gesamtleistung von 20 kW bei einer maximaler Spannung von 200V und einer maximalen Stromstärke von 100A versorgt. Die Gleichspannungsquelle bietet darüberhinaus die Möglichkeit über eine RS-485 Busschnittstelle ferngesteuert zu werden. Durch die Einbindung der notwendigen Programmroutinen in das Steuerprogramm des Plattenfilmkühlkanals wird eine Synchronisierung der Videoaufnahme über die Kamera und des Einschaltvorganges der Heizung erreicht.

$Re_{c,Dh}$ [-]	$\dot{m}_c$ [kg/s]	$P_{el,ges}$ [kW]	$P_{el,i}$ [kW]	Δp_v [Pa]	R_{ges} [Ω]	U [V]	I [A]
10000	0.0207	1.042	0.174	114	1.16	34.8	30.0
30000	0.0620	3.126	0.521	542	1.16	60.2	51.9
60000	0.1240	6.252	1.042	1686	1.16	85.2	73.4
90000	0.1861	9.378	1.563	3431	1.16	104.3	89.9
100000	0.2067	10.420	1.737	4146	1.16	109.9	94.8

Tabelle 4.3: Auslegung der Netzdrahtgewebeheizung bei $\Delta T_{max} = 50K$ und einer Kassettenanzahl von N = 6 in elektrischer Reihenschaltung

Die ausgelegte elektrische Gesamtleistung der Heizung für einen maximale Anhebung der Fluidtemperatur um $\Delta T = 50\,K$ bei höchster Kühlluft-Reynoldszahl von $Re_{c,Dh} = 100000$ beträgt dabei $P_{el,ges} = 10.4$ kW. Dies entspricht einer elektrischen Leistung pro Kassette von $P_{el,ges} = 1.74$ kW. Die Einzelkassetten sind in einer elektrischen Reihenschaltung angeordnet, um die erforderlichen Kabelquerschnitte so gering wie möglich zu halten. Damit ergibt sich eine Versorgungspannung von $U = 110\,V$ und eine Stromstärke von $I = 95\,A$ bei maximaler, ausgelegter Heizleistung.

Durch thermische Längendehnung des Drahtes ändert sich der Widerstand des Edelstahlgewebes abhängig von der Wärmeabfuhr aufgrund eines durchströmenden Fluides. Die Ergebnisse für ein Einzelgewebe in Abhängigkeit von der Anströmgeschwindigkeit ist im linken Diagramm von Abb. 4.11 zu finden. Bei hohem Durchsatz durch das Gewebe (u = 16.8 m/s) ist die Wärmeabfuhr deutlich höher und die thermische Längendehnung des Drahtes fällt daher geringer aus. Dies resultiert in einem geringen Anstieg des Gewebewiderstandes bei maximaler elektrischer Leistung bis zu maximal 13 %. Wird die Anströmgeschwindigkeit verringert, so erhöht sich die Wärmemenge die in den Drähten aufgenommen wird. Je geringer die Wärmeabfuhr durch das durchströmende Medium, desto schneller erfährt der Draht eine Längenänderung und einen Anstieg im elektrischen Widerstand. Bei geringen Anströmgeschwindigkeiten von $u = 4\,m/s$ erhöht sich der Drahtwiderstand um bis zu 58 % bezüglich seines Ausgangswertes. Im Fall ohne Gewebedurchströmung, beträgt die maximal ertragbare elektrische Leistung für ein einzelnes Edelstahlgewebe mit den gewählten Abmessungen 2.97 kW bei einer Spannung von 34 V und einer Stromstärke von 94 A. Bei weiterer Leistungserhöhung steigt Energiedichte auf dem sehr kleinen Drahtquerschnitt von $4.9 \cdot 10^{-4}$ mm^2 so stark an, dass die Drähte zum Schmelzen gebracht werden.

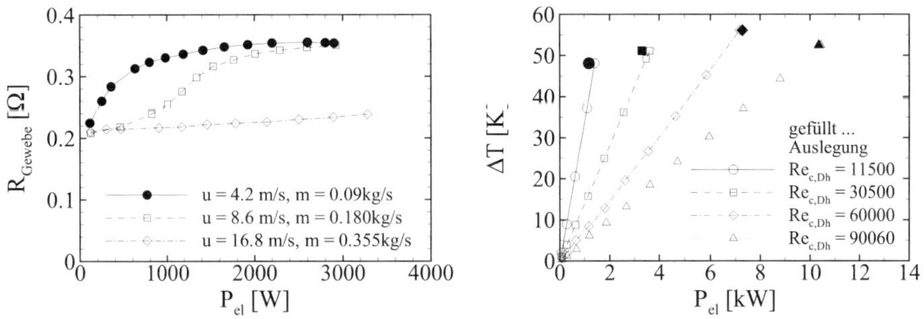

Abbildung 4.11: Veränderung des Gewebewiderstandes mit Variation der elektrischen Leistung und erhöhter Wärmeabfuhr (links) sowie Temperaturdifferenz $\Delta T = T_B\text{-}T_0$ und notwendige elektrische Leistung des Netzgewebeheizers in Abhängigkeit von der Kühlluft-Reynoldszahl, gemessen ein Rippensegment stromauf der Filmbohrungen (rechts)

Weiterhin wurde für die Inbetriebnahme der Heizung die mögliche Temperaturdifferenz nahe der Messstelle bestimmt. Hierzu wurden schnell ansprechende Thermoelementsonden mit einem Messkopf von 0.08 mm Durchmesser direkt stromab des Heizers sowie eine Rippenteilung $P/e = 10$ vor dem Locheintritt der mittleren Filmbohrung und in dem letzten Rippensegment positioniert. Der Messkopf wurde in einem dimensionslosen Wandabstand von $z/H_c = 0.5$ angebracht, um die Mittelschnittstemperatur T_B erfassen zu können. In Abhängigkeit der Kühlluft-Reynoldszahl im Bereich von $10000 < Re_{c,Dh} < 90000$ wurde durch Variation der Heizungsversorgungsspannung, die elektrische Leistung sowie die mögliche Temperaturdifferenz $\Delta T = T_B - T_0$ bei der jeweiligen Reynoldszahl bestimmt. Dabei bezieht sich T_0 auf die Temperatur im thermodynamischen Beharrungszustand ohne Einschalten der Heizung. Die Auslegungsdaten sind mit roten Symbolen in das rechte Diagramm in Abb. 4.11 für die Temperaturdifferenz von ca. $50\,K$ bei der jeweiligen Reynoldszahl eingetragen. Es ist klar ersichtlich, dass für die geringen Kühlluft-Reynoldszahlen von 11500 und 30500 die erforderliche elektrische Leistung um ca. 18 bzw. 10 % unterschätzt wurde. Dies resultiert vermutlich aus dem sehr geringen Wärmetransport im Fluid bei den geringen Massenströmen. Für größere Reynoldszahlen sind die Abweichungen kleiner als 2 %.

4.3 Betriebsparameter

Zur Einstellung der Lochausströmung wird als erstes das Gebläse des Heißgaskanals auf seine maximale Drehzahl gefahren. Damit ergibt sich die erreichbare maximale Heißgas-Reynoldszahl, die über die Betriebsdauer des Prüfstandes annähernd konstant ist. Abhängig von den Umgebungsbedingungen (Druck, Temperatur), ist von Messtag zu Messtag eine Variation der Reynoldszahl im Bereich $5750 < Re_{m,D} < 6100$ zu beobachten.

Für die Kühlluftversorgungsstrecke wird Druckluft aus dem hauseigenen Druckluftsystem mit einem Vordruck von $6.5 - 7\,bar$ in einer technischen Reinheit zur Verfügung gestellt. Ein Schemata der Kühlluftanlage ist in Abb. 4.12 dargestellt. Um die Qualität der Kühlluft auf die höheren Anforderungen im Prüfstands anzupassen, ist stromauf der Kühlluftversorgung ein System aus Filtereinheiten und Absperrventilen vorgeschaltet. Das dreistufige Filtersystem (3FS) mit einem Gesamtabscheidegrad von 99.999 % besteht aus einem Zyklonfilter sowie einem Mikro- und einem Submikrofilter, wobei die Partikelgröße in der gereinigten Luft von Filter zu Filter von $8\,\mu$, $1\,\mu$ bis auf $0.01\,\mu$ abgesenkt wird. Der Restölgehalt am Ausgang der Filtereinheit beträgt damit $< 0.01\,mg/m^3$ bzw. $\leq 0.01\,ppm$. Der maximale Durchsatz durch das Filtersystem ist mit 681 m^3/h bei 7 bar festgelegt. Durch einen nachgeschalteten Pilotdruckregler (PR) mit einem Regelbereich am Austritt von $0 - 10\,bar$ wird der Systemdruck von $6.5 - 7\,bar$ auf einen Vordruck für das erste Druckstellventil DV-1 auf 2.8 bar reduziert. Gleichzeitig werden über den Regler eventuell auftretende Druckschwankungen im Labordruckluftsystem durch plötzliches Zuschalten von weiteren Prüfständen vermindert.

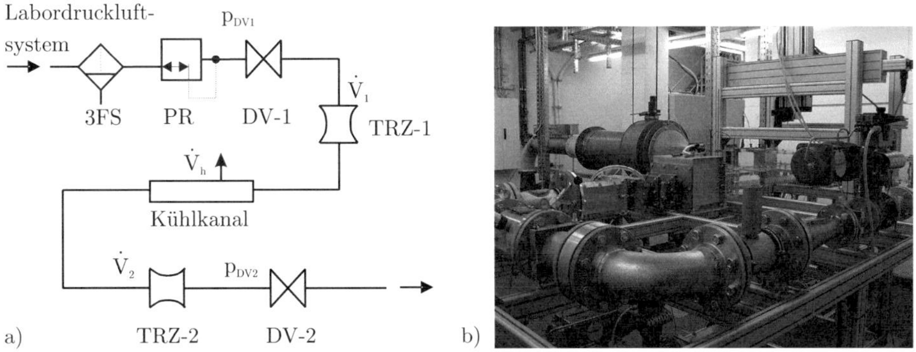

Abbildung 4.12: Schemata der Regelung für die Kühlluftversorgung (a) und realisiertes Anlagensystem (b)

Um eine definierte Kühlkanaldurchströmung zu realisieren, wird durch Öffnen des ersten Druckventils DV-1 ein konstanter Volumenstrom eingestellt. Hierbei bleibt das Druckventil 2 stromab des Kühlkanals voll geöffnet (Ventilstellung 100 %). Über den Turbinenradzähler TRZ-1 wird dann, in Verbindung mit der gemessenen Dichte, der Massenstrom erfasst und über die Messdaten der Prandtl-Sonde am Kühlkanaleintritt wird die tatsächliche Reynoldszahl der Kühlluftströmung aus dem Mittenwert des Geschwindigkeitsprofils bestimmt. Für eine Variation der Ventilöffnung zeigt das linke Diagramm in Abb. 4.13 den Verlauf für die Kühlluft-Reynoldszahl. Hierbei zeigt sich, wie erwartet, ein annähernd linearer Verlauf wobei ab einer Ventilöffnung von ca. 55 % keine weitere Erhöhung der Reynoldszahl möglich ist. Dies liegt in der Konstruktion des Ventils begründet, da der Ventilsitz und dessen Öffnung für einen maximalen Durchsatz von 650 m^3/h und einen Eintrittsdruck von $p_{DV-1} = 2\,bar$ ausgelegt wurde. Daher wird der Eintrittsdruck für das Ventil DV-1 auf max. 2.8 bar begrenzt.

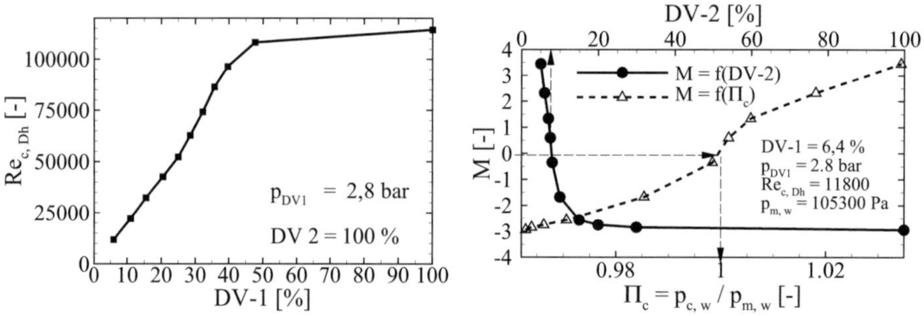

Abbildung 4.13: Typische Kennlinie der Stellposition des Druckstellventils DV-1 in Abhängigkeit der Kühlluft-Reynoldszahl bei voll geöffnetem DV-2 (links) und Ausblasrate M der Filmlochbohrungen und statisches Druckverhältnis Π_c als Funktion der Stellposition für DV-2 (rechts)

Für die Messungen wird aber ein etwas geringerer Vordruck von $2\,bar$ eingestellt. Durch anschließendes Verstellen von DV-1 wird dann ein erster Startwert für die gewünschte Kühlluft-Reynoldszahl eingestellt.

Der Gesamtdruckverlust in der Kühlluftstrecke wurde innerhalb der Auslegung der Strecke so bemessen, dass der statischer Kühlluftdruck $p_{c,W}$ im Bereich des Locheintrittes bei einer Durchströmung mit voll geöffnetem DV-2 für den erforderlichen Reynoldszahlbereich $10000 < Re_{c,Dh} < 100000$ immer kleiner ist als der statische Wanddruck im Heissgaskanal stromauf der Filmbohrungen $p_{m,W}$. Damit ergibt sich ein Druckverhältnis $\Pi_c < 1$ über die Filmbohrungen. Somit dringt Heißgas aus dem Hauptkanal in den Kühlluftkanal ein und es findet keine Lochausströmung statt. Durch Veringerung der Ventilöffnung des zweiten Ventils DV-2 steigt das Druckniveau im Kühlkanal durch eine stärkere Androsselung des Systems. Bei einem Druckverhältnis $\Pi_c = 1$ sind die Wanddrücke in Kühl- und Hauptkanal identisch und bei weiterer Verringerung der Ventilöffnung strömt dann definiert Kühlluft aus dem Kühlkanal in die Filmbohrungen und wird in die Wandgrenzschicht des Hauptkanals eingeblasen. Durch schrittweise Veränderung der Ventilstellung im 0.10 % Bereich lässt sich dann definiert ein erster Startwert für die gewünschte Ausblasrate der drei Filmbohrungen einstellen. Durch die Androsselung, die über die Verstellung des DV-2 bewirkt wird, sinkt aber der Durchsatz in der Kühlluftstrecke, sodass die Kühlluft-Reynoldszahl wieder geringer wird. Durch zweimaliges, iteratives Nachstellen der beiden Ventilstellungen kann dann die geforderten Werte für $Re_{c,Dh}$ und M eingestellt werden. Dieser Sachverhalt ist exemplarisch nochmals im rechten Diagramm der Abb. 4.13 für eine geringe Kühlluft-Reynoldszahl von $Re_{c,Dh} = 11800$ dargestellt. Hier liegt der Nulldurchgang der Ausblasrate bei einer Ventilöffnung von 7.8 % und für eine Ausblasrate von $M = 1.00$ muss die Ventilöffnung um weitere 0.6 % verringert werden. Solch eine Kennlinie ist aber abhängig vom Durchsatz und damit von

$Re_{c,Dh}$		10000		30000		60000		90000	
		DV-1 [%]	DV-2 [%]	DV-1 [%]	DV-2 [%]	DV-1 [%]	DV-2 [%]	DV-1 [%]	DV-2 [%]
M	0.5	6.30	7.35	16.20	16.35	30.05	28.33	38.10	39.40
M	0.75	6.35	7.15	16.25	16.20	30.05	27.80	38.15	38.40
M	1.00	6.40	6.95	16.30	15.95	30.05	27.35	38.20	37.50

Tabelle 4.4: Ventilstellungen für DV-1 und DV-2 zur Einstellung verschiedener Reynoldszahlen und Ausblasraten

der Kühlluft-Reynoldszahl. Daher müssen die korrekten Ventilpositionen für jede zu messene Reynoldszahl und Ausblasrate im Vorfeld der Experimente bestimmt werden. Tab. 4.4 zeigt eine beispielhafte Zusammenstellung der Ventilstellungen für vier verschiedene Reynoldszahlen und drei Ausblasraten im untersuchten Bereich.

Der für die Berechnung der Ausblasrate nötige Lochmassenstrom $\dot{m}_h$ berechnet sich aus der Differenz der Masseströme beider Turbinenradgaszähler (TRZ-1 und TRZ-2). Um die Qualität der Massenstrommessung zu erhöhen, wurden im Vorfeld Versuche mit verschlossenen Kühlluftlöchern durchgeführt. Hierbei sollten die Turbinenradzähler theoretisch identische Messwerten liefern, wobei aber die Messungen eher einen systematischen Offset zwischen den beiden Geräten in Form eines Differenzmassestromes $\Delta\dot{m}(M = 0) = \dot{m}_{TRZ1} - \dot{m}_{TRZ2}$ aufzeigten. Wiederholte Untersuchungen zeigten ein reproduzierbares Verhalten als Funktion des statischen Druckes und der Kühlluft-Reynoldszahl, wobei die gemessenen Differenzmassenströme weit innerhalb der Messgenauigkeit der Turbinenradzähler liegt. Für steigenden statischen Druck im Kühlluftsystem wird die Massestromdifferenz größer (siehe linkes Diagramm in Abb. 4.14), was durch kleinste Leckagen innerhalb des Kanals bedingt sein könnte.

Da für die vorliegenden Messungen der statische Druck im Kühlkanal nur in einem kleinen Bereich von ca. $\pm$ 300 bis 400 Pa variiert wird ($0.5 < M < 1.00$), ist der Druckeinfluss auf den Massenstromoffset zu vernachlässigen.

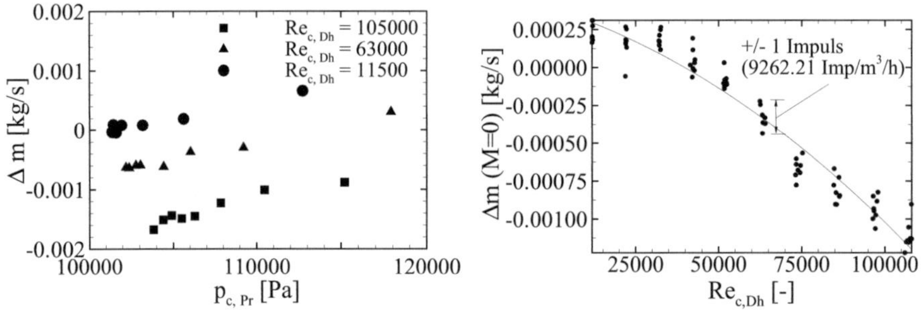

Abbildung 4.14: Einfluss des Druckniveaus und der Reynoldszahl in der Kühlkanalstrecke auf die Differenzmessung im Massenstrom bei verschlossenen Kühlbohrungen (links) und Offset-Funktion der Massenstromdifferenz in Abhängigkeit der Kühlluft-Reynoldszahl $Re_{c,Dh}$ (rechts)

Für den Einfluss des Durchsatzes, respektive der Kühlluft-Reynoldszahl auf den Massenstromoffset wurde ein absinkendes Verhalten mit größer werdendem Volumenstrom festgestellt (siehe rechtes Diagramm in Abb. 4.14). Für geringe Reynoldszahlen zeigt sich ein Differenzmassestrom zwischen den beiden TRZ der nahe Null ist. Dieser sinkt mit steigender Reynoldszahl ins Negative und ergibt sich für $Re_{c,Dh} = 100000$ mit $\Delta\dot{m} = -0.001\,kg/s$. Die 15 Wiederholungsmessungen, die für jede Reynoldszahl durchgeführt wurden, zeigen eine Streubreite von ± 1 Impuls der verwendeten Tachometer[1], was einer Variation im Differenzmassenstrom von $\Delta\dot{m} = \pm\,0.0001\,kg/s$ entspricht. Zur Korrektur der Differenz in der Massenstrommessung wird aus den ermittelten Messdaten durch Interpolation mit einem Polynom zweiten Grades eine Offset-Funktion gebildet und diese in die Messdatenerfassung integriert.

[1]Industriezähler MSR PAX I

4.4 Grenzschichtverläufe

Zur Bestimmung der Einströmbedingungen in den Heissgas- wie auch den Kühlluftkanal wurden vor Beginn der optischen Untersuchungen Grenzschichtmessungen durchgeführt. Diese über der Kanalhöhe aufgenommenen Profile der Strömungsgeschwindigkeit und des Turbulenzgrades dienen als Randbedingungen für die numerischen Simulationen. Zur Grenzschichtvermessung wurde eine Pitotsonde wie auch eine 1D-Hitzdrahtsonde mit einem $5\mu m$ platin-beschichteten Wolframdraht benutzt. Die Pitot-Sonde wird im Eintrittsbereich der Kanäle durch die dafür vorgesehene Deckplatte eingeführt und in der Strömung traversiert. An jedem Messpunkt wird mit der Abgleichmethode der Punkt maximalen Totaldruckes bestimmt. Mit den gemessenen statischen Drücken und Temperaturen lässt sich die Dichte und damit die Geschwindigkeit ermitteln. Für die zeitaufgelösten Messungen zur Bestimmung

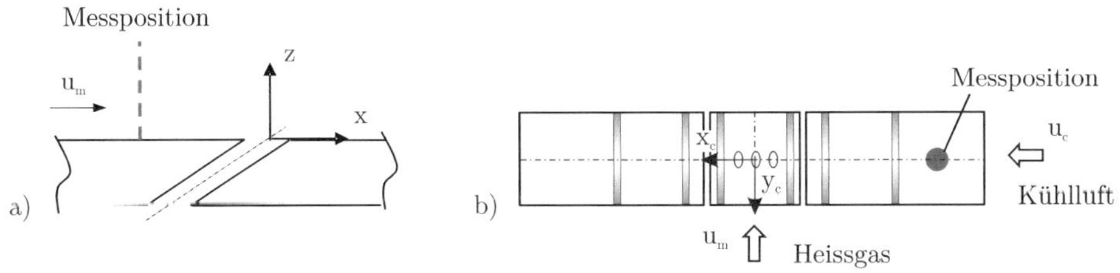

Abbildung 4.15: Messposition der Pitot- und Hitzdrahtsonde zur Bestimmung der Grenzschicht- und Turbulenzgradprofile im a) Heissgaskanal und b) im Kühlluftkanal

der axialen Geschwindigkeitskomponente u_x und deren Schwankungsgröße u'_x wurde das Hitzdrahtsystem Streamware der Fa. Dantec eingesetzt. Das System besteht aus maximal sechs einsetzbaren Hitzdrahtbrücken, einer automatischen Kalibriereinheit und einem Steuer-PC für beide Komponenten. Jede Geschwindigkeitsmessung wird mit einer Anzahl von 100000 Werten bei einer Samplingrate von 10000 Werten/s durchgeführt. Für jeden Messpunkt entspricht dies einer Messzeit von 10s. Ein Mantelthermoelement, welches in der Strömung installiert wird, überwacht die Strömungstemperatur. Der aufgezeichnete Temperaturverlauf kann dann zur Korrektur der Anemometerdaten hinsichtlich Veränderungen in der Fluidtemperatur benutzt werden.

Aus der gemessenen Schwankungsgeschwindigkeit u'_x kann anschließend unter der Annahme isotroper Turbulenz der Turbulenzgrad Tu der Strömung bestimmt werden.

Im Heissgaskanal wurde das Grenzschichtprofil an der nächstgelegensten Stromauf-Position zu dem mittleren Filmbohrungsauslass bei $x/D = -19$ ermittelt. Im Kühlluftkanal ist dagegen eine Messstelle bei einer Entfernung von $97.5\,mm$ oder dimensionslos $19.5\,D$ vom Kanaleintritt in die Deckplatte des Kühlkanal eingelassen. Dies ist äquivalent zu einer Distanz stromauf der ersten Rippe von $237.5\,mm$ oder in dimensionsloser Form von $47.5\,D$. Aufgrund der symmetrischen Ausprägung der Strömungsprofile wurde der abzutraversierende Bereich von der Wand bis zum Kanalmittelschnitt begrenzt. Hierbei wurde das Grenzschichtprofil im Heissgaskanal mit 29 Punkten bis zu einem Wandabstand von $0.5\,mm$ aufgelöst. Im Kühlluftkanal wurde mit einer ähnlich hohen Auflösung von 20 bzw. 25 Punkten und identischem Wandabstand das Strömungsprofil aufgenommen. Beide Messpositionen sind in Abb. 4.15 dargestellt.

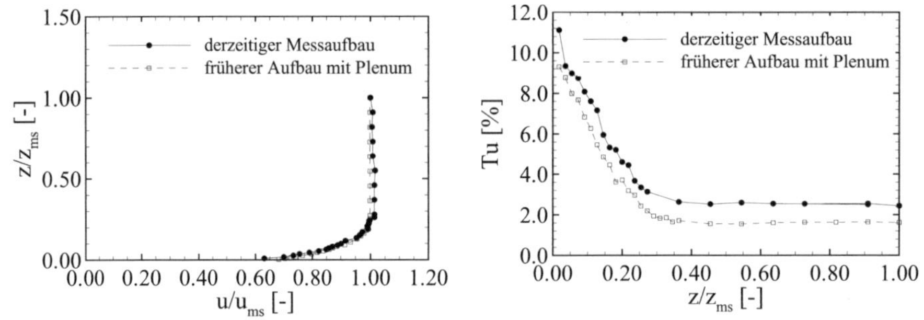

Abbildung 4.16: Geschwindigkeits- und Turbulenzgradprofil im Heissgaskanal bei Maximaldrehzahl, $u_{ms} = 19\,m/s$

Das Geschwindigkeitsprofil im Heißgaskanal, wie in Abb. 4.16 dargestellt, zeigt einen typischen Verlauf einer vollturbulenten Grenzschicht in einem rechteckigen Kanal. Dabei fällt die Geschwindigkeit für den wandnächsten Punkt auf ca. 60% im Bezug auf den Betrag der Kanalmittengeschwindigkeit ab. Die ermittelte Grenzschichtdicke bei ca. 99% der Kernströmungsgeschwindigkeit ergibt in dem Fall des derzeitigen Messaufbaus zu $\delta_{99} = 13.8\,mm$. Zur genaueren Beurteilung der Grenzschichtdicke bieten sich aber eher die Parameter Verdrängungsdicke δ^* und Impulsverlustdicke Θ an. Für die ermittelte Heißgasgrenzschicht bestimmen sich die beiden Parameter zu $\delta^* = 1.56\,mm$ und $\Theta = 1.17\,mm$. Aus deren Quotienten kann dann auch der Formfaktor der Grenzschicht mit $H = 1.33$ berechnet werden. Anhand der Messdaten aus dem früheren Aufbau, in welchem die Kühlluftversorgung und Filmausblasung über ein Plenum realisiert wurde, zeigt der qualitative Vergleich der beiden Geschwindigkeitsprofile eine sehr gute Übereinstimmung.

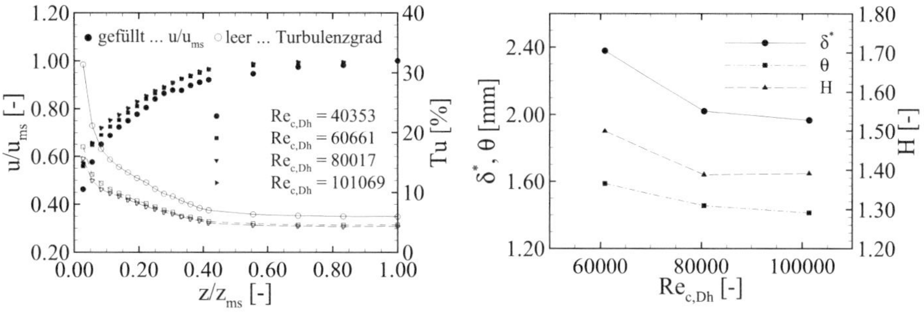

Abbildung 4.17: Geschwindigkeits-, Turbulenzgradprofile und Grenzschichtparameter δ^*, Θ und H im Kuhlluftkanal mit Variation der Kühlkanal-Reynoldszahl

Betrachtet man dagegen die Grenzschichtparameter, so können geringfügige Differenzen zwischen beiden Aufbauten festgestellt werden. Die Differenz in der Verdrängungsdicke beträgt $0.10\,mm$ und in der Impulsverlustdicke ist die Differenz mit $0.13\,mm$ etwas größer. Damit weicht der Formfaktor um etwa $4\,\%$ ab. Auch die Verteilung des Turbulenzgrades in wandnormalen Richtung zeigt einen vergleichbare, qualitative Tendenz, wobei das Niveau im gesamten Messbereich um ca. $1\,\%$ bei dem derzeitigen Aufbau höher ist. Dies ist auf den Einbau einer Rohrspulenheizung mit 12 Heizspulen stromauf des Heissgaskanals zurückzuführen. Die Verteilung zeichnet sich durch einen geringen Turbulengrad von $2.5\,\%$ im Kanalmittelschnitt aus. Mit geringerem Wandabstand steigt der Turbulenzgrad in der Grenzschicht stark an und nimmt nahe der Wand einen Wert von mehr als $11\,\%$ an.

Im Kühlluftkanal zeigt sich für die gemessenen Geschwindigkeitsprofile eine deutliche Abhängigkeit von der Kühlkanal-Reynoldszahl $Re_{c,Dh}$. Die Ergebnisse für die Grenzschichtprofile u/u_{ms} als auch der Verlauf des Turbulenzgrades Tu und der errechneten Grenzschichtparameter sind hierbei in Abb. 4.17 dargestellt. Für den Reynoldszahlbereich von 60000 bis 100000 zeigen sich im Bereich $0.27 < z/z_{ms} < 1.0$ deckungsgleiche Geschwindigkeitsprofile. Die Abweichungen der einzelnen Profile zueinander werden erst ab 25 % der halben Kanalhöhe signifikanter. Das Geschwindigkeitsdefizit an der Wand wird mit abnehmender Reynoldszahl geringer. Es fällt von $u/u_{ms} = 0.62$ für $Re_{c,Dh} = 101000$ bis auf $u/u_{ms} = 0.56$ für $Re_{c,Dh} = 60000$. Eine Ausnahme stellt hierbei das Grenzschichtprofil bei $Re_{c,Dh} = 40000$ dar. Hier ist das Geschwindigkeitsdefizit in der Wandgrenzschicht deutlich ausgeprägter, was eine Reduktion der Geschwindigkeit um mehr als 53 % der Kernströmungsgeschwindigkeit bedingt. Der Grenzschichtrand und damit der Start des Geschwindigkeitsabfalls zur Wand ist in diesem Fall Richtung Kanalmittelschnitt bis auf $z/z_{ms} = 0.70$ verschoben. Auch die Grenzschichtparameter für Verdrängungdicke, Impulsverlustdicke und Formfaktor zeigen ein Absinken mit größer werdender Kühlkanal-Reynoldszahl.

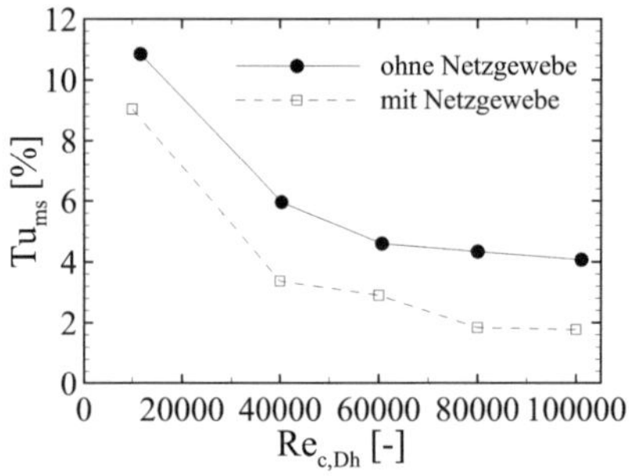

Abbildung 4.18: Turbulenzgrad im Kanalmittelschnitt für die Fälle mit/ohne eingebautem Heizdrahtgewebe und für eine Variation der Kühlkanal-Reynoldszahl

Der Verlauf des Turbulenzgrades zeigt einen geringen Wert im Kanalmittelschnitt, der mit Verringerung des Wandabstandes aufgrund der Strömungsgrenzschicht zur Wand hin stark anwächst. Hierbei kann für die höchste Reynoldszahl von $Re_{c,Dh} = 101000$ der geringste Turbulenzgrad von $Tu = 4.0\,\%$ ermittelt werden. Für diesen

Fall steigt er zur Wand hin bis auf 14.8 % an. Mit geringerer Kühlkanal-Reynoldszahl vergrößert sich insgesamt das Turbulenzgradniveau. Deutlich lässt sich dieser Effekt im Mittelschnitt quantifizieren, wo der Turbulenzgrad bis auf Werte von 6 % für eine Reynoldszahl $Re_{c,Dh} = 40000$ ansteigt. Ein ähnliches Verhalten zeigt der maximale Turbulenzgrad auch nahe der Wand, wo Werte von über 30 % auftreten können. Die Ursache dieses Effektes, ist in der signifikanten Verringerung der Strömungsgeschwindigkeit zu suchen. Deren gemessene Schwankungskomponente bleibt dabei annähernd konstant, was dann einen deutlich größeren Turbulenzgrad zur Folge hat.

Weiterhin wurden für den Zustand mit eingebauten Netzgeweben Messungen des Turbulenzgrades im Mittelschnitt des Kühlkanals durchgeführt. Die Ergebnisse wie sie im Vergleich mit der Variante ohne Netzgewebe in Abb. 4.18 dargestellt sind, liefern einen qualitativ ähnlichen Trend über die Reynoldszahl. Es ist klar ersichtlich, dass die Netzgewebe eine Vergleichmäßigung der Strömung zur Folge haben. Infolgedessen sinkt der Turbulenzgrad im Mittelschnitt um mehr als 2 % auf $Tu = 1.7\,\%$ für die höchsten Reynoldszahlen. Der Reynoldszahleinfluss bleibt aber weiterhin bestehen, sodass der Turbulenzgrad mit sinkender Reynoldszahl bis auf 9 % ansteigt. Der maximale Turbulenzgrad für den Fall ohne Gewebe liegt bei $Tu = 11.0\,\%$.

5 Messtechnik

5.1 Laser-Doppler-Anemometrie (LDA)

Die LDA ist ein punktuelles, raumfestes, optisches und rückwirkungsfreies Messverfahren zur Bestimmung von lokalen Strömungsfeldgrößen in transparenten Fluiden. Erstmalig wurde dieses Messprinzip von Yeh und Cummins [128] auf suspendierte Kleinstteilchen in einer Wasserströmung angewandt und zählt heutzutage zu den Standardmessverfahren für laminare/ turbulente Strömungen, aerodynamische sowie Flammen- und Plasmauntersuchungen und vieles mehr.

Mit der LDA wird die Strömungsgeschwindigkeit indirekt gemessen. Es ist notwendig dem strömenden Fluid Streuteilchen (engl.: seedings) beizugeben, deren Geschwindigkeit dann gemessen wird. Besitzen die Teilchen ein ausreichendes Folgevermögen und wird ein vernachlässigbar kleiner Schlupf der Partikel vorrausgesetzt, so kann die Streuteilchengeschwindigkeit äquivalent zur Strömungsgeschwindigkeit gesetzt werden. Durch die Auswahl von Tracer-Partikeln mit geeigneten Eigenschaften kann der Schlupf minimiert werden.

Abbildung 5.1: Fiber-Flow LDA-System für die Messung von 2D-Geschwindigkeitsfeldern (Quelle: www.dantec-dynamics.de)

Durch die Fokussierbarkeit des Laserstrahles können komplexe Strömungsstrukturen räumlich hoch aufgelöst und schwer zugängliche Bereiche vermessen werden. Vorteilhaft ist auch die Möglichkeit der Richtungserkennung, d.h. dass innerhalb eines definierten Geschwindigkeitsbereiches positive und negative Strömungsrichtungen detektiert werden können. Verglichen mit konventionellen Hitzdraht- oder Drucksondenmessungen, lassen sich die LDA-Systeme in Strömungsgebieten mit Rezirkulationszonen wesentlich effektiver einsetzen. Außerdem entfällt die Kalibrierung des Messsystems, da die physikalischen Konstanten und die Geräteparameter konstant sind. Moderne LDA-Messysteme sind modular aufgebaut und bestehen aus einer 1D- und einer 2D-Sondeneinheit, die je nach Messaufgabe auch separat verwendet werden können. Wird, unter Verwendung unterschiedlicher Laserlichtwellenlängen, das eindimensionale Messprinzip erweitert, so lassen sich die Geschwindigkeitskomponenten optional auch zwei- oder dreidimensional bestimmen.

Das LDA-System, dass für diese Untersuchungen benutzt wird, besteht aus einem wassergekühlten Nd-YAG Laser Innova 308 der Klasse 4 von der Fa. Coherent mit einer maximalen Laserausgangsleistung von $10\,W$ und einer Fiber-Flow LDA-Einheit der Fa. Dantec Dynamics (siehe Abb. 5.1). Diese besteht aus einem Transmittersystem zum Aufspalten der Teilstrahlen sowie zur Frequenzverschiebung und einer 2D-Rückstreusondenoptik mit einem Durchmesser von $60\,mm$ mit angeschlossenem Glasfaserkabel. Damit lassen sich zwei senkrecht aufeinanderstehende Geschwindigkeitskomponenten bestimmen. Zur Fokussierung der Strahlenpaare sind Linsen mit zwei unterschiedlich großen Brennweiten mit $200\,mm$ und $400\,mm$ vorhanden. Als Tracerpartikel wird Di(2-Ethylhexyl)sebacat (DEHS) verwendet, welches mit einem Partikelgenerator der Fa. Pivtec mit einem Peakdurchmesser von 1μm zerstäubt wird. Für die verlustarme Einkopplung der einzelnen Laserstrahlen stehen am Transmitter Justiervorrichtungen zur Verfügung. Um Schäden an den Glasfasern zu vermeiden wird für die Untersuchungen die Leistung des Argon-Lasers auf $1.0\,W$ ($I = 30.5A$) am Ausgang des Laseroszillators verringert. Die Gesamtanzahl der erfassten Burstsignale pro Messpunkt wird auf 15000 mit einer maximal möglichen Messzeit von $5\,s$ eingestellt.

5.1.1 Messtechnisches Grundprinzip

Das LDA - Messverfahren zur Bestimmung von Geschwindigkeiten beruht auf dem von Christian Doppler im Jahre 1843 entdeckten, nach ihm benannten Effekt. Besteht zwischen einem Sender, welcher eine elektromagnetische oder Schallwelle aussendet, und einem Empfänger eine Relativbewegung, so nimmt der Empfänger eine andere Frequenz wahr, als der Sender abgestrahlt hat. Hierbei muss zwischen einer Bewegung des Senders und der eines Empfängers unterschieden werden, denn beide wirken sich unterschiedlich aus. Wird von einem ruhenden Sender eine akustische oder elektromagnetische Welle ausgesendet und bewegt sich der Empfänger relativ zum Träger der Welle, so verkürzt sich der Abstand zwischen Sender und Empfänger. Ursache ist hierfür die Laufzeitveränderung des Signals. Somit ist die vom Empfänger wahrgenommene Frequenz, im Vergleich zu der vom Erreger ausgesandten, höher. Hat sich der Empfänger an der Schallquelle vorbeibewegt, so vergrößert sich der Abstand wieder und es wird eine niedrigere Frequenz durch den Empfänger erfasst. Untersucht man die beiden Fälle mathematisch, so ergibt sich unter Zuhilfenahme der Wellenausbreitungsgleichung $c = \lambda f$

$$f_E = f_s \frac{c - u_E}{c - u_S} \tag{5.1}$$

Betrachtet man nun den am häufigsten auftretenden Fall, dass u_S, $u_E \ll c$ ist, so kann in guter Näherung Gleichung 5.1 vereinfacht werden zu

$$f_E = f_s \left(1 + \frac{u_S - u_E}{c}\right) \tag{5.2}$$

Für den Fall des ruhenden Senders / bewegten Empfängers wird $u_S = 0$, der Klammerausdruck wird damit kleiner 1 und die Frequenz $f_E < f_S$. Andererseits ergibt sich für den Fall des bewegten Senders/ ruhender Empfänger eine Empfängerfrequenz f_E $> f_S$, da u_E gleich null gesetzt wird.

Bewegt sich nun ein der Strömung beigegebenes Tracer-Teilchen durch einen Laserstrahl hindurch, so wird die kohärente Lichtwelle an der Grenzfläche gestreut und besitzt aufgrund des Doppler-Effektes eine andere Frequenz als die des ausgesendeten Laserlichtes. Die Information über die Geschwindigkeit des Teilchens ist zwar in der Detektionsfrequenz enthalten, liegt aber nach Ruck [102] in einem Bereich von 1014 - 1015 Hz. Kleinste, durch den Doppler-Effekt hervorgerufene Frequenzänderungen Δf sind bei Frequenzen dieser Größenordnung nicht mehr auflösbar.

Um dieses Problem technisch zu lösen und als Messverfahren anwendbar zu machen, wird der Lichtstrahl des Lasers durch eine Strahlteilungsoptik in zwei Partialstrahlen annähernd gleicher Leistung aufgespalten (siehe Abb. 5.2). Durch Fokus-

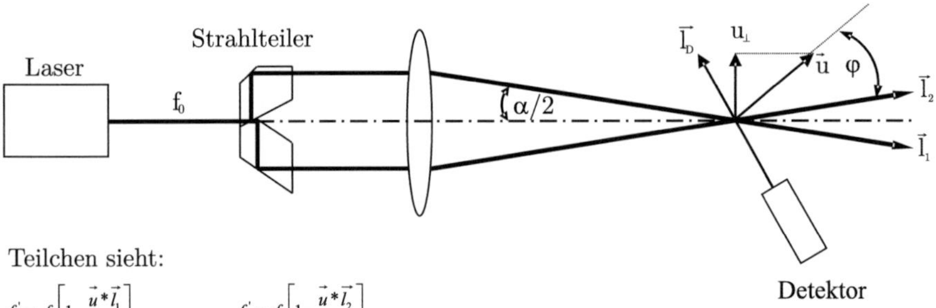

Teilchen sieht:

$$f_1' = f_0\left[1 - \frac{\vec{u} * \vec{l}_1}{c}\right] \qquad f_2' = f_0\left[1 - \frac{\vec{u} * \vec{l}_2}{c}\right]$$

Detektor sieht Überlagerung der beiden Wellen:

$$f_{D_1} = \frac{f_1'}{1 - \frac{\vec{u} * \vec{l}_D}{c}} \qquad f_{D_2} = \frac{f_2'}{1 - \frac{\vec{u} * \vec{l}_D}{c}}$$

Differenzbildung und Reihenentwicklung (Taylor) führt zu:

$$\Delta f = f_{D_1} - f_{D_2} \approx f_D\left[\frac{\vec{u} * \vec{l}_2 - \vec{u} * \vec{l}_1}{c}\right] = f_0 k u_\perp$$

Abbildung 5.2: Prinzip des Zweistrahlanemometers nach Ruck [102]

sierung mittels einer Konvexlinse werden die beiden Teilstrahlen im Brennpunkt der Linse zum Schnitt gebracht. Das dadurch entstehende Überlagerungsgebiet der beiden Teilstrahlen wird als Messvolumen bezeichnet und im nächsten Kapitel detailliert betrachtet. Neben dem erläuterten Zweistrahlprinzip gibt es weiterhin die Möglichkeit mittels eines Referenzstrahls oder in einer Streustrahlanordnung die Signalfrequenz von der Lichtfrequenz zu trennen. Eine detaillierte Beschreibung der einzelnen Verfahren lässt sich bei Ruck [102], Albrecht [1] oder Durst et al. [31] nachlesen.

Bewegt sich nun ein, durch die Strömung getragenes Partikel durch dieses Messvolumen hindurch, so wird das Licht der Partialstrahlen an der Teilchengrenzfläche gestreut und es entstehen zwei Streulichtanteile mit den Frequenzen f_{D1} und f_{D2}. Bei der Überlagerung dieser beiden hochfrequenten Lichtwellen gleicher Ausbreitungsrichtung ergibt sich bei geringer Frequenzdifferenz eine Schwebung. Dieser niederfrequente Schwebungsanteil (f_{D1} - f_{D2}), welcher im Bereich von 108 Hz (nach Lehmann [74]) liegt, kann durch einen Photomultiplier aufgelöst werden und ist unabhängig von der Detektionsrichtung. Unter Ausnutzung von Glg. (5.1) und der in Abbildung 5.2 dargestellten Beziehung für die Schwebungsfrequenz, lässt durch Auflösung der Skalarprodukte und einigen trigonometrischen Umformungen die Verknüpfung zwischen detektierter Signalfrequenz und der darin enthaltenen Geschwindigkeitsinformation wie folgt herleiten

$$u_\perp = \Delta f \frac{\lambda}{2 sin\alpha/2}. \tag{5.3}$$

Die Beziehung (5.3) enthält die messbare Signalfrequenz Δf, die Wellenlänge des ausgestrahlten Laserlichtes λ und den Halbwinkel der sich überkreuzenden Lichtstrahlen $\alpha/2$. Diese Variablen sind Geräteparameter und daher keine zu kalibrierenden Einflussfaktoren. $u_\perp$ entspricht der Geschwindigkeitskomponente, die senkrecht auf der Winkelhalbierenden der beiden Partialstrahlrichtungen $\vec{f}_1$ und $\vec{f}_2$ steht.

Als vereinfachtes Modell zur Beschreibung des physikalischen Sachverhalts lässt sich das Interferenzstreifenmodell heranziehen. Dabei postuliert das Modell, dass sich die ebenen Wellenfronten zweier Lichtstrahlen am Überlagerungsort superpositionieren und sich ein Interferenzstreifenmuster quer zur Strahlachse ausbildet (siehe Abb. 5.3). Passiert nun ein Teilchen in der Strömung diese Hell - Dunkel - Bereiche

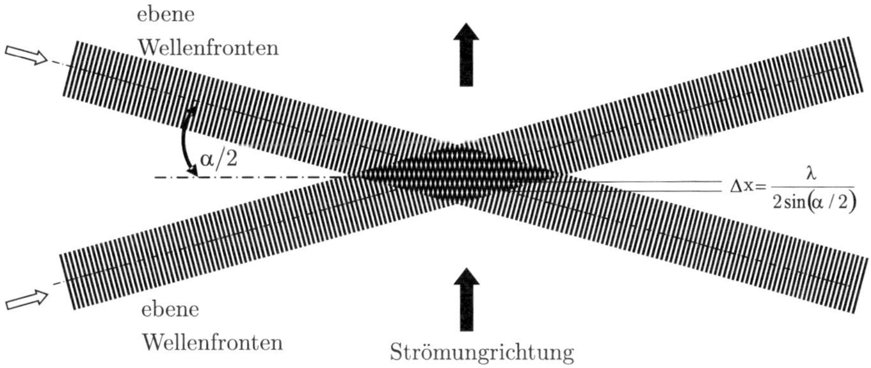

Abbildung 5.3: Interferenzstreifenmodell nach Ruck [102]

(Interferenzstreifen) im Messvolumen, so wird das Licht mit einer messbaren Frequenz gestreut. Der Detektor empfängt die Frequenzen, die die Informationen über die senkrechte Geschwindigkeitskomponente des Teilchens enthalten. Hierbei ergibt sich der lineare Zusammenhang zwischen Signalfrequenz und Strömungsgeschwindigkeit $u_\perp$ zu

$$\Delta f = \frac{u_\perp}{\Delta x} = u_\perp \frac{\lambda}{2 sin\alpha/2}. \tag{5.4}$$

Es zeigt sich daher, dass der Interferenzstreifenabstand Δx eine bedeutende Kenngröße für das LDA - Messverfahren darstellt und vom jeweiligen Strahlsystem abhängig ist, welches zur Messung verwendet wird.

Bei Untersuchungen in Strömungsgebieten mit Rezirkulationszonen ist es aber von großer Bedeutung nicht nur den Betrag, sondern auch die Richtung des gemessenen Geschwindigkeitsvektors zu kennen. Dafür wird, mit Hilfe von Beugung an akustischen Wellen in einer Braggzelle, eine konstante Frequenzverschiebung von 40 MHz in einem der beiden Partialstrahlen erzeugt. In akustooptischen Modulatoren, wie einer solchen Braggzelle werden Ultraschallwellen benutzt, die in dem Material, in dem sie sich ausbreiten, eine örtlich periodische Änderung des Brechungsindexes hervorrufen. Diese Änderung wirkt auf Licht wie ein Beugungsgitter.

Werden die Ultraschallwellen nach Durchlaufen des Modulators absorbiert, entstehen keine stehenden Wellen. Man erzeugt damit Beugung an einem bewegten Gitter und durch den Doppler-Effekt tritt eine Frequenzverschiebung des gebeugten Lichtes auf. Die Funktionsweise einer Braggzelle ist bei Ruck [102] oder Eichler [32] eingehend beschrieben. Auf Basis des Interferenzstreifenmodells bedeutet die Frequenzverschiebung eine Relativbewegung der Interferenzstreifen quer zur Strahlachse. Dabei besitzt ein Teilchen, welches sich mit der Bewegungsrichtung der Interferenzstreifen bewegt, eine niedrigere Signalfrequenz als das Teilchen, was sich entgegen der Bewegungsrichtung bewegt. Wird daraus der Absolutbetrag der Signalfrequenz bestimmt, so lässt sich die Richtung der Teilchendurchquerung durch das Messvolumen ermitteln.

Bei dem LDA-Messprinzip werden Lichtstrahlpaare zur Erfassung der jeweiligen Geschwindigkeitskomponente zum Schnitt gebracht, wobei das Überlagerungsgebiet als Messvolumen bezeichnet wird. Die Berandungen definieren sich dabei durch die Lichtintensitätsverteilung im Strahlquerschnitt. Deshalb besitzt das Messvolumen die Form eines Rotationsellipsoiden. Mit Kenntnis des Zusammenhanges zwischen Intensitätsverteilung und Lichtleistung ist es möglich, die Abmessungen des elliptischen Raumkörpers in allen drei Koordinatenrichtungen sowie die Anzahl der Interferenzstreifen abzuleiten. Für die Definition der Randpunkte des Ellipsoiden wird in der Praxis häufig der Punkt gewählt, bei dem das Verhältnis von Mitten- zu Maximalintensität I/I_{max} den Wert $1/e^2$ annimmt. Die Charakteristik des Messvolumens mit den Bestimmungsgleichungen für die Messvolumenabmessungen findet sich in Abb. 5.4. Die Größe des Messvolumens ist dabei abhängig von dem Strahlabstand D_{SL} und der Brennweite der Sammellinse f_B. Der Halbwinkel $\alpha/2$ des Strahlenpaars ergibt sich

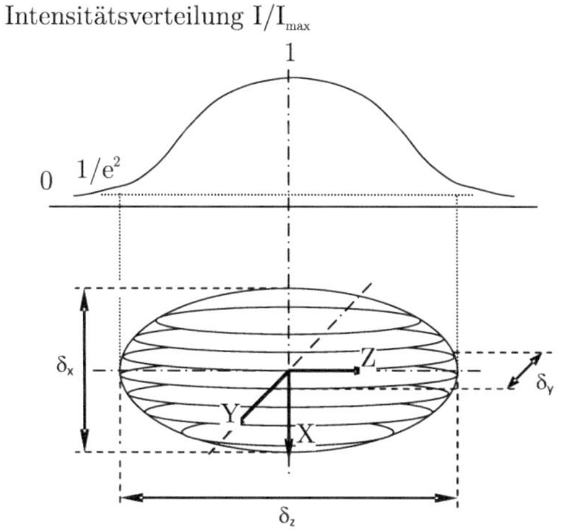

$$\delta_Z = \frac{4 f_B \lambda}{\pi D_{SL} \sin\left(\frac{\alpha}{2}\right)} \qquad \delta_X = \frac{4 f_B \lambda}{\pi D_{SL} \cos\left(\frac{\alpha}{2}\right)}$$

$$\delta_Y = \frac{4 f_B \lambda}{\pi D_{SL}}$$

Interferenzstreifenabstand:

$$\Delta x = \frac{\lambda}{2 \sin\left(\frac{\alpha}{2}\right)}$$

Anzahl der Interferenzstreifen:

$$N_i = \frac{8 f_B \tan\left(\frac{\alpha}{2}\right)}{\pi D_{SL}}$$

Abbildung 5.4: Charakteristik und räumliche Abmessungen des LDA-Messvolumens

zu

$$\frac{\alpha}{2} = arctan \frac{D_{SL}/2}{f_B}. \tag{5.5}$$

Durch Variation des Strahlabstandes (Schnittwinkelveränderung) oder durch Veränderung des Strahldurchmessers kann aktiv die Größe des Messvolumens beeinflusst werden. Tabelle 5.1 gibt die Messvolumencharakteristik für die zwei vorhandenen Linsen mit unterschiedlicher Brennweite wieder.

Aufgrund der Entstehungsmechanismen im Laseroszillator weist der emittierte Laserstrahl eine zunehmende Divergenz mit größer werdendem Abstand vom Laserstrahlaustritt auf. Wird der sich aufweitende Lichtstrahl durch eine Sammellinse geführt, so konvergiert der Strahl und im Kreuzungsbereich überlagern sich die Strahlzonen mit den engsten Querschnitten. Nur in der so erzeugten Strahltaille existieren ebene Wellenfronten, da sich mit der Lauflänge des Laserstrahles die Krümmung der Wellenfronten verändert. Trifft der Kreuzungsort der Strahlenpaare nicht mit der Strahltaille zusammen, so ergeben sich Verzerrungen im Interferenzstreifenmuster und der Abstand der Interferenzstreifen kann über die Messvolumenausdehnung nicht mehr als äquidistant angesehen werden. Dies suggeriert eine zusätzliche Turbulenz in der Strömung, da ein das Messvolumen durchquerendes Teilchen mit konstanter Geschwindigkeit leicht unterschiedliche Signalfrequenzen liefern kann.

	$f_B = 200$mm		$f_B = 400$mm	
	Strahl-system 1	Strahl-system 2	Strahl-system 1	Strahl-system 2
Wellenlänge λ [nm]	514.5	488	514.5	488
Strahldurchmesser [mm]	2.2	2.2	2.2	2.2
Strahlabstand D_{SL} [mm]	38	38	38	38
Länge δ_z [mm]	0.63	0.60	2.51	2.38
Breite δ_y [mm]	0.060	0.056	0.119	0.113
Höhe δ_x [mm]	0.060	0.056	0.119	0.113
Streifenabstand Δx [μm]	2.72	2.58	5.42	5.14
Streifenanzahl N_i [-]	21	21	21	21

Tabelle 5.1: Abmessungen des LDA-Messvolumens für zwei verschiedene Brennweiten der Sondenoptik

Um die Parallelität der Interferenzstreifen nach Umbauten, längerer Stilllegung oder zur Justierung des LDA-Systems zu testen, benutzt man ein einfaches Verfahren, das bei Lehmann [74] eingehend beschrieben ist. Dabei wird mittels eines dünnen, rotierenden Drahtes überprüft, ob an jeder Stelle im Messvolumen die gleiche Frequenz bzw. Geschwindigkeit detektiert wird.

5.1.2 Messwertermittlung

Mittels der zwei, um 90° versetzten Laserstrahlenpaare der 2D-LDA-Optik, lassen sich nun durch Positionierung der Sonde im Heißgaskanal simultan die Geschwindigkeitskomponenten im Strömungskoordinatensystem u_x in x-z-Ebene und die Komponente in lateraler Richtung u_y bestimmen (siehe Abb. 5.5). Für die Bestimmung der Geschwindigkeitskomponente in Richtung der Kanalhöhe u_z bedarf es einer zweiten Sondenoptik mit einem zusätzlichen Strahlenpaar und unterschiedlicher Wellenlänge. Die Messposition der beiden Messvolumen müssen dabei für das gesamte Messraster kongruent gehalten werden. Eine wesentlich einfachere Variante, um die fehlende Geschwindigkeitskomponente zu bestimmen, führt über die Kippung der Sondenoptik in der x-z-Ebene um einen Winkel δ gegen die Umfangsrichtung von 20°. Dabei sind die zwei Laserstrahlpaare so ausgerichtet, dass ein resultierender Geschwindigkeitsvektor u_{xz} gemessen wird, der senkrecht auf der optischen Achse steht. Zusätzlich dazu wird nochmals die laterale Komponente u_y miterfasst. Anhand der dargestellten

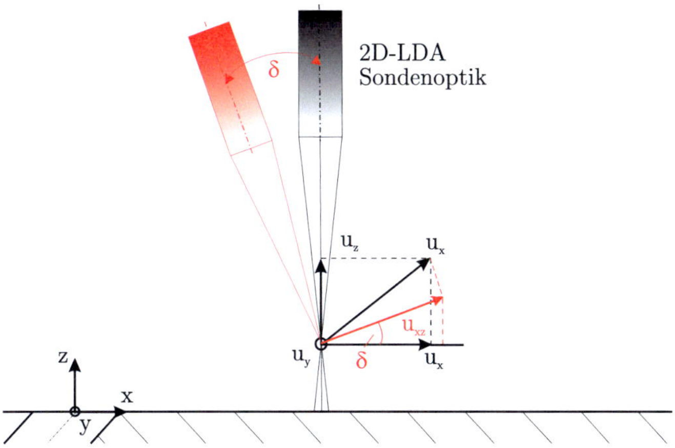

Abbildung 5.5: Ermittlung der radialen Geschwindigkeitskomponente aus 2D-Strömungsfeldmessungen mittels LDA

Geschwindigkeitsdreiecke in Abb. 5.5 lässt sich folgender Zusammenhang herleiten

$$u_z = \frac{u_{xz} - u_x cos\delta}{sin\delta} \tag{5.6}$$

mit dem die fehlende radiale Geschwindigkeitskomponente u_z in einer zeitversetzten Messung bestimmt werden kann.

Im Vorfeld der Messungen ist durch die Anbringung der Sondenoptik an der Traversierung der Bezug zum Lochkoordinatensystem im Heissgaskanal nicht bekannt. Dazu muss das LDA-Messvolumen mit Hilfe eines Referenzpunktes im Kanal ausgerichtet und dessen Lage bezüglich des Koordinatensystems bestimmt werden. Durch die zeitlich getrennte Messung der Geschwindigkeiten müssen die jeweiligen Messorte im Messfeld übereinstimmen. Daher hängt die Güte der Messungen von der Positioniergenauigkeit des Messvolumens ab.

Um dies zu gewährleisten wird das LDA-Messvolumen auf einem Oberflächenthermoelement mit einem Durchmesser von $0.5\,mm$ vom Typ K traversiert. Dieses Thermoelement ist auf der Mittellinie in die Bodenplatte des Heissgaskanals zusammen mit fünf anderen Thermoelementen gleichen Typs eingelassen. Sie dienen eigentlich zur Messung der Wandtemperatur für die Filmeffektivitätsmessungen. Zur Bestimmung des Mittelpunktes des Thermoelementes wird das Messvolumen in den

Koordinatenachsen der Traversierung x_{Trav} und y_{Trav} schrittweise verfahren. Diese Methode kann damit nicht nur für die axiale und laterale Lage des Messvolumens benutzt werden, sondern auch zur Bestimmung der Höhenkoordinate z. Bertrand et al. [8] setzten zum ersten Mal diese Methode zur hochpräzisen Positionierung eines LDA-Messvolumens ein. Hierbei wurde ein Mikrothermoelement mit einem Durchmesser von $12.5\,\mu m$ benutzt.

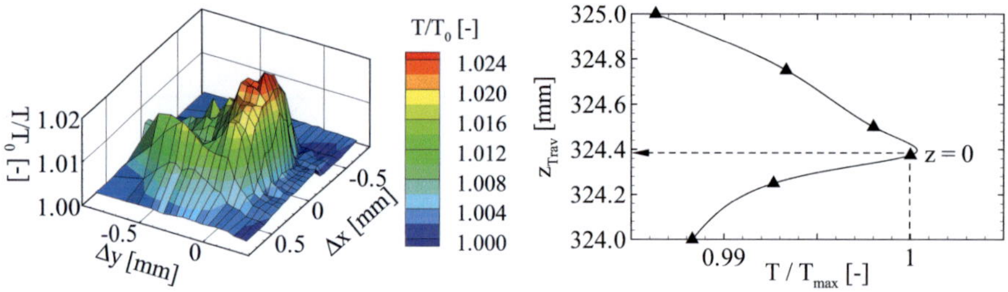

Abbildung 5.6: Temperaturverteilung im Referenzthermoelement in der $x-y$-Ebene in einem Höhenschnitt z (links) und Bestimmung der maximalen Temperatur über die wandnormale Richtung (rechts)

Durch die eingebrachte Wärme, die durch die Laserstrahlenergie hervorgerufen wird, steigt die Temperatur im Thermoelement. Ist das Messvolumen im Zentrum des Thermoelements korrekt positioniert, so ist der Temperaturanstieg maximal und fällt bei weiterem Verfahren wieder ab. Das Ergebnis einer solchen zwei-dimensionalen Temperaturverteilung ist in Abb. 5.6 dargestellt. Hierbei ist im Bereich des Thermoelementkopfes die Thermospannung maximal und die Berandung der runden Bohrung ist andeutungsweise zu erkennen. Weiterhin liegt der Punkt maximaler Temperatur nicht im Nullpunkt, sondern ist in negative y_{Trav}-Richtung um $0.2\,mm$ verschoben. Ursache hierfür ist ein leichter Versatz beim Einkleben des Thermoelements in das dafür vorgesehene Loch. In axialer Richtung befindet sich das Thermoelement mittig in der Bohrung. Diese Abweichung lässt sich aber durch einen konstanten Offset in der Koordinatentransformation berücksichtigen. Um nun auch die Lage des Messvolumens über die Kanalhöhe korrekt zu bestimmen, wird der Mittelpunkt für verschiedene Wandabstände z_{Trav} durchgeführt. Hierbei zeigt sich ein Plateau höchster Temperaturen im Bereich von $\pm0.3\,mm$, welches der Längenausdehnung des Messvolumens entspricht. Am Punkt maximaler Temperatur wird der Nullpunkt für die z-Richtung festgelegt.

Da der Abstand zwischen der Thermoelementbohrung und dem Lochmittelpunkt durch den Fräsvorgang mit einer Genauigkeit von $\pm0.01\,mm$ festgelegt ist, wird der ermittelte Referenzpunkt in den Ursprung des Lochkoordinatensystems am mittleren Loch verschoben. Anschließend erfolgt eine Kontrolle des Koordinatenursprunges durch Anfahren der Lochkanten mit dem Messvolumen. Dabei kommt es beim Durchtritt des Messvolumens an der Lochkante zu einem sprunghaftem Anstieg des Signalrauschens, welches mit einer Feinverstellung von $\pm0.005\,mm$ detektiert werden kann. Dieses Verfahren wird sowohl für die Messung mit senkrecht angeordneter Sonde als auch mit gekippter Sondenoptik durchgeführt. Durch dieses Verfahren lässt sich gleichzeitig der konstante Messvolumenversatz korrigieren.

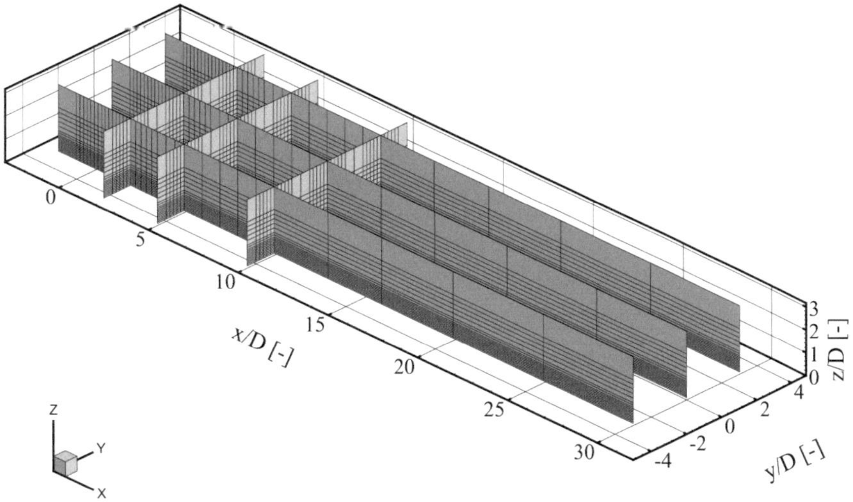

Abbildung 5.7: Lage der Messebenen im Heissgaskanal für die LDA-Untersuchungen

Der Versatz entsteht durch die Kippung der Sondenoptik und aufgrund des Strahldurchgangs sowie der Strahlbrechung durch Medien unterschiedlicher optischer Dichte. Nach der von Zhang und Eisele [131] vorgestellten Berechnungsmethode kann für das verwendete Laserstrahlsystem mit einer ebenen Sondenkippung von 20° ein konstanter Versatz von $0.95\,mm$ abgeschätzt werden. Diese Verschiebung wird durch die Nullpunktbestimmung innerhalb des Heissgaskanals gleich mitkorrigiert.

Für die Vermessung der Kühlluftausblasung im Heissgaskanal wurden mehrere Messebenen definiert (siehe Abb. 5.7), wobei das Strömungsfeld in der $x-z$-Ebene von $-2 < x/D < 30$ und $0.1 < z/D < 3$ für die lateralen Positionen $y/D = -3$, 0 und 3 entlang der Strahlmittellinie aller drei Bohrungen erfasst wird. Weiterhin wird die Strömung quer zur Filmstrahlachse im Nahfeld der Bohrung innerhalb der $y-z$-Ebene für drei verschiedene Stromab-Positionen $x/D = 2$, 5 und 10 vermessen. Es werden 19 Messpunkte in wandnormalen Richtung z und 35 Messpunkte in Strömungsrichtung x zur Auflösung des wandnahen Strömungsfeldes traversiert, wobei sich der erste Punkt bei einem dimensionlosen Wandabstand von $z/z_{ms} = 0.0091$ befindet. Bis zu einem Wandabstand von 4mm beträgt der Abstand zwischen zwei Messpunk-

	x-Richtung	y-Richtung	z-Richtung	Gesamt
x-z-Ebenen	-2D bis 30D	-3D, 0, +3D	0 bis 3D	
Messpunktanzahl	35	3	19	3 x 665
y-z-Ebenen	2D, 5D, 10D	-4.5D bis 4.5D	0 bis 3D	
Messpunktanzahl	3	37	19	3 x 703

Tabelle 5.2: Messebenen für die LDA-Messungen

ten $\Delta z = 0.35mm$, was einer örtlichen Auflösung von 0.36 Prozent bezüglich des Wandabstandes zur Kanalmitte entspricht. Danach wird der Messpunktabstand bis zu einem Wandabstand von $z = 10mm$ auf $\Delta z = 1mm$ vergröbert. Dies entspricht einer örtlichen Auflösung von 1.8 %. Der letzte wandnormalen Messpunkt liegt im Mittelschnitt des Heißgaskanals bei $z = 15mm$ bzw. bei $z/D = 3$. Die Region um den Bohrungsaustritt im Bereich von $-1 < x/D < 2D$ sowie $-4 < y/D < 4$ wird mit einem Messpunktabstand von $\Delta z = 1mm$ bzw. $\Delta y = 1mm$ deutlich feiner aufgelöst. Dies resultiert in einer sehr hohen Anzahl von Messpunkten pro Messebene, wobei die $x-z$-Ebene jeweils 665 Punkte und die $y-z$-Ebene 703 Punkte enthält. Bei einer durchschnittlichen Messzeit pro Messpunkt von $6.5s$ für die Aufnahme von 15000 Bursts/Punkt ergibt sich somit eine Gesamtmesszeit pro Ebene von ca. 72 bzw. 76 Minuten.

Zur Erfassung der Geschwindigkeitskomponenten wird das rückgestrahlte Licht über Photomultiplier aufgefangen und ein Stromimpuls an die Auswerteelektroniken übermittelt. Dieses Signal beinhaltet die zur Messung der Geschwindigkeit notwendigen Frequenzinformationen und ein bestimmtes Rauschniveau. Das in den Photoempfängern detektierte LDA-Signal wird nach zwei Gesichtspunkten unterschieden. Ist weniger als ein Teilchen im Messvolumen vorhanden, so spricht man von einem Dopplersignal. Werden gleichzeitig mehrere Teilchen im Messvolumen detektiert, so entspricht der Detektorstrom der Summe aus den Signalen jedes einzelnen Teilchens. Der Analyseprozessor (BSA) empfängt ein analoges Signal und berechnet die dazugehörige Teilchengeschwindigkeit für jedes detektierte Dopplersignal. Hierbei wird die Datenanalyse an einer großen Anzahl von Signalen ausgeführt wobei sich die detektierte Anzahl von Bursts (Messignalen) einstellen lässt. Für die Auswertung der LDA-Messdaten wird in jedem Messpunkt eine Bildung der Geschwindigkeitsmittelwerte durchgeführt. Der dafür verwendete Anzahlmittelwert einer Reihe von Messwerten berechnet sich zu

$$\overline{u} = \sum_{i=1}^{N-1} \frac{1}{N} u_i \tag{5.7}$$

Hierin bedeutet N die Anzahl der Einzelmesswerte u_i, die zur Mittelwertbildung herangezogen werden. Außerdem kann durch die Ermittlung der Messwertstreuung σ die Schwankungsgrößen der Teilchengeschwindigkeit (engl. RMS - root mean square) gemäß

$$RMS_{\overline{u}} = \sqrt{\sigma^2} = \sum \sqrt{\frac{1}{N}(u_i - \overline{u})^2} \tag{5.8}$$

bestimmt werden. Wesentlich für die Turbulenzentstehung sind die in der freien Strömung vorhandenen Geschwindigkeitsschwankungen (Eigenturbulenz des Flüssigkeitsstromes), für die der Turbulenzgrad

$$Tu = \frac{\sqrt{\frac{1}{3}\left(\overline{u_x'^2} + \overline{u_y'^2} + \overline{u_z'^2}\right)}}{\overline{u}} \tag{5.9}$$

ein Maß ist. Dabei sind $u'^2_{x,y,z}$ die Quadrate der Schwankungsgrößen der Geschwindigkeitskomponenten.

5.2 Particle-Image-Velocimetry (PIV)

Zur Erfassung des Strömungsfeldes und Messung der Geschwindigkeit innerhalb des Kühlkanals wird die Particle-Image Velocimetry (PIV) verwendet. Bei dieser Methode handelt es sich um eine berührungslose, indirekte Geschwindigkeitsmesstechnik. Dabei zählt die PIV zu den bildgebenden Messverfahren. Die Geschwindigkeitsverteilung eines Strömungsfeldes kann zum Messzeitpunkt vollständig erfasst und analysiert werden. Im Anschluss kann, um ein zeitliches Mittel der Geschwindigkeiten zu erhalten, die momentane (instationäre) Strömungsgeschwindigkeitsverteilung durch die Anzahl der Messungen gemittelt werden.

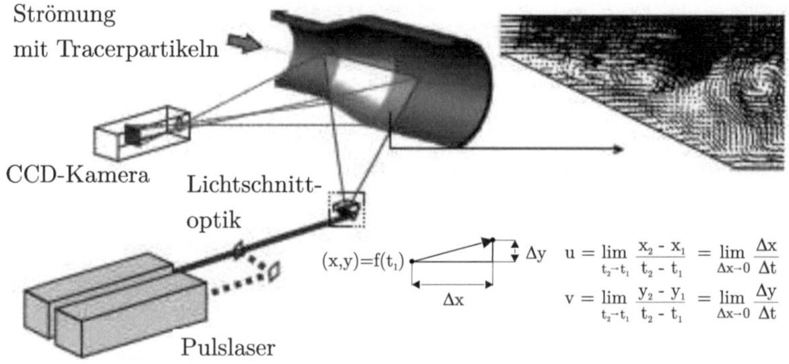

Abbildung 5.8: Komponenten und Grundprinzip des PIV-Messverfahrens nach Nitsche [88]

Die Hauptkomponenten eines PIV-Messsystems sind die Lichtquelle (Laser), CCD-Kamera sowie eine PC-gesteuerte Synchronisiereinheit für Kamera und Laser. Zur Ermittlung des Geschwindigkeitsfeldes werden dem Strömungsmedium Tracer-Partikel zugeführt. Mit einer Lichtquelle hoher Intensität (Laser) können die Tracer anschließend sichtbar gemacht werden, wobei das PIV die Lichtstreuung seitwärts zur Einstrahlrichtung der Lichtquelle ausnutzt. Diese wird durch zwei gepulste Laserlichtschnitte bereitgestellt. Pulslaser erzeugen zwei koaxiale Laserpulse im Zeitabstand Δt. Über ein Spiegelsystem im Laserkopf wird die Fokussierung beider Laserstrahlen erreicht. Danach werden die Laserpulse mittels eines Manipulatorblocks in den

Lichtschnittarm eingekoppelt und durch ein verschlossenes, nicht verstellbares Reflektorspiegelsystem zum Messobjekt geführt. Durch ein in zwei Raumrichtungen verstellbares Prisma im Manipulatorblock kann die Einkopplung der Laserstrahlen optimiert werden. Daran schließt sich eine Optik zur Ausrichtung und Fokussierung des Lichtschnittes an. Die Aufweitung der Laserpulse in einer Ebene wird durch eine Zylinderlinse erreicht. In der $x-y$-Ebene fokussiert die Linse den Laserstrahl wie eine Konvexlinse, während in der $x-z$-Ebene der Divergenzwinkel des Laserstrahls durch die Linse nicht verändert wird. Die Dicke des Laserstrahls divergiert umso weniger, je größer der Strahldurchmesser gewählt wird.

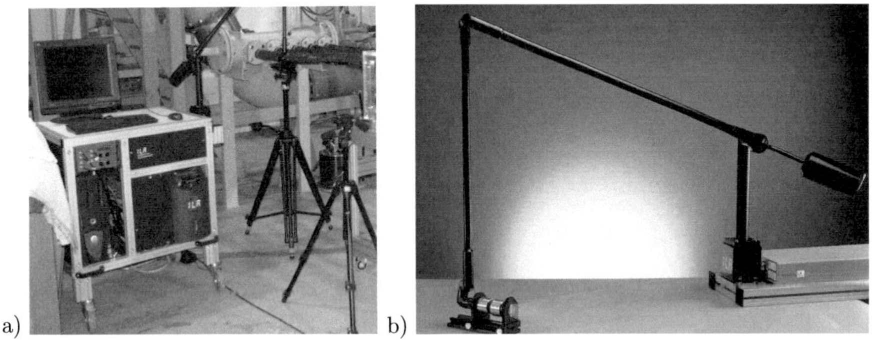

Abbildung 5.9: PIV-Messsystem der Fa. ILA GmbH (a) mit Spiegelarm und Lichtschnittoptik (b) (Quelle: www.ila.de)

Durch eine CCD-Kamera wird die durch den ersten Lichtschnitt beleuchtete Messebene optisch abgebildet. Nach einer festlegbaren Zeit Δt wird die gleiche Ebene ein zweites Mal beleuchtet und das Streulicht der Tracer abgebildet. Aus der Korrelation der beiden Abbildungen lässt sich die Verschiebung der einzelnen Partikelabbilder in der Ebene (x, y) ermitteln und mit dem bekannten Zeitabstand der Lichtpulse ergibt sich daraus der Geschwindigkeitsvektor. Bei hinreichend kleinem Δt der Einzelbilder ist die Trajektorie der Tracer annähernd linear und die Geschwindigkeit auf der Partikelbahn konstant.

Das zur Messung der Strömungsfelder verwendete PIV-Messsystem von der Fa. ILA GmbH ist in Abb. 5.9 dargestellt und besteht aus folgenden Komponenten. Der wassergekühlte, frequenzverdoppelte Pulslaser Solo XT 120 von NewWave Inc. besteht aus zwei separaten Nd-YAG Festkörperlaserröhren mit einer Gesamtenergie von 120 mJ. Das austretende Laserlicht hat eine Wellenlänge im sichtbaren Wellenlängenspektrum von 532 nm. Die Aufnahme von mehreren Doppelbild-Sequenzen ist bis zu einer Frequenz von etwa 15 Hz möglich. Zur Erfassung der Lichtimpulse, die von den Streuteilchen reflektiert werden, wird eine 12-bit CCD-Kamera Sensicam QE double shutter der Fa. PCO AG verwendet. Der CCD-Chip besitzt eine native Auflösung von 1300 x 1076 Pixel bei einer quadratischen Pixelgröße von 6.45 μm. Durch die Kühlung des Chips bis auf -12°C wird der in den Chip induzierte Dunkelstrom bis auf 4 e^-rms reduziert und damit eine Verbesserung des Signal-Rauschverhältnisses erreicht. Durch die hohe Quanteneffizienz von 65% und die sehr kurzen Belichtungszeiten von minimal 500 ns ist diese Kamera für PIV-Messungen sehr gut geeignet.

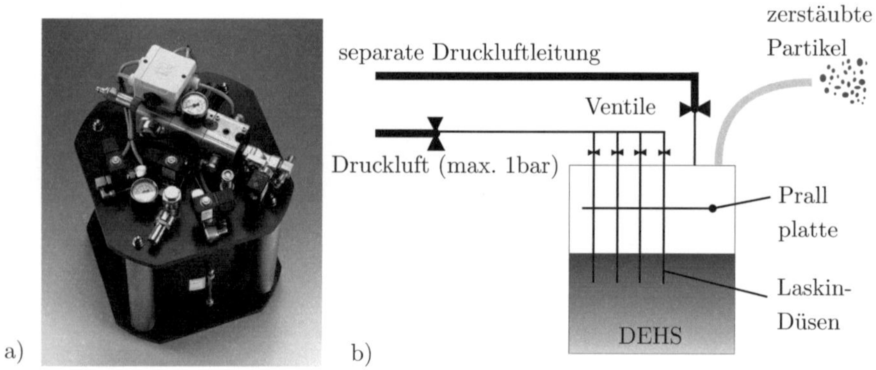

Abbildung 5.10: Partikelgenerator PIVpart45 der Fa. PIVTec GmbH (a) und Funktionsprinzip eines Partikelgenerators mit Hilfe von Laskin-Düsen (b)

Die Synchronisierung der Kamera mit dem Pulslasersystem erfolgt über eine Synchronizer-Einheit der Fa. ILA GmbH. Hierbei sind Triggerraten von bis zu 10 MHz bei einem minimalen Pulsabstand von 5 ns möglich. Hierüber ist auch eine externe TTL-Triggersteuerung und Auslösung der Messung möglich. Die zum Messverfahren benötigten Streuteilchen werden von einem Partikelgenerator PIVpart-45m der Fa. PivTec GmbH bereitgestellt (siehe Abb. 5.10). Das Funktionsprinzip beruht auf einer

Zerstäubung eines Tracerfluides mittels Druckluft über Laskin-Düsen. In diesem Fall wurde für die Messungen Di-Ethyl-Hexyl-Sebacat (DEHS) verwendet. Es lassen sich in dem Partikelgenerator bis zu 45 Laskindüsen in Schritten von 3, 6, 12 und 24 Düsen kaskadieren und damit eine Anpassung des Seeding-Massenstromes an die jeweiligen Messbedingungen erreichen. Die Partikelgrößenverteilung in Abb. 5.11 zeigt einen generierten Durchmesserbereich von $0.20\,\mu m < D_P < 2.5\,\mu m$ mit einem Maximum in der Wahrscheinlichkeitsdichtefunktion bei $1\,\mu m$.

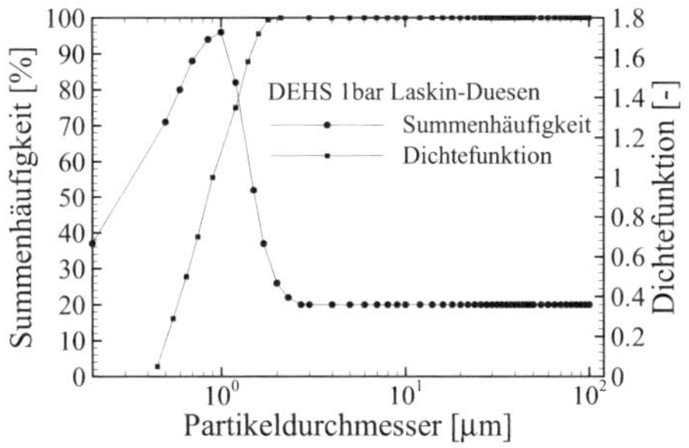

Abbildung 5.11: Partikelgrößenverteilung und Dichtefunktion für DEHS-Zerstäubung mit PIVpart45

Im Anschluss an die Messung liegen die aufgenommenen Bilder zunächst als Grauwertverteilung mit einer nativen Auflösung von 12 Bit vor. Dies entspricht Graustufen von 0 bis 4096 Werten in einem Farbspektrum von schwarz bis weiß. Zunächst werden die aufgenommenen Bilder in kleine äquidistante Analysefelder ($M\,x\,N$), sogenannte Interrogation-Windows unterteilt. Aus der Grauwertverteilung $g(i,\,j)$ für jedes Pixel wird dann die Partikelposition in jedem Analysefeld bestimmt, wobei vorab durch geeignete Software-Filter das Signal-Rausch-Verhältnis und damit der Kontrast erhöht wird. Die Größe dieser Felder wird empirisch aus den Randbedingungen der Bildaufnahme ermittelt und hängt von der Anzahl der abgebildeten Partikel, dem Partikeldurchmesser und dem Laserpulsabstand Δt ab. Je kleiner das Analysfeld dabei ist, desto größer ist die örtliche Auflösung des Geschwindigkeitsfeldes.

Anschließend werden die beiden aufgenommenen Bilder durch eine zweidimensionale Korrelation zum Zeitpunkt t_0 (1.Laserpuls) und $t_0 + \Delta t_p$ (2.Laserpuls) miteinander verglichen. Zur Quantifizierung dient der Korrelationskoeffizient, der mathematisch durch das Korrelationsintegral beispielsweise für eine Zeitfunktion $x(t)$ beschrieben wird mit

$$\Phi(\tau) = \int_{-\infty}^{\infty} x(t)\ m(t+\tau)dt. \tag{5.10}$$

Hierbei ist in Gleichung (5.10) $m(t)$ eine Musterfunktion, welche von der gewählten Korrelationsmethode abhängig ist und τ die zeitliche Verschiebung des Signals. Die Verarbeitung der Bilddaten von nur einem einzigen Bild mit zwei Laserpulsen ist mit der Autokorrelation ($m(t) = x(t)$) möglich. Im Falle von zwei getrennt aufgenommenen Bildern wird die Kreuzkorrelation ($m(t) = y(t)$) angewendet. Üblicherweise wird bei PIV-Messungen die Kreuzkorrelation verwendet, da innerhalb der Autokorrelation nur die Beträge der Partikelverschiebung und nicht deren Richtung ermittelt werden können. Im Gegensatz zur eindimensionalen Signalanalyse wird bei der PIV-Methode eine zweidimensionale Korrelation der aufgenommenen Bilddaten durchgeführt. Diese Daten liegen nicht kontinuierlich (stetig) in Form einer Funktion vor, sondern sind diskrete Mess- bzw. Grauwerte. Das Integral wird deshalb in eine Summe überführt, womit sich für die Kreuzkorrelation ergibt

$$\Phi(m,n) = \sum_{i=0}^{M-1} \sum_{j=0}^{N-1} \left[g_{t1}(i,j)\ g_{t2}(i+m, j+n)\right]. \tag{5.11}$$

Die Grauwerte werden darin durch die Variable g zum Zeitpunkt t_1 und t_2 an der jeweiligen Pixelposition $(i,\ j)$ in der Matrix des Analysefeldes $M\,x\,N$ wiedergegeben. Die örtliche Verschiebung wird durch m und n beschrieben. Zur Senkung des Rechenaufwandes bedient man sich des Korrelationstheorems, wonach die Korrelation im Zeitbereich der Multiplikation im Frequenzbereich äquivalent ist. Die Grauwerte der Bilder werden dann mittels einer Fast-Fourier-Transformation (FFT) unter der Bedingung, dass die Kantenlänge der Analysefelder genau 2^n Pixel enthält, in den Frequenzbereich $\widehat{G_1}$ und $\widehat{G_2}$ transformiert. Für die Kreuzkorrelation wird das Bild zum Zeitpunkt t_1 mit dem konjugiert komplexen des Bildes zum Zeitpunkt t_2 multipliziert. Anschließend findet die Rücktransformation statt. Das generelle Prinzip der Kreuzkorrelation mit Anwendung des Korrelationstheorems ist in Abb. 5.12 dargestellt.

Die Auswertung der Kreuzkorrelation liefert einen mittleren Verschiebungsvektor für das jeweils betrachtete Analysefeld $M\,x\,N$. Dieser ist im Falle der Kreuzkorrelation eindeutig in Betrag und Richtung gegeben. Nach der Auswertung der Korrelation

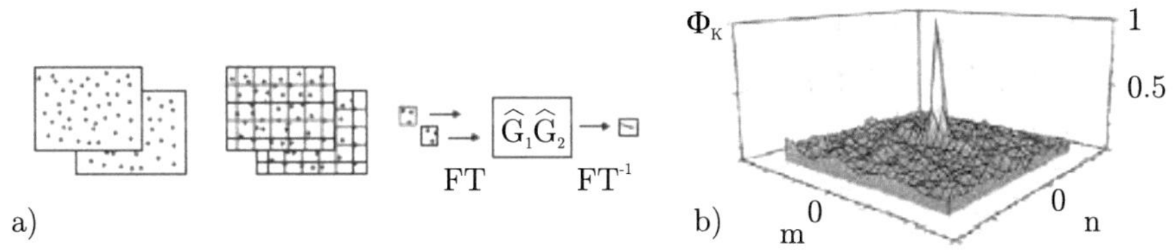

Abbildung 5.12: Anwendung des Korrelationstheorems mittels FFT (a) und Resultat der Kreuzkorrelation im Analysefeld $M\,x\,N$ (b) nach Nitsche [88]

für jedes Analysefeld wird ein Vektorfeld aus den gemittelten Verschiebungsvektoren erzeugt. Durch Division mit dem bekannten Laserpulsabstand Δt_p erhält man das Geschwindigkeitsvektorfeld.

5.2.1 Messtechnischer Aufbau

Zur Positionierung des Lichtschnittes wird der Spiegelarm mit vormontierter Lichtschnittoptik unterhalb des Kühlkanals auf einer Lineartraversierung montiert. Damit kann über ein Stellrad die Position der Lichtschnittoptik und damit die Lage der Messebene senkrecht zur Kanalachse verstellt werden (siehe Abb. 5.13). Die Höhenposition der Lichtschnittoptik wird für alle Strömungsfelduntersuchungen konstant gehalten. Der Abstand zum Kühlkanal ist eine Funktion des Kameraabstandes, des geforderten Bildausschnittes und der gewählten Linsenkombination, die zur Aufspannung des Lichtschnittes verwendet wird. Hierbei können zwei verschiedene Linsentypen mit einer Brennweite von $50\,mm$ und einem Divergenzwinkel von $8°$ sowie zwei baugleichen Linsen mit einer Brennweite von $25\,mm$ und einem Divergenzwinkel von $16°$ verwendet werden. Voruntersuchungen zur Qualität des Lichtschnittes und der Randabschattung haben ergeben, dass eine Kombination aus den zwei baugleichen Linsen die beste Lichtschnittqualität und damit die höchste zu erwartende Datenvalidierung liefert. Somit ergibt sich ein Gesamtdivergenzwinkel von $30°$.

Der Abstand der Kamera zum Lichtschnitt wurde mit $735\,mm$ so gewählt, dass sowohl das mittlere Rippensegment mit den Filmlöchern als auch die beiden benachbarten Passagen optisch sichtbar sind. Dies ergibt einen Gesamtbildauschnitt von $150\,mm\,x\,112\,mm$ über zwei Rippenteilungen. Eine Vergrößerung des Bildausschnittes

a) b)

Abbildung 5.13: PIV-Messsystem mit Lichtschnittoptik und Spiegelarm (a) und Applikation der 3M-Reflektorfolie im berippten Kühlkanal (b)

in axialer Richtung auf 3 Rippenteilungen ergab sichtbare Leistungseinbußen in der Laserleistung des Lichtschnittes und damit eine Reduktion der Datenvalidierung in den Randabschnitten des Laserlichtschnittes. Weiterhin wurde zur Verringerung von Reflektionen auf der Messseite des Kühlkanals eine 50 μm dünne, fluoreszierende Folie des Typs Scotchcal 7725-414 (rot-orange) der Fa. 3M appliziert. Durch den Anteil an fluoreszierenden Rhodamin-Partikeln wird das anregende grüne Laserlicht mit einer Wellenlänge von 532 nm aufgrund der Stokes-Verschiebung in den roten Wellenlängenbereich verlagert. Mit Hilfe des vor dem CCD-Chip installierten Bandpassfilters kann dieses Licht herausgefiltert und damit die Reflektionen im Bild vermindert werden. Voruntersuchungen hatten ergeben, dass die auf der unteren Deckplatte des Kühlkanals installierten Rippen beim Durchtritt des Laserlichtes sowohl Abschattungen in der Kühlkanalmitte als auch verstärkte Reflektionen an den stromauf und stromab gelegenen Stirnflächen der Rippen hervorrufen. Da diese Effekte die Erfassung der Strömungsvektoren im Bereich der Rippen beeinflusst, mussten auch die Stirnflächen der Rippen mit Reflektorfolie beklebt werden. Weiterhin wurde auf die Rückwand des Kühlkanals schwarze Folie appliziert, um störende Hintergrundkonturen im Messbild zu verringern. Diese entstehen durch Reflektionen des Laserlichtes an dahinterliegenden Prüfstandskomponenten.

Für die Strömungsfelduntersuchungen im Kühlkanal werden verschiedene Messebenen eingeführt (siehe Abb. 5.14). Hierbei konzentrieren sich die Ebenenpositionen auf das Rippensegment mit den Filmlöchern und den Locheintrittsbereich. Zur günstigen Darstellung der Strömungsfelder wird ein auf den Kühlkanal bezogenes kartesisches Koordinatensystem eingeführt. Dafür ist die x_c-Achse mit der Durchströmrichtung des Kühlluftkanals orientiert, die Koordinate y_c beschreibt die Querrichtung und z_c die Kanalhöhenrichtung. Das Strömungsfeld in der Kanalmitte ist

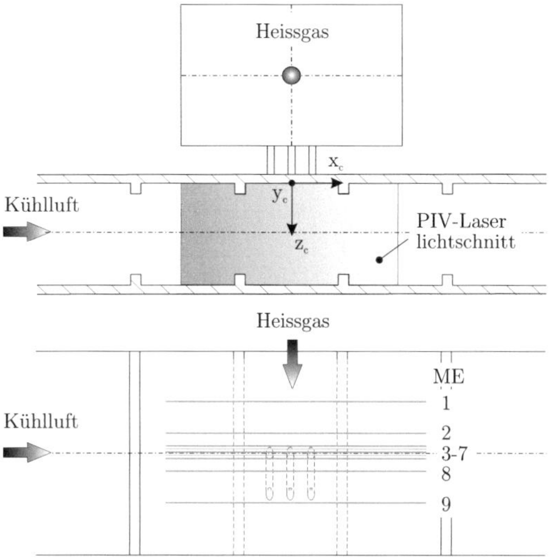

Abbildung 5.14: Lage der Messebenen im Kühlluftkanal für die Strömungsfeldmessungen mit PIV

von entscheidender Bedeutung, sodass die erste Messebene im Lochmittelpunkt des Bohrungseintrittes bei $y_c/D = 0$ (ME 5) positioniert ist. Aufgrund der elliptischen Form des Bohrungseintrittes werden zur Untersuchung des Lochnahfeldes in positiver wie auch negativer y_c - Richtung zwei Messebenen bei $y_c/D = \pm 0.5$ und ± 0.8 (ME 3 & 4 bzw. ME 6 & 7) definiert. Um auch den Einfluss im Fernfeld des Bohrungseintrittes zu erfassen, sind zwei zusätzliche Ebenen bei $y_c/D = \pm 2$ und ± 6 (ME 1 & 2 bzw. ME 8 & 9) angeordnet.

Für die Zuordnung zwischen Bild- und Realkoordinatensystem in den Doppelbildern ist im Vorfeld der Messungen ein sogenanntes Mapping durchzuführen. Hierbei wird die Transformationsbeziehung zwischen den Bildkoordinaten und realen Ortskoordinaten bestimmt. Damit lässt sich einerseits der Koordinatenursprung festlegen und andererseits der Skalierfaktor zur Umrechung der Bildabstände ermitteln. Zur Durchführung des Mappings werden für alle untersuchten Messebenen ME 1 bis ME 9 Skalierbilder angefertigt, wie in Abb. 5.15 dargestellt. Hierfür wird mit der PIV-Kamera im Single-Shutter-Modus (einfache Aufnahme) ein Bild aufgenommen, bei dem im Bildausschnitt der jeweiligen Messebene eine Skalierplatte mit Millimeterpapier installiert ist. Diese war außerdem an der Traversiervorrichtung der Lichtschnittoptik befestigt, sodass deren Position hinsichtlich der jeweiligen Messebene verändert werden konnte. Nach Fertigstellung der neun Skalierbilder wird in der PIV-Auswertesoftware *VidPIV*® mit dem Mapping-Feature die eigentliche Transformation durchgeführt. Dazu werden in den Skalierbildern vier Kreuzungspunkte der Gitterlinien selektiert, sodass ein Rechteck aufgespannt wird. Bei Nutzung des Millimeterpapiers bietet sich die Auswahl entsprechender Kreuzungen von Hauptgitterlinien an. In dem Rechteck sind die Seitenlängen bekannt, sodass es ausreicht die realen Ortskoordinaten des Inertialpunktes zu bestimmen.

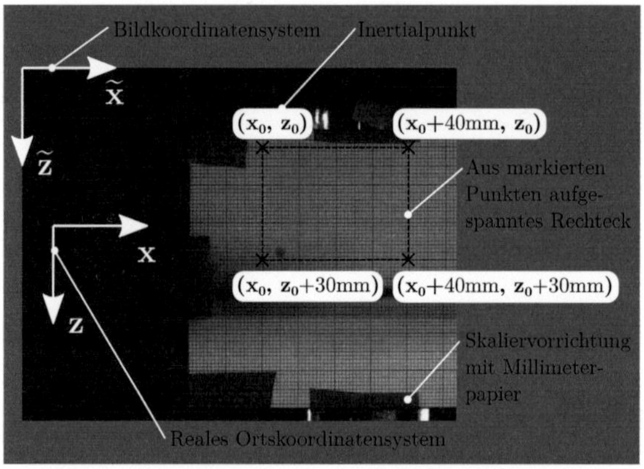

Abbildung 5.15: Mapping-Prozedur zur Transformation von Bild- in reale Ortskoordinaten

Die Abstände der ausgewählten Punkte zum Inertialpunkt sind wegen der Benutzung von Millimeterpapier bekannt. Durch die Markierung der Punkte in der Aufnahme ist auch deren Position im Bildkoordinatensystem bekannt, sodass die

Punktabstände in Pixeln vorliegen. Durch die nun vorliegende Zuordnung von realen zu Bildabständen kann der Skalierfaktor sowohl aus den x-Koordinaten

$$S = \frac{x_i - x_j}{\tilde{x}_i - \tilde{x}_j} \;\forall\; i, j = 1 \ldots 4, i \neq j \tag{5.12}$$

und den z-Koordinaten

$$S = \frac{z_i - z_j}{\tilde{z}_i - \tilde{z}_j} \;\forall\; i, j = 1 \ldots 4, i \neq j \tag{5.13}$$

der ausgewählten Punkte bestimmt werden. Für die Berechnung des Skalierfaktors kann demzufolge ein beliebiger Inertialpunkt verwendet werden, da nur die Abstände der Punkte zueinander in die Berechnung einfließen. Es werden zur Erhöhung der Genauigkeit aus allen berechneten Skalierfaktoren der Mittelwert gebildet. Es sei nochmals hervorgehoben, dass die absolute Position der Punkte im Ortskoordinatensystem hier nicht von Bedeutung ist - es muss lediglich sichergestellt sein, dass für die eingegebenen Koordinaten die Abstände zueinander exakt sind. Die absolute Position wird daher zunächst nur approximiert, indem der Abstand der Kalibriervorrichtung zur oberen Kanalwand und einer Rippe gemessen wird und dann daraus die Absolutkoordinate eines der Gitterpunkte bestimmt wird.

Zur genauen Bestimmung des Koordinatenursprungs muss die reale Ortskoordinate des Inertialpunktes bestimmt werden. Als Orientierungshilfe dienen Referenzpunkte, deren reale Ortskoordinaten bekannt sind und anhand derer die korrekte Festlegung des Inertialpunktes überprüft werden kann. Für die Bestimmung der x-Koordinate eignet sich der Mittelpunkt des mittleren Filmlochs als Referenzpunkt, da er in den Aufnahmen eindeutig erkennbar ist. Die reale x-Koordinate des Inertialpunktes wird nun so lange angepasst bis die Koordinate $x = 0$ mit dem Mittelpunkt des mittleren Filmlochs übereinstimmt. Für die Ausrichtung in z-Richtung kann die obere Kanalwand im Bereich der Filmlöcher verwendet werden. Die Lage der restlichen drei Markierungspunkte wird gemäß der Lagebeziehungen in Abb. 5.15 angepasst. Der so bestimmte Inertialpunkt und der daraus abgeleitete Koordinatenursprung wird nun an weiteren markanten Punkten, deren reale Ortskoordinaten bekannt sind, überprüft und gegebenenfalls angepasst. Als markante Punkte eignen sich beispielsweise Rippenkanten und Druckmessbohrungen. Ist der Ursprung des Koordinatensystems und die Transformationsbeziehung hinreichend genau bestimmt, wird eine Mapping-

Vorlage für die zugehörige Messebene erstellt und die Prozedur für alle anderen Messebenen wiederholt.

5.2.2 Auswahl von Mess-und Auswerteparameter

Das System aus Laser und Kameraaufnahme verfügt über eine größere Anzahl an Einstellparametern, die zur Optimierung der Bildqualität und der Laserlichtverteilung im Lichtschnitt verändert werden können. Hinsichtlich des Laserlichtes und der Erzeugung der Doppelbilder sind die beiden Parameter Laserenergie bzw. die Zeitverzögerung zwischen dem Einschalten der Blitzlampen bis zum Auslösen des Q-Switches jedes Lasers sowie die Pulsdistanz zwischen zwei Laserpulsen entscheidend. Weiterhin muss für das Lasersystem die Wiederholfrequenz für den Doppelbelichtungszyklus festgelegt werden. Dabei kann die Frequenz für Blitzlampen und Q-Switche separat und frei gewählt werden. Für die thermische Stabilität und eine gleichmäßige Leistungsabgabe der beiden Laserröhren sollten die Blitzlampen bei einem ganzzahligen Vielfachem der Frequenz der Q-Switche betrieben werden. Aus Gründen der Synchronität ist es außerdem sinnvoll beide Einzelsysteme mit gleichen Wiederholfrequenzen einzustellen. In diesem Fall wurde die Blitzlampenfrequenz zu $12\,Hz$ und die Frequenz der Q-Switche bei $6\,Hz$ gewählt.

Pulsdistanz Die Laserenergie wird für jede Laserlampe vor Beginn eines jeden Messtages hinsichtlich einer optimalen Laserlichtverteilung separat eingestellt und bleibt für alle Messebenen konstant. Dagegen muss die optimale Pulsdistanz für jede Kühlkanal-Reynoldszahl im Vorfeld der Messungen ermittelt werden (siehe Abb. 5.16). Da die Pulsdistanz abhängig ist von den zu erwartenden Geschwindigkeiten, hat die Wahl dieses Parameters großen Einfluss auf den Pixelversatz im Auswertefeld und damit auf die Bildung der Kreuzkorrelation. Sie ist damit von großer Bedeutung für die Qualität der Messergebnisse und hat Auswirkungen auf

- den Dynamikumfang der Messung,
- die Größe der zeitlichen Mittelung,
- die Genauigkeit der Kreuzkorrelation,
- die Eindeutigkeit und Exaktheit des Maximums in der Kreuzkorrelationsfunktion.

Wird die Pulsdistanz für ein Geschwindigkeitsniveau zu groß gewählt, so steigt der Pixelversatz in jedem einzelnen Auswertefeld. Dies führt zwangsläufig zu einer großen zeitlichen Mittelung der gewonnenen Geschwindigkeitsfelder.

Wegen des großen Partikelversatzes nimmt auch die Genauigkeit der Kreuzkorrelation ab. Dies führt bis zu dem Punkt wo die Verschiebung eines Partikels so groß ist, dass sich das Partikel aus dem eigentlichen Auswertefeld hinausbewegt (In-Plane-Loss-of-Pairs) und nicht mehr korreliert werden kann. Für diesen Fall sinkt die Validierungsrate der ermittelten Geschwindigkeitsvektoren deutlich ab. Dieser Effekt kann durch die Anwendung von adaptiven Kreuzkorrelationsmethoden kompensiert werden.

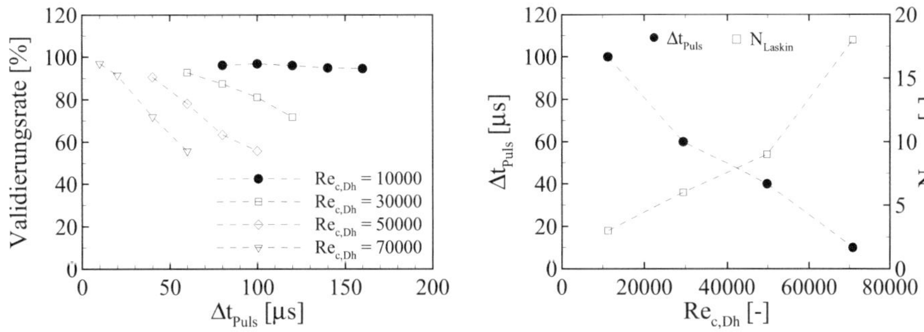

Abbildung 5.16: Validierungsrate der Geschwindigkeitsvektoren in Abhängigkeit der Laserpulsdistanz (links) sowie die optimale Pulsdistanz der beiden Laserblitze und die notwendige Anzahl der Laskin-Düsen als Funktion der Kühlkanal-Reynoldszahl bei gleichbleibend hoher Datenvalidierung von $> 90\%$ (rechts)

Eine zu geringe Pulsdistanz führt zur Unterschätzung von Geschwindigkeitsvektoren im Bereich geringer Geschwindigkeiten, wie es stromauf und stromab der Rippen der Fall ist. Hier wird die sich ausbildende Ablöseblase und die Rerzirkulation stromab der Rippen unterschätzt. Dies führt außerdem zu einem geringen Dynamikumfang der Messung. Ein zu kleiner Versatz der Partikel, besonders in Bereichen geringer Strömungsgeschwindigkeit, hat das Unterschreiten der minimal detektierbaren Geschwindigkeit zur Folge. Zusätzlich steigt die Anzahl an interpolierten Messpunkten

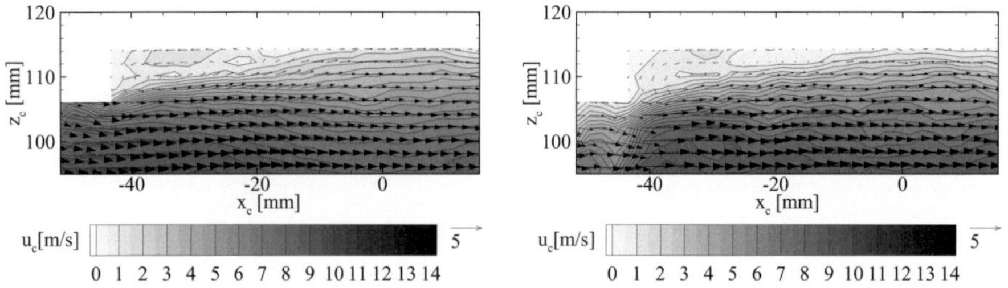

(a) $\Delta t_{Puls} = 40\,\mu s$, Validierungsrate 90.5% (b) $\Delta t_{Puls} = 100\,\mu s$, Validierungsrate 55.7%

Abbildung 5.17: Strömungsfeld stromab einer Kühlrippe in Abhängigkeit der Pulsdistanz für $Re_{c,Dh} = 50000$ und $M = 0$

und Vektoren, was zu einer geringeren Messgenauigkeit für das Strömungsfeld führt. In diesen Gebieten wird die Geschwindigkeit zwangsweise zu Null berechnet. Außerdem ist die Auflösung der messbaren Geschwindigkeiten erheblich geringer. Allerdings führt eine geringe Pulsdistanz zu einer hohen Genauigkeit der Korrelationsfunktion, da der Partikelversatz gering ist und die Muster zu einem Großteil in den Auswertebereichen verbleiben. Außerdem kommt es nur zu geringen Änderungen der Partikelmuster zwischen den Einzelbildern. Zuletzt sei erwähnt, dass die zeitliche Mittelung bei kurzen Pulsdistanzen gering ist und die gewonnenen Geschwindigkeitsfelder in besserer Näherung einer Momentaufnahme entsprechen.

Es gilt daher für die Messbedingungen im Kühlluftkanal ein Optimum aus Pulsdistanz und Dynamikumfang der Messung zu finden. Ein niedriger Dynamikumfang führt zu einer Unterbewertung von Bereichen im Strömungsfeld mit niedrigen Geschwindigkeit, wie bspw. Wirbel oder Grenzschichten (siehe auch Abb. 5.17). Um dies zu verhindern, muss die Pulsdistanz so gewählt werden, dass die Messung einerseits eine hohe Datenvalidierung aufweist aber andererseits trotzdem einen guten Dynamikumfang bietet. Für die Auswahl der Pulsdistanz wurden zur Beurteilung die Validierungsrate für die Geschwindigkeitsvektoren und die minimal auftretenden Geschwindigkeiten im Messfeld sowie eine visuelle Bewertung des Rippenströmungsbildes herangezogen. Zur Bestimmung des prozentualen Anteils an validierten Vektoren wurden Messungen mittels einer nicht-adaptiven FFT-basierten Kreuzkorrelation ausgewertet. Dies geschah für einen Stichprobenumfang von 10 Messungen pro Betriebspunkt. Wie aus Abb. 5.16 ersichtlich, nimmt für abnehmende Pulsdistanzen die Datenvalidierung durch eine erhöhte Genauigkeit der Kreuzkorrelation zu. Sie geht für den Grenzfall $\Delta t \rightarrow 0$ gegen 100 %. Was in diesem Fall bedeutet, dass kein Partikelversatz mehr stattfindet, sodass keine Störphänomene auftreten und alle Partikelmuster über die Korrelation wiedergefunden werden. Darüber hinaus ist erkennbar, dass die Kurven für größer werdende Reynoldszahlen steiler abfallen.

Weiterhin sinken die optimalen Pulsdistanzen der beiden Laserblitze fast proportional mit der Kühlluft-Reynoldszahl. Aufgrund der sehr geringen Geschwindigkeiten bei $Re_{c,Dh} = 10000$ ist der Zeitabstand zwischen den beiden Messbildern am größten ($\Delta t_{Puls} = 100\,\mu s$), um einen notwendigen Pixelversatz von etwa $4\,Pixel$ zu realisieren. Mit größer werdenem Geschwindigkeitsniveau im Kühlkanal kann die Pulsdistanz bis auf $10\mu s$ verringert werden. Die minimal notwendige Pulsdistanz wurde dort ermittelt, wo die Datenvalidierung größer als 90 % ist und sich im Bereich der Rippen keine Auswirkungen eines reduzierten Dynamikumfanges auf das Strömungsfeld bemerkbar machen (siehe Tab. 5.3).

$\mathrm{Re}_{c,Dh}$ [-]	Δt_{Puls} [μs]	N_{Laskin} [-]	$\dot{m}_p$ [g/s]	$\Delta t_{Q,L1}$ [μs]	$\Delta t_{Q,L2}$ [μs]	BW-Converter [-]
10000	130	3	0.72	255	245	127 - 360
30000	60	6	1.44	255	245	127 - 360
60000	30	15	3.6	255	245	127 - 360
90000	12	22	5.28	255	245	127 - 360

Tabelle 5.3: Einstellparameter des PIV-Systems bei Variation der Messparameter

Zusätzlich verringert sich mit steigendem Kühlluft-Volumenstrom und damit steigender Kühlkanal-Reynoldszahl die Partikeldichte im Messfeld, sodass der Partikelmassestrom über die Zuschaltung von zusätzlichen Laskindüsen reguliert werden muss (siehe Abb. 5.16). Für die kleinste Kühlluft-Reynoldszahl $Re_{c,Dh} = 10000$ wird aufgrund der sehr geringen Geschwindigkeiten von ca. $1.5\,m/s$ nur die minimale Anzahl von drei Laskindüsen benötigt. Hierbei beträgt der Partikelmassestrom $\dot{m}_p = 0.72\,g/s$. Der Zuwachs an Partikelmassestrom durch Zuschalten weiterer Laskindüsengruppen entspricht etwa $\Delta\dot{m}_p = 0.24\,g/s$, bei einem konstanten Eintrittsdruck in den Partikelgenerator von $0.8\,bar$. Mit größer werdender Reynoldszahl und damit steigendem Kühlluftmassestrom vergrößert sich die Tracermenge ($N_{Laskin} = 18$ für $Re_{c,Dh} = 70000$), um eine gleichmäßige Verteilung, eine konstant hohe Validierungsrate und eine optimale Partikeldichte im Messbild gewährleisten zu können. Weiterhin ist die Skala der Graustufendigitalisierung in der Kamera (BW-Converter) so angepasst worden, dass sich eine optimale Ausleuchtung der Einzelpartikel im Messschnitt ergab und Störeinflüsse aus Reflektionen an Partikeln im Bildhintergrund vermindert wurden. Auf Basis dieser Erkenntnisse ergeben sich folgende, in Tab. 5.3 dargestellte, Parameterkombinationen für die jeweiligen Messbedingungen. Bei Veränderung der Ausblasrate und der Messebenenposition werden die Einstellparameter konstant gehalten.

Auswerteverfahren Die Auswertung der Messungen erfolgt mit der PIV-Auswertesoftware $VidPIV^{®}$ der Firma ILA. Mit diesem Tool können alle wichtigen Auswertungsschritte automatisch durchgeführt werden, wie:

- Importieren von Doppelbildern (.bmp Format)
- Hinzufügen von Zeitinformationen insbesondere der Pulsdistanz
- Durchführung eines Mappings und Berechnung des Skalierfaktors
- Anwendung von Filtern
- Ausführung von Kreuzkorrelationen (ggf. adaptive Algorithmen) und Berechnung des Vektorfeldes
- Nachbearbeitung der Ergebnisse mit Filtern und Interpolation fehlerhafter Vektoren
- Mittelung der Messungen und Ausgabe der Ergebnisse

Für die hier vorgestellten PIV-Messdaten wurde ein Auswertealgorithmus mit mehreren FFT-basierten Kreuzkorrelationen verwendet. Dabei wird im ersten Durchlauf eine einfache FFT-basierte Kreuzkorrelation mit einem verhältnismäßig großem Auswertefenster von $48\,x\,48\,Pixel$ und einer $33\,\%$ Überlappung durchgeführt. Hierüber wird die Verschiebung der Partikelmuster und das Geschwindigkeitsfeld berechnet. Durch die großen Auswertebereiche wird ein minimaler In-Plane-Loss-of-Pairs gewährleistet. Im Anschluss daran werden Ausreißer im berechneten Geschwindigkeitsvektorfeld unter Nutzung geeigneter Filtermethoden identifiziert und entfernt. Die fehlenden Vektoren können durch Gaußsche Interpolationsalgorithmen aus den umliegenden Vektoren rekonstruiert werden.

Dieses bereinigte Geschwindigkeitsfeld dient dann als Eingangsdatensatz für die nachfolgenden adaptiven Kreuzkorrelationen, die in der Regel mit kleineren Auswertefenstern durchgeführt werden. Durch das berechnete Vektorfeld aus dem ersten Korrelationsdurchgang kann ein Verschiebung der Auswertefenster des zweiten Teilbildes entsprechend des zu erwartenden Partikelversatzes generiert werden. Die Wiedererkennung des Partikelmusters im verschobenen Auswertebereich erleichtert sich dadurch erheblich. Die Gesamtverschiebung wird dann durch die Ermittlung des Maximums in der Korrelationsfunktion bestimmt. Sie setzt sich zusammen aus der Verschiebung des Auswertefensters und der Verschiebung des Partikelmusters innerhalb des Auswertebereichs. In diesem Fall werden zwei adaptive Kreuzkorrelationen nachgeordnet, wobei die Größe der Auswertefenster von $32\,x\,32\,Pixel$ (zweiter Durchlauf) auf $24\,x\,24\,Pixel$ (dritter Durchlauf) mit jeweils 50 % Fensterüberdeckung reduziert wird.

Für eine sinnvolle Nutzung der adaptiven Kreuzkorrelationsalgorithmen zur Steigerung der Genauigkeit des Auswerteergebnisses, ist es notwendig die Wahl der Auswerteparameter auf die Messung abzustimmen. Die Hauptparameter einer Kreuzkorrelation sind im Wesentlichen:

- die Anzahl der Iterationsschritte (äquivalent zur Anzahl der adaptiven Kreuzkorrelationen),
- die Größe der Auswertebereiche und
- die Überschneidung der Auswertebereiche.

Letztere beiden Punkte bestimmen die Feinheit des Messgitters, da sich mit der Anzahl der Auswertebereiche und mit Zunahme der Überschneidung die Anzahl der berechneten Vektoren erhöht. Die Anzahl der Iterationsschritte hat vor allem Auswirkung auf die Rechenzeit. Ziel der Optimierung der Parameter ist eine Auswertung mit hoher Qualität bei einem Messgitter mit hoher Auflösung. Blumrich [11] empfiehlt für den Ablauf der Iteration zunächst eine einfache Kreuzkorrelation mit grobem Gitter und geringer Überschneidung. Hierauf folgen adaptive Kreuzkorrelationen mit einer festen Überschneidung von 50 % und feiner werdendem Gitter, was einer Verkleinerung der Auswertebereiche entspricht.

Für die Wahl der Parameter wurden Probeauswertungen mit vier verschiedenen adaptiven Korrelationsverläufen anhand einer Beispielmessung durchgeführt. Außerdem ist eine Auswertung mit einer einzelnen Korrelation, ohne iterative Verfeinerung des Gitters vorgenommen worden. Im Anschluss wurde die Anzahl der validierten Vektoren im Ergebnisvektorfeld bestimmt. Die Ergebnisse sind in Abb. 5.18 dargestellt. Die Überschneidung und die Breite der Auswertebereiche wurde in diesem

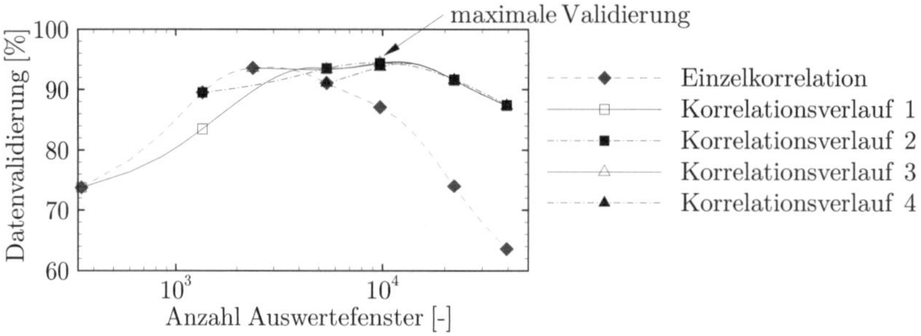

Abbildung 5.18: Datenvalidierungsrate über der Anzahl der Auswertefenster im Vergleich zu einer Einzelkorrelation

Graphen zu einem Koeffizienten n_{IW} zusammengefasst. Dieser Parameter entspricht der Anzahl an Auswertebereichen und ist ein Maß für die Auflösung des Messgitters. Er kann mit folgender Formel berechnet werden.

$$n_{IW} = \left[\frac{\tilde{b}_{Se} - \tilde{b}_{IW}}{(1-\theta_{IW}) \cdot \tilde{b}_{IW}} + 1\right] \cdot \left[\frac{\tilde{h}_{Se} - \tilde{b}_{IW}}{(1-\theta_{IW}) \cdot \tilde{b}_{IW}} + 1\right] \tag{5.14}$$

Hier ist θ_{IW} die Überschneidung der Auswertebereiche und $\tilde{b}_{IW}$ die Breite des Auswertebereichs. Es wird ausschließlich mit quadratischen Auswertebereichen gerechnet.

Die Korrelationsverläufe 1 bis 4 in Abb. 5.18 sind adaptive Kreuzkorrelationen mit jeweils unterschiedlichen Anfangsbedingungen hinsichtlich der Anzahl an Auswertebereichen. Von Korrelationsverlauf 1 zu Korrelationsverlauf 4 steigt die Anzahl der Auswertebereiche der ersten Korrelation, das heißt die Iteration wird mit feineren Gittern begonnen. Nach der ersten Korrelation wird das Gitter für die weiteren Iterationen bei allen Korrelationsverläufen in gleichen Schritten verfeinert. Es ist für alle Verläufe erkennbar, dass mit steigender Gitterauflösung die Datenvalidierung zunächst auf ein Maximum ansteigt, um dann wieder abzufallen. Der anfängliche Anstieg der Validierung ist darauf zurückzuführen, dass die Geschwindigkeitsgradienten in kleiner werdenden Auswertebereichen geringer ausfallen. Dadurch ändern sich die enthaltenen Partikelmuster innerhalb der Pulsdistanz immer weniger, was zu einem größeren und eindeutigeren Korrelationsmaximum führt. Nach Überschreiten der maximalen Validierung wird das Gitter jedoch so fein, dass sich in vielen Auswertebereichen nur noch einzelne oder gar keine Partikel mehr befinden. Dies verschlechtert das Ergebnis und mindert die Datenvalidierung.

Darüber hinaus ist ersichtlich, dass das Maxiumum der Korrelationsverläufe 1 bis 4 identisch bei $n_{IW} = 1 \cdot 10^4$ liegt. Die zugehörige Datenvalidierung variiert nur gering zwischen 93.7 % und 94.4 %. Es ist erkennbar, dass das mit einer einzelnen Korrelation erreichbare Maximum mit 93.6 % Validierung ähnlich hoch ist. Es befindet sich jedoch bei einem deutlich gröberem Messgitter mit nur $2.5 \cdot 10^3$ Auswertebereichen. Wie oben beschrieben kann von einer Verbesserung der Messergebnisse bzw. der Auflösung bei Anwendung adaptiver Korrelationen ausgegangen werden. Die Korrelationsverläufe 1

Iteration	$\tilde{b}_{IW}$ [px]	θ_{IW} [%]	n_{IW} [−]	**Datenvalidierung** [%]
1	48	33.3	1360	89.5
2	32	50	5440	93.5
3	24	50	9737	94.4

Tabelle 5.4: Ablauf der gewählten adaptiven Kreuzkorrelation

und 2 besitzen mit 94.3 % bzw. 94.4 % die höchste Datenvalidierung und sollten daher für die Auswertung favorisiert werden. Da Korrelationsverlauf 2 bereits bei einem feineren Gitter beginnt und somit eine Iteration weniger benötigt, um die maximale Validierung zu erreichen, wird dieser für die Auswertung der Kühlkanalmessungen ausgewählt. Es wird jedoch nach der dritten Korrelation und dem Erreichen des Validierungsmaximums abgebrochen. Für feiner werdende Gitter würde die Datenvalidierungsrate wieder absinken. Die genauen Daten des Korrelationsverlaufs können Tab. 5.4 entnommen werden. Weiterführende Informationen zum Messsystem und dem Auswerteverfahren findet der Leser in Wischnat und Kunze [127].

5.3 Druckverlustmessung

Durch die Haftung an den Wänden und durch Reibung in der Strömung entstehen beim Durchströmen eines Kanals Schubspannungen, die zu einem Druckabfall entlang der Durchströmrichtung führen. Es bildet sich ein Strömungsprofil mit einem Geschwindigkeitsgradienten in Richtung Wand aus, welches vom Strömungszustand sowie von der Kanalgeoemtrie und zusätzlichen Einbauten abhängig ist. In laminarer Strömung sind die Schubspannungen und damit der Druckabfall proportional zur mittleren Geschwindigkeit. Hingegen steigen sie bei turbulenter Durchströmung quadratisch an, was durch den Austausch von kinetischer Energie bei der Durchmischung der turbulenten Skalen bedingt ist. Im allgemeinen Fall wird der Druckabfall in einem Strömungskanal bei turbulenter Strömung mit dem dynamischen Druckanteil normiert

$$f = \frac{\Delta p}{\frac{\rho}{2}u^2}. \tag{5.15}$$

Für gerade Kanäle mit nicht kreisförmigem Durchströmquerschnitt wird der Druckabfall für einen Kanalabschnitt ΔL in Abhängigkeit vom hydraulischen Durchmesser D_h angegeben als

$$f = \frac{\frac{\Delta p}{\Delta L} D_h}{2\rho u^2}. \tag{5.16}$$

Da dieser Widerstandsbeiwert stark von der Gestaltung der Kanalgeometrie abhängig ist, wird dieser meist experimentell bestimmt. Zur Messung des Widerstandsbeiwertes f werden entlang des Kühlluftkanals senkrechte Wanddruckbohrungen ohne Bohrungsgrat mit einem Durchmesser von $1.1\,mm$ auf der Unterseite eingebracht. Die Länge der Druckmessbohrung beträgt $5\,mm$, sodass mit dem ermittelten Länge-zu-Durchmesserverhältnis von $L/D = 4.54$ der Fehler der Wanddruckmessung von weniger als 0.07 Pa vernachlässigt werden kann (siehe Nitsche [88]). Dabei wächst der Messfehler mit steigendem dimensionslosen Durchmesser D^+ wie auch mit zunehmendem L/D-Verhältnis stark an. Für die Geschwindigkeitsverhältnisse von $u_c =$ 1.5 - 15 m/s im Kühlkanal mit Variation der Reynoldszahl ist der Einfluss des L/D-Verhältnis aber verhältnismäßig gering. Der dimensionslose Durchmesser beträgt für eine turbulente Strömung mit einer mittleren Geschwindigkeit von $15\,m/s$ daher nur etwa $D^+ \sim 55$.

Zur Bestimmung des Widerstandsbeiwertes wird der lineare Druckabfall entlang des Kanals an mehreren Positionen zwischen den Rippen gemessen. Durch lineare

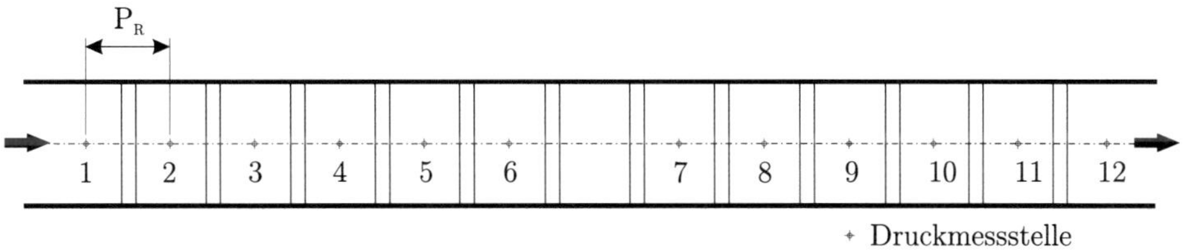

Abbildung 5.19: Position der Wanddruckmessbohrungen im Kühlluftkanal ($W/H = 2$, $D_h/e = 12.8$)

Regression der Ergebnisse wird dann die Steigung der Geraden dp/dL bestimmt. Die erste Wanddruckmessstelle liegt dabei in einem Abstand von 2 Rippenteilungen vom Kanaleintritt entfernt und damit $0.45\,P_r$ stromauf der ersten Rippe. Durch die Beeinflussung der Wandgrenzschicht aufgrund der Rippen ist der Druck zwischen den Rippen nicht konstant. Es treten dabei starke Variationen des statischen Druckes auf, die aber bei voll ausgebildeter Rippenumströmung periodisch sind. Zur Eliminierung dieses Effektes werden die Druckmessungen daher immer an fester Position in der Mitte zwischen zwei Rippen durchgeführt. Der Abstand zwischen zwei Messbohrungen beträgt somit eine Rippenteilung. Für die optische Zugänglichkeit des Rippensegmentes mit den Filmbohrungen ist hier keine Druckmessstelle eingebracht. Der notwendige Messwert wird über eine lineare Interpolation der Wanddrücke in den benachbarten Segmenten erhalten. Insgesamt ergeben sich damit für den Kühlluftkanal ($W/H = 2$, $D_h/e = 12.8$) 12 Wanddruckmessstellen. Für die Regressionsbildung wird jeweils nur der lineare Abschnitt des Druckabfalls genutzt. Es zeigt sich, dass die Messwerte für den statischen Druck im ersten Rippensegment sowie stromauf vor der ersten Rippe, durch die nicht periodisch ausgebildete Rippenumströmung, stark beeinflusst werden. Diese Bereiche werden zur Ermittlung des Widerstandsbeiwertes nicht herangezogen.

5.4 Transiente Flüssigkristallmethode zur Bestimmung des Wärmeübergangs

5.4.1 Messprinzip

Mit Hilfe der transienten Flüssigkristallmethode wird die zeitliche Reaktion der Wandtemperatur auf Änderungen der Fluidtemperatur untersucht. Dazu werden auf der

Innenseite des Kühlkanals thermochromatische Flüssigkristalle auf eine Schicht konstraststeigernden, schwarzen Untergrund appliziert. Diese Substanzen besitzen eine flüssigkristalline Zwischenphase, die zwischen den normalen Phasen fest und flüssig liegt. Hierbei existieren verschiedene mögliche Konfigurationen im molekularen Aufbau. Für thermochromatische Flüssigkristalle ist dabei die cholestrische Phase interessant, die eine Untergruppe der nematischen Phase darstellt. Fergason [37] gibt hierzu ausführlichere Erläuterungen. Aus ihrer veränderlichen Molekularstruktur ergeben sich temperaturabhängige, optische Effekte anhand derer die Oberflächentemperatur bestimmt werden kann. Im Falle der Kristalle mit cholestrischer Phase, ordnen sich

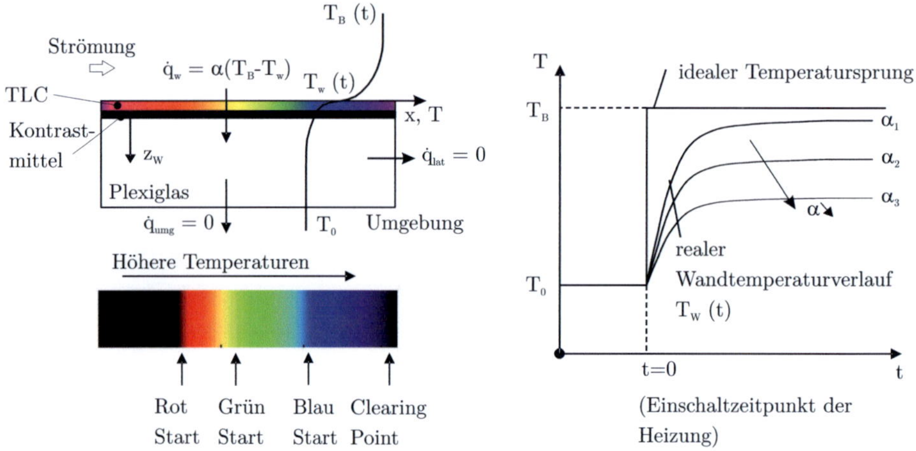

Abbildung 5.20: Prinzip der transienten Flüssigkristallmesstechnik

die Molekülstäbchen in Ebenen an, die aufgrund von Wechselwirkungen an ihren Grenzflächen eine konstante Verdrehung von wenigen Grad aufweisen. Die Steigung, d.h. der Abstand zwischen den Ebenen dieser helixartigen Struktur, beeinflusst damit Interferenz- und Brechungseffekte an den Molekülstäbchen und führt zu einer selektiven Reflexion bestimmter Wellenlängen.

Durch Änderung der Temperatur verändert sich auch der Abstand und damit die Steigung der Helix. Nimmt mit ansteigender Temperatur der Abstand zwischen den Ebenen ab, so reduziert sich die reflektierte Wellenlänge des Lichts. Dies führt zu einem typischen Farbverlauf dieser Flüssigkristalle von Rot (ca. 620 nm) über Grün (ca. 540 nm) zu Blau (ca. 470 nm) (siehe auch Abb. 5.20). Weiterführende Informationen zu Flüssigkristallen und deren Anwendung in der Messung von Wärmeübergangszahlen finden sich in Ireland and Jones [58].

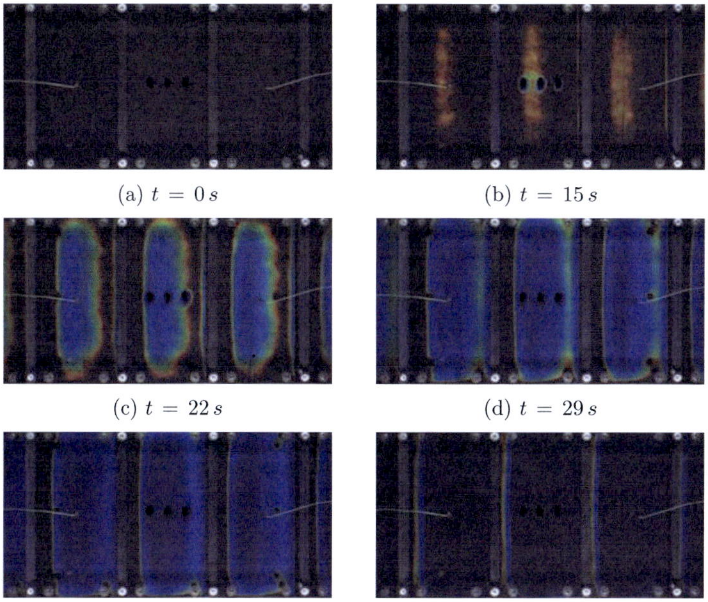

(a) $t = 0\,s$ (b) $t = 15\,s$ (c) $t = 22\,s$ (d) $t = 29\,s$ (e) $t = 35\,s$ (f) $t = 112\,s$

Abbildung 5.21: Temporaler Ablauf eines transienten Flüssigkristallexperimentes am Beispiel des Testfalles mit $Re_{c,Dh} = 30000$, $s/D = 7.5$ und $M = 0.00$

Die berippte Oberfläche mit Filmkühlbohrungen wird durch die Unterseite des Kühlkanals mittels einer Farbvideokamera beobachtet und die Bildsequenzen mit den Farbumschlägen digital aufgezeichnet. Vor Beginn des Versuches ist die Strömung eingestellt und das gesamte System befindet sich auf einer konstanten homogenen Temperatur T_0. Ausgehend von diesem thermodynamischen Gleichgewicht wird zum Zeitpunkt $t = 0$ durch eine Heizung eine sprunghafte Änderung der Fluidtemperatur initiiert. Hierdurch entwickelt sich eine Temperaturdifferenz zwischen Fluid mit der

Temperatur T_B und der Kanalwand mit der Temperatur T_W. Was schlussendlich zu einem Wärmestrom in die Wand führt, die sich langsam aufheizt. Abhängig vom örtlichen Wärmeübergangskoeffizient steigt die Wandtemperatur bis der Umschlagpunkt der Flüssigkristalle erreicht ist. Dann wird das Farbspiel durchlaufen, wobei dies als erstes in den Bereichen mit den höchsten Wärmeübergängen stattfindet. Die sichtbaren Farblinien wandern anschließend zu den Stellen mit kleinerem Wärmeübergang (siehe Abb. 5.21).

Zur Bestimmung des Temperaturverlaufes in der Wand wird die eindimensionale Wärmeleitungsgleichung gelöst. Laterale Wärmeleitungseffekte im Wandmaterial werden hierbei nicht berücksichtigt

$$\frac{\partial T}{\partial t} = a \frac{\partial^2 T}{\partial z_W^2} \quad mit \quad a = \frac{\lambda_W}{\rho_W \, c_W}. \tag{5.17}$$

Hierbei sind λ_W, ρ_W, c_W die Wärmeleitfähigkeit, die Dichte und die Wärmekapazität der Wand, die für die hier verwendeten experimentellen Randbedingungen als konstant angenommen werden. Diese werden in dem Parameter a zusammengefasst, der als Temperaturleitfähigkeit bezeichnet wird. Die Randbedingungen für dieses Problem stellen sich wie folgt dar:

$$t = 0 \quad : \quad T_W = T_0 \tag{5.18}$$

$$z_W = 0 \quad : \quad \lambda_W \frac{\partial T}{\partial z_W}|_{z_W=0} = \alpha \left(T_W|_{z_W=0} - T_B\right) \tag{5.19}$$

$$z_W \to \infty \quad : \quad T_W = T_0. \tag{5.20}$$

Um die Gleichung (5.17) zu lösen, wird die homogene und lineare partielle Differentialgleichung zweiter Ordnung mittels einer Laplace-Transformation vom Zeit- in den Frequenzbereich überführt. Mit Hilfe einer Substitution der Temperaturen bezogen auf die Ausgangstemperatur (entpricht hier der Temperatur im thermodynamischen Gleichgewicht) wird die partielle Differentialgleichung in eine gewöhnliche Differentialgleichung der Spektralfunktion überführt. Die erhaltene Lösung der Fourierschen Differentialgleichung im LaPlace-Raum muss dann anschließend wieder zurück in den Zeitbereich überführt werden. Hierzu wird die unter der Annahme einer halbunendlichen Wand durch Carslaw und Jaeger [22] vorgeschlagene Rücktransformationsvorschrift für einen beliebigen Punkt in der Wand verwendet. Es ergibt sich somit die gesuchte Bestimmungsgleichung des Wärmeübergangskoeffizienten für einen idealen

Temperatursprung und den angenommenen Anfangs- und Randbedingungen zu

$$\begin{aligned}\Theta\left(z_W,t\right) &= \frac{T-T_0}{T_B-T_0} \\ &= \operatorname{erfc}\left(\frac{z_W}{2\sqrt{at}}\right) - \exp\left(\frac{\alpha}{\lambda_W} z_W + \frac{\alpha^2}{\lambda_W^2} at\right) \operatorname{erfc}\left(\frac{z_W}{2\sqrt{at}} + \frac{\alpha}{\lambda_W}\sqrt{at}\right). \end{aligned} \tag{5.21}$$

Eine detaillierte Herleitung der Lösung der partiellen Differentialgleichung für eine stationäre Bulktemperatur findet sich im Anhang A.1. Für die Bestimmung des Wärmeübergangskoeffizienten ist primär die Oberfläche ($z_W = 0$) der betrachteten Wand interessant. Denn an dieser Stelle liefern die Flüssigkristalle über die Farbindikation den zeitlichen Verlauf der einzelnen Farbkanäle R-G-B. Für die Temperatur an der Wandoberfläche lässt sich damit Gl. 5.21 zu

$$\Theta\left(z_W = 0,t\right) = \frac{T_W-T_0}{T_B-T_0} = 1 - \exp\left(\frac{\alpha^2}{\lambda_W\,\rho_W\,c_W} t\right) \operatorname{erfc}\left(\alpha\sqrt{\frac{t}{\lambda_W\,\rho_W\,c_W}}\right) \tag{5.22}$$

vereinfachen. Ist nun der Zeitpunkt t bekannt, an dem die Wandtemperatur einen festen Wert erreicht (Indikationsereignis), so lässt sich Gleichung (5.22) iterativ nach dem Wärmeübergangskoeffizienten α lösen. Dieser Zeitpunkt t lässt sich über den Farbumschlag der Flüssigkristalle bestimmen. Hierbei wird, aufgrund der günstigsten Kombination aus deutlich ausgeprägtem Farbintensitätsmaximum und zeitlichem Verlauf des Farbsignals, ausschließlich der grüne Farbkanal benutzt. Anhand einer Kalibrierung des verwendeten Flüssigkristalls kann die Verknüpfung zwischen Farbintensität und Temperatur ermittelt werden. Über diesen Zusammenhang wird dann im Experiment für jedes Pixel innerhalb der Bildsequenz dem ermittelten Zeitpunkt zum Erreichen des Grünmaximums eine definierte Wandtemperatur zugewiesen.

Die Verwendung der Annahme einer halbunendlichen Wand ist nur dann gegeben wenn die Messzeit hinreichend kurz ist und nur so lange wie der Wärmefluss im Wandmaterial noch nicht durch die Kanalaussenseite beeinflusst wird. Eine Abschätzung für die maximal mögliche Messzeit liefern Schulz und Jones [110] mit

$$t_{max} \leq \frac{s^2}{16a} \tag{5.23}$$

worin s die Wanddicke des Plexiglasmaterials und a deren Temperaturleitzahl darstellt. Dieser konservative Ansatz gilt dabei nur für relativ dicke Wände und geht mit einer signifikanten Beschränkung der maximalen Versuchszeit einher. Bei einer Dicke der Plexiglaswände des Kühlkanals von $20\,mm$ ergibt sich eine maximale Messzeit von $235\,s$. Für dünnere Wände ist diese Bedingung oft nicht erfüllt. Daher haben Vogel und Weigand [119] eine Lösung der Wärmeleitungsgleichung für endliche Wände vorgestellt, die auch den Wärmeübergang an der Außenseite mitberücksichtigen. Sie konnten zeigen, dass der Verlauf der Wandtemperatur selbst für Messzeiten von

$$t_{max} \leq \frac{s^2}{4a} \tag{5.24}$$

hinreichend genau beschrieben wird. Dabei können die erhaltenen Gleichungen für dicke, gering wärmeleitende Wände in die Lösung für eine halbunendliche Wand überführt werden. Die maximale Versuchszeit erhöht sich mit diesem Ansatz bis auf 15 min für eine Plattendicke von $20\,mm$.

Weiterhin ist die Gleichung (5.22) nur gültig für einen idealen Temperatursprung. In der experimentellen Praxis erweist es sich allerdings als schwierig, solch einen definierten Sprung in der Fluidtemperatur zu erzeugen. Durch Einlaufstrecken oder andere Einbauten wird dieser durch parasitäre Wärmeströme in die Wände stromaufgelegener Komponenten abgeschwächt, sodass an der Messstelle ein zeitabhängiger Temperaturverlauf vorliegt. Abb. 5.22 links zeigt solch einen typischen Fluidtemperaturverlauf an unterschiedlichen Stellen im berippten Kühlkanal. Ist dieser bekannt oder wird während des Versuches miterfasst, kann dieser Effekt mit Hilfe des Superpositionsprinzipes nach Duhamel mit berücksichtigt und Gleichung (5.22) für einen kontiuierlichen Fluidtemperaturverlauf erweitert werden (für eine detaillierte Beschreibung siehe Anhang A.2). Hierzu wird der Verlauf der Fluidtemperatur in N diskrete Intervalle entsprechend der Abtastrate der Kamera von 30 Samples/s aufgeteilt. Es findet hierbei eine Zerlegung des realen Wandtemperaturverlaufes mit realen Randbedingungen in eine Superposition von Verläufen mit jeweils konstanten Randbedingungen statt (Duhamel-Prinzip). Innerhalb eines Zerlegungsintervalls wird die Fluidtemperatur auf den Initialwert des Intervalls zum Zeitpunkt τ_j konstant gehalten und als idealer Temperatursprung betrachtet. Gemäß der so erzeugten Stufenfunktion der Bulktemperatur $T_B\left(\tau_j\right)$ ergibt sich die Lösung der transienten Wärmeleitungsgleichung zu

$$T_w\left(t\right) - T_0 = \sum_{i=1}^{N} \Theta_w\left(t-\tau_j\right)\left[T_B\left(\tau_j\right) - T_B\left(\tau_{j-1}\right)\right]. \tag{5.25}$$

Diese Gleichung lässt sich über ein numerisches Sekantenverfahren lösen und der zeit-invariante Wärmeübergangskoeffizient für jedes Pixel bestimmen. Diese Methode

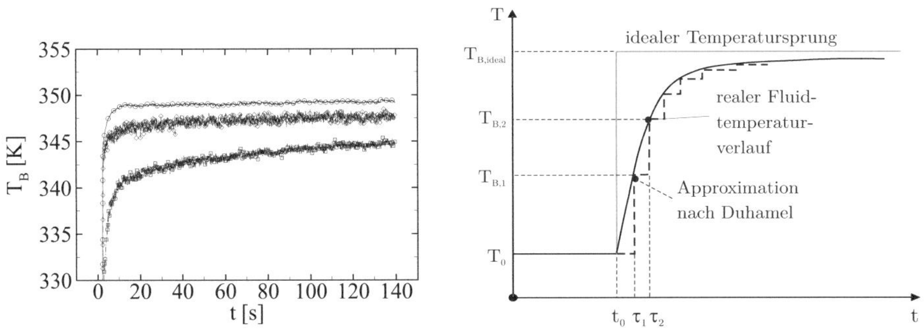

Abbildung 5.22: Approximation der realen Strömungstemperaturverlaufes durch das Duhamel-Prinzip

stellt eine vereinfachte Modifikation eines Gauss-Newton-Verfahrens dar, wobei hier nicht die Ableitungen gebildet, sondern diese durch Differenzenquotienten ersetzt werden. Somit lässt sich jede hinreichend mathematisch glatte Funktion auch ohne Kenntniss oder Berechnung der Ableitungen abbilden. Abb. 5.22 zeigt noch einmal schematisch die iterative Approximation des realen Temperaturverlaufs von T_B an der Messtelle durch eine diskrete Sprungfunktion nach dem Duhamel-Prinzip.

5.4.2 Auswertung

Die Berechnung des Wärmeübergangskoeffizienten aus den aufgenommenen RGB-Videosequenzen mit der zeitlichen Flüssigkristallreaktion erfolgt mit dem eigens dafür entwickelten *MATLAB*©-Programm *TLCoat*[1] durchgeführt. Die im Auswerteprogramm integrierten Bestimmungsgleichungen wurden in ihrer Kurzform in dem vorangegangenen Abschnitt dargelegt. Als Programmierumgebung wurde das Softwarepaket *MATLAB*© benutzt, das mit den bereits implementierten Toolboxen etliche Zusatzfunktionen, für unterschiedliche Aufgabenstellungen schon programmtechnisch aufbereitet, zur Verfügung stellt. Speziell im Bereich der Signal- und Bildverarbeitung

[1] **T**hermochromatic **L**iquid **C**rystal **Co**lor Indication **A**nalysis for Heat **T**ransfer

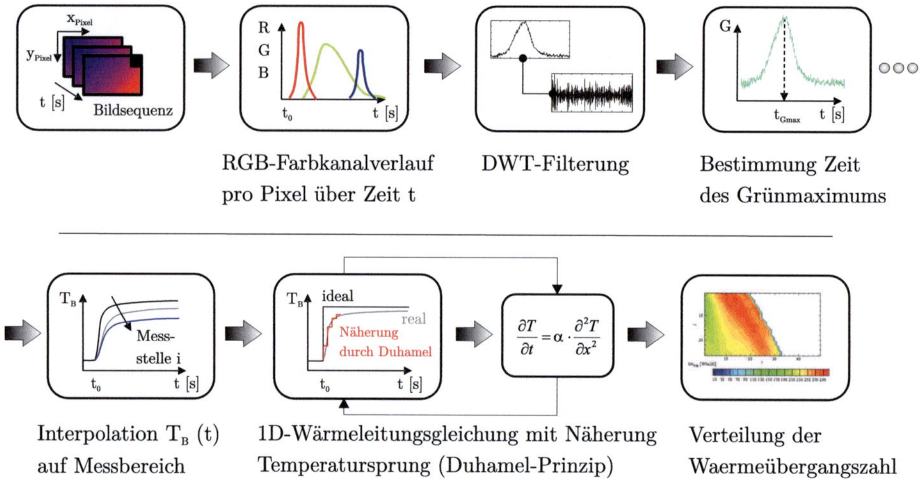

Abbildung 5.23: Schema des Auswertungsprogrammes *TLCoat* für die transiente Flüssigkristallmesstechnik

sind für die Auswertung benötigte Funktionen vorhanden. Damit kann der programmiertechnische Aufwand erheblich reduziert werden. Ein weiterer Vorteil liegt in der vereinfachten Skriptsprache, die sich leicht erlernen lässt. In der erstellten Auswerteroutine werden die zeitlichen Farbverläufe der Flüssigkristalle in Kombination mit den Fluidtemperaturverläufen aufbereitet und hinsichtlich des Wärmeübergangskoeffizienten ausgewertet. Die auszuwertenden Datensätze liegen als Matrix vor, entweder in Form von ASCII-Files oder TIFF-Bildsequenzen. Eine schematische Darstellung des Auswertealgorithmus von *TLCoat* ist in Abb. 5.23 dargestellt. Im folgenden sollen die einzelnen Prozessschritte der Farbindikationsanalyse in kompakter Form vorgestellt werden. Weiterführende Informationen zum Auswertungsprogramm findet der geneigte Leser in König und Kunze [68].

Die Basis für die Auswertung bilden die, mit einer RGB-Videokamera[2], aufgezeichneten Videosequenzen, die das Farbantwortsignal der Flüssigkristalle beinhalten. Die Auflösung der verwendeten 3-CCD Kamera beträgt dabei $1024\,x\,768\,Pixel$ bei einer Bildaufnahmerate von 30 Bildern/s. Die Bildaten werden über eine Cameralink-Schnittstelle mit 8 bit-Auflösung pro Farbkanal an die Framegrabberkarte übertragen.

[2]Hitachi HV-F31CL

Die Videoaufnahmen werden mit einem Weitwinkelobjektiv[3] erfasst. Um nun den Startzeitpunkt der Videoaufzeichnung mit der Fluidtemperaturmessung zu synchronisieren, wird vom Messsystem[4] des PFKK über einen optisch entkoppelten Ausgangskanal auf der Spannungsmesskarte ein TTL-Triggersignal $0 - 5\,V$ zur Framegrabberkarte[5] der Videokamera gesendet. Dieses wird vorher noch zur Auswertung auf dem LVDS-Eingang der Framegrabberkarte in ein differentielles Spannungssignal umgewandelt. Zum selben Zeitpunkt wird im Messprogramm die Aufzeichnung der Fluidtemperaturen gestartet. Mit einer einstellbaren Verzögerungszeit wird dann anschließend über die serielle Schnittstelle (RS-485) der Gleichspannungsquelle die Sollwerte für Spannung und Stromstärke übertragen und die Netzdrahtheizung eingeschaltet.

Die vorliegenden Messungen werden mit schmalbandigen, gekapselten Flüssigkristallen von Hallcrest[6] durchgeführt. Dabei beträgt die Indikationstemperatur beim Grünstart dieses Flüssigkristalls 31.0°C. Zur Verbesserung der optischen Wahrnehmung des Flüssigkristall-Farbspiels und zur Kontraststeigerung wird als Untergrund eine Schicht mit schwarzer Farbe[7] mittels eines Airbrush-Systems aufgetragen und nach einer Trocknungsphase mit den Flüssigkristallen übersprüht. Die Wärmeleitfähigkeit der Flüssigkristallschicht beträgt in etwa $0.2\,W/mK$, was auch der Wärmeleitfähigkeit des Plexiglasuntergrundes entspricht. Mit einer evaluierten Sprühtechnik und einer Schichtanzahl von etwa 4 Sprühvorgängen sind mittlere Schichtdicken von Flüssigkristallaufträgen zwischen $10 - 20\,\mu m$ möglich. Für die Beleuchtung der, mit Flüssigkristallen applizierten, Wandoberfläche werden zwei Reproduktions-Leuchtstofflampen[8] mit einer warmweißen Farbtemperatur von $3000\,K$ eingesetzt. Der zeitliche Verlauf der Fluidtemperaturen wird mit schnellansprechenden Thermoelementen[9] mit einem Drahtdurchmesser von $0.08\,mm$ aufgezeichnet. Mit Hilfe der im Messsystem des PFKK integrierten Temperaturmesskarte lassen sich bis zu 24 Temperaturkanäle mit einer maximalen Aufnahmerate pro Kanal von 90 Samples/s abfragen. Die Thermoelemente werden in dünnen Röhrchen verklebt und sind im Kühlkanal in der Mitte jedes Rippensegmentes positioniert. Eine Ausnahme bildet

[3]Nikon Nikkor AF D 20mm f/2.8
[4]National Instruments PXIe-1062Q
[5]EPIX PIXCI-EL1
[6]Hallcrest Inc. SPN/R31C1W
[7]Hallcrest Inc. SPBB-G1
[8]Kaiser Fototechnik RB 5000 DL mit Osram DULUX L 36W/930 2G11 LUMILUX
[9]OMEGA Typ K 5SRTC-TT-KI-40-2M

dabei das mittlere Rippensegment mit den Filmbohrungen, wobei hier aufgrund der uneingeschränkten optischen Zugänglichkeit für die Videokamera keine Fluidtemperatur gemessen wird.

Nach erfolgreichem Abschluss der Einleseprozedur werden die Videosequenzen auf etwaige Über- bzw. Unterbelichtung und korrekter Farbumschlagsrichtung geprüft. Zur Korrektur ungleichmäßiger Beleuchtungsbereiche sowie zur Verminderung von unterschiedlich ausgeprägten Intensitätsmaxima durch Schattenbildung und Reflexionen an Kanaleinbauten sind die Farbverläufe der einzelnen Pixel auf einen pixelspezifischen Grundwert $(G(t) - G_0)$ bezogen. Die Verteilung der Grundwerte pro Pixel wird durch Aufnahme einer Referenzsequenz und deren zeitliche Mittelung gewonnen. Im Auswertungsprogramm *TLCoat* ist eine adaptive Normalisierung nach Poser [94] implementiert. Hierbei wird der zeitliche Verlauf jedes Farbkanals R-G-B(t) um den Grundwert reduziert und noch zusätzlich auf den maximal erreichten Wert des jeweiligen Farbkanals normiert. Damit lässt sich das gesamte zur Verfügung stehende Intensitätsspektrum für die Auswertung ausnutzen.

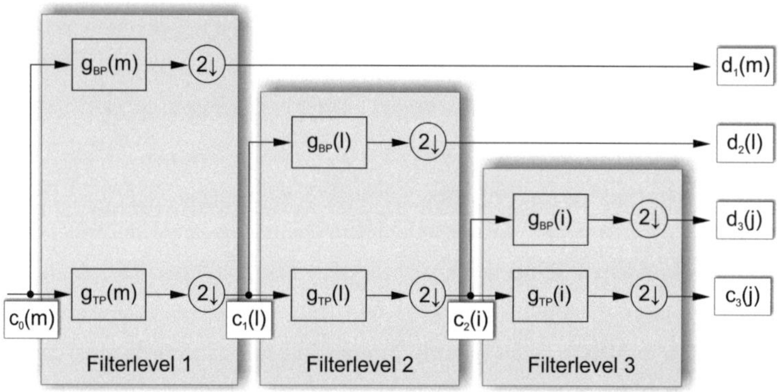

Abbildung 5.24: Schematische Darstellung der Signalanalyse mittels *Diskreter Wavelet Transformation (DWT)* (Quelle: König und Kunze [68])

Zur Berechnung des Wärmeübergangskoeffizienten mit Hilfe von Gleichung (5.22) ist die Kenntnis des Zeitverlaufes der Wandtemperatur oder eines charakteristischen Punktes innerhalb der Farbantwort der Flüssigkristalle notwendig. Hierbei bietet sich das Intensitätsmaximum eines der drei Farbkanalverläufe aufgrund seiner definierten Lage an. Im Auswerteprogramm *TLCoat* wird das Intensitätsmaximum des Grünen Farbkanals benutzt, um die Indikationszeit zum Erreichen dieses Maximums für jedes Pixel zu bestimmen. Über eine Kalibrierung der verwendeten Flüssigkristalle kann diesem Grünwert eine definierte Wandtemperatur zugeordnet werden (siehe auch Abschnitt 5.4.4). Aufgrund des stochastischen Verhaltens des photophysikalischen Aufnahmeprozesses ist dem aufgezeichneten, niederfrequentem Signal der Flüssigkristallantwort ein hochfrequenter Rauschanteil überlagert. Unter der Annahme, dass sich diese beiden Signalanteile in ihrer Frequenz stark unterscheiden, lassen sie sich durch eine Rauschfilterung voneinander trennen. Hierzu wird mit Hilfe einer *diskreten Wavelet-Transformation, kurz DWT,* eine Zerlegung des Ursprungssignals in verschiedene frequenzabhängige Signalanteile durchgeführt. In Abb. 5.24 ist die Anwendung der, in König und Kunze [68], detailliert dargelegten DWT-Algorithmen zur sukzessiven Projektion eines Signals in die Frequenzunterräume schematisch dargestellt. Hierbei bezeichnet $g_{BP}(m)$ die Impulsantwort des Hochpass- und $g_{TP}(m)$ die des Tiefpassfilters. Bei diesem Verfahren wird die Abbildung des Signals in seine Unterräume statt mit Wavelet- und Skalierungsfunktionen, wie es bei der kontuinierlichen Wavelet-Transformation (Kniencke [67]) angewendet wird, durch Impulsantworten eines digitalen Tief- bzw. Hochpassfilters realisiert.

Bei dieser Methode wird das Signal schrittweise zerlegt, wodurch verschiedene Ebenen der Transformation entstehen. In jedem Schritt erfolgt die Aufteilung des Signals in zwei neue Signale, wobei das tief- bzw. hochpassgefilterte Signal je zur Hälfte das ursprüngliche Frequenzband enthält. Die Tiefpassfilterung entspricht dabei der Bildung einer Approximation des ursprünglichen Signals durch den Wegfall des hochfrequenten Detailinformationen. Diese gehen aber nicht während des Filterungsprozesses verloren, sondern werden in Form des hochpassgefilterten Signals in jedem Level gespeichert. Damit ist eine nahezu vollständige Rücktransformation des Ursprungssignales aus den einzelnen Frequenzanteilen möglich. Es findet jeweils so lange eine Halbierung des dem Level entsprechenden unteren Frequenzbandes statt, bis die gewünschte Frequenzbandzerlegung erreicht ist.

Um dies genauer zu veranschaulichen, ist in Abb. 5.25 die Zerlegung eines Grünfarbsignales eines Flüssigkristalls dargestellt. Es werden in der Gegenüberstellung die hoch- und tiefpassgefilteren Signalanteile sowohl für eine einfache Aufteilung bis ins erste Filterlevel als auch für eine sehr detaillierte Filterung bis ins fünfte Level gezeigt.

Hierbei bezeichnet a das ungefilterte Signal, c_j die jeweilige Approximation und d_j die entsprechende Detailinformation des Filterlevels, die über der Bildnummer der Videosequenz N_f aufgetragen sind.

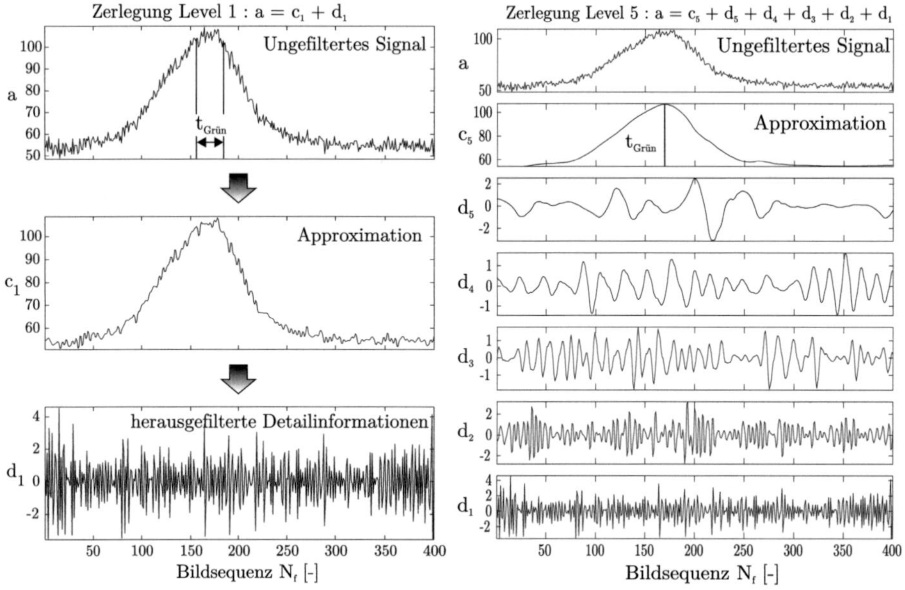

(a) Erster Filterlevel der Rauschfilterung (b) Signalzerlegung im fünften Filterlevel

Abbildung 5.25: Zerlegung des Farbsignals der Flüssigkristalle mit Hilfe einer *Diskreten Wavelet Transformation (DWT)* (Quelle: König und Kunze [68])

Betrachtet man das ungefilterte Signal, so wird deutlich, dass der Farbumschlag im Grünkanal bis zur Bildnummer 350 abgeschlossen ist. Der nachfolgende Signalanteil wird nur noch durch das Rauschen dominiert. Die hochpassgefilterten Signalanteile bis zum Detaillevel 4 liefern einen vergleichbaren zeitlichen Verlauf mit konstanter Amplitude über die gesamte Aufzeichnungsdauer. Dies deutet darauf hin, dass diese Frequenzanteile dem Signalrauschen des betrachteten Farbkanals zugeordnet werden können. Anders stellt sich dies beim fünften Filterlevel dar. Hier zeigt sich ein diskontuierlicher Verlauf mit variiender Amplitude über den Zeitbereich. Im letzten Drittel, in welchem eigentlich das Rauschen dominant sein sollte, tritt eine Verringerung der Amplitude auf. Dies deutet auf einen Zusammenhang der Detailinformationen mit der Farbantwort hin. Mit der nun bekannten Aufteilung der Signalanteile werden bei der Rücktransformation all diejenigen Signalfrequenzen zu Null gesetzt, die dem Farbrauschen zugeordnet werden konnten. Danach erfolgt mit der Approximation und den Detailinformationen des letzten Filterlevels der Wiederaufbau des Intensitätsverlaufes für den jeweiligen Bildpixel. Mit Hilfe eines einfachen Parametervergleichs wird dann die Lage des globalen Maximums aus dem Verlauf des grünen Farbkanals und dessen Zeitpunkt ermittelt.

Nach der Rauschfilterung werden Bereiche im Messfeld, die nicht ausgewertet werden sollen, durch eine manuel editierte Maske von der Berechnung des Wärmeübergangskoeffizienten ausgeschlossen. Zusätzlich können Stellen an denen kein Flüssigkristallumschlag stattfindet, wie im Bereich von Messsensoren oder Gegenständen im Bild (Schrauben, Rippen), in der Maske kenntlich gemacht werden. In diesen Bereichen werden die notwendige Messwerte für den Wärmeübergang anhand eines zweidimensionalen Interpolationsalgorithmus auf Basis der Laplacegleichung

$$0 = \frac{\partial^2 T}{\partial x^2} + \frac{\partial^2 T}{\partial y^2} \tag{5.26}$$

aus den umliegenden Pixeln bestimmt. Obwohl die oben angegebene Gleichung (5.26) typischerweise eher die Wärmeleitung in einem Festkörper beschreibt, wird sie in diesem Fall als Diffusionsmodel für Interpolationszwecke eingesetzt.

Für die Bestimmung des Wärmeübergangs nach Gleichung (5.22) sind weiterhin die zeitlichen Verläufe der massenstromgemittelten Fluidtemperatur am Messort notwendig. Aufgrund der optischen Zugänglichkeit im mittleren Rippensegment können dort keine Thermoelemente installiert werden. Daher werden die Zeitverläufe der nächstliegenden Thermosonden sowohl zeitlich als auch räumlich mit Hilfe von Spline-Interpolationsfunktionen auf das Messgebiet interpoliert. Auch hier wird auf die zeitdiskret aufgenommenen Daten im ersten Schritt eine Rauschfilterung mittels Schwellenwertbildung angewendet. Danach erfolgt eine zeitliche Interpolation der Temperaturverläufe auf die Aufnahmezeitpunkte der Bildsequenz.

Für die räumliche Interpolation werden, die auf der Kanalmittellinie aufgezeichneten Messdaten, entlang der Kanalachse mittels einer Spline-Interpolation für jedes Pixel sowie für jeden betrachteten Zeitpunkt interpoliert und dann auf die laterale

Kanalausdehnung kopiert. Mit diesen Bezugswerten für die Fluidtemperaturen erfolgt die Superposition der Wandtemperaturverläufe mit Hilfe des Duhamel-Theorems und die Berechnung des Wärmeübergangskoeffizienten in einer iterativen Programmschleife. Bei genauerer Betrachtung von Gleichung (5.22) und Gleichung (5.25) zeigt sich, dass eine explizite algebraische Lösung nach dem Wärmeübergangskoeffizienten nicht möglich ist und diese daher iterativ bestimmt werden muss. Zu diesem Zweck wird Gleichung (5.25) in ein Nullstellenproblem überführt und mit Hilfe des Sekantenverfahrens (Hermann [52]) numerisch gelöst. Diese Methode stellt eine Vereinfachung eines Gauss-Newton-Verfahrens dar, wobei die notwendige Ableitung durch Differenzenquotienten ersetzt werden und nicht mehr für jeden Iterationsschritt mitberechnet werden muss. Abschließend wird die Verteilung des Wärmeübergangskoeffizienten α sowie die der Nusseltzahl Nu und Nu/Nu_0 im ASCII- bzw. Tecplot-konformen Datenformat ausgegeben.

5.4.3 Validierung

Zur Validierung der Auswerteroutinen von *TLCoat* wurde ein Ausschnitt für einen Testfall in einem Turbinenkühlsystem benutzt. Die Bildsequenz und der erforderliche Verlauf der Fluidtemperaturen wurde freundlicherweise vom ITLR der Universität Stuttgart zur Verfügung gestellt. Weiterhin ist als Ergebnis die Verteilung der Wärmeübergangszahl α und die Zeit zum Erreichen des Grünmaximums t_{Gmax} durch eine Auswertung mit dem LabView-Programm *ProTeIn* (Poser [94]) bekannt. Der Auswertebereich für das Testvideo beträgt $64\,Pixel$ x $32\,Pixel$. Bei den Messungen ist zu beachten, dass für den Testfall am ITLR die Samplingrate der Fluidtemperaturen aufgrund des verwendeten Agilent-Systems nur 5 Hz beträgt. Dagegen sind die Videosequenz mit einer Bildrate von 15 Hz aufgezeichnet worden. Die Resultate für den Wärmeübergangskoeffizienten sind im Vergleich in Abb. 5.26 a) und b) dargestellt.

Für die Wärmeübergangszahl, ist eine sehr gute qualitative wie auch quantitative Übereinstimmung zwischen der Auswertung mit dem $MATLAB^{©}$-Programm *TLCoat* und dem LabView-Programm *ProTeIn* vom ITLR Stuttgart zu erkennen. Das Maximum im Wärmeübergang von $295.3\,W/m^2K$ (*ProTeIn*) wird von *TLCoat* örtlich korrekt dargestellt bei ($I = 14$, $J = 3$) aber in seiner Höhe um $2.2\,W/m^2K$ leicht überschätzt. Dies entspricht einer relativen Abweichung von maximal $0.7\,\%$. Die maximalen Abweichungen treten innerhalb der Zone mit sehr hohen Wärmeübergangen auf ($I = 23$, $J = 18$). Die Differenzen können hier bis auf $7\,W/m^2K$ anstei-

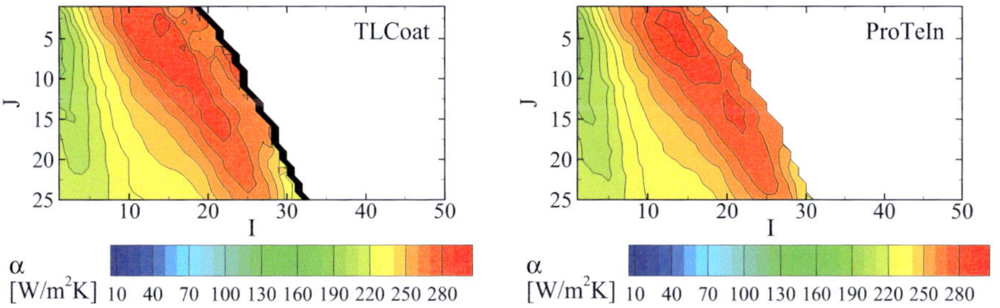

(a) Wärmeübergangszahl α

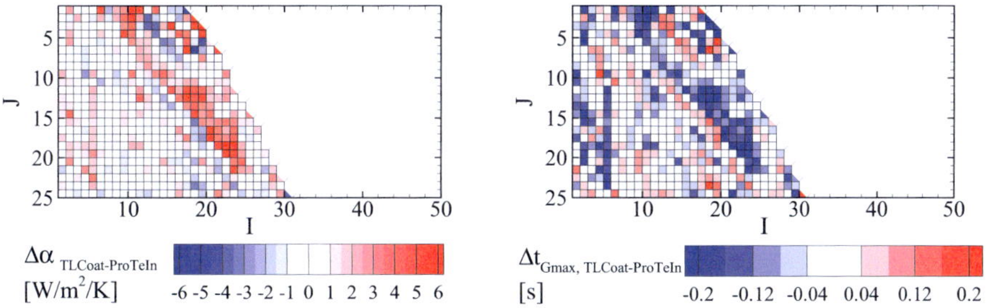

(b) Differenzen zwischen *TLCoat*/*ProTeIn* für Wärmeübergang α und Zeit des Grünmaximums t_{Gmax}

Abbildung 5.26: Auswertung der Wärmeübergangszahl eines Testfalles in einem Kühlsystem am ITLR Stuttgart (Poser [94]) und Vergleich der Ergebnisse beider Auswertealgorithmen

gen, was eine relative Abweichung von 2.6 % bedeutet. Dies liegt immer noch weit unterhalb von typischen Messungenauigkeiten für Wärmeübergangskoeffizienten von mehr als 10 %. Im Gegensatz dazu sind die flächengemittelten Differenzen über den Auswertebereich aussagekräftiger, da ein Grossteil der Pixel viel kleinere Unterschiede zwischen den beiden Auswertungsprogrammen aufweist. Dies lässt sich eindeutig aus den Häufigkeitsverteilungen erkennen, wie sie für die Differenz im Wärmeübergang und im Grünmaximums-Zeitpunkt in Abb. 5.27 dargestellt sind. Für mehr als 90 % der verglichenen Pixel liegen die Differenzen in beiden Parametern unterhalb von 2 %. Für den flächengemittelten Wärmeübergang zeigt sich eine deutlich geringere Differenz zwischen der eigenen Programmroutine und *ProTeIn* von $0.50\,W/m^2K$ bzw. 0.21 %. Die grundlegende Ursache für die Abweichungen zwischen den beiden Auswerteroutinen liegt hierbei in der Wavelet-Filterung und die unterschiedliche Konfiguration der

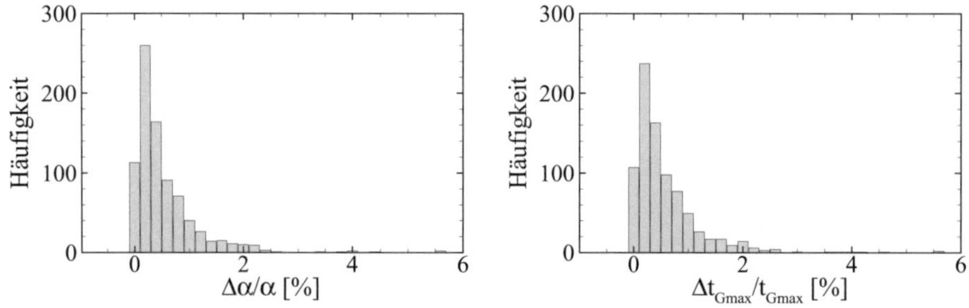

Abbildung 5.27: Häufigkeitsverteilung der Unterschiede in Wärmeübergang $\Delta\alpha/\alpha$ und Zeitpunkt des Grünmaximums $\Delta t_{Gmax}/t_{Gmax}$ im Vergleich zwischen ProTeIn und TLCoat

Filterparameter.

Dabei ist die primäre Fehlerquelle bei der Ermittlung des Wärmeübergangszahl die Bestimmung der Zeit zum Erreichen des Grünmaximums. Der temporale Verlauf des Grünkanals ist von stochastischen Schwankungen geprägt, die durch die photophysikalische, statistische Verteilung der Lichtintensität verursacht werden. Weiterhin zeigt das Grünmaximum ein deutlich ausgeprägtes Plateau, welches in seiner Ausdehnung von Pixel zu Pixel variiert. Durch die Rauschminderung mit Hilfe einer Wavelet-Transformation lässt sich eine Glättung der Kurve für jedes Pixel erzielen und damit eine relative genaue Bestimmung des Zeitpunktes erreichen. Abhängig von der Einstellung der Filterparameter verändert sich geringfügig die Lage der Kurve und damit der Zeitpunkt des Grünmaximum. Die maximalen Abweichungen für das Detektieren des Grünmaximums in dem hier betrachteten Validierungsfall betragen $\Delta t_{Gmax} = -0.3\,s$, was einer relativen Abweichung von ca. 2.6 % entspricht. Die mittlere Differenz in der Zeit Δt_{Gmax} ist wiederum deutlich geringer und liegt bei $-0.024\,s$, was äquivalent zu einer relativen Abweichung von 0.18 % ist. Durch Verwendung der Zeitpunkte des Grünmaximums, wie sie durch das Programm *ProTeIn* bestimmt worden sind, lässt sich diese Fehlerquelle bei der Auswertung mit *TLCoat* ausschalten. Die Differenzen im Wärmeübergang sind dann noch einmal deutlich geringer mit einer marginalen integralen Abweichung von maximal $0.0041\,W/m^2K$, was relativ gesehen einer Differenz von 0.0019 % entspricht. Dies zeigt die hohe Genauigkeit und Reproduzierbarkeit der Wärmeübergangsergebnisse durch *TLCoat*.

5.4.4 Kalibrierung

Um Flüssigkristalle in transienten Wärmeübergangsexperimenten als Sensor für die Oberflächentemperatur verwenden zu können, ist die Kenntnis über die quantitative Beziehung zwischen der spezifischen Farbwiedergabe der TLC und der jeweiligen Temperatur notwendig. In diesem Fall wurde ein transientes Kalibrierverfahren mittels eines thermoelektrischen Heizelements angewendet. Hierzu wird eine Kalibriereinrichtung benutzt (siehe Abb. 5.28), die aus einer 1.5 mm dicken Aluminiumplatte (Abmessungen $40\,x\,40\,mm$) besteht. Diese ist mit fünf Miniatur-Thermoelementen

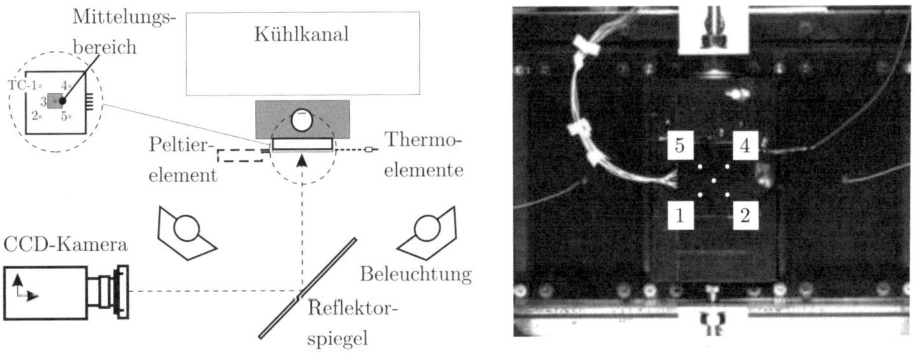

Abbildung 5.28: Einrichtung zur Kalibrierung von Flüssigkristallen mittels transienter Methode

des Typs K bestückt, die in Bohrungen planparallel zur Oberfläche verklebt sind. Die Kalibrierplatte wird mittels Wärmeleitpaste auf einem Peltierelement befestigt, welches wiederum mit seiner Kaltseite zur Wärmeableitung auf einem massiven, gut wärmeleitenden Kupferblock sitzt. Die Kalibrierplatte wird mit schwarzer Farbe grundiert und mit den entsprechenden Flüssigkristallen beschichtet. Dieser Aufbau wird unterhalb des Kühlkanals montiert und durch den Reflektorspiegel mit der Videokamera beobachtet. Dies dient dazu, möglichst identische optische Verhältnisse zwischen Kalibrierung und Experiment zu schaffen. Es hat weiterhin den Vorteil, dass die Position des optischen Systems (Videokamera, Spiegel und Beleuchtung) für die Durchführung der Kalibrierung nicht verändert werden muss.

Durch schlagartiges Einschalten der Spannungsversorgung wird durch den Seebeck-Effekt im Peltierelement ein Wärmestrom von dessen Heizseite aus in die Kalibrierplatte initiert, die sich dann aufheizt. Die voreinzustellende Versorgungsspannung für das Peltierelement ist abhängig vom Bereich der Indikationstemperatur für das jeweilige Flüssigkristall. Sie wird so eingestellt, dass deren Farbspiel bis zur Blau-Komponente komplett durchlaufen wird. Für die in den Wärmeübergangsexperimenten verwendeten Flüssigkristalltypen Hallcrest R38C1W und R31C1W beträgt dieser Spannungswert U = 3.7 V bzw. U = 2.3 V. Die Aufheizgeschwindigkeit ist dabei abhängig von der thermischen Trägheit des Systems sowie dem eingestellten Spannungswert und beträgt für die Kalibriertests mit dem Kristall R38C1W ca. 0.17 K/s und für den Typ R31C1W mit geringerer Rotstarttemperatur ca. 0.25 K/s.

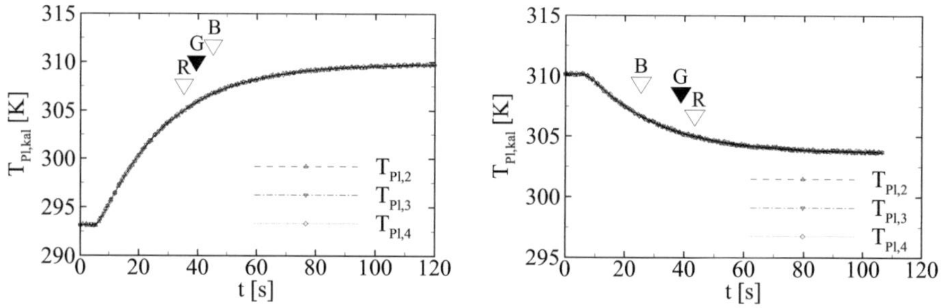

(a) R31C1W, Aufheizen

(b) R31C1W, Abkühlen

Abbildung 5.29: Zeitlicher Temperaturverlauf in der Kalibrierplatte während des transienten Versuchs für den Flüssigkristalltyp R31C1W

Hierbei zeigen die Temperaturverläufe in Abb. 5.29 einen nichtlinearen Anstieg der Temperatur. Die größten Geschwindigkeiten liegen im Bereich des Durchlaufs für Rot- und Grünsignal. Um eine längere Versuchszeit und geringere Temperaturgradienten für die Kalibrierung zu erreichen, wird die Platte auf eine Temperatur kurz oberhalb des Anzeigebereichs des Flüssigkristalls temperiert. Nach Erreichen des thermischen Gleichgewichts wird die Spannung des Peltierelements so reduziert, dass die erreichbare Temperatur kurz unterhalb der Rotstarttemperatur liegt. Damit wird der Farbumschlag innerhalb einer kleineren Temperaturdifferenz durchlaufen und die Abkühlrate somit auf ungefähr $0.06\,K/s$ für den Kristalltyp R31C1W reduziert. Weiterhin liegt der Farbumschlag des Grünkanals im Bereich geringerer Temperaturgradienten. Der Kalibrierversuch verläuft damit langsamer, was eine Erhöhung der zeitlichen Auflösung zur Folge hat.

Die Oberfläche des Aluminiumplatte wird mittels einer Videokamera beobachtet und die temporalen RGB-Farbkanalverläufe aufgezeichnet. Dabei werden durch eine Triggerung die beiden Prozesse der Temperaturmessung und der Videosequenzaufnahme miteinander synchronisiert. Unter dieser Annahme lässt sich später während der Datenanalysis die Zeitskale der RGB-Farbsignale mit der der gemessenen Oberflächentemperatur gleichsetzen. Aus den Rohdaten der zeitlichen RGB-Verläufe auf der Kalibrierplatte wird ein Mittelungsbereich nahe des Thermoelementes in der Plattenmitte mit einer Größe von min. 1600 bis max. 3000 Pixel durchgeführt. Dessen Position und Seitenverhältnis wird anhand einer Isofläche des Zeitpunktes zum Erreichens des Grünmaximums ausgewählt. Dies dient dazu die Mittelung in einem Bereich der Kalibrierplatte durchzuführen, in dem ein homogenes Temperaturprofil vorliegt und damit Einflüsse durch laterale Wärmeleitung zu vermeiden. Anschließend werden die RGB-Farbsignale mittels der vorab vorgestellten DWT-Methode rauschgefiltert und mit dem aufgezeichneten Temperaturverlauf assoziiert. Anhand der eingebauten Thermoelemente lässt sich eine inhomogene Temperaturverteilung in der Kalibrierplatte gut detektieren. Hier ist nur eine geringe Temperaturdifferenz zwischen den einzelnen Thermoelementen erkennbar, welche bei $\Delta T < 0.1\,K$ liegt. Daher werden nur die Temperaturdaten des mittleren Thermoelementes 3 zur Erstellung der Kalibrierkurve benutzt. Aus den so erhaltenen Signalverläufen für die RGB-Kanäle kann dann der Maximalintensität des Grünen Farbkanals die benötigte Indikationstemperatur zugeordnet werden. Für zwei verschiedene Flüssigkristalle sind diese Kalibrierkurven in Abb. 5.30 gezeigt. Dabei bezeichnen die eingetragenen Dreiecke die jeweiligen Starttemperaturwerte für Rot-, Grün- bzw. Blaukanal, die durch den Hersteller Hallcrest für diese Flüssigkristallcharge angegeben werden.

Aus den Verläufen in Abb. 5.30 lässt sich für das R31C1W-Kristall eindeutig das Maximum in der Grünsignalintensität bei einer Temperatur von $T_{G,max} = 31.8°C$ erkennen. Der Umschlagbereich für das grüne Farbsignal liegt zwischen $31 < T_G < 33°C$. Der Temperaturbereich des blauen Farbkanals dagegen ist deutlich ausgeprägter und erstreckt sich von $T_{B,Start} = 31.5°C$ über mehr als $5\,K$. Im Vergleich mit den Kalibrierdaten des Herstellers lässt sich eine Verschiebung von ca. $1\,K$ zu

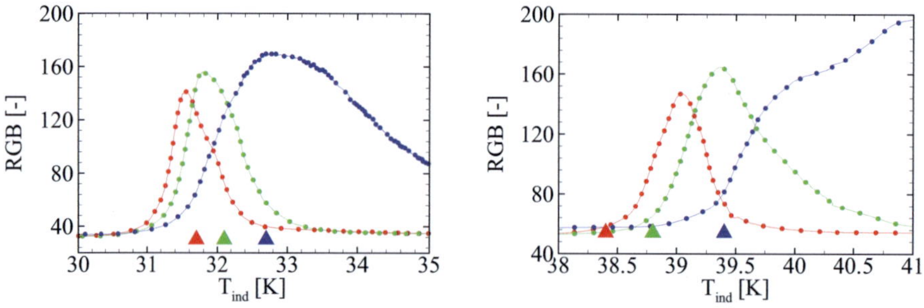

(a) R31C1W, $T_{R,Start} = 31.7°C$ (b) R38C1W, $T_{R,Start} = 38.4°C$

Abbildung 5.30: Typische Kalibrierkurven im RGB-Raum für zwei thermochromatische Flüssigkristalltypen mit unterschiedlicher Rotstarttemperatur

niedrigeren Indikationstemperaturen feststellen, wobei die Toleranz der Herstellerangaben im Bereich dieser Differenz liegt. Für das Flüssigkristall R38C1W befindet sich das Maximum der Grünintensität bei einer logischerweise höheren Temperatur von $T_{G,max} = 39.36°C$. Der Umschlagbereich für den grünen Farbkanal gestaltet sich dabei aber ähnlich zu dem Typ R31C1W mit ca. $2\,K$. Der blaue Farbumschlag startet bei $T_{B,Start} = 38.9°C$ und erstreckt sich über einen noch größeren Temperaturbereich von mehr als $10\,K$. Vorversuche mit Variation in der Beleuchtungssituation (ungleichförmige Lichtverteilung, nur eine der beiden Lampen ist eingeschaltet, u. a.) haben ergeben, dass das Maximum im grünen Farbsignal unabhängig von der Beleuchtung auftritt.

Aufgrund von zeitlichen Engpässen innerhalb der Fertigung konnte das eigentliche stationäre Kalibriersystem für die Flüssigkristalle zum Zeitpunkt der Wärmeübergangsmessungen nicht verwendet werden. Dessen messtechnischer Aufbau soll aber nachfolgend kurz beschrieben werden und ist in Abb. 5.31 grundlegend dargestellt.

Das System besteht im Wesentlichen aus einem massiven, gut wärmeleitenden Kupferblock auf dessen Testoberfläche die Flüssigkristalle auf eine schwarze Grundierung aufgebracht sind. Die eine Seite des Kupferblockes wird durch Peltierelemente auf ein konstantes Temperaturniveau aufgeheizt, wobei die andere Seite durch baugleiche Elemente abgekühlt wird. Zur Bereitstellung der erforderlichen Heiz- bzw. Kühlleistung werden auf jeder Blockseite jeweils zwei Peltierelemente[10] mit einer

[10]QuickCool QC-71-2.0-115

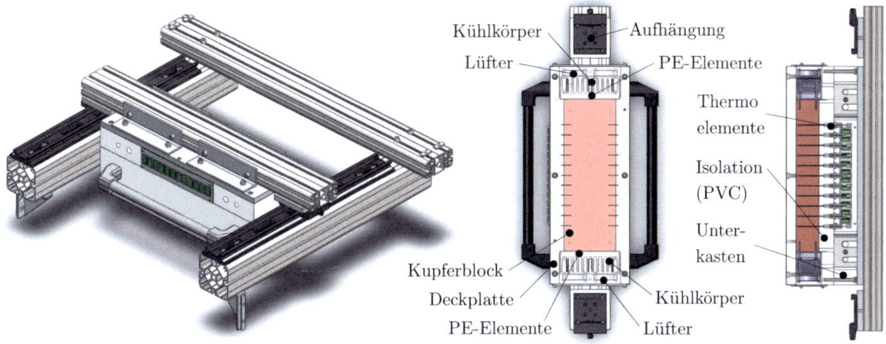

a) Kalibriersystem mit Tragrahmen

b) Kalibrierblock mit Heiz-/Kühlsystem

Abbildung 5.31: Kalibriersystem für thermochromatische Flüssigkristalle mit der stationären Methode

maximalen Kühlleistung von $Q_{c,max} = 72\,W$ elektrisch in Reihe geschaltet.

Durch Variation deren Versorgungsspannung lässt sich sowohl das gesamte Temperaturniveau als auch der Temperaturabfall über den Block verändern. Damit können Flüssigkristalltypen mit unterschiedlichem Temperaturbereich und Beginn des Farbspiels kalibriert werden. Die Peltierelemente sind so ausgelegt, dass mit der maximalen Kühl- bzw. Heizleistung der Elemente mindestens Flüssigkristalle mit einer Rotstarttemperatur von 44°C und einer Bandbreite von $5\,K$ untersucht werden können. Für die Kalibrierung, des für die Wärmeübergangsexperimente verwendeten Flüssigkristalltyps R31C1W, ist eine Heizleistung von $145\,W$ erforderlich. Auf der Kaltseite des Blocks ist eine Kühlleistung von ca. $60\,W$ aufzubringen, um den Temperaturgradienten einstellen zu können. In diesem Betriebspunkt der Peltierelemente beträgt die Wärmeleistungszahl für den Heizmodus $E_w = Q_w/Q_{el} = 2.13$ und der Leistungsparameter im Kühlmodus, die sogenannte Kühlleistungszahl, ist $CoP = Q_k/Q_{el} = 2.10$.

Bei den Peltierelementen lässt sich durch Umpolung die Heiß- und Kaltseite vertauschen und damit der Modus von Heizen in Kühlen ändern. Über passive Kühlkörper und Lüfter, die mit den Peltierelementen thermisch verbunden sind, wird entweder im Heizmodus die Temperatur auf der aussenliegenden Kaltseite angehoben oder im Kühlmodus Wärme von der Heissseite abtransportiert. Dieses Vorgehen gewährleistet eine geringe Temperaturdifferenz zwischen Heiss- und Kaltseite und damit maximale

Leistungsabgabe des Peltierelementes. Die Kupferplatte ist zur thermischen Isolierung in PVC-Material eingebettet und wird durch eine $20\,mm$ dicke Plexiglasplatte abgedeckt. Diese dient dazu möglichst gleiche optische Bedingungen zu schaffen und zusätzlich Transmissionsverluste zu generieren, die auch im späteren Experiment das Farbsignal des Flüssigkristalle beeinflussen. Weiterhin wird durch die Isolierung und die Minimierung lateraler Wärmeströme, ein linearer Temperaturgradient zwischen den Blockseiten generiert. Die Materialtemperatur nahe der Blockoberfläche wird durch 11 Thermoelemente des Typs K aufgezeichnet, die über Thermoausgleichsleitungen mit der Temperaturmesskarte des PXI-Messsystems verbunden sind. Für die Montage des Kalibriersystems unterhalb des Kühlkanals ist ein Tragrahmen entworfen worden. Dies gewährleistet die gleichen optische Randbedingungen innerhalb eines Kalibrierversuches, wie sie auch im Experiment vorherrschen. Zusätzlich erübrigt sich somit auch eine Demontage und damit Lageveränderung des optischen Systems.

5.4.5 Wahl der Betriebsparameter

Mit Hilfe der beiden Druckstellventile wird im Vorfeld des Versuches der Betriebspunkt des Kühlkanals hinsichtlich Reynoldszahl und Ausblasrate der Filmbohrungen eingestellt. Die Messwerte von Prandtl-Sonde, Temperatursonde am Kühlkanaleintritt sowie die Volumenströme der Turbinenradzähler und deren Druck- und Temperaturwerte werden online im Messprogramm in die charakteristischen Größen wie Reynoldszahl, Gesamtmassenstrom der Kühlbohrungen und Ausblasrate umgerechnet. Dies hat den Vorteil, dass diese Parameter auf eine Änderung in den Umgebungsbedingungen angepasst werden können. Der Massenstrom, der über die Kühlbohrungen abfließt, wird aus der Differenz zwischen dem errechneten Massenstrom am Turbinenradzähler 1 und dem stromab-positionierten Turbinenradzähler 2 bestimmt. Dabei wird, über die Proportionalität von Winkelgeschwindigkeit des Laufrades zur mittleren Gasgeschwindigkeit, bei der Impulszählung der Durchfluss bestimmt. Zur Ermittlung des Massenstromes an der Messstelle des Volumenstromes müssen noch zusätzlich Druck und Temperatur des Gases ermittelt werden. Dies geschieht einerseits durch eine Wanddruckbohrung stromauf des Turbinenlaufrades und andererseits durch ein eingebrachtes Thermoelement im Gehäuse des TRZ stromab des Zähllaufrades. Vorversuche hatten gezeigt, dass die Temperatursonde im TRZ-2[11] eine zu grosse Trägheit aufweist, um dem Temperatursprung und der damit

[11]Mantelthermoelement, $D = 6\,mm$, Typ K

verbundenen Dichteänderung zu folgen. Daher wurde im Bereich der Druckmessstelle eine Fluidthermosonde[12] mit deutlich geringerer Ansprechzeit installiert.

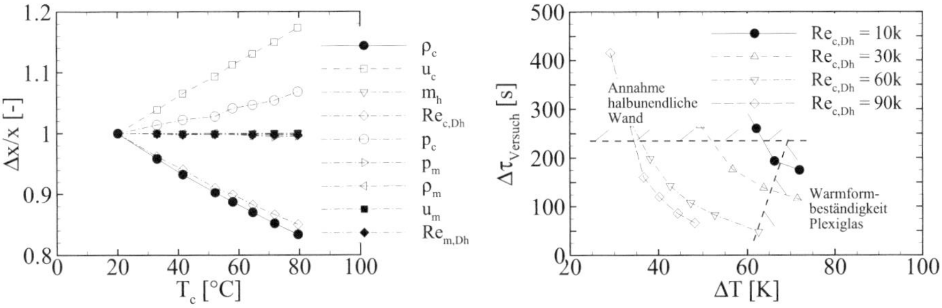

Abbildung 5.32: Relative Änderung $\Delta x/x$ der Betriebsparameter in Abhängigkeit von der Temperatur (links) und Versuchszeiten für die Wärmeübergangsuntersuchungen in Abhängigkeit der Kühlluft-Reynoldszahl (rechts)

Da aber die Kühlluft-Reynoldszahl von der kinematischen Viskosität des Gases und dessen Temperatur abhängig ist, müssen die Ventilstellungen entsprechend der erreichten Temperaturen im transienten Versuch angepasst werden. Dabei wird im Zustand eines thermodynamischen Gleichgewichtes die Ventilposition von DV-1 etwas weiter geöffnet, sodass die Reynoldszahl in etwa 3000-5000 Punkte höher liegt als die angestrebten Sollwerte für das transiente TLC-Experiment. Diese Differenz in der Ventilposition wurde im Vorfeld der Messungen in Abhängigkeit des notwendigen Temperatursprunges für jede Reynoldszahl bestimmt. Durch den Anstieg in der Kühllufttemperatur mit Einschalten der Heizung verringert sich auch die Dichte und die Strömung wird beschleunigt, was in einem Anstieg in der Kühlluftgeschwindigkeit u_c zu erkennen ist (siehe Abb. 5.32 links). Dies bedingt auch eine Vergrößerung des Volumenstroms am zweiten Turbinenradzähler TRZ-2. Die gemessenen Massenströme an TRZ-1 und TRZ-2, die mit der dort gemessenen Dichte ermittelt werden, sind von diesem Effekt aufgrund der Kontinuität nicht betroffen. Der Differenzmassenstrom bleibt damit über die Temperatur auch konstant. Tab. 5.5 zeigt die gewählten Ventilpositionen mit den Spannungs- und Stromwerten für die Netzdrahtheizung und der

[12] OMEGA Typ K 5SRTC-TT-KI-40-2M

jeweiligen Versuchszeit des transienten Flüssigkristallexperiments. Weiterhin ist der Verlauf wichtiger Betriebsparameter für den Kühlluft- als auch im Heißgaskanal über die Temperatur in Abb. 5.32 (links) als relative Änderung in Bezug zu den Werten bei Umgebungsbedingungen aufgetragen. Außerdem gibt Tab. 5.5 eine quantitative Zusammenstellung der wichtigsten Einstellparameter für einen transienten Flüssigkristallversuch als Funktion über die Reynoldszahl wieder.

$Re_{c,Dh,soll}$ [−]	Re_{c,Dh,T_0} [−]	$Re_{c,Dh,\Delta T}$ [−]	DV-1 [%]	U_{DCR} [V]	I_{DCR} [A]	ΔT [K]	Θ [−]	$\Delta\tau$ [s]
10000	14020	10800	6.9	53	35.6	42.9	0.247	198
30000	34400	30500	16.3	68	47.1	30.5	0.338	138
60000	64070	60500	28.4	78	54.9	22.7	0.469	158
90000	95500	90800	38.3	88	62.6	16.3	0.535	142

Tabelle 5.5: Einstellparameter in Abhängigkeit vom dimensionslosen Temperaturverhältnis Θ

Die Wahl der Kühllufttemperatur und des dazugehörigen Temperatursprunges hängt im Wesentlichen von der Indikationstemperatur des Grünmaximums und der Umgebungstemperatur ab. Hierzu müssen zusätzlich noch zwei weitere Bedingungen berücksichtigt werden, die die Versuchszeit des transienten TLC-Experiments weiter einschränken. Mit einem höheren Temperatursprung steigt auch die Kühllufttemperatur an, was zu einem schnelleren Farbumschlag und damit zur einem Anstieg im Messfehler für den Wärmeübergang führt. Die maximal mögliche Temperatur wird dabei durch die Warmformbeständigkeit des verwendeten Plexiglasmaterial mit ca. 93°C begrenzt. Dies ist vor allem bei geringen Reynoldszahlen der Fall, da hier die Wärmeübergangskoeffizienten im Bereich der Rezirkulationszone hinter den Rippe sehr gering sind und sich nur durch eine lange Messzeit oder einem höheren Temperatursprung auflösen lassen. Weiterhin kann die Versuchszeit nur bis zu dem Zeitpunkt verlängert werden, bis die Annahme der halbunendlichen Wand verletzt wird. Dieser komplexe Zusammenhang ist für die zu untersuchenden Reynoldszahlen noch einmal in Abb. 5.32 (rechts) dargestellt. Es müssen daher die Betriebspunkte als Kombination der angeführten Parameter so ausgewählt werden, dass die gegebenen

Versuchsrandbedingungen erfüllt werden.

Die Betriebsparameter des Heißgaskanals, wie Reynoldszahl, Geschwindigkeit und Massenstrom sind von der gewählten Temperaturerhöhung im transienten TLC-Versuch primär nicht betroffen und können durch die konstante Drehzahl des Lüfters im Versuch als konstant angesehen werden (siehe Abb. 5.32 links). Dies gilt auch für die erfassten Massenströme in der Kühlluftstrecke. Der Temperaturanstieg in der Strömung führt zu einer Verringerung der Fluiddichte, die durch einen proportional höheren Volumenstrom am TRZ-2 kompensiert wird. Aufgrund der Kontinuität muss gelten, dass bei einer stationären Zustandsänderung infolge einer Temperaturänderung die Bilanz der Massenströme immer folgender Beziehung $\dot{m}_1 = \dot{m}_2 + \dot{m}_h$ unterliegen. Dabei kann sich bei Verringerung der Dichte und konstantem Druckverhältnis über die Bohrungen, der Lochmassenstrom verändern. Dieser Einfluss lässt sich anhand der Definition des Durchflusskoeffizienten

$$\dot{m}_h = C_D \, \dot{m}_{h,is} = \rho_{h,is} \, u_{h,is} \, A_h \tag{5.27}$$

mit

$$\rho_{h,is} = \frac{p_{th}}{R \, T_{th}} \left(\frac{p_m}{p_{th}} \right)^{\frac{1}{\kappa}} \tag{5.28}$$

und

$$u_{h,is} = a \, Ma = \sqrt{\frac{2\kappa}{\kappa - 1} R T_{th} \left[1 - \left(\frac{p_m}{p_{th}} \right)^{\frac{\kappa-1}{\kappa}} \right]} \tag{5.29}$$

abschätzen. Dabei sind p_{th} und T_{th} der Totaldruck und die Totaltemperatur nahe des Locheintrittes sowie p_m der statische Gegendruck nahe der Ausblasstelle im Heißgaskanal. Der Durchflusskoeffizient wird für diese Abschätzung aus Kennlinien für zylindrische Löcher mit Plenumsausblasung entnommen. In der Abb. 5.33 sind dann die Ergebnisse dieser Betrachtung für eine Ausblasrate von $M = 1.00$ in Form einer relativen Änderung der Strömungsgrößen $\Delta x / x$ in Bezug auf die Werte bei $T = 20°\text{C}$ dargestellt.

Es zeigt sich eine Proportionalität zwischen der Verringerung der Dichte und dem Anstieg der Durchströmgeschwindigkeiten in der Bohrungen. Dies hat nur eine geringe Änderung des Lochmassenstromes zur Folge. Bei maximalen Fluidtemperaturen in einem transienten Versuch mit $Re_{c,Dh} = 10000$ von bis zu 80°C beträgt die Reduktion des Massenstromes nur etwa um 2.2 %. Für höherer Reynoldszahlen liegen die ge-

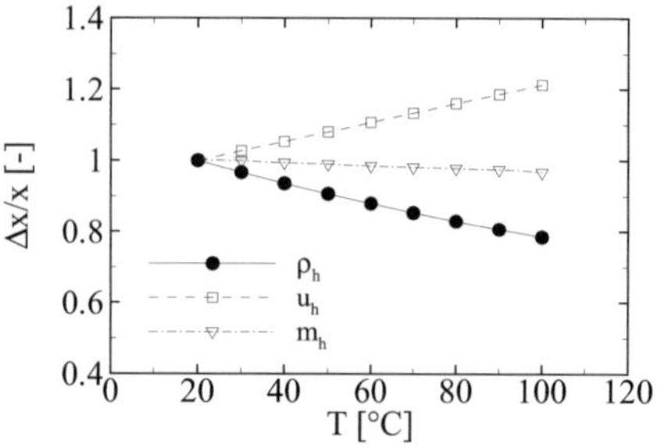

Abbildung 5.33: Temperatureinfluss auf den Bohrungsmassenstrom

wählten Temperatursprünge niedriger und somit ist auch der Temperatureinfluss mit $0.8 - 1.0\,\%$ deutlich geringer. Damit bleibt im Rahmen der Messgenauigkeit der TRZ der Bohrungsmassenstrom und folgerichtig die Ausblasrate M als Verhältnis der Massenströme zur durchströmten Querschittsfläche mit Änderung der Fluidtemperatur konstant und muss nicht über die Stellung der Druckventile korrigiert werden. Es ist zu beachten, dass sich mit geringerer Kühhluftdichte der Austrittsimpuls des Strahls am Lochaustritt annähernd proportional vergrößert und damit das Eindringverhalten des Strahls beeinflusst. Weitere Einzelheiten zur Wahl der Betriebsparameter finden sich in König und Kunze [69].

Für eine Fehlerbetrachtung des Wärmeübergangs wird ein idealer Temperatursprung angenommen. Eine ausführliche Darlegung der Ableitung der notwendigen Gleichungen findet sich im Anhang des Berichtes von König und Kunze [69]. Hierbei zeigt sich, dass der Fehler für den Wärmeübergang sowohl von dem zu wählenden Temperaturverhältnis Θ als auch vom Wärmeübergang selbst abhängig ist. Der Fehler steigt in den Randbereichen der Kurven $\Theta = f(\alpha)$ stark an und weist im mittleren Bereich ein Minimum auf. Bei kleinen Temperaturverhältnissen $\Theta \rightarrow 0$ erfolgt der Farbumschlag der Flüssigkristalle in der Regel sehr schnell, wodurch die Zeitauflösung der Messung den Fehler deutlich beeinflusst. Bei geringen Wärmeübergängen kommt dieser Effekt erst bei kleineren Temperaturverhältnissen zum Tragen, sodass sich ein breiteres Plateau des minimalen Fehlers ausbildet. Für große Temperaturverhältnisse $\Theta \rightarrow 1$ ist der Fehler nahezu unabhängig vom Wärmeübergang. Für die flächengemittelte Nusseltzahl beträgt der Fehler bei $Re_{c,Dh} = 10000$ annähernd $6\,\%$. Mit Anstieg der Reynoldszahl erhöht er sich auf maximal $7\,\%$ bei höchster Reynoldszahl.

6 Numerisches Modell

Die mathematische Beschreibung von Strömungen ist durch die Anwendung partieller Differentialgleichungen möglich, die als Navier-Stokes-Gleichungen bekannt sind. Da diese nichtlinear und partiell sind, können sie nur in Ausnahmefällen analytisch behandelt werden. Zur Lösung dieser Gleichungen werden in der Regel numerische Methoden eingesetzt. In der numerischen Strömungsberechnung werden die Variablen der Differentialgleichungen nicht mehr kontinuierlich beschrieben, sondern in Raum und Zeit dikretisiert. Mit geeigneten Lösungsalgorithmen sind die algebraischen Gleichungssysteme damit lösbar. Es entsteht systembedingt immer nur eine Näherungslösung, die mit einem gewissen Fehler von der exakten Lösung abweicht. Der Fehler setzt sich aus Diskretisierungsfehlern, Rundungsfehlern und numerischen Fehlern zusammen, wobei letzterer aufgrund der Modellbildung und den getroffenen Annahmen entsteht. Der Diskretisierungsfehler gibt die Abweichungen zwischen der exakten Lösung der Differentialgleichungen und den diskretisierten Gleichungen an. Der Rundungsfehler entsteht durch die Anwendung von iterativen Lösungsalgorithmen, die so einen Fehler zur exakten Lösung der diskreten Gleichungen erzeugen.

6.1 Erhaltungsgleichungen

Die Erhaltung der Masse in einem Fluidsystem wird durch die Kontinuitätsgleichung beschrieben. Dies bedingt, dass die Masse eines infinitesimal kleinen Fluidelement, welches sich mit der Strömung mitbewegt, innerhalb eines Kontrolvolumens konstant ist. Die differentielle Form der Kontinuitätsgleichung definiert sich dabei wie folgt

$$\frac{\partial \rho}{\partial t} + \frac{\partial \rho u_i}{\partial x_i} = 0. \tag{6.1}$$

Weiterhin beschreibt die Erhaltungsgleichung des Impulses, dass die zeitliche Impulsänderung für ein Fluidteilchen gleich der Summe aller an ihn angreifenden Kräfte ist.

Es wird dabei in Oberflächen- und Volumenkräfte unterschieden, wobei erstere auf der Oberfläche des Fluidelements wirken und damit die Einwirkung des umgebenden Strömungsfelds darstellen. Sie entstehen einerseits durch die Druckverteilung im Fluid und andererseits durch Scher- und Normalspannungskräfte infolge von Reibung. Im Gegensatz dazu wirken Volumenkräfte direkt auf die Elementmasse durch Kraftfelder, wie bspw. Gravitation, Magnetismus oder elektrische Felder. Basierend auf der Herleitung, die von Wendt [123] vorgestellt wurde, stellt sich die differentielle Form der Impulserhaltungsgleichung wie folgt dar

$$\frac{\partial \rho u_i}{\partial t} + \frac{\partial \rho u_i u_j}{\partial x_j} = -\frac{\partial p}{\partial x_i} + \frac{\partial \tau_{ij}}{\partial x_j} + \rho f_{s,i}. \tag{6.2}$$

Die Oberflächenkräfte setzen sich aus den Druckkräften, die durch den Term $\frac{\partial p}{\partial x_i}$ beschrieben werden, und den Scherspannungen $\frac{\partial \tau_{ij}}{\partial x_j}$ zusammen. Der Parameter $f_{s,i}$ beschreibt den Einfluss der Volumenkräfte. Für Newton'sche Fluide hängt der Scherspannungstensor τ_{ij} mit dem Deformationstensor über ein lineares Verhalten zusammen. Weiterhin kann für die physikalischen Eigenschaften des Fluides isotrope Bedingungen angenommen werden. Folgt man der Stokes-Hypothese, dann kann der Schubspannungstensor für ein Newton'sches, isotropes Fluid folgendermaßen geschrieben werden

$$\tau_{ij} = \mu\left(\frac{\partial u_i}{\partial x_j} + \frac{\partial u_j}{\partial x_i} - \frac{2}{3}\delta_{ij}\frac{\partial u_k}{\partial x_k}\right). \tag{6.3}$$

Hierin ist δ_{ij} der Kronecker-Identitätstensor mit $\delta_{ij} = 1$ für i = j und $\delta_{ij} = 0$ für i $\neq$ j. Die dynamische Viskosität μ ist eine physikalische Eigenschaft des Strömungsmediums und kann aus experimentell ermittelten Datensätzen gewonnen werden. Weiterhin beschränkt sich im vorliegenden Fall der Vektor der Volumenkräfte auf den Einfluss der Gravitation, welcher für die gegebenen Strömungsbedingungen vernachlässigbar ist. Wird dann Glg. (6.3) in Glg. (6.2) substituiert, so erhält man die Impulserhaltungsgleichungen für ein Newton'sches, isotropes Fluid, die auch allgemein als Navier-Stokes-Gleichungen bekannt sind

$$\frac{D\rho u_i}{Dt} = \rho f_{s,i} - \frac{\partial p}{\partial x_i} + \frac{\partial}{\partial x_j}\left[\mu\left(\frac{\partial u_i}{\partial x_j} + \frac{\partial u_j}{\partial x_i} - \frac{2}{3}\delta_{ij}\frac{\partial u_k}{\partial x_k}\right)\right]. \tag{6.4}$$

Auf Basis des ersten Gesetzes der Thermodynamik und der Erhaltung der Energie ist die zeitliche Änderung der inneren Energie eines infinitesimal kleinen Fluidelements gleich den Wärmeströmen durch die Elementflächen sowie der Arbeit durch Oberflächen- und Volumenkräfte, die am Element verrichtet wird. Die Wärmeströme werden durch volumetrische Erwärmung wie Absorption bzw. Emmission von Wärmestrahlung und durch Wärmeübergang auf den Elementflächen aufgrund von Temperaturgradienten verursacht. Mit Hilfe des Fourier'schen Erfahrungsgesetzes der Wärmeleitung

$$\dot{q}_i = -\lambda \nabla T = -\lambda \frac{\partial T}{\partial x_i} \tag{6.5}$$

lässt sich die Energieerhaltungsgleichung in Tensornotation folgendermaßen schreiben

$$\frac{\partial(\rho E)}{\partial t} + \frac{\partial(\rho u_i E)}{\partial x_i} = \rho \dot{q} + \frac{\partial}{\partial x_i}\left[\lambda \frac{\partial T}{\partial x_i}\right] + \frac{\partial u_j \tau_{ij}}{\partial x_i} - \frac{\partial p u_i}{\partial x_i} + \rho f_{s,i} u_i. \tag{6.6}$$

Die Terme auf der rechten Seite der Gleichung beschreiben den Wärmestrom infolge volumetrischer Erwärmung $\rho\dot{q}$ und der Wärmeübergang an den Elementflächen infolge von Temperaturgradienten $\frac{\partial}{\partial x_i}\left[\lambda \frac{\partial T}{\partial x_i}\right]$. Weiterhin beschreibt $\frac{\partial u_j \tau_{ij}}{\partial x_i}$ die verrichtete Arbeit durch Schubspannung und Reibung sowie der Term $\frac{\partial p u_i}{\partial x_i}$ die Arbeit aufgrund der Druckverteilung auf den Elementflächen und $\rho f_{s,i} u_i$ die verrichtete Arbeit durch Volumenkräfte.

Die Ableitung der vorstehenden Gleichungen ist gültig für eine reibungsbehaftete Strömung mit dissipativen Transportphänomenen aufgrund von Reibung und Wärmeleitung. Diffusionsprozesse hinsichtlich der Masse und chemischer Reaktion werden mit diesen Gleichungen nicht abgebildet. Die vorgestellten Erhaltungsgleichungen bilden ein gekoppeltes System nicht-linearer, partieller Differentialgleichungen, die durch ihre Unterbestimmtheit fünf Gleichungen für sechs zu berechnende Variablen ρ, p, u$_i$ und E beinhalten. Um dieses System zu schließen, wird noch eine weitere Gleichung für die Dichte des Fluides benötigt. Unter Annahme eines idealen Verhaltens des verwendeten Gases, kann die Dichte durch die ideale Gasgleichung und der Abhängigkeit der spezifischen Wärmekapazität von der Temperatur berechnet werden

$$p = \rho R T = (\kappa - 1)\rho e. \tag{6.7}$$

Dabei sind die Parameter R die spezifische Gaskonstante und p der statische Druck. In obiger Gleichung ist die Temperatur T eine zusätzliche, unbekannte Variable, die durch die Beziehung der totalen E und inneren Energie e für ein ideales Gas erhalten werden kann nach

$$E = \rho \left(e + \frac{1}{2}\mathbf{u}^2 + gh \right) \tag{6.8}$$

$$e = \frac{p}{\rho} \left(\frac{1}{\kappa - 1} \right) \tag{6.9}$$

Dies führt schlussendlich zur Schließung des mathematischen Problems bei dem ein eindeutig bestimmtes System von sieben Gleichungen mit sieben unbekannten Variablen entsteht welches numerisch gelöst werden kann.

6.2 Turbulenzmodellierung

Unter einer turbulenten Strömung versteht man eine unregelmäßige, dreidimensionale, instationäre Bewegungen von Fluidteilchen in einer Strömung. Die Mittelwerte der Strömungsgrößen Druck, Geschwindigkeit und Temperatur sind durch die hohe Turbulenz daher ständigen Fluktuationen ausgesetzt und variieren stark in ihrer räumlichen Ausbreitung.

Solche turbulente Strömungen lassen sich am genauesten mittels direkter numerischer Simulation (DNS) erfassen, wobei die Erhaltungsgleichungen hier direkt gelöst werden. Allerdings sind dafür sehr fein aufgelöste Gitter erforderlich, um auch kleinste turbulente Strukturen erfassen zu können. Aus diesem Grund ist die benötigte Rechenleistung sehr hoch und nur für vereinfachte Problemstellungen anwendbar.

Im Bereich der Turbomaschinen und speziell innerhalb der Auslegung des Kühlluftsystems der Turbinen werden die Modelle vereinfacht, um Rechenkosten zu sparen und sie praktibel zur Simulation einer Vielzahl von Konstruktionsvarianten benutzen zu können. Verwendet werden dazu die Reynoldsgemittelten Navier-Stokes-Gleichungen (RANS) in Verbindung mit einem Turbulenzmodell. Dazu werden nach dem Ansatz von O. Reynolds im Jahr 1894 [97], der vorschlug die turbulenten Strukturen durch eine statistische Turbulenzanalysis zu bestimmen, die fluktuierenden Momentanwerte der Strömungsgrößen in einen Mittelwert $\overline{u}$ und einen Schwankungsanteil $\widehat{u}$ zerlegt

$$u(\mathbf{x}, t) = \overline{u}(\mathbf{x}, t) + \widehat{u}(\mathbf{x}, t). \tag{6.10}$$

Die Definition für eine zeitlich gemittelte Größe für eine zeitlich invariante Strömung ist damit gegeben durch

$$\overline{u_i}(\mathbf{x},t) = \lim_{T\to\infty} \frac{1}{T}\int_0^T u_i(\mathbf{x},t)dt \tag{6.11}$$

Setzt man die Summe aus Mittelwert und Fluktuation in die Navier-Stokes Gleichungen ein und führt eine zeitliche Mittelung durch, so erhält man die Reynoldsgemittelten Navier-Stokes Gleichungen

$$\frac{\partial(\rho\overline{u}_i)}{\partial t} + \frac{\partial(\rho\overline{u}_i\overline{u}_j)}{\partial x_j} = -\frac{\partial\overline{p}}{\partial x_i} + \frac{\partial}{\partial x_j}\eta\left[\frac{\partial\overline{u}_i}{\partial x_j} + \frac{\partial\overline{u}_j}{\partial x_i} - \frac{2}{3}\delta_{ij}\frac{\partial\overline{u}_k}{\partial x_k}\right] + \rho\overline{F}_i - \rho\left(\frac{\partial}{\partial x_j}\overline{u_i'u_j'}\right). \tag{6.12}$$

Der aus der Mittelung resultierende Term $\overline{u_i'u_j'}$ wird Reynoldsspannungstensor genannt. Um das entstandene Gleichungssystem schließen zu können, muss der Reynoldsspannungstensor mit Hilfe von Turbulenzmodellen beschrieben werden.

Einen Ansatz um dieses Problem zu lösen, wurde durch Einführung des Konzeptes einer turbulenten Wirbelviskosität durch Boussinesq [13] erreicht. Seine Hypothese beinhaltet, dass der Reynolds-Spannungstensor durch den mittleren Geschwindigkeitsgradienten im Strömungsfeld, über einen neu eingeführten Proportionalitätsfatkor der Wirbelviskosität μ_t, beschrieben werden kann. Dies gestaltet sich für den Reynoldsspannungstensor wie folgt

$$-\overline{u_i'u_j'} = \mu_t\left[\frac{\partial\overline{u_i}}{\partial x_j} + \frac{\partial\overline{u_j}}{\partial x_i}\right] - \frac{2}{3}k\delta_{ij}. \tag{6.13}$$

Dabei hat der Parameter μ_t die gleiche Dimension wie die molekulare Viskosität des Fluides. Sie ist aber im Gegensatz dazu keine physikalische Größe, sondern hängt von der lokalen Strömungsturbulenz ab. Der Term $k = 1/2\overline{u_i'^2}$, der als turbulente kinetische Energie bezeichnet wird, beschreibt dabei die Elemente in der Hauptdiagonalen des Reynoldsspannungstensors. Unter der Annahme, dass die Wirbelviskosität unabhängig ist vom mittleren Strömungsfeld, kann sie durch charakteristische Parameter beschrieben werden. Die Wirbelviskosität wird dazu in Beziehung gesetzt zur turbulenten Längen- bzw. Geschwindigkeitsskale der turbulenten Bewegung.

Es können verschiedene Modellansätze zur Berechnung der Wirbelviskosität hergeleitet werden. Die Anzahl der verwendeten Differentialgleichungen bestimmt dabei den Modelltyp. Es wird in Null-, Ein- und Zweigleichungsmodelle unterschieden. Bei den Nullgleichungsmodellen wird zur Schließung eine empirische Formel eingesetzt.

Aufgrund seiner Einfachheit eignet es sich nur für die Generierung von Startlösungen für weitere Rechnungen. Die Eingleichungsmodelle benutzen eine zusätzliche Differentialgleichung, Zweigleichungsmodelle zwei zusätzliche Differentialgleichungen zur Bestimmung der Wirbelviskosität, wie das häufig genutzte k-ε bzw. das k-ω-Modell. Ersteres basiert auf der Annahme, dass die turbulente Viskosität μ_t mit der turbulenten kinetischen Energie k und der turbulenten Wirbeldissipation ε über folgende Gleichung verbunden ist. Dabei ist C_μ konstant.

$$\mu_t = C_\mu \cdot \rho \frac{k^2}{\varepsilon} \tag{6.14}$$

Für das k-ε-Turbulenzmodell kann wie folgt für beide Variablen eine Differentialgleichung aufgestellt werden

$$\frac{\partial(\rho k)}{\partial t} + \frac{\partial(\rho k \overline{u}_i)}{\partial x_i} = \frac{\partial}{\partial x_i}\left[\left(\mu + \frac{\mu_t}{\sigma_k}\right)\frac{\partial k}{\partial x_i}\right] + P_k - \rho\varepsilon \tag{6.15}$$

$$\frac{\partial(\rho \varepsilon)}{\partial t} + \frac{\partial(\rho \varepsilon \overline{u}_i)}{\partial x_i} = \frac{\partial}{\partial x_i}\left[\left(\mu + \frac{\mu_t}{\sigma_\varepsilon}\right)\frac{\partial \varepsilon}{\partial x_i}\right] + \frac{\varepsilon}{k}(C_{\varepsilon 1} P_k - C_{\varepsilon 2}\rho\varepsilon). \tag{6.16}$$

Der Parameter P_k beschreibt die Turbulenzproduktion aufgrund von viskosen und Auftriebskräften und wird durch

$$P_k = \mu_t \frac{\partial \overline{u}_i}{\partial x_i}\left(\frac{\partial \overline{u}_i}{\partial x_i} + \frac{\partial \overline{u}_i}{\partial x_i}^T\right) - \frac{2}{3}\frac{\partial \overline{u}_i}{\partial x_i}\left(3\mu_t \frac{\partial \overline{u}_i}{\partial x_i} + \rho k\right) \tag{6.17}$$

definiert. Das k-ω-Modell nach Wilcox [124] basiert auf dem Grundsatz, dass die turbulente Viskosität μ_t mit der turbulenten kinetischen Energie k und der turbulenten Frequenz ω über folgende Gleichung verbunden ist

$$\mu_t = \rho \frac{k}{\omega}. \tag{6.18}$$

Für das k-ω-Turbulenzmodell kann eine Differentialgleichung für die Entwicklung der turbulenten kinetischen Energie k und eine für die Wirbelfrequenz ω aufgestellt werden mit

$$\frac{\partial(\rho k)}{\partial t} + \frac{\partial(\rho k \bar{u}_i)}{\partial x_i} = \frac{\partial}{\partial x_i}\left[\left(\mu + \frac{\mu_t}{\sigma_k}\right)\frac{\partial k}{\partial x_i}\right] + P_k - \rho\beta' k\omega \tag{6.19}$$

und
$$\frac{\partial(\rho\omega)}{\partial t}+\frac{\partial(\rho\omega\bar{u}_i)}{\partial x_i}=\frac{\partial}{\partial x_i}\left[\left(\mu+\frac{\mu_t}{\sigma_\omega}\right)\frac{\partial\omega}{\partial x_i}\right]+\alpha\frac{\omega}{k}P_k-\rho\beta\omega^2. \tag{6.20}$$

Dabei sind σ_k, σ_ω, σ_ε, $C_{\varepsilon 1}$, $C_{\varepsilon 2}$, α, β, β' Konstanten und P_k steht für die Produktion turbulenter Energie infolge viskoser Kräfte. Im Strömungslöser Ansys^{TM} CFX^{TM} werden diese Konstanten mit folgenden Werten belegt: $\alpha = 5/9$, $\beta = 0.075$, $\beta' = 0.09$, $C_{\varepsilon 1} = 1.44$, $C_{\varepsilon 2} = 1.92$, $\sigma_\varepsilon = 1.3$, $\sigma_k = 1$ sowie $\sigma_\omega = 2$.

Da das k-ε-Modell im wandnahen Bereich Schwächen in der Vorhersage aufweist und das k-ω-Modell im wandfernen Bereich, wurde das SST-Modell (Shear Stress Transport Modell) als eine Kombination der beiden Modelle entwickelt (vgl. ANSYS-Manual [6]). Es vereint die Vorteile beider Modelle dadurch, dass es im wandnahen Bereich das k-ω-Modell einsetzt und im Bereich der Hauptströmung das k-ε-Modell. Dies wird durch eine Transferfunktion F_1 realisiert, die in Wandnähe den Wert 1 annimmt und im wandfernen Bereich zu null wird. Es entstehen die folgenden Differentialgleichungen für die turbulente kinetische Energie und die Dissipationsrate

$$\frac{\partial(\rho k)}{\partial t}+\frac{\partial(\rho k\bar{u}_i)}{\partial x_i}=\frac{\partial}{\partial x_i}\left[\left(\mu+\frac{\mu_t}{\sigma_{k3}}\right)\frac{\partial k}{\partial x_i}\right]+P_k-\beta'\rho k\omega \tag{6.21}$$

$$\frac{\partial(\rho\omega)}{\partial t}+\frac{\partial(\rho\omega\bar{u}_i)}{\partial x_i}=\frac{\partial}{\partial x_i}\left[\left(\mu+\frac{\mu_t}{\sigma_{\omega 3}}\right)\frac{\partial\omega}{\partial x_i}\right]+(1-F_1)2\rho\frac{1}{\sigma_{\omega 2}\omega}\frac{\partial k}{\partial x_i}\frac{\partial\omega}{\partial x_i}+\alpha_3\frac{\omega}{k}P_k-\beta_3\rho\omega^2. \tag{6.22}$$

Die in den beiden Gleichungen verwendeten Koeffizienten sind durch eine Linearkombination der Koeffizienten beider Modelle zu bilden.

$$\Phi_3 = F_1\Phi_1 + (1-F_1)\Phi_2. \tag{6.23}$$

Die Konstanten für die transformierten Gleichungen sind folgendermaßen definiert: $\alpha_1 = 5/9$, $\beta_1 = 0.075$, $\beta' = 0.09$, $\sigma_k 1 = 2$, $\sigma_{\omega 1} = 2$, $\alpha_2 = 0.44$, $\beta_2 = 0.0828$, $\sigma_{k2} = 1$ und $\sigma_{\omega 2} = 1/0.856$.

Das SST-Modell neigt dazu, die Wirbelviskosität in Staugebieten oder Bereichen großer Normalbeschleunigung zur Wand zu überhöhen (siehe auch Menter [85]). Die Wiedergabe des korrekten Transportverhaltens kann durch eine Limitierung der Wirbelviskosität erreicht werden mit

$$\nu_t = \frac{a_1 k}{max(a_1\omega, SF_2)} \tag{6.24}$$

und

$$\nu_t = \mu_t/\rho. \tag{6.25}$$

Die Funktion F_2 sorgt dafür, dass die Limitierung nur im Grenzschichtbereich greift, da sie nicht für die freie Strömung gilt. S ist ein konstantes Maß für die Dehngeschwindigkeit und a_1 ein Proportionalitätsfaktor. Die Formulierung der Übergangsfunktionen basieren auf dem Abstand zur nächsten Oberfläche und den Strömungsvariablen anhand

$$F_1 = tanh(arg_1^4) \tag{6.26}$$

mit

$$arg_1 = min\left(max\left(\frac{\sqrt{k}}{\beta`\omega y}, \frac{500\nu}{y^2\omega}\right), \frac{4\rho k}{CD_{k\omega}\,\sigma_{k2}\,y^2}\right). \tag{6.27}$$

Hierbei ist y der Abstand zur nächstgelegenen Wandfläche, ν die kinematische Viskosität und

$$CD_{k\omega} = max\left(2\rho\frac{1}{\sigma_{\omega 2}\omega}\frac{\partial k}{\partial x_i}\frac{\partial \omega}{\partial x_i}, 1.0\,10^{-10}\right). \tag{6.28}$$

Die zweite Übergangsfunktion ist wie folgt definiert

$$F_2 = tanh(arg_2^2) \tag{6.29}$$

mit

$$arg_2 = max\left(\frac{2\sqrt{k}}{\beta`\omega y}, \frac{500\nu}{y^2\omega}\right). \tag{6.30}$$

Im Rahmen dieser Arbeit wurde der kommerzielle CFD-Löser Ansys^{TM} CFX^{TM} 5 verwendet. Hierbei kommen die Reynoldsgemittelten Navier-Stokes-Gleichungen zur Anwendung, die mit dem SST-Turbulenzmodell geschlossen werden. Für die Bestimmung des Wärmeübergangs und der Temperaturfelder in beiden Kanälen wird die Energiegleichung als zusätzliche Gleichung mitgelöst. Es werden für die experimentell untersuchten Parametervariationen stationäre RANS-Simulationen durchgeführt. Das Strömungsfeld wird hierbei als voll-turbulent betrachtet. Ein Transitionsmodell kommt nicht zur Anwendung.

6.3 Berechnungsdomain

Die Berechnungsdomain für die numerischen Untersuchungen umfasst die gesamte Kanalkreuzung inklusive des Heißgaskanals der durch die drei zylindrischen Filmbohrungen mit dem berippten Kühlluftkanal verbunden ist. Aufgrund von Symmetriebetrachtungen werden im numerischen Modell beide Kanäle nur bis zum Mittelschnitt ausgeführt und damit die zu vernetzende Kanalhöhe halbiert. Auf die Schnittflächen wird eine Symmetrierandbedingung aufgeprägt. Im Heißgaskanal wird das Einblaseverhalten auf der Bodenplatte bei moderaten Ausblasraten von 0.5 bis 1.0 untersucht. Das Eindringverhalten in die Wandgrenzschicht wird sich daher auf einen Bereich von wenigen Lochdurchmessern beschränken. Das Ausmischverhalten der Filmkühlstrahlen wird in einem Bereich von $x/D < 50D$ betrachtet. Stromab dieser Position ist die Filmkühleffektivität auf ein niedriges Niveau unterhalb von 0.1 gesunken, der Kühleffekt ist vergleichsweise gering und damit für weitere Betrachtungen nicht mehr relevant. Die Breitenausdehnung des Heißgaskanals wird nicht verändert. Unter den gegebenen Bedingungen erscheint es daher gerechtfertigt, das numerische Modell des Heißgaskanals mit folgenden Abmessungen in axialer Richtung mit $-19 < x/D < 50$ sowie in lateraler $-16 < y/D < 16$ und in Höhenrichtung mit $0 < z/D < 11$ auszuführen.

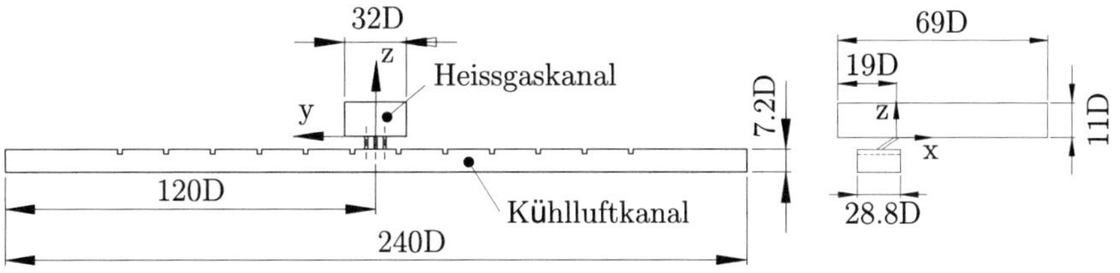

Abbildung 6.1: Berechnungsdomain von Kühlluft- und Heissgaskanal für die numerischen Untersuchungen

Der Kühlluftkanal wird als Halbkanal mit seiner Gesamtbreite von 144 mm und Gesamtlänge von 1200 mm im numerischen Modell abgebildet. Auch hier wird auf die Mittelschnittsfläche in halber Kanalhöhe eine Symmetrierandbedingung aufgeprägt. Damit stellt sich die räumliche Ausdehnung des Kühlkanals mit einer Länge von

$L_k/D = 240$ sowie einer Breite von $W_k/D = 22.8$ und einer halben Höhe von $H_k/D = 7.2$ dar. Der Kühlluftkanal ist mit orthogonal zur Durchströmrichtung angeordneten Rippen ausgestattet, wobei alle 11 Rippensegmente in der Berechnungsdomain untergebracht sind. Damit wird gewährleistet, dass sich am Filmlocheintritt identische Einströmbedingungen ähnlich zum Experiment ausbilden.

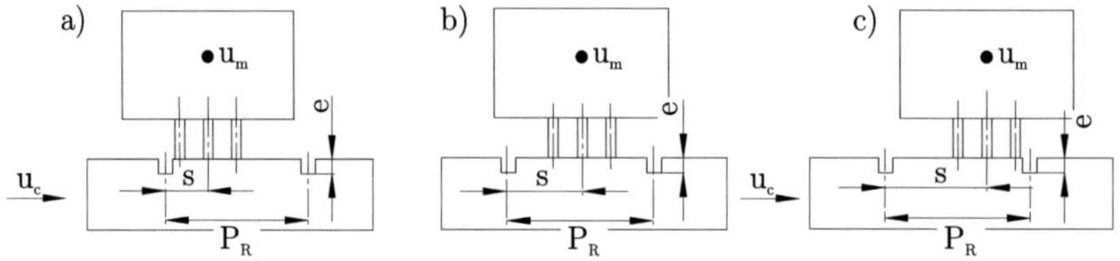

Abbildung 6.2: Anordnung der Filmkühllöcher bezüglich der Rippen für $s/D = 4.5$ (a), $s/D = 7.5$(b) und $s/D = 10.5$ (c)

Die Rippen werden äquivalent zum Experiment mit einer Rippenhöhe von e/D_h von 0.078 und einem Rippenteilungsverhältnis von $P_r = 10$ nachgebildet. Für die numerischen Untersuchungen zum Einfluss der Rippenposition bezüglich des Filmlocheintritts wird für die drei diskreten Positionen von $s/D = 4.5$, 7.5 und 10.5 eine separate Berechnungsdomain erstellt. Die mittlere Position $s/D = 7.5$ entspricht der symmetrischen Positionierung der Filmlochreihe im Rippensegment. Bei den beiden anderen Positionen liegt das äußere Filmloch entweder 1D vor der stromauf ($s/D = 4.5$) oder der stromab ($s/D = 10.5$) gelegenen Rippe. Die Definition für den Abstand s zur mitteleren Filmbohrung kann für die drei Konfigurationen aus Abb. 6.2 entnommen werden. Sie zeigt weiterhin die Rippenanordnung für die symmetrische wie auch für die nicht-symmetrischen Positionen.

Die Filmkühlbohrungen im numerischen Modell sind in allen dimensionlosen Parametern und im Lochdurchmesser identisch mit der untersuchten Geometrie im Experiment. Das Lochlänge-zu Durchmesserverhältnis beträgt $L/D = 7$ und das Teilungsverhältnis ist $P_h/D = 3$. Der Inklinationswinkel gegenüber der axialen Durchströmrichtung im Heißgaskanal ist 35°. Der Lochdurchmesser ist mit $D = 5mm$ festgelegt.

6.4 Rechennetz

Das Rechennetz für die Berechnungsdomain, dessen Aufbau im vorangegangenen Abschnitt beschrieben ist, wurde mit der kommerziellen Software ICEMCFD^{TM} erstellt. Dabei wird das Durchströmvolumen in diskrete Kontrollvolumina zerlegt. Hierbei kommt ein blockstrukturiertes Hexaedergitter zur Anwendung, wobei das spätere Rechengebiet in viele, separate Blöcke aufgeteilt wird. Die Knotenpunkte und Kanten der einzelnen Blöcke werden auf die importierte Geometrie assoziiert. Die Blockkanten sind mit bi-geometrischen Knotenverteilungen belegt, die dann auf die Körperkanten projeziert werden. Dies hat den Vorteil, dass sich die Vernetzung in den verschiedenen Blöcken auch auf stark gekrümmte Geometrieformen anpassen lässt. Für die festgelegte Rechendomain wurde, um die Auflösung der Rippenumströmung im Kühlluftkanal und der Wandgrenzschichten in den Filmkühlbohrungen zu gewährleisten, das Durchströmvolumen in 222 einzelne Blöcke aufgeteilt. Wie schon vorab erläutert, wird aus Symmetriegründen jeweils nur eine Hälfte des Heissgas- und Kühlluftkanals modelliert.

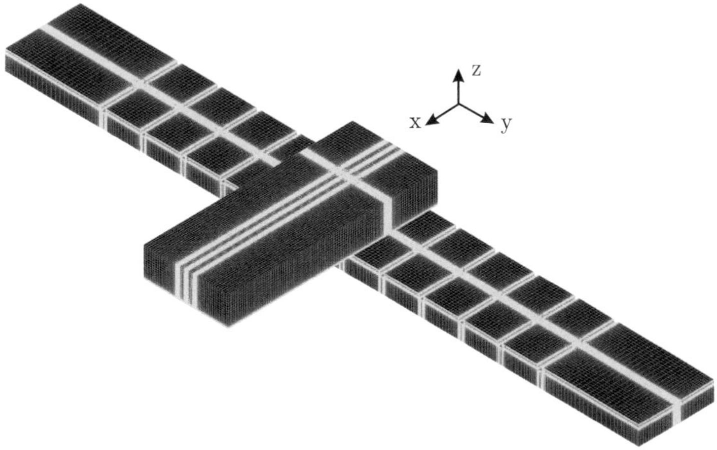

Abbildung 6.3: Gittervernetzung des Heissgas-, Kühlluftkanals und der Kühlrippen für die mittlere Netzauflösung von 12.2 Mio. Hexaederzellen

Im Bereich der Grenzschichtströmung nahe an einer festen Wand mit Haftbedingung, ist für die Erfassung der viskosen Effekte eine sehr feine Netzauflösung zu generieren. Im Hauptströmungsbereich kann dagegen eine etwas gröbere Auflösung gewählt werden, um die Elementanzahl zu begrenzen. Abbildung 6.3 zeigt aus Darstellungsgründen das erstellte Rechennetz mit mittlerer Netzauflösung von 12.2 Mio. Zellen und für die symmetrische Rippen- zu Kühllochposition $s/D = 7.5$.

In den Gebieten, in denen eine numerische Auflösung der Grenzschicht notwendig ist, liegt der dimensionslose Wandabstand $y^+ = \frac{u_\tau \triangle y}{\nu}$ im Bereich $y^+ \leq 1$ und es werden 30 Zellschichten innerhalb des Grenzschichtprofils platziert. Die Ausnahme bilden der Filmbohrungsein- und austritt, wobei durch die starke Umlenkung und partielle Ablösung der Strömung lokal hohe Wandschubspannungen erzeugt werden. Dies führt zu einer hohen Wandschubspannungsgeschwindigkeit u_τ und damit zu größeren dimensionslosen Wandabständen von $y^+ \leq 2.5$. Dieser Effekt ist unglücklicherweise nicht zu vermeiden, tritt aber nur sehr lokal begrenzt direkt auf der Schnittkante zwischen Kanalwand und Filmlochwand auf. Zur Auflösung der Strömung in der Bohrungen und über den Rippen werden auf dem Querschnitt bis zu 120 Knoten pro Loch bzw. 115 Knoten pro Rippe verteilt (siehe Abb. 6.4). Für die reibungsbehafteten Wände beträgt die Zellhöhe jeder ersten Wandzelle $\triangle y = 1 \mu m$. Das Expansionsverhältnis der Zellen an jeder Wand in Normalenrichtung beträgt 1.2, d.h. die Zellhöhe vergrößert oder verkleinert sich nur um jeweils 20% von einer Zelle zur nächsten Zelle. Für das Rechennetz ergibt sich somit eine Gesamtanzahl der Gitterelemente von ca. 24.2 Mio. Hexaedern.

a) 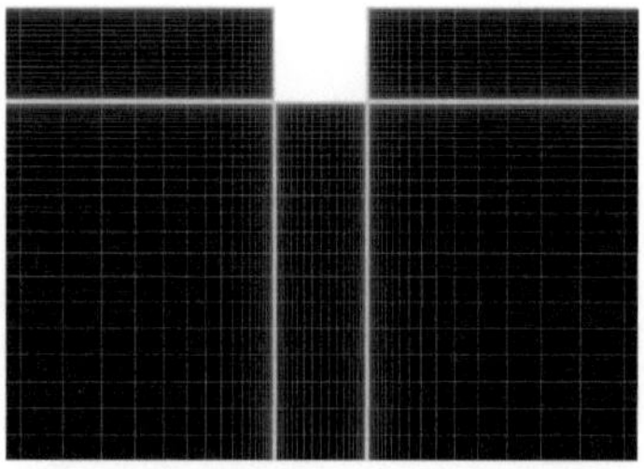
b) 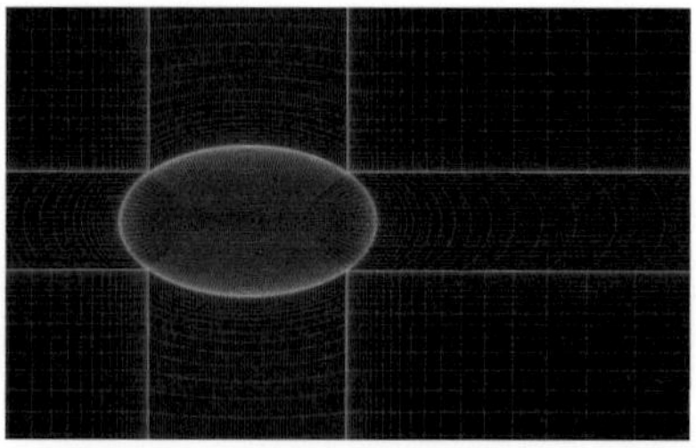

Abbildung 6.4: Rippen- und Filmbohrungsvernetzung für die feine Gitterauflösung von 23.6 Mio. Hexaederzellen

Für die unterschiedlichen Rippenpositionen wurde jeweils ein separates Rechennetz erstellt. Die Blocking-Konfiguration, die für die symmetrische Rippenposition erstellt wurde, kann durch das Vernetzungsprogramm ANSYS^{TM} ICEMCFD^{TM} exportiert und auf andere Geometrien angewendet werden. Somit lässt sich gewährleisten, dass die Knotenverteilungen auf die dafür vorgesehenen Kanten übertragen werden und ein Vergleich der Rechenergebnisse für unterschiedliche Rippenpositionen untereinander möglich ist. Für eine Gitterkonvergenzstudie wurden von dem Rechennetz mit symmetrischer Rippenposition $s/D = 7.5$ drei unterschiedlich feine Netzauflösungen generiert. Dabei wird ein konstanter Skalierfaktor von $S_n = 0.80$ bzw. $S_n = 0.62$ angewendet und das Rechennetz in alle drei Raumrichtungen gleichmäßig vergröbert. Die daraus resultierenden Rechennetzstatistiken können Tab. 6.1 entnommen werden.

Die Netzqualität wurde mit dem ANSYS^{TM} ICEMCFD^{TM} Quality Tool überprüft. Dabei sind, für ein aus Hexaedern aufgebautes Netz, die Kriterien „3x3x3 Determinant“, „Aspect Ratio“ und „Angle“ am aussagekräftigsten. Die „3x3x3 Determinante“ bildet das Verhältnis aus der kleinsten Determinante der Jakobi-Matrix zur größten Determinante der Jakobi-Matrix für jede Zelle im Raum. Das Seitenverhältnis ist das Verhältnis von minimaler Kantenlänge zu maximaler Kantenlänge einer Zelle und der Verscherungswinkel gibt den kleinsten internen Winkel jedes Hexaeders an.

	Zellanzahl	Knotenanzahl	Blockanzahl	S_n
grob	5.713.467	5.928.384	222	0.62
mittel	12.200.130	12.554.124	222	0.80
fein	23.621.732	24.188.232	222	1.0

Tabelle 6.1: Statistik der Rechennetze mit unterschiedlicher Auflösung

Für die Determinante können Werte zwischen 0 und 1 entstehen, wobei 0 für eine deformierte Zelle und 1 für eine optimale Elementzelle steht. Der Winkel kann sich zwischen 0° und 90° befinden, wobei 90° der optimale Wert ist. Das Kantenverhältnis ist optimal für den Wert 1 und sollte für eine gute Netzqualität den Wert 1000 nicht überschreiten.

Tabelle 6.2 zeigt die Netzqualität für alle drei Rechennetze anhand der drei Kriterien. Es zeigt sich, dass die Netze eine gute Qualität aufweisen. Die Determinante der Jacobi-Matrix liegen für 99.7% der Zellen zwischen 0.9 und 1.0 und das maximale Kantenlängenverhältnis beträgt 445. Kleinere Determinanten als 0.7 sind nicht vorhanden. Die Verscherung der Hexaederzellen sollte möglichst > 45° sein, was hier nicht für alle Zellen eingehalten werden kann, da die Lochneigung mit einem Inklinationswinkel von 35° die maximale Verscherung der Zellen in diesem Vernetzungsbereich bestimmt. Deshalb liegt der minimale Verscherungswinkel der Zellen bei 30.7°. Allerdings liegen 92.4% der Winkel zwischen 45° und 90° und nur ein geringer Prozentsatz von 7.6 Prozent der Elemente unterhalb des Grenzwertes von 45°.

Determinante der Jacobi-Matrix	0.74 - 1.0
max. Zellwinkel	32°
max. Seitenverhältnis	445
max. dimensionsl. Wandabstand y^+	2.5

Tabelle 6.2: Kriterien für die Netzqualität

Die stationäre RANS-Berechnungen des Strömungsfeldes und des Wärmeübergangs wurden mit ANSYS^{TM} CFX^{TM} (Version 14) unter Verwendung des SST-Turbulenzmodels durchgeführt. Aufgrund der hohen Anzahl von Netzzellen für das feine Netz ist für das Erreichen einer konvergenten Lösung eine Mindestanzahl von 360 Iterationsschritten auf 22 CPU's notwendig. Die Gesamtrechenzeit beträgt dabei 27 Stunden was ca. 270s pro Iterationsschritt entspricht. Für das mittlere bzw. grobe Netz sinken die Rechenzeiten mit der Verkleinerung der Gesamtelementanzahl pro Netz, sodass auch hier für 360 Iterationen entweder 6.9 Stunden bzw. 4.4 Stunden zum das Erreichen einer konvergenten Lösung benötigt wird. Dies entspricht einer Rechenzeit pro Iterationsschritt von 89s/Iteration bzw. 56 s/Iteration auf 18 bzw. 16 CPU's.

6.5 Randbedingungen

Durch die Definition von Randbedingungen an den Ein- und Austrittsflächen des Rechengebietes wird der Strömungszustand bei Beginn der Simulationen vorgegeben. Darüberhinaus sind Angaben zu den Fluideigenschaften und Turbulenzgrößen notwendig. Das Druckniveau im gesamten Rechengebiet wird durch den Referenzdruck $p_{ref} = 101325\,Pa$ vorgegeben, worauf sich dann alle weiteren Druckangaben beziehen. Als Dirichlet-Randbedingungen im Heissgaskanal werden am Kanaleintritt die in der Kanalmitte gemessene Totaldruck- $p_t(z)$ und Turbulenzgradverteilung $Tu(z)$ aufgeprägt. Der Ausströmrand wird mit einem über die Fläche konstanten statischen Druck $\Delta p_{m,A} = 3213$ Pa belegt. Die Wandoberfläche mit Filmkühlung wird als adiabat angenommen und eine Haftbedingung vorgegeben. Für die Randfläche im Kanalmittelschnitt wird eine Symmetrierandbedingung vorgesehen. Die beiden Seitenwände werden nicht reibungsbehaftet als Euler-Wand simuliert. Zusätzlich wird am Eintritt des Heißgaskanals eine Totaltemperatur T_{tm} von $358\,K$ angegeben.

Auch im Kühlkanal werden die Seitenwände reibungsfrei als Euler-Wand in das Modell eingefügt. Für die Randfläche im Kanalmittelschnitt wird eine Symmetrierandbedingung aufgeprägt. Auf der berippten Wandoberfläche wird die örtliche Ableitung normal zur Berandung als sogenannte Neumann-Randbedingung vorgegeben. Für die Wärmeübertragung im Kühlkanal wird daher ein von der Reynoldszahl abhängiger konstanter Wandwärmestrom gewählt. Anhand der Definition des Wärmestromes lässt sich dann aus der numerisch berechneten Wandtemperaturverteilung und dem konstanten Wärmestrom der Wärmeübergangskoeffizient gemäß

$$\alpha = \frac{\dot{q}_w}{T_w - T_F} \tag{6.31}$$

bestimmen. Die Totaltemperatur am Eintritt des Kühlluftkanals wird als konstanter Wert gesetzt mit $T_{tc} = 298\,K$. Am Kühlluftkanaleintritt wird die mit der Hitzdrahtsonde in Kanalhöhenrichtung z vermessenen Geschwindigkeits- sowie Turbulenzgradverteilung für den Reynoldszahlbereich $10000 < Re_{c,Dh} < 90000$ aufgeprägt. Auf der Austrittsfläche des Kühlluftkanals erfolgt die Vorgabe eines konstanten, statischen Differenzdruckes $\Delta p_{c,A}$ über die gesamte Fläche. Für eine Kühlluftausströmung aus der Bohrung muss das Druckverhältnis zwischen dem Totaldruck im Kühlluftkanal nahe des Bohrungseintrittes zum statischen Wanddruck in der Heißgasströmung direkt stromauf des Filmbohrungsaustrittes größer als 1 sein. Um nun

M	$\Delta p_{c,A}$ [Pa]	Δp_h [Pa]	$\dot{m}_h$ [kg/s]	M_{sim} [-]
0.5	4171	132	0.00064	0.58
0.75	4296	257	0.00094	0.85
1.00	4471	432	0.001254	1.13

Tabelle 6.3: Randbedingungswerte am Kühlkanalaustritt

einen definierten Bohrungsmassestrom und damit eine gemittelte Ausblasrate M für die Bohrungsreihe vorgeben zu können, wird über vorhandene Durchflusskurven zylindrischer Löcher ein Startwert für die Bohrungsdruckdifferenz $\Delta p_h = p_{t,c} - p_{hg}$ ermittelt. Durch zweimaliges iteratives Durchführen der CFD-Simulation wird dann die endgültige statische Druckdifferenz am Kanalaustritt ermittelt werden. Dazu wird der Lochmassestrom sowie die Massestromdichte aus der Lösung der numerischen Rechnung entnommen und die jeweilige Ausblasrate bestimmt. Anschließend kann die Druckdifferenz am Austritt der Berechnungsdomain angepasst werden. Die dann im Modell aufgeprägten Kühlluftrandbedingungen finden sich als Zusammenstellung in Tab. 6.3.

6.6 Gitterkonvergenz

Im Vorfeld der numerischen Simulationen wurde, auf Basis der Methode des Gitterkonvergenzindexes (GCI) von Roache [98–100], der Fehler durch eine endliche Gitterfeinheit abgeschätzt. Dazu wurden drei unterschiedlich feine Netze mit einem Verfeinerungsverhältnis von ca. 2 in einer Beispielrechnung mit einer Reynoldszahl von 10000 und einer Ausblasrate von $M = 0.50$ hinsichtlich des GCI für Strömungsfeld und Wärmeübergang untersucht. Mit Hilfe dieses Verfahrens wird anhand einer generalisierten Richardson-Extrapolation der Diskretisierungsfehler des numerischen Modells bezüglich eines unendlich feinen Gitters berechnet.

Die Diagramme in Abb. 6.5 zeigen den Verlauf des GCI-Wertes für ein Wandgrenzschichtprofil in der Mitte des Heißgaskanals 3 Lochdurchmesser stromauf der Filmbohrungen. Ausserdem wurde die Auswertung des GCI auch auf ein Grenzschichtprofil in der Einlaufstrecke des Kühlkanals (ca. 20 Lochdurchmesser stromab des Kanaleintrittes) angewendet. Die Ergebnisse für den Heißgaskanal zeigen, außer für einen wandnormalen Abstand $z_W/z_{ms} < 0.01$, einen GCI-Wert weit unterhalb von 0.2 %. In diesem Bereich kann die GCI-Wert bis auf 1 % aufgrund einer sehr geringen Konvergenzordnung $p < 0.27$ ansteigen. Der gemittelte Fehler aufgrund einer endlichen Gitterfeinheit beträgt 0.08 % für das Wandgrenzschichtprofil im Heißgaskanal. Ein ähnliches Verhalten im GCI lässt sich auch für die Einlaufgrenzschicht

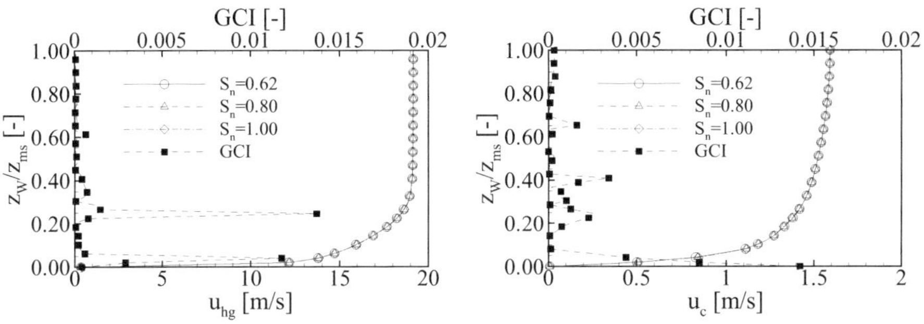

Abbildung 6.5: Gitterkonvergenzindex GCI des Grenzschichtprofils im Heißgaskanal bei $x/D = -3$ (links) und der Einlaufgrenzschicht im Kühlkanal bei $x_c/D = -100$ (rechts) für $Re_{c,Dh} = 10000$, $M = 0.50$ und s/D = 7.5

im Kühlkanal beobachten. Hier liegen die GCI-Werte für den wandfernen Bereich unterhalb von 0.4 % und der gemittelte GCI ist mit 0.1 % für die Einlaufgrenzschicht im Kühlkanal geringfügig höher als die Werte im Heißgaskanal. In den wandnächsten Schnitten steigt der GCI auf 1.5 % an.

Die Ergebnisse der GCI-Betrachtung hinsichtlich Wärmeübergang und Filmeffektivität sind in Abb. 6.6 dargestellt. Der Verlauf der Filmkühleffektivität entlang der Kanalmitte zeigt mit feiner werdendem Netz geringere Differenzen zur Vorgängerlösung mit gröberem Netz. Die Unterschiede zwischen den einzelnen Netzauflösungen sind mit ca. 3 % im Bereich der dimensionlosen Stromabposition von $x/D = 2.5$ am größten und verringern sich asymptotisch in Strömungsrichtung. Nach einem Strömungsweg von $x/D = 40$ ist dabei der GCI-Wert auf unter 0.01 % gefallen. Vergleicht man den GCI für die beiden unterschiedlichen Netzauflösungen nach folgender Definition $GCI_{23} = r^p GCI_{12}$, so sollte dieser Parameter für eine asymptotischen

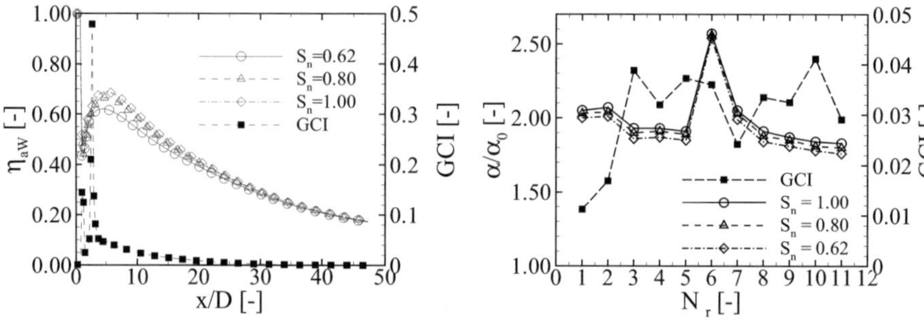

Abbildung 6.6: Gitterkonvergenzindex GCI der Filmkühleffektivität im Heißgaskanal (links) und des Wärmeübergangskoeffizienten für jedes Rippensegment entlang des Kühlluftkanals (rechts) für die Kühlluftreynoldszahl $Re_{c,Dh} = 10000$ sowie eine Ausblasrate von $M = 0.50$ und die mittlere Rippenposition $s/D = 7.5$

Verlauf der Ergebnisgröße über das Gitterverfeinerungsverhältnis immer ungefähr 1 betragen. Dies ist auch der Fall für das Fernfeld der Bohrung im Bereich $2.5 < x/D < 50$. Eine Ausnahme stellt hierbei die unmittelbare Umgebung des Bohrungsaustrittes von $x/D < 2.5$ dar. Hier deutet ein stark von 1 abweichender Wert auf einen nichtasymptotischen Verlauf der Filmkühleffektivität hin. Der Grund liegt vermutlich in der partiellen Ablösung, die bei der Umlenkung des austretenden Fluids zur Wand hin entsteht. Diese instationäre Rezirkulation nahe der stromabgelegenen Lochkante hat daher einen signifikanten Einfluss auf den örtlichen Diskretisierungsfehler. Der GCI kann in diesem Bereich stark variieren und zeigt vereinzelt maximale Werte von über 40 % in der Mittellinien-Filmeffektivität.

Auch für den Wärmeübergang zeigen sich deutlich höhere Diskretisierungsfehler, die über die Kühlkanallänge und die Anzahl der Rippensegmente nicht konstant ist. Im Bereich der ersten und zweiten Rippe ist der GCI interessanterweise niedriger und liegt bei ca. 1.2 % bzw. 1.7 %. Er steigt dann kontinuierlich an und beträgt in dem Segment mit den Filmbohrungen ca. 3.6 %. Der mittlere GCI über alle Rippensegmente kann mit 3.0 % bestimmt werden. Eine grundlegende Änderung im qualitativen Verlauf des GCI für den Wärmeübergang gibt es auch bei höherer Reynoldszahl nicht. Geringfügige Unterschiede finden sich in der Höhe des GCI und der ist für $Re_{c,Dh} = 100000$ im Filmbohrungssegment nur ca. 2.5 %. Der mittlere GCI zeigt sich mit 2.2 % etwas niedriger als der Wert für die geringste Reynoldszahl.

7 Experimentelle Ergebnisse und Diskussion

7.1 Strömungsfeld im Heissgaskanal (LDA)

7.1.1 Strahlausblassituation

Im Vorfeld der Testreihen zum Einfluss der Rippenposition auf das Strömungsfeld mit Kühllufteinblasung wird der Effekt der Ausblasrate bei konstanter Rippe-zu-Lochposition $s/D = 7.5$ vermessen. Dabei wird das Geschwindigkeitsfeld mittels LDA entlang der Mittelschnittsebenen jedes Filmkühllochs und in lateraler Richtung an drei Stromabpositionen $x/D = 2, 5, 10$ vermessen. Die Ergebnisse sind in Abb. 7.1 (a) in der x-z-Ebene für das mittlere Loch $y/D = 0$ bzw. in Abb. 7.1 (b) in der y-z-Ebene an konstanten Positionen in Strömungsrichtung mit Variation der Ausblasrate M dargestellt.

Für die Ausblasrate $M = 0.50$ zeigen die Geschwindigkeitsfelder einen an der Wand anliegenden Filmkühlstrahl, der aufgrund seines geringen Austrittsimpulses direkt nach dem Austritt aus der Bohrung in Richtung Wand umgelenkt wird. Im Nachlauf des Filmlochs bildet sich ein ausgedehntes Gebiet verzögerter Strömung, das sich in wandnormalen Richtung ca. 1.2 Lochdurchmesser ausbreitet. Dieses wird durch den Blockageeffekt des Kühlstrahls generiert und dehnt sich weit in Strömungsrichtung über $x/D = 10$ hinaus aus. Aufgrund instationärer turbulente Durchmischung von Kühluft mit Heißgasfluid wird energiereiches Fluid aus der Hauptströmung in den Strahlnachlauf transportiert. Daher nimmt das Geschwindigkeitsverhältnis u/u_m in Wandnähe mit größer werdender Stromabposition stetig zu. Nahe der Lochvorderkante im Bereich $x/D = -0.5$, ist ein kleines Gebiet geringerer Geschwindigkeiten und aufwärts gerichteter Strömung zu erkennen. Dies kennzeichnet die Verdrängungswirkung der eingeblasenen Kühlluft auf die ankommende Heißgasgrenzschicht.

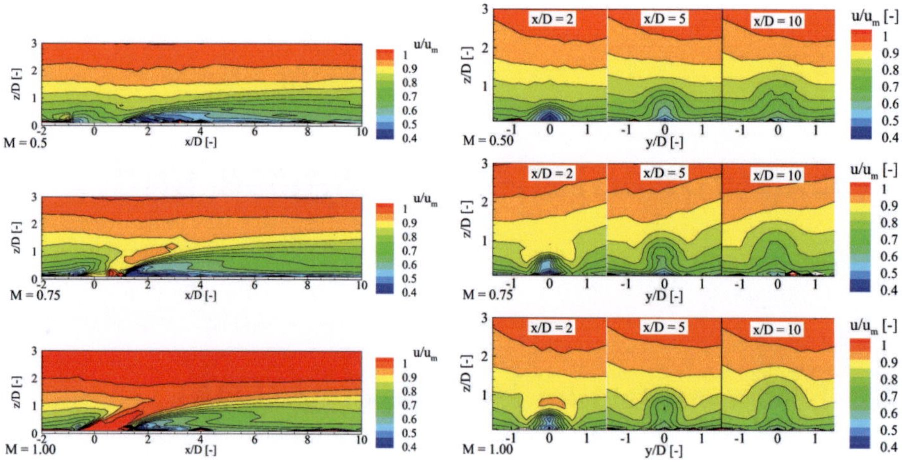

(a) x-z-Ebene, mittleres Loch ($y/D = 0$) (b) y-z-Ebene, mittleres Loch ($y/D = 0$)

Abbildung 7.1: Strömungsfeld u/u_m mit Filmkühlausblasung in axialer und lateraler Richtung mit Variation der Ausblasrate, $Re_{c,Dh} = 10000$, mittlere Rippe-zu-Lochposition $s/D = 7.5$

Mit größer werdender Ausblasrate wird der Austrittsimpuls des Kühlstrahls erhöht, was sich durch einen signifikanten Anstieg im Geschwindigkeitsverhältnis über dem Lochaustritt bemerkbar macht. Die größten Geschwindigkeiten finden sich hierbei in der Lochmitte und erhöhen sich von $u/u_m = 0.63$ bei $M = 0.50$ um ca. 44 % für die größte Ausblasrate $M = 1.00$. Dies entspricht einer Erhöhung des Bohrungsmassenstroms von knapp 50 % bei isothermer Ausblasung und konstanten Strömungsrandbedingungen im Heißgaskanal. Auch das Gebiet mit Geschwindigkeitsdefiziten im Bohrungsnachlauf vergrößert sich in wandnormalen Richtung und beträgt bei $M = 1.00$ ca. $1.6\,D$. Es ist klar zu beobachten, dass durch die höhere Turbulenz im Strahlkern der turbulente Durchmischungsprozess angefacht wird. Damit verringern sich die Geschwindigkeitsdefizite im Nachlauf schneller in Strömungsrichtung.

Ein ähnliches Verhalten lässt sich auch für die laterale Ausbreitung der Kühlluft erkennen. Bei geringer Ausblasrate konzentriert sich der Kühllufteintrag, direkt stromab des Bohrungsaustrittes ($x/D = 2$), auf den wandnahen Bereich $-0.5 < y/D < 0.5$, wo dessen Ausbreitung hauptsächlich von der Bohrungsgeometrie bestimmt wird. Auch in wandnormaler Richtung weisen die Kühlluftstrahlen nur eine Ausdehnung von ca. 0.5 Lochdurchmessern auf. Die Geschwindigkeiten im Strahlnachlauf betragen bei $x/D = 2$ in etwa $u/u_m = 0.50$. Mit größerem Austrittsimpuls, respektive höherer Ausblasrate, wird die laterale Wandüberdeckung durch die Kühlluft nahe des Lochaustritts geringfügig größer. Auch die wandnormale Ausdehnung des Kühlstrahls vergrößert sich um 16 % auf $z/D = 0.66$ für $M = 1.00$. Durch den größeren Bohrungsmassenstrom mit höherer Ausblasrate steigt somit auch konsequenterweise das Geschwindigkeitsverhältnis in der Strahlnachlaufmitte um ca. 10 %. Mit größer werdender Entfernung zum Lochaustritt wird durch die turbulente Durchmischung mit dem Heißgas der Bereich des Strahlkerns immer breiter ($-1 < y/D < 1$ bei $x/D = 10$) und dehnt sich auch in wandnormaler Richtung weiter aus. Bei der größten Ausblasrate steigt der wandnormale Bereich des Strahlnachlaufs um das Dreifache auf $z/D = 1.5$. Auch die Geschwindigkeiten im Strahlkern vergrößern sich indess drastisch innerhalb weniger Lochdurchmesser durch den Eintrag von hochenergetischem Fluid aus der umgebenden Heißgasströmung. Dabei steigt die Geschwindigkeit im Strahlnachlauf bis zur Stromabposition $x/D = 10$ um mehr als 20 %. Um die

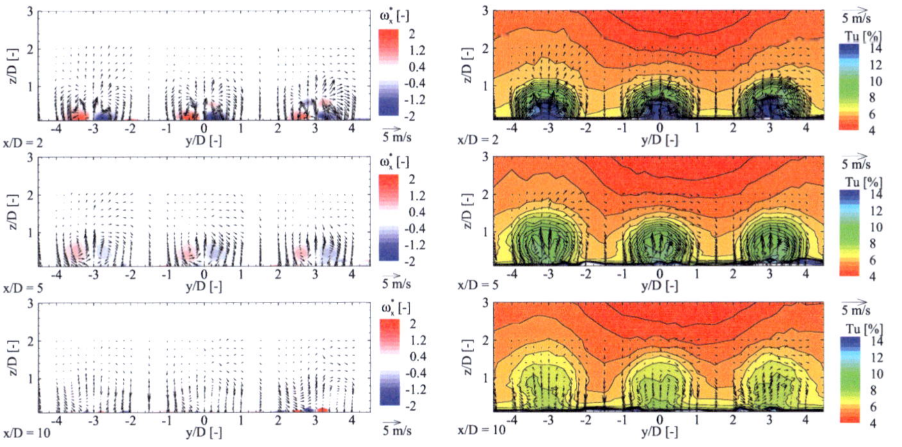

(a) (b)

Abbildung 7.2: Wirbelstärke in Strömungsrichtung ω_x^* (a) und Turbulenzgrad (b) im Filmkühlstrahl für verschiedene Stromabpositionen x/D mit einer Ausblasrate $M = 1.00$, $Re_{c,Dh} = 10000$, mittlere Rippe-zu-Lochposition $s/D = 7.5$

Wirbelstrukturen im Strahlkern sichtbar zu machen und das turbulente Verhalten der Kühlluft in lateraler Richtung zu untersuchen, ist in Abb. 7.2 (a) die Verteilung der Wirbelstärke mit den Sekundärströmungsvektoren überlagert. Weiterhin zeigt Abb. 7.2 (b) den Turbulenzgrad in Teilungsrichtung für alle drei Filmkühllöcher. Die Verteilungen sind für drei konstante Stromabpositionen bei $x/D = 2$, 5 und 10 sowie für den Fall kleinster Reynoldszahl, für die mittlere Rippe-zu-Lochposition $s/D = 7.5$ und die größte Ausblasrate $M = 1.00$ dargestellt.

Anhand der dargestellten Ergebnisse zeigt sich die Ausbildung von symmetrischen Bereichen mit hohem Turbulenzgrad, die periodisch und equivalent zur Bohrungsteilung im Abstand von $3D$ auftreten. Die Form dieser Gebiete gleicht dem Kühlstrahlnachlauf, der schon in den Geschwindigkeitsverteilungen detektiert werden konnte und lässt darauf schließen, dass in dem Fall der mittleren Rippenposition eine periodische Ausblasung aus allen drei Filmbohrungen vorliegt. Es entwickeln sich drei voneinander separarierte Kühlfilmstrahlen, die aufgrund des Bohrungsteilungsverhältnisses von $3\,D$ auch nach einer Lauflänge von $10\,D$ nicht zusammenwachsen. Unterschiedlich dagegen ist die Größe der Turbulenzgebiete, die ca. 50 % größer sind als der Geschwindigkeitsnachlauf der Bohrungen und sich bei einer Ausblasrate von $M = 1.00$ mehr als $\pm\,1D$ in lateraler Richtung ausbreiten. Die Maximalwerte für den Turbulenzgrad von 16 % an der Stromabposition $x/D = 2$ können im Strahlkern beobachtet werden und sind für alle drei einzelnen Filmkühlstrahlen ähnlich hoch. Der Bereich höchster Turbulenz findet sich dabei für das mittlere Loch bei $y/D = 0$ und in wandnormaler Richtung bei $z/D = 0.4$.

Wird die Kühlluft weiter in Strömungsrichtung transportiert, verlagern sich die Gebiete höchster Turbulenz weiter weg von der zu kühlenden Oberfläche. Ausserdem verringert sich das Turbulenzniveau durch die intensive Interaktion und Durchmischung der Kühlluft mit der Heißgasströmung erheblich. Nur etwa 5 Lochdurchmesser stromab der Bohrungen ist der Turbulenzgrad im Strahlkern schon um etwa 40 % bis auf $Tu = 10\%$ gesunken. Die turbulente Nachlaufregion zeigt einen leicht größere Ausdehnung um etwa $\pm\,0.2\,D$ in Teilungsrichtung und $0.5\,D$ in wandnormaler Richtung. Die Position der höchsten Turbulenzgrade verschiebt sich um etwa 30 % des Lochdurchmessers ($z/D = 0.75$). In noch größerer Entfernnung zur Kühlluftbohrung sinkt der Turbulenzgrad weiter rapide ab und hat bei $x/D = 10$ nur noch etwa 43 % seines Wertes ($Tu = 7.5\%$), im Vergleich zu dem der direkt nach dem Lochaustritt gemessen wurde. Dabei verändert sich auch die Kühlstrahltrajektorie und führt zu einer weiteren Verlagerung des Strahlkerns weg von der Wand (um noch einmal 30 % des Lochdurchmessers auf $z/D = 1.05$).

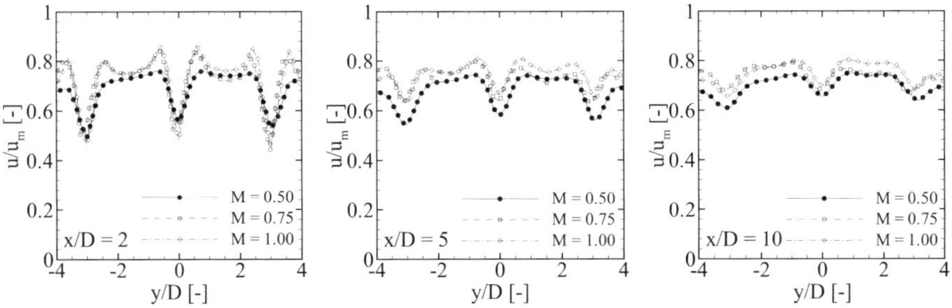

(a) Geschwindigkeitsverteilung u/u_m in lateraler Richtung

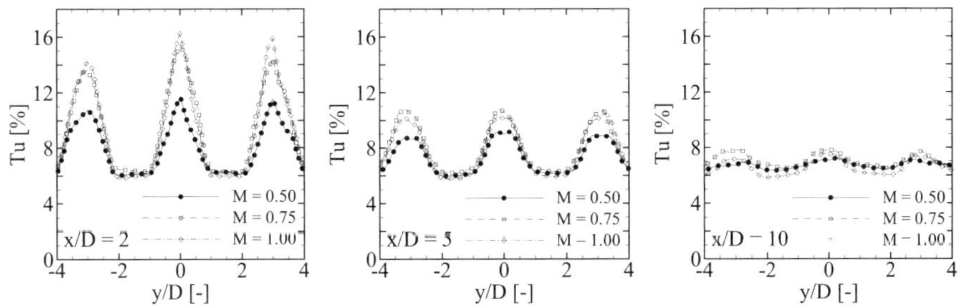

(b) Turbulenzgradverteilung in lateraler Richtung

Abbildung 7.3: Einfluss der Ausblasrate M auf Geschwindigkeit und Turbulenzgrad an einem wandnormalen Abstand $z/D = 0.4$ für die Variation der Ausblasrate sowie $Re_{c,Dh} = 10000$ und mittlere Rippe-zu-Lochposition $s/D = 7.5$

Diese Effekte können auch gut in den lateralen Verteilungen von Geschwindigkeit und Turbulenzgrad, wie sie in Abb. 7.3 dargestellt sind, nachvollzogen werden. Die Ergebnisse sind hier für einen wandnormalen Abstand von $z/D = 0.4$ aufgetragen. Zu beachten ist hierbei, dass im Fall der Ausblasrate $M = 0.50$ der Strahlkern und damit die Bereiche höchsten Turbulenzgrads näher an der Wand aufzufinden sind. Dies liegt begründet in dem deutlich geringeren Einblaseimpuls, was dazu führt, dass der Kühlluftstrahl stärker zur Wand hin umgelenkt wird und dessen Strahltrajektorie eine größere Krümmung aufweist. Damit lässt sich auch erklären, warum in Abb. 7.3(b) das Maximum des Turbulenzgrades für $M = 0.50$ um etwa 30 % und damit deutlich niedriger liegt als für die beiden anderen untersuchten Ausblasestärken. Die Strahlmitte ist bei Ausblasrate $M = 0.50$ eher 20 % näher zur Wand hin bei $z/D = 0.25$ positioniert, wo der Turbulenzgrad noch einmal ca. 3 % auf $Tu = 13\,\%$ ansteigt. Für alle drei Ausblasraten ist ein signifikantes Ausmischen der Geschwindigkeitsdefizite und des Turbulenzgrades im Strahlnachlauf über eine Strömungslauflänge von $10D$ ersichtlich. Die Gradienten in Geschwindigkeit und Turbulenzgrad zwischen Kühlstrahl und Heißgas nehmen dabei rapide ab und gleichen sich den Strömungsbedingungen der umgebenden Hauptströmung an. Nach 10 Lochdurchmessern ist der turbulente Strahlnachlauf nahezu nicht mehr von der ungestörten Geschwindigkeitsverteilung zwischen den Bohrungen zu unterscheiden.

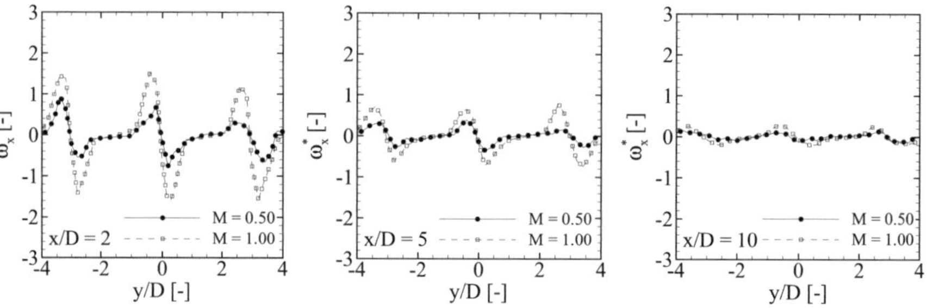

Abbildung 7.4: Einfluss der Ausblasrate M auf die laterale Verteilung der normierten Wirbelstärke ω_x^* in der Strahlmitte für zwei Ausblasraten $M = 0.50$ und 1.00 sowie $Re_{c,Dh} = 10000$ und mittlere Rippe-zu-Lochposition $s/D = 7.5$

Weiterhin ist die Dissipationsrate des hochturbulenten Strahlnachlaufs eng verknüpft mit der Entwicklung der Sekundärwirbel in Strömungsrichtung. Dabei transportieren die beiden Äste des gegensinnig drehenden Nierenwirbelpaars (CVP) Fluid mit geringem Impuls von der zu kühlenden Wandoberfläche weg. Durch ihre nach unten gerichtete Rotationsbewegung im Außenbereich des Strahls wird Heißgas in Richtung Wand befördert. Dies führt zu einem verstärkten turbulenten Mischen der beiden Gase und damit zum Ausgleich von Geschwindigkeits- und Temperaturgradienten zwischen Kühlluftstrahl und Heißgasströmung. Anhand der normierten Wirbelstärke und der Sekundärvektoren lässt sich nahe der Einblasestellen ($x/D = 2$) ein kräftig ausgebildetes gegensinnig drehendes Wirbelpaar für jede Kühlluftbohrung erkennen. Dabei bilden sich in der Wirbelstärke in Strömungsrichtung zwei Bereiche mit entgegengesetztem Vorzeichen aus, die die unterschiedliche Drehrichtung der beiden Äste symbolisieren (siehe auch Abb. 7.4). Die laterale und wandnormale Ausdehnung des Wirbelspaars ist sehr kompakt und beschränkt sich für $x/D = 2$ auf $y/D = \pm 1$ in Teilungsrichtung und $z/D = 0.5$. Diese Wirbelstrukturen dissipieren mit einer hohen Rate, während die Kühlluft stromab transportiert wird. Schon bei $x/D = 5$ ist die Wirbelstärke um mehr als die Hälfte gefallen und nach weiteren 5 Lochdurchmessern (bei $x/D = 10$) sind sie kaum noch in den Verteilungen zu erkennen.

Dieser Ausmischprozess lässt sich auch an der Verteilung der normierten Wirbelstärke in Teilungsrichtung quantifizieren, wie sie in Abb. 7.4 für zwei unterschiedliche Ausblasraten und die drei konstanten Stromabpositionen dargestellt ist. Zu beachten ist hierbei, dass für die Stromabposition $x/D = 2$ die Wirbelstärkenverteilung im wandnormalen Abstand von $z/D = 0.25$ extrahiert wurde. Für alle anderen Stromabpositionen liegt der Abstand bei $z/D = 0.50$. Der Grund hierfür ist die Wanderung der Wirbelkerne in wandnormaler Richtung mit größerer Stromabposition. Nahe am Bohrungsaustritts liegt das Wirbelzentrum sehr nahe an der Wand, daher wird hier der kleine Abstand gewählt. Weiter stromab verschiebt sich der Wirbelkern, sodass die Auswerteposition verändert werden muss, um Vergleichbarkeit zu gewährleisten. Nahe des Lochaustrittes zeigt sich für jede Bohrung die Ausbildung zweier symmetrischer Peaks in der Wirbelstärke, deren Symmetrieachsen in der Nähe der Bohrungsmittelpunkte für Loch 1 ($y/D = -3$), 2 $y/D = 0$ und 3 ($y/D = 3$) positioniert sind. Mit Erhöhung der Ausblasrate werden auch die Antriebskräfte für das gegensinnig drehende Wirbelpaar (CVP) stärker, was zu einer Intensivierung der Wirbelbewegung führt. Daraufhin steigt der Peak in der Wirbelstärke bei $x/D = 2$ von $\omega_x^* = \pm 0.87$ bei $M = 0.50$ um mehr als 60 % auf $\omega_x^* = \pm 1.43$ für $M = 1.00$. Mit größer werdender Entfernung zum Filmloch werden die Unterschiede durch die Ausmischprozesse im Kühlluftstrahl immer geringer zwischen den beiden Ausblasraten. Sie betragen bei $x/D = 5$ nur noch $\Delta\omega_x^* = \pm 0.25$ und bei $x/D = 10$ in etwa $\Delta\omega_x^* = \pm 0.10$.

Da sich, wie oben diskutiert, die Strömungsstrukturen im Kühlluftstrahl innerhalb kürzester Entfernung zur Bohrung ausmischen, wird für die folgenden Betrachtungen nur die Stromabposition $x/D = 2$ untersucht. Weiterhin sollten Unterschiede in den Strömungsfeldern bei Variation von Geometrie- und Strömungsparametern im Kühlkanal am ehesten bei der größten Ausblasrate $M = 1.00$ erkennbar sein und sich am stärksten auf die Filmkühlausblasung auswirken. Daher werden die nachfolgenden Vergleiche auf diese Ausblasrate beschränkt.

7.1.2 Einfluss der Kühlluft-Reynoldszahl

Um weiterhin den Einfluss des Kühlluft-Reynoldszahl auf die Filmlochausblasung zu ermitteln, wurden für eine konstante Ausblasrate $M = 1.00$ und die mittlere Rippenposition $s/D = 7.5$ zusätzliche Messungen in allen Ebenen bei drei verschiedenen Reynoldszahlen im Kühlkanal durchgeführt. In Abb. 7.5 (a) sind die Geschwindigkeitsverteilungen bei einem konstanten Abstand zur Bohrung in Strömungsrichtung von $x/D = 2$ für drei Kühlluft-Reynoldszahlen dargestellt. Zusätzlich werden zur besseren Visualisierung sowie zum Vergleich der Stärke und Position der charakteristischen Bewegung des Nierenwirbels im Strahlkern diese Verteilungen mit den Sekundärvektoren in der y-z-Ebene überlagert.

Weiterhin ist in Abb. 7.5 (b) der Turbulenzgradverlauf für die mittlere Filmbohrung ($y/D = 0$) dargestellt während die Reynoldszahl im Kühlkanal zwischen 10000 und 90000 variiert wird. Die aus den Bohrungen austretenden Kühlfilme sind anhand der Nachlaufzonen mit geringeren Geschwindigkeiten bis zu $u/u_m = 0.5$ klar in ihrer Lage bezüglich der Bohrungen identifizierbar. Dabei sind drei einzelne, voneinander mit der Bohrungsteilung getrennte Kühlstrahlen zu sehen, die in ihrer lateralen und wandnormalen Ausdehnung stark von der Austrittsöffnung der Löcher geprägt sind.

Obwohl die Kühlluft-Reynoldszahl für diese Untersuchung in einem weiten Bereich variiert wurde, zeigen sich für alle Testfälle ähnliche Geschwindigkeitsverhältnisse und vergleichbare Strahlprofile für alle drei Kühlluftbohrungen. Dies deutet daraufhin, dass die Kühlluft-Reynoldszahl bei dem gewähltem Lochlängen-zu-Durchmesser keinen direkten Einfluss auf die Geschwindigkeitsverhältnisse an der Ausblasestelle hat. Erhöhte Geschwindigkeiten wurden oberhalb des Strahlkerns bei $z/D = 0.6$ beobachtet, was auf den Verdrängungseffekt des Kühlstrahls auf die Heißgasgrenzschicht mit gleichzeitiger Beschleunigung des Heißgasfluides entlang der Strahlgrenze zurückzuführen ist. Die Ähnlichkeit der Strahlprofile lässt sich auch anhand der Geschwindigkeitsprofile nachweisen. Dazu sind in Abb. 7.6(a) die Geschwindigkeitsprofile in wandnormaler Richtung für das mittlere Loch aufgetragen. Die Profile werden dabei

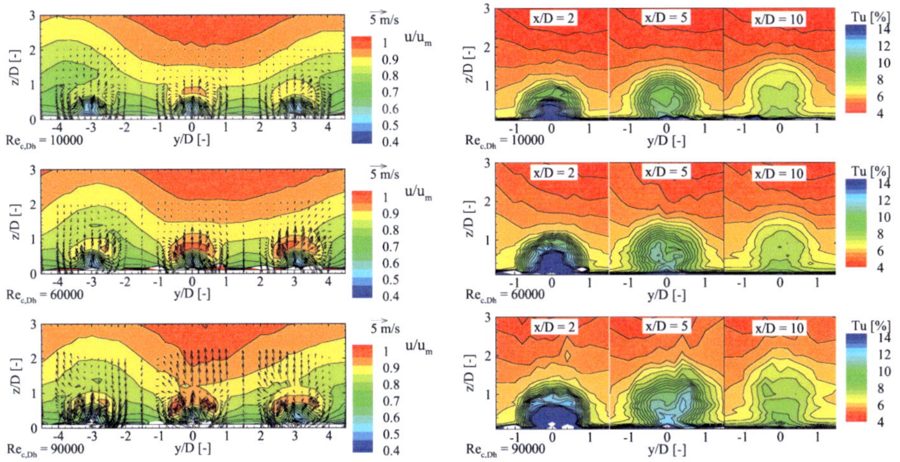

(a) Geschwindigkeitsverhältnis u/u_m bei $x/D = 2$

(b) Turbulenzgrad für das mittlere Loch ($y/D = 0$)

Abbildung 7.5: Laterale Verteilung von Strömungsgeschwindigkeit (a) und Turbulenzgrad (b) mit Variation der Kühlluft-Reynoldszahl $Re_{c,Dh}$, mittlere Rippe-zu-Lochposition $s/D = 7.5$, Ausblasrate $M = 1.0$

für die verschiedenen Kühluft-Reynoldszahlen und Stromabpositionen verglichen. Es lassen sich aus den Ergebnissen, wenn überhaupt, nur sehr geringe Unterschiede mit Erhöhung der Reynoldszahl feststellen. Die Geschwindigkeitsüberschuss im Strahlkern und die Defizite werden mit größerer Entfernung immer weniger und auch weit stromab von den Löchern lässt sich für die Kühlluft-Reynoldszahl kein Einfluss auf die Ausblasung feststellen. Dies gilt equivalent für die beiden anderen Kühlluftbohrungen bei $y/D = -3$ und 3.

Vergleicht man die Wirbelstärke des Nierenwirbels (CVP) und dessen Kernposition (siehe auch Abb. 7.6(c)), so lassen sich auch hier keine Unterschiede zwischen den Kühlluftlöchern bei einer konstanten Reynoldszahl im Kühlkanal feststellen. Mit höherer Reynoldszahl steigt die Rotationsbewegung für jeden Wirbelast geringfügig um 15 % in der normalisierten axialen Wirbelstärke ω_x^* an. Dies stimmt mit den höheren Turbulenzgradniveaus im Strahlkern bei höherer Kühlluft-Reynoldszahl überein, wie sie aus Abb. 7.5 entnommen werden können. Die Ausblasrate wurde bei $M = 1.00$ konstant gehalten. Der Peakwert des Turbulenzgrades in der Mitte des Kühlstrahls steigt um 3 % auf $Tu = 17$ % für die höchste Reynoldszahl $Re_{c,Dh} =$

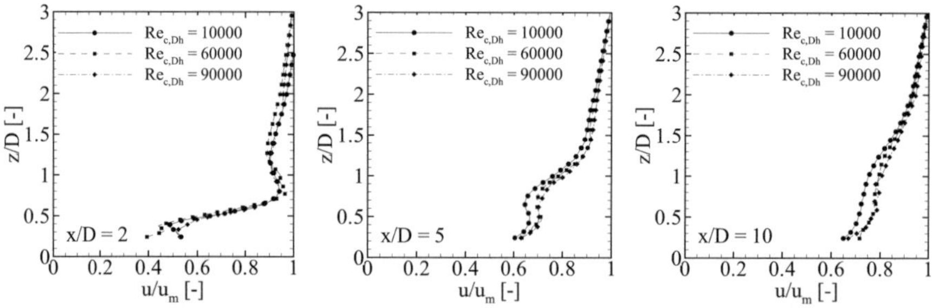

(a) Normierte Geschwindigkeit u/u_m entlang der Strahlmittellinie ($y/D = 0$)

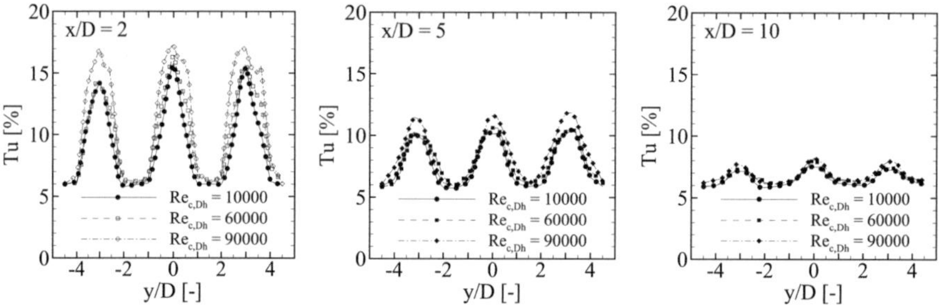

(b) Laterale Turbulenzgradprofile bei einem Wandabstand von $z/D = 0.4$

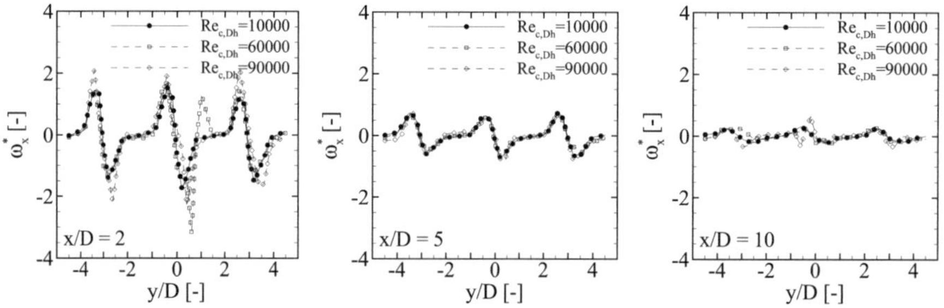

(c) Normierte Wirbelstärke ω_x^* bei einem Wandabstand von $z/D = 0.25$ bzw. $z/D = 0.50$

Abbildung 7.6: Einfluss der Kühlluft-Reynoldszahl auf Geschwindigkeitsprofile u/u_m und Turbulenzgradprofile in lateraler Richtung für eine konstante Ausblasrate von $M = 1.0$ und der mittleren Rippenposition $s/D = 7.5$

90000. Dabei ist dieser Effekt vor allem nahe der Ausblasestelle bei $x/D = 2$ am stärksten und lässt sich anhand der lateralen Verteilung des Turbulenzgrades für einen konstanten Wandabstand vergleichend für die drei Löcher quantifizieren. Dazu ist in Abb. 7.6(b) der Turbulenzgrad über die Teilungsrichtung bei $z/D = 0.4$ für alle Stromabpositionen mit Variation der Reynoldszahl aufgetragen.

Durch den intensiven Ausmischprozess innerhalb des Strahlnachlaufs und dem Impulsaustausch in den Scherschichten an den Strahlrändern, dissipieren die turbulenten Strukturen im Kühlfilm schnell in Strömungsrichtung. Aus diesem Grund verringern sich die Peaks im Turbulenzgrad wie auch in der Wirbelstärke drastisch in Strömungsrichtung. Für den Fall bei $Re_{c,Dh} = 10000$ sinkt der Turbulenzgrad im Strahlkern der mittleren Bohrung von $Tu = 16\,\%$ bei $x/D = 2$ bis auf weniger als $8\,\%$ weiter stromab bei $x/D = 10$ ab (siehe auch vergleichend die beiden Abb. 7.5(b) und Abb. 7.6(b)). Dagegen bleibt das Turbulenzgradniveau der Heßgasströmung zwischen zwei Kühlluftstrahlen unverändert bei etwa $6\,\%$ in einem Abstand zur Wand von $z/D = 0.4$. Die geringen Unterschiede in der Ausbildung des CVP für jedes Loch in Abhängigkeit von der Reynoldszahl werden mit größerer Entfernung zum Loch immer kleiner und betragen bei $x/D = 10$ nur noch etwa $12\,\%$ der Wirbelstärke an der Ausblasestelle. In den lokalen Verteilungen des Turbulenzgrades lässt sich eine etwas größere laterale und wandnormale Ausdehnung der turbulenten Nachlaufzone des Strahls vor allem bei den hohen Reynoldszahlen ($Re_{c,Dh} = 90000$) erkennen.

Die beobachteten Differenzen in der Turbulenzgradverteilung mit höherer Kühlluft-Reynoldszahl beschränken sich zum Großteil auf den Wandbereich direkt stromab der Filmkühlbohrung bis etwa 5 Lochdurchmesser. Durch den turbulenten Impulsaustausch quer zu den Strahlrändern und der Rotationsbewegung der Sekundärwirbel im Kühlstrahl werden die unterschiedlich ausgeprägten Nachlaufzonen des Strahlkerns sehr schnell ausgemischt und sind weiter stromab nicht mehr eindeutig identifizierbar. Die laterale Verteilung der Strömungsgrößen zeigt dann drei identische turbulente Kühlbohrungsnachläufe. Die Ursache für die erhöhten Turbulenzgrade bei größeren Kühlluft-Reynoldszahlen ist vermutlich auf die Rippen im Kühlkanal zurückzuführen. Diese Rippen induzieren ein hochturbulentes, periodisches Strömungsfeld, das geprägt ist von wechselseitiger Ablösung hinter der Rippe und Wiederanlegen der hydrodynamischen und thermischen Grenzschicht weiter stromab im nächsten Rippenfach. Dadurch wird nahe der berippten Wandoberfläche und in der Kernströmung des Kühlluftkanals die Turbulenz erheblich angefacht. Mit Erhöhung des Kühlluftmassenstromes, der durch den Kühlkanal fließt und damit respektive der Reynoldszahl, wird die turbulente Bewegung der Fluidteilchen noch stärker angeregt und der Wärmeübergang sowie der mittlere Turbulenzgrad steigen signifikant an. Wird dann ein Teil der hochturbulenten Kühlluft über die Filmbohrungen aus dem Kühlkanal abgezweigt und in den Heißgaskanal geleitet, so werden die angefachten Turbulenzstrukturen durch die Bohrung zusammen mit den Kühlfilmen in die Heißgasgrenzschicht befördert und sind dort in Form erhöhter Turbulenzgrade im Strahlkern detektierbar.

7.1.3 Einfluss der Rippe-zu-Lochposition

Für die Untersuchungen zum Einfluss der relativen Position der Rippen bezüglich des Filmlocheintrittes wurden sowohl die Kühlluft-Reynoldszahl als auch die Ausblasrate konstant bei $Re_{c,Dh} = 10000$ und $M = 1.00$ gehalten, um vergleichbare Strömungsrandbedingungen zu erhalten. Die Rippenposition wurde hinsichtlich der mittleren Filmbohrung (Loch 2, $y/D = 0$) in folgendem Bereich variiert $4.5 < s/D < 10.5$. Der Abstand s bezieht sich dabei auf die Entfernung des Mittelpunktes für Loch 2 zur Mitte der nächsten stromauf gelegenen Rippe. Daraus ergibt sich, dass der kleinste Abstand eine Positionierung des äußeren, am weitesten stromauf liegenden Lochs 1 sehr nahe an der leeseitigen Rippenflanke bedeutet. Beim größten Abstand werden die Löcher in nächster Entfernung zur stromab gelegenen Rippe positioniert.

Für drei Rippe-zu-Lochpositionen s/D wurde mit der LDA-Messtechnik das zeitgemittelte Geschwindigkeitsfeld in axialer und lateraler Richtung vermessen. Die Ergebnisse für die laterale Verteilung bei einer Stromabposition nahe der Ausblasestelle $x/D = 2$ sind in Abb. 7.7 als normierte Größen der axialen und lateralen Geschwindigkeitskomponente dargestellt. Zu beachten ist die unterschiedliche Skalierung der Farbplots in der Darstellung. Die linke Spalte in Abb. 7.7 zeigt die Geschwindigkeitskomponente in Strömungsrichtung für eine Ausblasrate $M = 1.00$ und ein Dichteverhältnis $DR = 1.03$, was einem Geschwindigkeitsverhältnis von $VR = 0.97$ entspricht. Durch den Nachlaufeffekt des austretenden Strahls, der sich als weiches Hindernis für die ankommende Heißgasgrenzschicht darstellt, lassen sich die austretenden Kühlluftstrahlen an der Nachlaufzone im wandnächsten Bereich erkennen, die von geringeren Geschwindigkeiten geprägt ist im Vergleich zur Hauptströmung. Dabei entwickeln sich drei einzelne Filmstrahlen in einem Abstand von $3D$, wobei deren Ausprägung nicht erkennbar von der relativen Rippenposition beeinflusst wird. Daher sind die Differenzen im Geschwindigkeitsniveau zwischen den einzelnen

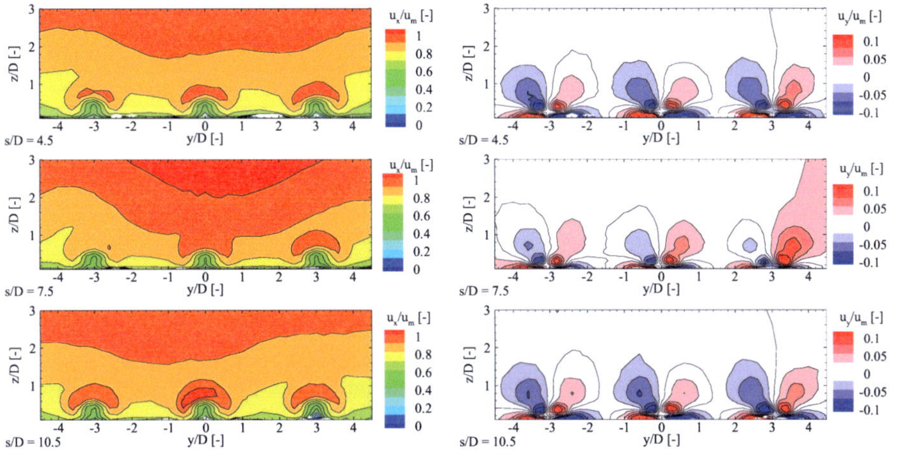

(a) axiale Geschwindigkeitskomponente u_x/u_m (b) laterale Geschwindigkeitskomponente u_y/u_m

Abbildung 7.7: Einfluss der Rippenposition s/D auf das zeitlich gemittelte Strömungsfeld in Form der Geschwindigkeitskomponenten in axialer und lateraler Richtung für eine konstante Stromabposition $x/D = 2$, $Re_{c,Dh} = 10000$, $M = 1.00$

Rippenpositionen sehr gering und beschränken sich auf die Region mit Geschwindigkeitsüberschüssen oberhalb des Strahlkerns (dies wird im unteren Abschnitt noch eingehender diskutiert). Auch die laterale Ausdehnung der Strahlprofile ist für jedes Loch und jede Rippenposition identisch.

Anhand der lateralen Geschwindigkeitskomponente, die in der rechten Spalte von Abb. 7.7 dargestellt ist, lässt sich die Rotationsbewegung des charakteristischen Nierenwirbelpaars (CVP) erkennen. Im wandnächsten Bereich bei $z/D = 0.15$ ist für jedes Loch die laterale Geschwindigkeitskomponente in Richtung der Strahlmittellinie ($y/D = 0$ für Loch 1 bzw. $y/D = -3, 3$ für die benachbarten Löcher 2 und 3) gerichtet. Dies repräsentiert die eindrehende Wirbelbewegung entlang der Wand in Richtung Strahlkern. Es ist an zwei gegenüberliegenden Zonen erhöhter lateraler Geschwindigkeit mit unterschiedlicher Richtung erkennbar, welche sich in größerem Wandabstand bei ca. $z/D = 0.4$ in ihrer Vektorrichtung umkehren. Dadurch wird die Wirbelbewegung in Wandferne wieder geschlossen, indem das Fluid im Strahlquerschnitt in die Außenbereiche transportiert wird. Dabei bleiben die einzelnen Äste des Nierenwirbels bei $z/D = 0.4$ nahe an der zu kühlenden Wand und werden in

Strömungsrichtung abtransportiert. Im Vergleich der einzelnen Rippenpositionen lässt sich auch hier kein direkter Einfluss auf die Ausprägung des Nierenwirbels erkennen.

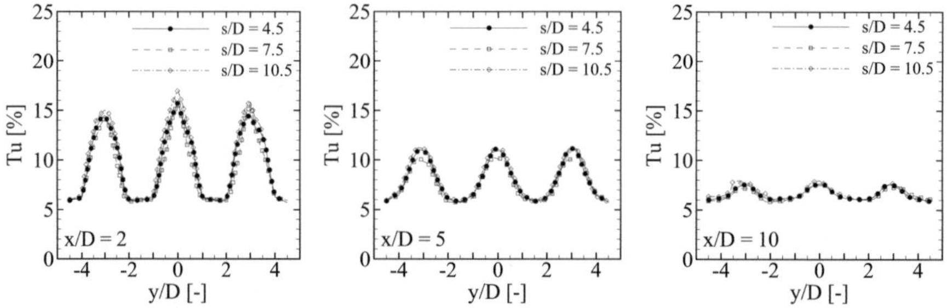

(a) Laterale Turbulenzgradprofile bei einem Wandabstand von $z/D = 0.4$

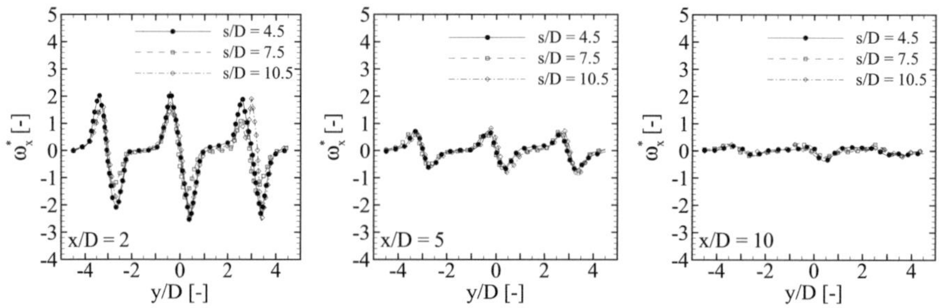

(b) Normierte Wirbelstärke ω_x^* bei einem Wandabstand von $z/D = 0.25$ ($x/D = 2$) bzw. $z/D = 0.50$ ($x/D = 5$, 10)

Abbildung 7.8: Einfluss der Rippenposition auf die laterale Verteilung von Turbulenzgrad und Wirbelstärke im Kühlfilm mit Variation der Rippe-zu-Lochposition, $Re_{c,Dh} = 10000$ und $M = 1.00$

Diese Erkenntnisse stimmen auch mit der lateralen Verteilung von Turbulenzgrad und normierter Wirbelstärke überein, wie sie in Abb. 7.8 für eine Kühlluft-Reynoldszahl von $Re_{c,Dh} = 10000$ und eine Ausblasrate $M = 1.00$ dargestellt sind. Hierbei zeigen sich für den Turbulenzgrad bei $x/D = 2$ und für einen konstanten Wandabstand von $z/D = 0.4$ in Abb. 7.8(a) drei diskrete turbulente Strahlzonen mit einer lateralen Ausdehnung von $\pm 1D$ und stark erhöhtem Turbulenzgrad. Die Maximalwerte von ca. 16 % werden jeweils in der Strahlmitte erreicht und sind vergleichbar mit den Messungen bei unterschiedlicher Kühlluft-Reynoldszahl, die im vorangegangenen Abschnitt diskutiert wurden. Aufgrund der turbulenten Mischungs -und Dissipationsprozesse im Kühlstrahl nimmt der Turbulenzgrad rasch in Strömungsrichtung ab. Er beträgt nach etwa 10 Lochdurchmessern Strömungslänge nur noch etwa 50 % seines Ausgangswertes (ca. 7.5 – 8 %) und sinkt dabei auf das Turbulenzgradniveau der umgebenden Heißgasströmung bei diesem Wandabstand herab. Für die unterschiedlichen Rippenpositionen sind, wenn dann nur für den geringsten Messebenenabstand zum Loch, sehr geringe Differenzen im Turbulenzgrad zu beobachten. Mit größerer Strömunsgpfadlänge des Kühlstrahls sind diese Unterschiede schon ausgemischt.

Um den Einfluss der Rippenposition auf die Ausprägung der den Strahlnachlauf dominierenden Wirbelstrukturen zu untersuchen, ist in Abb. 7.8(b) die normierte Wirbelstärke entlang der lateralen Richtung aufgetragen. Zu beachten ist hierbei, dass die Verteilungen entlang der Stromabposition bei unterschiedlichen Wandabständen entnommen wurden. Da die Wirbelkerne bei $x/D = 2$ noch sehr nahe an der Wand positioniert sind, wurde hier zum besseren Vergleich ein geringerer Wandabstand von $z/D = 0.25$ gewählt. Für $x/D = 5$ und 10 liegt die Mitte des Nierenwirbels weiter entfernt, da sich die Strahltrajektorie von der Wand abhebt. Daher wurden die lateralen Verteilungen bei diesen Stromabpositionen für $z/D = 0.50$ ausgewertet. Die Ergebnisse zeigen eine symmetrische Entwicklung der Wirbelstärke für jedes Strahlprofil, was jeweils durch zwei in ihrem Betrag gegensätzliche Peaks der Wirbelstärke gekennzeichnet ist. Diese repräsentieren die beiden gegensinnig drehenden Äste des CVP, wobei deren Maximum in der Wirbelstärke mit $\omega_x^* = \pm 2$ konstant ist für alle drei Kühlluftstrahlen. Dies deutet auf eine gleiche Intensität der Wirbelbewegung für jeden Ast des Nierenwirbels hin. Die Veränderung der Rippenposition relativ zu den Bohrungseintritten scheint einen kaum sichtbaren, vernachlässigbaren Effekt auf die normierte Wirbelstärke und damit auf die Ausbildung des CVP zu haben. Durch die schnelle Ausmischung der Sekundärbewegung sinkt das Maximum in der Wirbelstärke um 50 % innerhalb von nur 5 Lochdurchmessern in Strömungsrichtung rapide ab. Die geringen Unterschiede von Loch zu Loch die sich bei $x/D = 2$ ergeben, werden weiter stromab komplett ausgemischt und die Kurven der Wirbelstärke in Strömungsrichtung für die verschiedenen Rippenpositionen fallen direkt aufeinander.

Interessanterweise wird die Strahlkernregion, die durch höhere Geschwindigkeiten gekennzeichnet ist, nur geringfügig durch die Rippenposition beeinflusst. Dieser Effekt lässt sich dabei deutlicher an den Geschwindigkeitsprofilen in der Strahlmitte ($y/D =$

-3, 0 und 3) diskutieren und besser für die einzelnen Rippenpositionen vergleichen. Die in Abb. 7.9 abgebildeten Geschwindigkeitsprofile werden für $Re_{c,Dh} = 10000$ und Ausblasrate $M = 1.00$ für drei Rippe-zu-Lochpositionen und mehrere Stromabpositionen miteinander verglichen. Die wandnormale Verteilung des Geschwindigkeitsverhältnisses u/u_m direkt stromab der Bohrung zeigt einen typischen Verlauf für einen unter einem Winkel $< 90°$ in eine Querströmung eingeblasenen Kühlluftstrahl. Die Kernregion des Strahlprofils für diese Ausblasrate ist gekennzeichnet durch einen sichtbaren Peak in der Geschwindigkeit, der bei $z/D = 0.8$ gefunden werden kann. Im wandnahen Bereich fällt die Geschwindigkeit auf 40 % der Hauptströmungsgeschwindigkeit u_m ab und nähert sich weiter entfernt von der Wand ($z/D > 3$) dem Geschwindigkeitsniveau der ungestörten Heißgasströmung an. Geringfügig höhere Geschwindikeiten lassen sich für in dem Testfall mit Rippenposition $s/D = 10.5$ für das erste (y/D = -3) und mittlere Loch ($y/D = 0$) detektieren. Zu bemerken ist hierbei, dass bei dieser Rippenposition die Löcher am weitesten von der stromauf gelegenen Rippe entfernt sind. Die Erhöhung im Geschwindigkeitsmaximum beträgt ca. 16 % für das mittlere Loch 2 bei $y/D = 0$. Es ist leicht niedriger für das erste Loch in der Bohrungsreihe $y/D = -3$ mit ungefähr 10 %. Für das dritte Loch ($y/D = 3$), sind die Geschwindigkeiten bei $s/D = 10.5$ etwas niedriger im Vergleich zu den anderen Rippenpositionen. Diese Ergebnisse deuten auf eine geringe Erhöhung des Kühlluftmassenstromes für die beiden ersten Löcher (Loch 1 und 2) in der Bohrungsreihe hin. Kleinere Unterschiede in den Geschwindigkeiten sind auch für die Löcher 1 & 2 zu beobachten, sollte deren Position zu kleineren Abständen ($s/D = 4.5$) und damit näher an die stromauf gelegene Rippe verschoben werden. Für die dritte Bohrung und die Rippenposition $s/D = 10.5$, ist eine Verringerung im Geschwindigkeitsniveau von 4 % zu verzeichnen.

Auf den ersten Blick scheinen diese Differenzen in den Geschwindigkeitsprofilen nicht einem systematischen Trend zu folgen. Um daher einen verlässlichen Effekt zu prognostizieren, sind zur detaillierten Diskussion zusätzliche Informationen über den treibenden Druckgradienten über die Kühlluftbohrung notwendig. Aufgrund des eingeschränkten mechanischen Zuganges und der für die PIV- und TLC-Messtechnik notwendigen optischen Barrierefreiheit sind in diesem Testaufbau Messungen des Totaldruckes am Locheintritt nicht durchführbar. Daher müssen diese Daten aus den numerischen Simulationen gewonnen werden. Die Abb. 7.10 zeigt die berechnete Wanddruckverteilung auf der oberen Kanalwand im mittleren Rippensegment mit

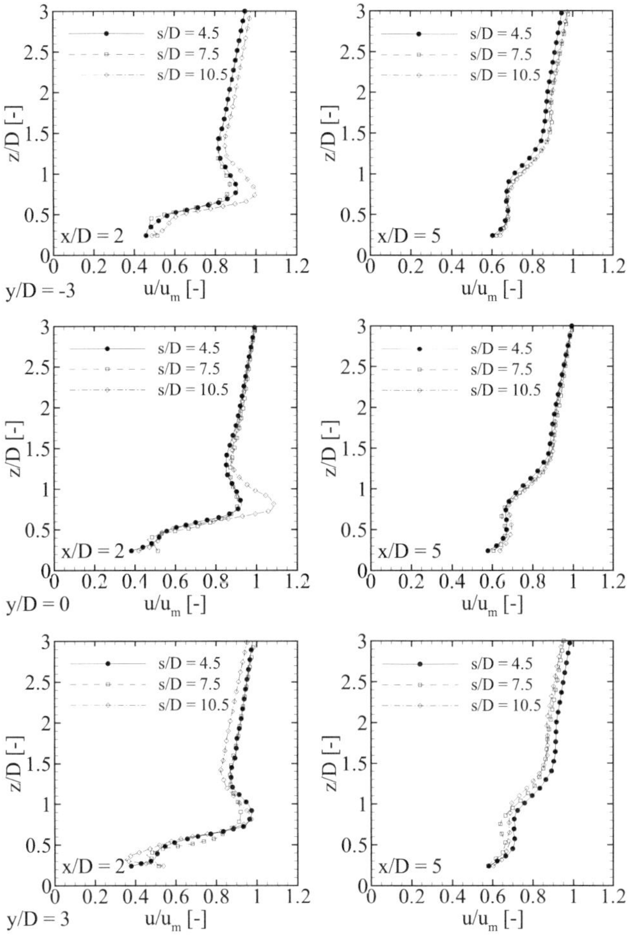

Abbildung 7.9: Geschwindigkeitsprofile entlang der Strahlmittellinie für zwei konstante Stromabpositionen ($x/D = 2, 5$) für $M = 1.00$ und $Re_{c,Dh} = 10000$ mit Variation der Rippe-zu-Lochposition s/D

den Filmbohrungen für die größte untersuchte Ausblasrate und $Re_{c,Dh} = 10000$ in Bezug zur Variation der Rippenposition. Die Verteilungen sind in Form des statischen Wanddruckverhältnisses $\Pi_h = p_c/p_m$ dargestellt.

Dafür wurde der statische Druck in der Heißgasströmung über die laterale Erstreckung der Bohrungsreihe gemittelt in einem Abstand stromauf zum Lochmittelpunkt von 5 Lochdurchmessern. Die Filmlöcher sind mit den Ziffern 1-3 in Strömungsrichtung des Kühlluftkanals beschriftet. Ihre laterale Position mit Bezug auf das Lochkoordinatensystem $x - y - z$ im Heißgaskanal ist für das Loch 1 $y/D = -3$ sowie für die zweite und dritte Bohrung $y/D = 0$ bzw. $y/D = 3$. Betrachtet man die durch die CFD-Simulationen berechneten Wanddrücke, so wird schnell klar, dass die Bohrungseintritte innerhalb des Druckgradienten zwischen zwei Rippen positioniert sind. Im Bereich der Leeseite der stromaufgelegenen Rippe entwickelt sich aufgrund des Ablöse- und Rezirkulationsgebietes hinter der Rippe ein Bereich höheren Druckverlustes und damit niedrigerer Drücke. Dieser erstreckt sich bis in die Mitte des Rippensegmentes ($y/D = 0$). Weiter stromab von dieser Position steigt der Wanddruck in Richtung der nächsten Rippe wieder an. Wird dies bei der weiteren Diskussion der Geschwindigkeitsprofile berücksichtigt, so wird klar dass bei einer Änderung der Bohrungsposition von der mittleren $s/D = 7.5$ hin zu der Position nahe der Rippe bei 4.5 die beiden ersten Löcher immer noch in dem Plateau niedrigen Druckes liegen und es damit nur zu geringen Änderungen im Druckverhältnis kommt. Aufgrunddessen lassen sich auch nur sehr geringe Unterschiede in den Geschwindigkeitsprofilen für Bohrung 1 und 2 bei diesen Rippenpositionen beobachten.

Werden die Bohrungseintritte dagegen in Richtung der stromabgelegenen Rippe verschoben, so steigt der Wanddruck am Loch 2 leicht an gegenüber dem Eintritt von Loch 1, welches weiter stromauf und damit näher zur stromauf gelegenen Rippe positioniert ist. Dies ist inzident mit dem Geschwindigkeitsanstieg in den Profilen für Bohrung 1 ($y/D = -3$) und 2 ($y/D = 0$) für die Rippe-zu-Lochposition $s/D = 10.5$. Betrachtet man nun die dritte Bohrung, so wird der Locheintritt mit sinkendem s/D weiter zur stromab gelegenen Rippe verschoben. Dabei erfährt es kaum Änderungen im hohen statischen Wanddruck, was in geringen Änderungen im Lochdurchsatz und damit der Strahlgeschwindigkeit resultiert. Wird die Bohrung 3 hingegen vor die nächste Rippe verschoben, so sinkt das Druckverhältnis geringfügig und bedingt daher leicht geringere Geschwindigkeiten im Strahlprofil stromab der Ausblasestelle. Es ist bei dieser Diskussion zu beachten, dass die Differenzen im statischen Wanddruck sehr

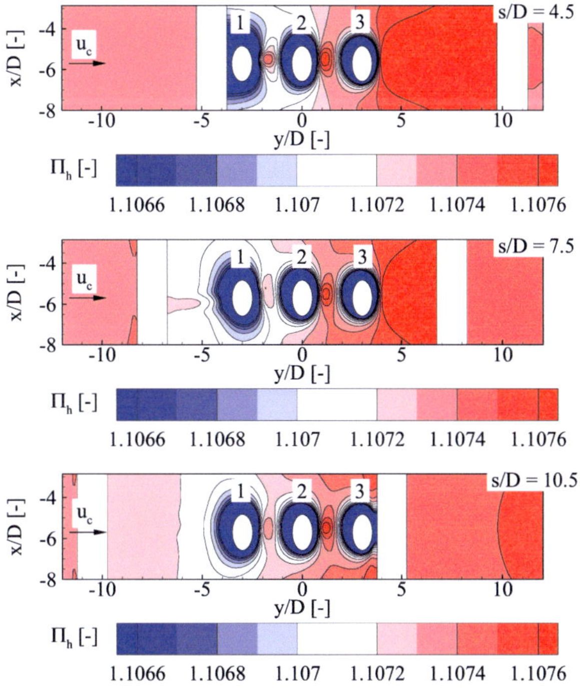

Abbildung 7.10: Numerisch berechnetes Wanddruckverhältnis über die Bohrung im mittleren Rippenfach für die Variation der Rippe-zu-Lochposition, $M = 1.00$, $Re_{c_{Dh}} = 10000$

gering sind und nur etwa 0.1 % im Druckverhältnis betragen. Dies resultiert in einer Änderung in der Ausblasrate von weniger als ± 0.01 für $M = 1.00$. Nichtsdestotrotz zeigen die CFD-Simulationen einen nachvollziehbaren, qualitativen Trend für die Variation der Rippenposition, wobei der Einfluss mit höherer Kühlluft-Machzahl und Druckverhältnis im Kühlkanal deutlich größer ausfallen könnte.

7.1.4 Vergleich mit numerischen Ergebnissen

Für den Vergleich zwischen der berechneten Ergebnissen aus den CFD-Simulationen und den experimentellen Daten wird als erstes in Abb. 7.11 die axiale Geschwindigkeitsverteilung entlang der Strahlmittellinie aufgetragen. Die Daten werden für zwei Ausblasraten, einmal mit niedrigem Ausblasimpuls und anliegendem Strahl bei $M =$

0.50 bzw. $I = 0.243$ und andererseits den Fall des abgelösten Kühlfilm bei hohem Impulsverhältnis mit $M = 1.00$ und $I = 0.971$ betrachtet. Die Kühlluft-Reynoldszahl und die Rippenposition wird hierbei mit $Re_{c,Dh} = 10000$ und $s/D = 7.5$ konstant gehalten. Anhand dieses Vergleiches lassen sich Eindring- und Anlegeverhalten des Strahles sowie der Impulsaustausch und die Interaktion mit der Heißgasströmung bewerten.

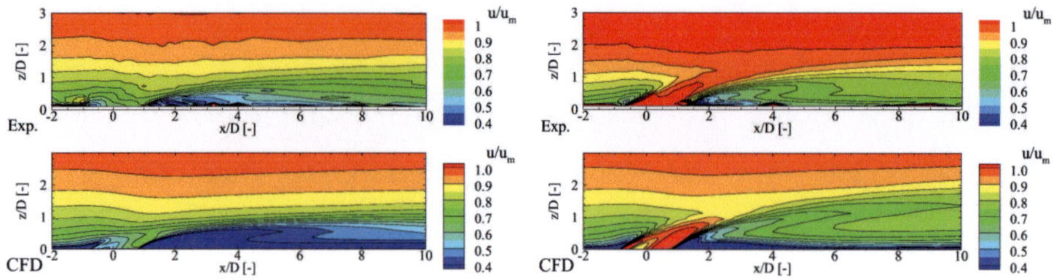

(a) $M = 0.50$ (b) $M = 1.00$

Abbildung 7.11: Vergleich der Geschwindigkeitsverteilung in Strömungsrichtung u/u_m für die mittlere Bohrung ($y/D = 0$) und Rippenposition $s/D = 7.5$, $Re_{c,Dh} = 10000$ zwischen den experimentellen Ergebnissen und den CFD-Simulationen

Die Ergebnisse für den Fall mit dem niedrigen Impulsverhältnis zeigen eine geringe Eindringtiefe des Strahls in die Querströmung und eine starke Umlenkung der Kühlluft um die Hinterkante der Bohrung, was zu einem Transport von Kühlfluid Richtung Wand führt. Aufgrund des geringen Einblaseimpulses bei kleiner Ausblasrate penetriert der Strahl nicht durch die Grenzschicht hindurch. Der Aufstaueffekt der durch den eingeblasenen Strahl als umströmtes Hindernis entsteht, sorgt für eine Verringerung der Geschwindigkeit in der Wandgrenzschicht direkt stromauf der Ausblasstelle.

Für den Fall der niedrigen Ausblasrate $M = 0.50$ bleiben die Strahlen an der Wand angelegt und die Eindringtiefe beträgt bei der Stromabposition $x/D = 10$ ungefähr einen Lochdurchmesser, was primär abhängig ist vom Einblasimpuls der Kühlluft, solange der Injektionswinkel konstant bleibt. Die Strahlen entwickeln sich nahe der Wand und die Stärke der Sekundärströmung ist vergleichsweise gering.

Jeder Strahlnachlauf zeigt den typischen kompakte Verteilung mit weniger als einem Lochdurchmesser in lateraler Richtung und einer Teilung von drei Lochdurchmessern. Mit steigender Ausblasrate hebt sich die Strahltrajektorie in wandnormaler Richtung an, was dazu führt, dass die Eindringtiefe bei $M = 1.00$ und $x/D = 10$ um etwa 24 % ansteigt. Vergleicht man diese Ergebnisse mit dem berechneten Strömungsfeld, so werden diese Effekte qualitativ und quantitativ sehr gut wiedergegeben, obwohl die Kühlluftstrahlen bei hoher Ausblasrate etwa 9 % weiter in die Querströmung penetrieren. Auch die Geschwindigkeitsüberhöhung aufgrund des stromauf sichtbaren Aufstaueffektes der Strahlen wird durch die CFD gut wiedergegeben.

Betrachtet man sich den Bereich des Strahlnachlaufes mit hohen Geschwindigkeitsgradienten zur Hauptströmung, so beträgt für den Fall der geringen Ausblasrate $M = 0.50$ das Geschwindigkeitsdefizit im Strahlkern in etwa $0.58\,u_m$. Es sinkt dabei mit größer werdendem Abstand zur Ausblasestelle auf weniger als $0.34\,u_m$ innerhalb der ersten 10 Lochdurchmesser ab. Mit steigender Ausblasrate ist das Geschwindigkeitsdefizit im Strahlkern etwas weniger stark ausgeprägt und verringert sich durch den Strahlausmischprozess mit der Querströmung in Strömungsrichtung auf 26 %. Im Vergleich zur numerischen Berechnung wird hier die Formation der Strahlkernzone und das damit verbundene Geschwindigkeitsdefizit für den Bereich der Stromabposition von $0.8 < x/D < 10$ mit einer mittleren Abweichung von ungefähr 12 % für den Fall der geringen Ausblasrate $M = 0.50$ deutlich überschätzt. Der Unterschied verringert sich auf 1.5 % beim Anstieg der Ausblasrate auf $M = 1.00$. Es zeigt sich deutlich, dass je weiter stromab entfernt man sich vom Kühlbohrungsaustritt befindet, desto weniger weichen die CFD-Ergebnisse von den experiementellen Daten ab. Dieser Effekt kann der verminderten Wirbelbewegung und damit geringerer Turbulenz im Fernfeld der Bohrung zugeschrieben werden. Für einen lokalen Punkt im Strömungsfeld bei $x/D = 10$ und $z/D = 1$ ist die Abweichung zwischen CFD und Experiment kleiner als 3% und gilt für beide Ausblasraten. Wird dann auch das weiter entfernte Strömungsfeld $10 < x/D < 30$ in die Mittelung miteinbezogen, so werden die Abweichungen immer kleiner. Der Vergleich zwischen CFD und Experiment liefert dann eine mittlere Abweichung in der Geschwindigkeit von 10 % für $M = 0.50$ und ist noch geringer bei 0.5 % für $M = 1.00$.

Im Gegensatz dazu wird die Stärke und Ausprägung der Sekundärströmung und des Nierenwirbelpaares in den Simulationen überschätzt (siehe auch Abb. 7.12). Dies führt zu einer verstärkten Rotationsbewegung und erhöhter Wirbelstärke für jeden

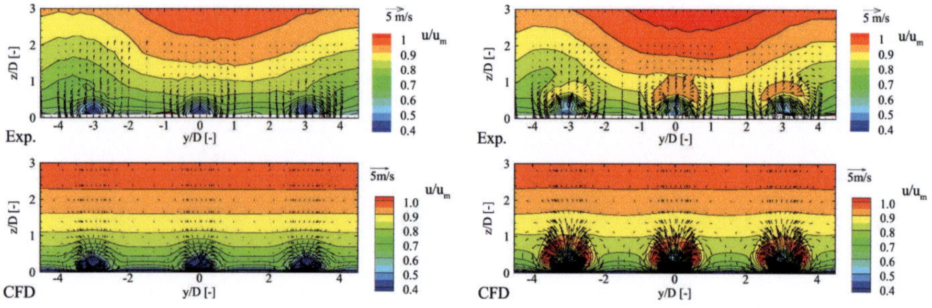

(a) $M = 0.50$ (b) $M = 1.00$

Abbildung 7.12: Vergleich der Geschwindigkeitsverteilung in lateraler Richtung u/u_m für die Stromabposition $x/D = 2$ und mittlere Rippenposition $s/D = 7.5$, $Re_{c,Dh} = 10000$ zwischen den experimentellen Ergebnissen und den CFD-Simulationen

Strahl in der Querebene. Da keine LDA-Messungen in der Bohrung selbst durchgeführt werden konnten, können diese Unterschiede nur vermutlich auf eine Überschätzung der Ablöseblase in der Bohrung stromab des Locheintrittes zurückzuführen sein. Dies führt zu einem geringeren effektiven engsten Querschnitt in der Bohrung und zu einer Beschleunigung der Kühlluft an dieser Stelle. Damit werden die treibenden Druckunterschiede zwischen luv- und leeseitiger Bohrungswand immer größer und fachen damit die Wirbelbewegung des CVP stärker an. Schlussendlich führt der Beschleunigungseffekt im engsten Querschnitt zu einer Erhöhung des effektiven Ausblasewinkels und damit zu größerer Eindringtiefe des Strahls in die Querströmung. Diese Erkenntnis wird zusätzlich unterstützt von größeren wandnormalen Geschwindigkeitskomponenten, die am Locheintritt berechnet wurden im Vergleich zum Experiment.

Mit Erhöhung der Ausblasrate werden durch den größeren Kühlluftmassenstrom der durch die Bohrung durchgesetzt wird, die Sekundärwirbel im Kühllfilm stärker angefacht und die Mittenposition der Wirbelbewegung verlagert sich in wandnormaler Richtung (siehe Abb. 7.12). Obwohl die laterale und wandnormale Ausdehnung des Strahlprofiles recht gut mit den Simulation übereinstimmt, so wird das Geschwindigkeitsdefizit im Strahlkern in jedem Falle für die lateralen Verteilungen im Mittel um $1-5\,\%$ überschätzt. Dies gilt auch für die Stärke der Sekundärwirbelbewegung deren Überschätzung zu einem erhöhten Transport von Heißgas entlang der Strahlgrenzen in Richtung Wand führt. Werden die Filmkühlstrahlen durch die Heißgasströmung von der Ausblasestelle wegtransportiert, verringert sich der Strahlimpuls in Strömungsrichtung zusehends, was durch ein intensiven Ausmischprozess über die sich entwickelnden Scherschichten im Strahlnachlauf hervorgerufen wird. Dabei verringern sich die Geschwindigkeitsdefizite im Strahlkern und dessen Mittelpunkt entfernt sich weiter von der zu kühlenden Wand zusammen mit einer größeren Ausdehnung in lateraler Richtung.

Weiterhin wurden aus den gemessenen Verteilungen der Strömungsgrößen Profile für Geschwindigkeit und Turbulenzgrad in wandnormaler Richtung an der Stromabposition nahe der Ausblasestelle bei $x/D = 2$ extrahiert. Die Ergebnisse sind in Abb. 7.13 für die Strahlmittellinie des mittleren Loches $y/D = 0$ dargestellt. Sie werden mit den dazugehörigen CFD-Simulationen für zwei Ausblasraten $M = 0.5$ und 1.0 an dieser Position verglichen. Die Kühlluft-Reynoldszahl $Re_{c,Dh} = 10000$ und die Rippenposition $s/D = 7.5$ bleiben konstant. Die Übereinstimmung für Geschwindigkeit und Turbulenzgrad zwischen den CFD-Simulationen und dem Experiment sind sehr gut, davon ausgenommen werden muss das wandnahe Strömungfeld ($z/D < 0.5$). Der qualitative Verlauf der Geschwindigkeit und des Turbulenzgrades stimmt gut überein, wobei die Turbulenzgrade nahe der Wand von der CFD unterschätzt werden. Außerhalb der Strahlzone, im ungestörten Bereich der Heißgasströmung stimmen die Ergebnisse aus CFD-Simulation und Experiment sehr gut überein. Auch das Geschwindigkeitsdefizit im Kühlstrahl wird in der Simulation vor allem für die niedrige Ausblasrate und anliegendem Kühlfilm überschätzt und führt zu geringeren Geschwindigkeiten nahe der Wand ($z/D < 0.6$). Einerseits sind die wandnächsten Messpunkte durch Reflektionen des Laserlichtes an den Plexiglasoberflächen beeinflusst. Andererseits werden durch die geringeren Geschwindigkeiten in der Grenzschicht oder im Strahlnachlauf weniger Tracerpartikel mittransportiert, was zu einer deutlich geringeren Datenrate in diesen Gebieten führt. Dies hat Einfluss auf die Messgenauigkeit und kann zu den Unterschieden zwischen Experiment und CFD beitragen.

Bei Betrachtung der Geschwindigkeitsprofile am Lochaustritt, die in Abb. 7.14 dargestellt sind, fällt als erstes der Einfluss der Ausblasrate hinsichtlich der Form der Profile auf. Bei geringem Ausblasemassenstrom mit $M = 0.5$ ist das Geschwindigkeitsprofil sehr flach und zeigt eine gleichförmige Verteilung mit einer mittleren Ausströmgeschwindigkeit von $u/u_m = 0.62$ über dem Austrittsquerschnitt. Geringfügig reduzierte Kühlluftgeschwindigkeiten um 20 % sind im Vorderkantenbereich der

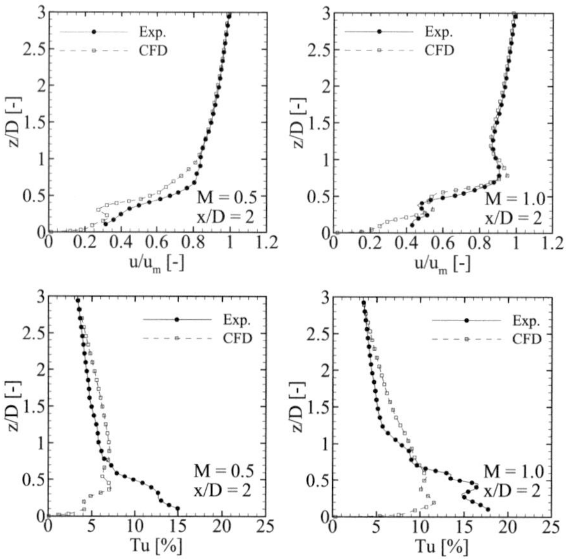

Abbildung 7.13: Vergleich zwischen CFD und Experiment: Geschwindigkeitsverhältnis u/u_m and Turbulenzgradprofile auf der Strahlmittellinie des mittleren Lochs ($y/D = 0$, $x/D = 2$) für zwei Ausblasraten $M = 0.5, 1.0$, $Re_{c,Dh} = 10000$ und die mittlere Rippenposition $s/D = 7.5$,

Bohrung erkennbar, was auf einen schwach ausgeprägten Jetting-Effekt der Kühlluft in der Bohrung hindeutet. Mit steigendem Austrittsimpuls ($M = 1.00$) wird die Form des Geschwindigkeitsprofils in diesem Bereich der Bohrung etwas assymmetrischer, wobei das Geschwindigkeitsniveau um etwa 40 % abfällt. Im stromabgelegenen Teil des Bohrungsaustrittes steigen die Geschwindigkeiten in Richtung des Lochmittelpunktes bis $u/u_{jet} = 1.1$ stark an. Dabei flacht das Profil in Richtung Lochhinterkante wieder etwas ab und das Geschwindigkeitsniveau liegt etwa 10 % oberhalb der Strahlaustrittsgeschwindigkeit. Es lässt sich aber anhand der Messdaten keine charakteristische Überhöhung der Strahlgeschwindigkeit im hinteren Bohrungssegment beobachten. Dieser Effekt wird durch das Nierenwirbelpaar hervorgerufen, was hochenergetisches Fluid aus dem vorderen Teil (Beschleunigung der Kühlluft durch das Jetting im Eintrittsbereich der Bohrung) des Bohrungsaustrittes in Strömungsrichtung umverteilt. Dabei hängt das Fehlen der Geschwindigkeitsüberhöhung

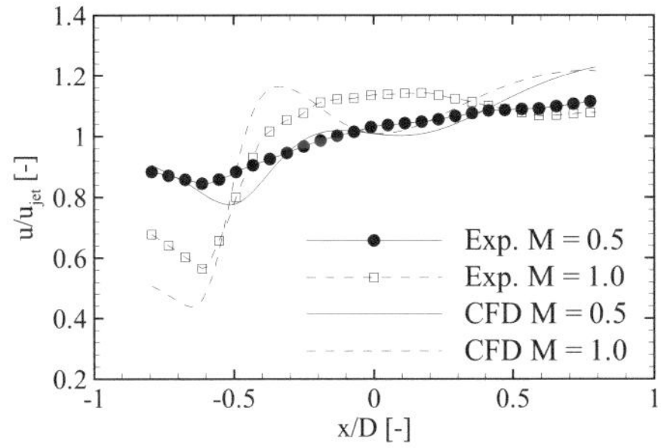

Abbildung 7.14: Vergleich zwischen CFD und Experiment: Strahlaustrittsgeschwindigkeit u/u_{jet} am Lochaustritt für $Re_{c,Dh} = 10000$ und mittlere Rippenposition $s/D = 7.5$

im Hinterkantenbereich des Lochaustrittes vermutlich mit dem großen Länge-zu-Durchmesserverhältnis des Kühlluftloches von $L/D = 7$ zusammen. Dies führt dazu, dass die Geschwindigkeitsgradienten in der Bohrung durch die stark wirbelbehaftete Strömung und den langen Strömungspfad sehr schnell dissipieren.

Zieht man zur Erklärung der beobachteten Phänomene die Untersuchungen von Walters and Leylek [121] heran, so beeinflussen zwei primäre Mechanismen das Strömungsfeld am Lochaustritt. Als erstes sind der Jetting-Effekt und das gegensinnig drehende Nierenwirbelpaar für das schiefe Geschwindigkeitsprofil verantwortlich. Je nach Stärke der Sekundärströmung, die durch die Umlenkung am Locheintritt angetrieben wird, wird das Profil am Lochaustritt mehr oder weniger beeinflusst. Es spielt weiterhin eine Rolle wie lang der Strömungspfad durch die Bohrung gestaltet ist, da sich die Wirbelstärke des CVP durch Dissipationseffekte verringert. Untersuchungen von Lutum und Johnson [79] haben gezeigt, dass der Einfluss der Lochinnenströmung auf die Austrittsbedingungen und die Filmkühleffektivität mit größer werdender Bohrungslänge deutlich verringert. Der andere Effekt ist der Interaktion des austretenden Filmkühlstrahls mit der Querströmung zuzuordnen. Hierbei haben Burd und Simon [19] gezeigt, dass mit der Benutzung von kurzen Kühlbohrungen ($L/D = 2.3$) eine ausgeprägte Unsymmetrie im Geschwindigkeitsprofile und deutlich erhöhte Geschwindigkeiten im stromauf gelegenen Teil des Bohrungsaustrittes auftreten. Dieser Effekt verringert sich wenn die Bohrungslänge auf $L/D = 7.0$ vergrößert wird, was zu gleichförmigeren Austrittsprofilen des Kühlfilmstrahles führt.

Im Vergleich der experimentell ermittelten Strahlaustrittsprofile mit den numerischen Daten zeigt sich, dass der qualitative Trend über die Ausdehnung des Bohrungsaustrittes für beide Ausblasraten durch die CFD-Rechnungen gut wiedergegeben werden kann. Bei $M = 0.50$ weichen jedoch die Geschwindigkeitsverhältnisse in der CFD im vorderen wie hinteren Teil der Bohrung um ca. 10.1 % im Mittel zu gering oder zu hoch vorausgesagt. Erhöht sich der Strahlimpuls ($M = 1.00$) so sind die lokalen Unterschiede zwischen CFD und Experiment stärker ausgeprägt. Im Bereich der Lochvorderkante zeigt sich die Ausprägung zweier Wendepunkte, wobei direkt an der Lochvorderkante die numerisch vorhergesagte Geschwindigkeit etwa 20 % tiefer bei $u/u_{jet} = 0.40$ liegt als die experimentellen Werte. Weiterhin ist in den numerischen Simulationen ein deutlicherer Jetting-Effekt anhand eines Maximums in der Strahlgeschwindigkeit bei $x/D = -0.35$ erkennbar. Dies ist in den experimentell ermittelten Austrittsprofilen nicht so stark ausgeprägt. Auch ist im stromabgelegenen Teil des Bohrungsaustrittes eine deutlichere Welligkeit des Geschwindigkeitsprofils in der CFD ersichtlich, was auf eine erhöhte Umverteilung von Kühlfluid in der Bohrung und damit auf eine stärkere Anfachung des Nierenwirbelpaares in den numerischen Rechnungen hindeutet. Dies deckt sich mit den Erkenntnissen aus dem Vergleich der lateralen Geschwindigkeitsfelder im Heißgaskanal. Hier wurde anhand der Sekundärströmungsvektoren auch ein stärkeres Wirbelpaar im simulierten Kühlfilmstrahl beobachtet.

Bezüglich der Filmeffektivität lässt sich aus den numerischen Simulationen nur eine sehr geringe Beeinflussung durch die Variation der Rippenposition ableiten. Dabei beschränken sich für das mittlere Loch die Änderungen in der Filmeffektivität auf den Nahbereich der Ausblasung $< 4D$. Etwas größere Differenzen sind für die beiden anderen Löcher ($y/D = \pm 3D$) zu beobachten, die aus deren unterschiedlicher Ausblasrate resultieren und bei hohem Ausblaseimpuls ($M = 1.00$) am größten sind. Eine detaillierte Diskussion der Ergebnisse, ist bei Böttger und Kunze [16] zu finden.

7.2 Druckverlust im Kühlkanal

Der Druckverlust im berippten Kühlluftkanal wurde für einen konstanten Kanalquerschnitt mit einem Seitenverhältnis von $W/H = 2$ und ein konstantes Rippenteilungsverhältnis $P_R/e_R = 10$ in Abhängigkeit von der Reynoldszahl ermittelt. Zusätzlich wurde der Einfluss der Rippenposition sowie der Filmbohrungen auf den

Druckverlust im Kühlkanal untersucht. Zur Überprüfung des Versuchsaufbaus werden die Ergebnisse für einen glatten Kanal ohne Rippen ermittelt und mit den Korrelationen von McAdams sowie Prandl und van Karman verglichen (siehe Kapitel 5.3). Da der Druckverlust in einem glatten Kanal auch bei hoher Reynoldszahl sehr gering ist, stellt dies hohe Anforderungen an die Qualität der Messwertermittlung und die Messgenauigkeit.

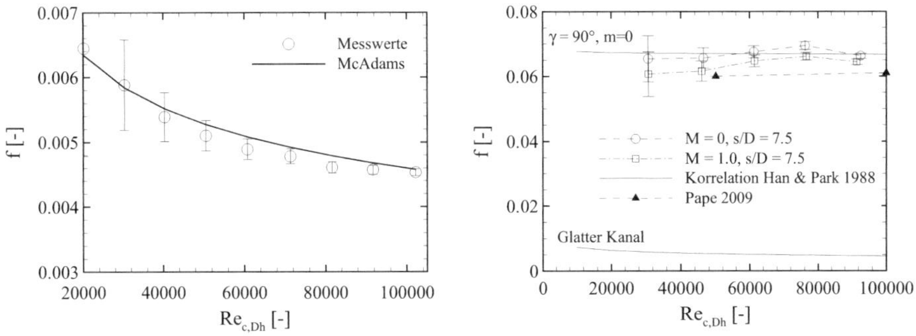

(a) glatter Kanal, $W/H = 2$ (b) berippter Kanal, $P/e = 10$, $D_h/e = 12.8$

Abbildung 7.15: Widerstandsbeiwert im glatten und berippten Kühlkanal sowie Vergleich mit berechneten Druckverlustbeiwerten aus Korrelationen von McAdams [82] und Han und Park [49]

Die Abb. 7.15 zeigt auf der linken Seite das Verhalten des Widerstandsbeiwertes im glatten Kanal mit Variation der Reynoldszahl. Die Daten werden mit der Blasius'schen Formel nach McAdams [82] verglichen (siehe auch Abschnitt 2.2.1). Auf der rechten Seite ist der Widerstandsbeiwert für den berippten Kanal und für das untersuchte Teilungsverhältnis von $10\,e$ dargestellt. Auch hier werden die gemessenen Werte mit bekannten und weit verbreiteten Korrelationsfunktionen von Han und Park [49] sowie mit Messdaten von Pape [89] verglichen. Der gemessene Druckverlust im glatten Kanal zeigt dabei vor allem im Bereich niedriger Reynoldszahlen eine sehr gute Übereinstimmung mit der Blasiusgleichung nach McAdams (2.16), wie sie in Abschnitt 2.2.1 definiert ist. Der Unterschied beträgt hier weniger als 1.5 %. Da die absoluten Druckdifferenzen im Kanal bei diesen Durchströmgeschwindigkeiten sehr gering sind, sind auch die Messunsicherheiten für den Widerstandsbeiwert mit 25 % für die kleinste Reynoldszahl von 20000 relativ hoch. Die Messunsicherheit sinkt aber rapide ab mit steigender Reynoldszahl und liegt ab $Re_{c,Dh} = 70000$ unterhalb von 2 %. Bei größeren Reynoldszahlen treten etwas größere Differenzen von maximal 4 % zwischen der Korrelation und den Messwerten auf.

Es zeigt sich eine drastische Druckverlusterhöhung mit Implementierung der Rippen, die um ein Vielfaches größer ist als in einem glatten Kanal. Der Widerstandsbeiwert ist dabei für fast den gesamten Bereich der Reynoldszahl konstant und um das 6-fache höher als im Fall des glatten Kanals. Der größte Wert für den Druckverlust mit $f = 0.067$ bestimmt sich für eine senkrechte Anordnung der Rippen zur Anströmrichtung. Da die berippten Deck- und Bodenwände des Kanals den größten Anteil an den Außenflächen des Kühlkanals einnehmen, wird dadurch ein sehr hoher Druckverlust erreicht. Die Ergebnisse stimmen für das Höhen-zu-Breitenverhältnis von $H/W = 0.5$ im Druckverlustniveau auch gut mit den Messungen von Pape [89] überein. Im vorliegenden Versuchsaufbau wurden die Druckverluste im Kühlkanal sowohl ohne ($M = 0$) als auch mit Filmausblasung untersucht. Dazu wurden die Bohrungsaustritte im Heissgaskanal mit dichtendem Klebeband verschlossen. Für die symmetrische Rippenposition $s/D = 7.5$ zeigt sich eine gute Übereinstimmung mit den Werten der Korrelation wobei die Abweichungen mit größer werdender Reynoldszahl abnehmen. Bei der größten Reynoldszahl beträgt die Abweichung zur Korrelation etwa 0.8 %. Aufgrund der geringen Geschwindigkeiten und damit Druckverluste bei der geringsten Reynoldszahl von $Re_{c,Dh} = 10000$ zeigen sich etwas größere Abweichungen von etwa 2.7 %. Dabei liegt die Messgenauigkeit für den Widerstandsbeiwert bei etwa 1.2 bis 1.7 % für die hohen Reynoldszahlen bis 100000. Mit Verringerung der Reynoldszahl sinkt auch die gemessene statische Wanddruckdifferenz drastisch ab, sodass für die kleinste Reynoldszahl eine geringere Messgenauigkeit von nur ca. 10 % ermittelt wird.

Wird im mittleren Rippensegment zusätzlich noch Fluid über die drei Kühlbohrungen aus dem Kühlkanal extrahiert, liegt der Reibungsbeiwert leicht unterhalb der Werte für den rein berippten Fall. Der qualitative Verlauf über der Reynoldszahl ist dabei ähnlich, zeigt aber einen nahezu konstanten Offset von etwa $3 - 6\,\%$. Da über die Filmbohrungen Massenstrom aus dem Kanal entfernt wird, sinkt das Geschwindigkeitsniveau im Kühlkanal geringfügig um etwa 0.2 %. Anhand der Kontinuitätsbeziehung ist dies bei der Berechnung des Widerstandsbeiwertes berücksichtigt worden.

7.3 Strömungsfeld im Kühlluftkanal (PIV)

Im Nachfolgenden werden ausgewählte Messergebnisse für das Kühlkanalströmungsfeld vorgestellt und miteinander verglichen. Hierbei wird getrennt auf die Einflüsse der einzelnen untersuchten Parameter von Kühlluft-Reynoldszahl, Ausblasrate und Rippe-zu-Lochposition eingegangen. Die zeitgemittelten Strömungsfelder und Turbulenzgradverteilungen wurden für einen Bereich der Ausblasrate von $0.00 < M < 1.00$ und einen Bereich der Kühlluft-Reynoldszahl von $10000 < Re_{c,Dh} < 90000$ erfasst. Die Rippe-zu-Lochposition s/D wurde in drei diskreten Schritten von 4.5, 7.5 und 10.5 verändert. Allem voranzustellen ist der Hinweis, dass die Ergebnisse mit einem 2D-PIV Messsystem bestimmt worden sind. Dies hat zur Folge, dass nur die axiale sowie die wandnormale Geschwindigkeitskomponente u_x und u_z erfasst werden können. Dementsprechend kann der Betrag des Gesamtströmungsvektors nur unter Vernachlässigung der lateralen Komponente u_y mit

$$u_c = \sqrt{u_x^2 + u_z^2} \tag{7.1}$$

berechnet werden. Weiterhin werden die Strömungsfelder für eine bessere Vergleichbarkeit, aufgrund der immensen Gradienten im Geschwindigkeitsniveau bei unterschiedlichen Reynoldszahlen, auf die Kerngeschwindigkeit am Eintritt des Bildbereiches bei $x/D = -15$ und $z/D = 7.2$ normiert. Weiterführende detaillierte Ergebnisse zu den PIV-Messungen sind in Wischnat und Kunze [127] dargestellt.

7.3.1 Strömung im glatten Kanal

Für die Strömungsfelduntersuchungen im glatten Kanal wurden alle Rippen aus dem Testaufbau entfernt und die drei Filmkühlbohrungen an identischer Position belassen. Die Ausblasrate M sowie die Kühlluft-Reynoldszahl $Re_{c,Dh}$ wurden in dem schon beschriebenen Bereich variiert und die Verteilungen der axialen und wandnormalen Geschwindigkeitskomponente mittels PIV aufgezeichnet. Die Ergebnisse sind für zwei Reynoldszahlen von 10000 und 60000 sowie für zwei verschiedene Ausblasraten in Abb. 7.16 aufgezeigt. Ohne Rippen findet keine Blockage der axialen Zuströmung der Bohrungen statt, sodass es diesen möglich ist aus der freien Strömung anzusaugen. Stromauf der Bohrungen bildet sich ein typisches Wandgrenzschichtprofil aus, wobei sich die absolute Strömungsgeschwindigkeit von der Kanalmitte zur Wand hin

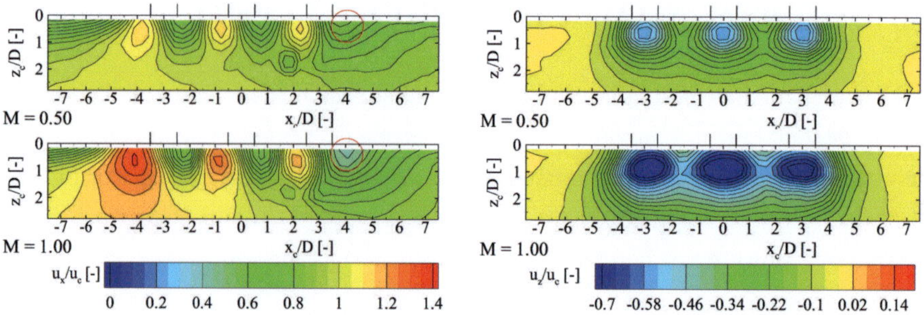

(a) Geschwindigkeitskomponenten u_x, u_z für $Re_{c,Dh} = 10000$

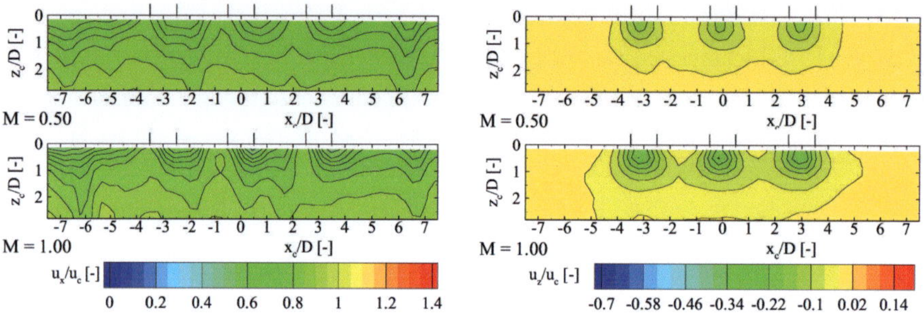

(b) Geschwindigkeitskomponenten u_x, u_z für $Re_{c,Dh} = 60000$

Abbildung 7.16: Strömungsfeld im glatten Kanal mit Kühlluftextraktion ($M = 0.50, 1.00$) in der Messebene $y_c/D = 0$ für zwei verschiedene Kühlkanal-Reynoldszahlen $Re_{c,Dh} = 10000, 60000$

kontinuierlich verringert.

Prägnant stellt sich das Strömungsfeld direkt unterhalb der Filmkühlbohrungen dar. Hier sind drei Gebiete erhöhter axialer und radialer Geschwindigkeitskomponenten zu erkennen, die sich im wandnahen Bereich auf $1 - 1.5$ Lochdurchmesser in wandnormaler Richtung ausdehnen. Der Peak in den Geschwindigkeitskomponenten liegt dabei für $M = 0.50$ bei einem Wandabstand von etwa 0.5 Lochdurchmessern, der sich mit größer werdender Ausblasrate auf etwa $0.8D$ vergrößert. Mit steigendem abgesaugten Massenstrom und damit größerer Ausblasrate steigt auch die örtliche Ausdehnung dieser nachfolgend als Sauggebiete bezeichneten Bereiche mit lokaler Strömungsbeschleunigung. Hierbei lassen sich die maximalen axialen Geschwindigkeiten direkt an der Lochkante eines jeden Loches detektieren. Es zeigt sich weiterhin ein starkes Gefälle in der axialen Komponente zwischen erstem und letztem Loch der Filmkühlbohrungsreihe. Für die höchste Ausblasrate $M = 1.00$, weist die erste Bohrung mit $u_{ax}/u_c = 1.35$ etwa 20 % höhere axiale Geschwindigkeiten im Vergleich zur letzten Bohrung auf. Auch reicht dessen Einflussgebiet über die wandnahe Strömung hinaus bis in den Kernbereich $> 2D$ des Kühlkanals und verändert dort die Strömungspfade des Kühlfluides. Dieser Effekt lässt sich sowohl bei niedriger als auch bei hoher Ausblasrate der Filmkühlung beobachten.

Weiterhin bildet sich stromab der dritten Filmkühlbohrung bei $3.5 < x_c < 4.5$ in Wandnähe ein Gebiet niedriger Axialgeschwindigkeit aus (in Abb 7.16 mit rotem Kreis markiert). Dieses nimmt an Intensität und örtlicher Ausdehnung mit Erhöhung der Ausblasrate zu. Dies deutet daraufhin, dass es einem durch die Einsaugung hervorgerufenen Effekt zuzuschreiben ist. Durch die Kühlbohrungen wird die Grenzschichtdicke reduziert, da ein Teil der sich stromauf bildenden Wandgrenzschicht abgesaugt wird. Dies führt zu einer stärkeren Verlagerung von hochenergetischem Fluid aus der Kernströmung in Richtung Wand. Daher kommt es in diesem Wandbereich zu einer Staupunktsausbildung, was zu einem Absinken der Geschwindigkeit und einer Zunahme des statischen Druckes führt. Dies hat auch Auswirkungen auf den Wärmeübergang, der im Nachlaufgebiet der Bohrungen signifikant ansteigt (siehe Kapitel 7.4.1). Stromab des Staupunktes legt sich die Strömung wieder an die Wand an und wird in Strömungsrichtung beschleunigt. Die Ausbildung eines solchen Staupunktes stromab der Bohrungseintritt ist schon durch Byerley [20] anhand von Strömungsvisualisierung und Wärmeübergangsmessungen an einer Einzelbohrung in einem Kühlkanal berichtet worden. Zusätzliche numerische Studien durch Scheepers und Morris [105] bestätigen diese Erkenntnisse.

Interessanterweise ist in der radialen Geschwindigkeitskomponente u_z kein Gradient über die Lochteilung zu beobachten und die Einströmgebiete sind gleich ausgebildet. Die lokalen Überhöhungen der wandnormalen Geschwindigkeiten von $-0.8\,u_c$ für $M = 1.00$ positionieren sich direkt unterhalb der Bohrungen und stimmen erstaunlich gut mit den Lochmittelpunkten überein. Bei kleinerer Ausblasrate ist der Einströmimpuls der absaugten Kühlluft geringer und die Geschwindigkeitsüberhöhung in der wandnormalen Komponente mit $-0.5\,u_c$ etwa 30 % kleiner und die Einsauggebiete sind von ihrer Größe her nicht so intensiv ausgeprägt. Hierbei kennzeichnet die mit dem Negativzeichen versehene wandnormale Komponente eine Strömung, die zur Wand hin gerichtet ist. Bei positiven Werten zeigt der Geschwindigkeitsvektor von der Wand weg in Richtung Kernströmung.

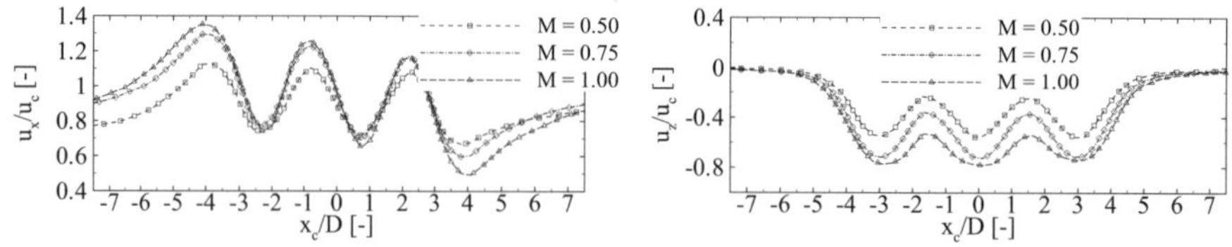

(a) $Re_{c,Dh} = 10000$

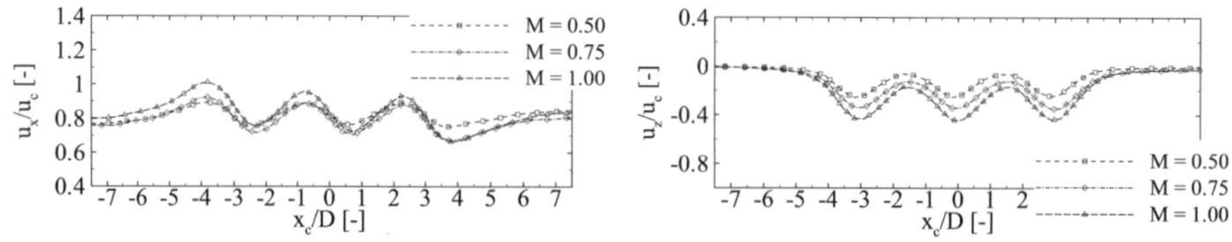

(b) $Re_{c,Dh} = 30000$

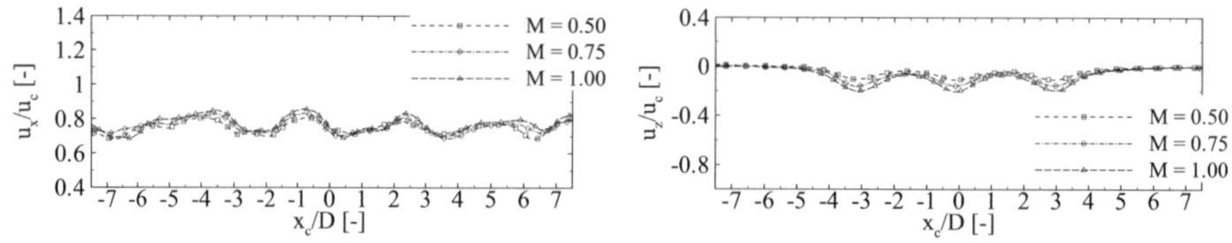

(c) $Re_{c,Dh} = 60000$

Abbildung 7.17: Axiale und wandnormale Geschwindigkeitskomponente im glatten Kanal innerhalb des Einflussbereiches der Kühlbohrungen mit Variation von Ausblasrate und Kühlkanal-Reynoldszahl

Mit Steigerung des Kühlluftdurchsatzes im Kühlkanal bzw. der Reynoldszahl werden die bei kleinster Reynoldszahl stark ausgeprägten Einflüsse immer geringer und die Ansaugwirkung der Bohrungen nimmt deutlich ab. Das liegt primär daran, dass das Geschwindigkeitsniveau in der Kanalkernströmung weiter steigt aber durch den konstant gehaltenen Absaugmassenstrom die Beschleunigung des extrahierten Kühllfluides in das Filmloch hinein konstant bleibt. Dieser Effekt führt zu einer deutlichen Verringerung der Geschwindigkeitsüberhöhungen um den Locheintritt herum, wobei auch die örtliche Ausdehnung der Sauggebiete stark abnimmt und bei $Re_{c,Dh}$ = 60000 fast gänzlich verschwunden sind (siehe Abb.7.16 b)). Für die axiale Geschwindigkeitskomponente lässt sich überhaupt keine Ansaugwirkung auf die umgebende Strömung feststellen. Nur bei der wandnormalen Komponente kann man bei beiden Ausblasraten, aufgrund eines leicht erhöhten Geschwindigkeitsniveaus nahe des Eintrittsbereiches der Löcher, auf eine existierende Ansaugung von Kühlluft schließen. Hierbei ist bei $M = 0.50$ die wandnormale Geschwindigkeit ca. 15 % größer im Vergleich zur ebenen Kernströmung. Sie steigt mit Anhebung der Ausblasrate um weitere 10 % auf $-0.25\,u_c$. Bei höherer Kühlkanal-Reynoldszahl ist im gemessenen Strömungsfeld die Existenz eines Staugebietes im Nachlauf der Kühlbohrungen nicht mehr nachweisbar.

Vergleicht man die Strömungsfelder des glatten Kanals mit dem Fall der eingebrachten Rippen und Kühlluftabsaugung, so zeigt sich ein vermeintlich höherer Einfluss der Lochansaugung auf das umgebende Strömungsfeld. Dies ist vor allem im Bereich der Bohrungseintritte durch Geschwindigkeitsverhältnisse die größer sind als 1 erkennbar. Dieser Effekt wird durch die Normierung der Geschwindigkeitskomponenten auf die Kerngeschwindigkeit bewirkt. Da sich im Kanal ohne Rippen der Durchströmquerschnitt nicht verengt, ist die Mittelschnittgeschwindigkeit bei gleicher Reynoldszahl kleiner im Vergleich zur Konfiguration mit Rippen. Hier verringert sich der Kanalquerschnitt und führt so zu einer Erhöhung der Kernströmungsgeschwindigkeit. Dies lässt sich am Verhältnis des Kanalquerschnitts mit Rippen zum Querschnitt ohne Rippen verdeutlichen. Dieses beträgt für die vorliegende Kanalgeometrie $A_c/A_{c,R} = 0.8$. Demzufolge ist u_c ohne Rippen ca. 20 % niedriger, was bei der Normierung auf diese Geschwindigkeit zu leicht größeren lokalen Geschwindigkeitsverhältnissen führt.

7.3.2 Rippenumströmung

Das Strömungsfeld im Kühlkanal für den Fall ohne Ausblasung ($M = 0.00$) wurde nur für die mittlere Rippe-zu-Lochposition $s/D = 7.5$ vermessen. Aufgrund der lateralen Periodizität bei einer reinen Rippenumströmung wurden die Messdaten nur für die mittlere Messebenenposition ME 5 ($y_c/D = 0$) aufgenommen. Die Ergebnisse werden in Form der resultierenden Kühlluftgeschwindigkeit bezogen auf die Kernströmung $u/u_{c,ms}$ in Abb. 7.18 dargestellt. Zum Vergleich des Einflusses der Reynoldszahl sind die Daten für alle vermessenen Reynoldszahlen 10000 - 90000 gegenübergestellt.

Hierbei zeigt sich ein typisches generelles Strömungsbild, wie es sich durch den Störungseinfluss der Rippen auf die wandnahe Grenzschicht im Kühlluftkanal ergibt. Durch die Einbringung der Turbulatoren wird die Struktur der hydrodynamischen wie auch thermischen Grenzschicht periodisch aufgelöst. Dabei wird die Strömung im Staubereich stromauf der Rippe über die Rippenvorderkante auf deren Stirnseite hin umgelenkt. Durch die starken Druckgradienten und die Querschnittsverengung oberhalb der Rippe erfährt die Kühlluft eine Beschleunigung in Richtung Kanalmitte. Hinter der Rippe kommt es zur Expansion und die Strömung verzögert sich ab $x/D = -6$. Dabei reißt die Strömung an der Rippenhinterkante ab und bildet eine Scherschicht zwischen der Nachlaufströmung hinter der Rippe und der hochenergetischen Kernströmung aus. Die Rezirkulation besitzt einen deutlich niedrigen Impuls und ist daher durch geringe Geschwindigkeitsgradienten im Strömungsfeld gekennzeichnet.

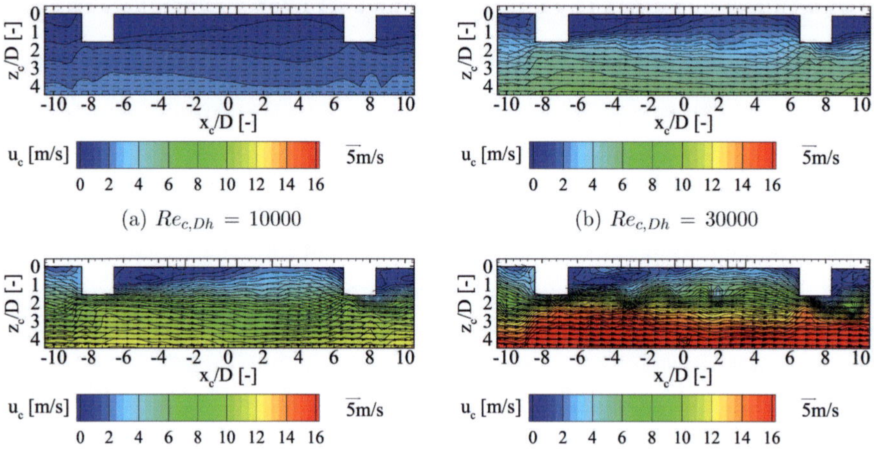

(a) $Re_{c,Dh} = 10000$ (b) $Re_{c,Dh} = 30000$

(c) $Re_{c,Dh} = 60000$ (d) $Re_{c,Dh} = 90000$

Abbildung 7.18: Absolutgeschwindigkeit im Kühlkanal ($y_c/D = 0$) ohne Filmlochausblasung $s/D = 7.5$ mit Variation der Reynoldszahl

Diese Scherschicht treibt ein großes Rezirkulationsgebiet an, innerhalb dessen die Rotationsgeschwindigkeiten mindestens eine Größenordnung kleiner sind als in der Kernströmung. Hinsichtlich seiner lateralen Ausdehnung zeigt sich nach Wang et al. [122] eine Spiralform des Wirbels, die mit der Induzierung lateraler Geschwindigkeitskomponenten in der betrachteten Symmetrieebene verbunden ist. Dieser Effekt konnte in den vorliegenden Untersuchungen aufgrund der rein axialen Anordnung der Messebene nicht erfasst werden.

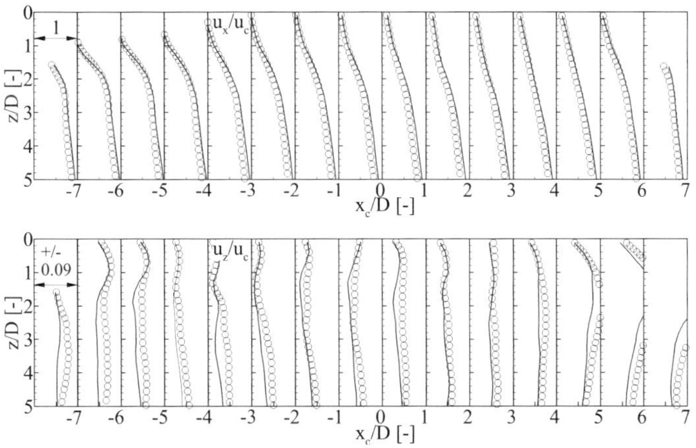

Abbildung 7.19: Strömungsprofile im Kanalmittelschnitt für zwei Reynoldszahlen $Re_{c,Dh}$ = 10000 (durchgezogene Linie) and 60000 (leere Kreise)

Die stromaufgerichtete, wandnahe Strömung in der Rezirkulationszone lässt sich auch anhand der Geschwindigkeitsprofile in Abb. 7.19 sichtbar machen. Sie befindet sich stromab an der windabgewandten Seite der Rippe und ist gekennzeichnet durch negative Geschwindigkeitskomponenten in Strömungsrichtung, die nur nahe der Wand bei $-6 < x_c/D < 0$ auftreten. Der Bereich negativer Geschwindigkeitskomponenten in den Profilen ist am Nulldurchgang der Ordinate identifizierbar. Im wandnahen Bereich unterhalb $z_c/D < 2$, deuten die Geschwindigkeitsüberhöhungen in der wandnormalen Komponente u_z mit entgegengesetztem Vorzeichen auf den rotierenden Charakter der wirbelbehafteten Strömung im Ablösebereich hin. Treten weiterhin negative wandnormale Geschwindigkeitskomponenten außerhalb dieser Region auf, so lässt sich vermuten, dass die Stromlinien in der Scherschicht und der Strömung oberhalb der Rippe eine stärkere Krümmung aufweisen. Dies führt zur Mitnahme von Fluid in Richtung Wand und zu einem in Strömungsrichtung früheren Wiederanlegen. Ein deutlicher Anstieg der wandnormalen Geschwindigkeitskomponente ist beim Erreichen der nächsten Rippe ($x_c/D > 5$) zu verzeichnen, was auf den Aufstaueffekt und die Ablenkung der Strömung in Richtung Kernströmung durch die Rippe zurückzuführen ist.

Da der Kühlluftmassenstrom fast proportional mit der Reynoldszahl ansteigt, wird mit höherer Kühlluft-Reynoldszahl die Wirbelbewegung stärker angefacht. Die um

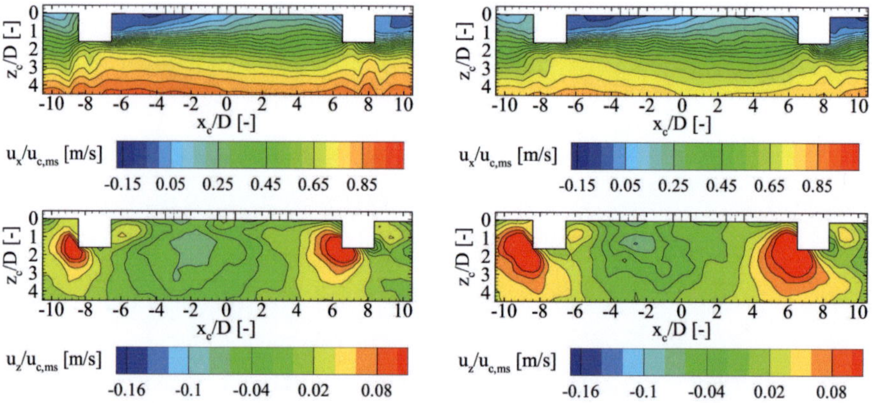

(a) $Re_{c,Dh} = 10000$ (b) $Re_{c,Dh} = 60000$

Abbildung 7.20: Normierte Geschwindigkeitskomponenten in der Mittelschnittsebene ($y_c/D = 0$) des Kühlkanals ohne Filmlochausblasung ($M = 0.00$), mittlere Rippenposition $s/D = 7.5$ mit Variation der Reynoldszahl

den Faktor 6 vergrößerten wandnormalen Geschwindigkeitskomponenten (im Vergleich zwischen niedrigster Reynoldszahl und $Re_{c,Dh} = 60000$) innerhalb des Rippennachlaufes sind ein weiteres Indiz für die intensive Anfachung der rezirkulierenden Strömungsbewegung stromab der Rippe. Weiterhin führt im Rippennachlauf der ausgeprägte wandnormale Druckgradient zu einer verstärkten Krümmung der Stromlinien stromab der Rippe. Das führt schlussendlich in einer Verlagerung der Scherschicht in Richtung Kanalwand, wobei durch die Wiederöffnung des Kanalquerschnitts die Strömung verzögert wird. Dabei bildet sich im Bereich von $x_c/D = -1$ ein Staupunktsgebiet nahe der Wand aus, was annähernd etwa der Hälfte der Rippenteilung entspricht. Dieser Bereich der Strömung wird durch sehr große Geschwindigkeitsgradienten in wandnormaler Richtung dominiert. Die axiale Geschwindigkeit wird in dieser Region sehr klein und strebt gegen Null, sodass dies als Kriterium zur Bestimmung des Wiederanlegepunktes (WAP) verwendet werden kann.

Durch den erhöhten wandnormalen und hochturbulenten Impulsaustausch in der Stauzone steigt der Wärmeübergang in diesem Wandbereich extrem an. Stromab dieses Punktes kann sich sowohl die hydrodynamische als auch thermische Wandgrenzschicht wieder ausbilden, wobei sie noch einmal durch die Bohrungseintritte geringfügig gestört wird. Bei einer axialen Stromabposition von ungefähr $x_c/D = 5$ erreicht die wandnahe Strömung wieder den Einflussbereich der nächsten Rippe. Hier wird sie vor der Stirnfläche der Rippe aufgestaut und in Richtung der Kernströmung stark abgelenkt. Durch diese extreme Richtungsänderung wird eine Scherschicht zwischen dem abgelenkten Strömung und dem fast stehenden Fluid in der Rippenstirnseite-Kanalwandecke induziert. Hierdurch wird ein kleiner Eckenwirbel angetrieben, der sich in den eigenen Messungen nicht nachweisen lässt. Detaillierte Untersuchungen der Rippenumströmung an einer einzelnen frei angeströmten Rippe von Wang et al. [122] zeigen aber deutlich die Manifestierung dieser Wirbelstruktur in der Ecke zwischen Rippe und Kanalwand. Weiterhin wird die Strömung um die vordere Rippenkante herumgelenkt und weiter in Strömungsrichtung beschleunigt, was sich in der Verteilung der wandnormalen Geschwindigkeitskomponente, wie es in Abb. 7.20 dargestellt ist, sehr deutlich beobachten lässt. Hier sind stark erhöhte wandnormale Geschwindigkeitskomponenten in der Höhe von $0.18\,u_c$ an der Rippenvorderkante ersichtlich, wobei dieses Gebiet in seiner örtlichen Ausdehnung und Tiefe mit größer werdender Reynoldszahl zunimmt.

Obwohl die generelle Struktur der Strömungsfelder für alle Reynoldszahlen ähnlich ist, lassen sich auch geringe Unterschiede identifizieren. In Abb. 7.18 (a) im Vergleich zu (b) und (c) ist erkennbar, dass das Strömungsgebiet mit Mittelschnittgeschwindigkeit $u/u_c \approx 1$ bei $Re_{c,Dh} = 10000$ im Einflussbereich der Rippen $-8 < x_c/D < -4$ eine größere wandnormale Ausdehnung besitzt als bei höheren Reynoldszahlen. Dies hat bei $Re_{c,Dh} = 10000$ einen größeren Gradienten der normierten Absolutgeschwindigkeit in Wandnormalenrichtung (von der Rippenoberfläche zur Kanalmitte) zur Folge. Darüber hinaus ist in Abb. 7.18 (d) für $Re_{c,Dh} = 90000$ eine wellige Struktur der Geschwindigkeitskontur im Rippennachlauf erkennbar. Eine mögliche Ursache hierfür könnte ein als Kelvin-Helmholtz Instabilität bezeichneter Effekt sein. Dieser führt dazu, dass bereits kleine Auslenkungen quer zur Strömungsrichtung eine Druckverteilung auf der Ober- und Unterseite der Scherschicht induzieren, die die Auslenkung weiter verstärkt (siehe auch Hucho [53]). Ein möglicher Grund, dass die Instabilitäten erst bei der Reynoldszahl $Re_{c,Dh} = 90000$ sichtbar werden, wäre deren zeitliche Abhängigkeit. Es ist wahrscheinlich, dass die Schwankungen in der Scherschicht mit einer bestimmten, von der Reynoldszahl abhängigen Frequenz auftreten. Bei $Re_{c,Dh} = 90000$ könnte diese einem Vielfachen der Bildaufnahmefrequenz entsprechen, sodass die Schwankungen in den gemittelten Feldern sichtbar werden.

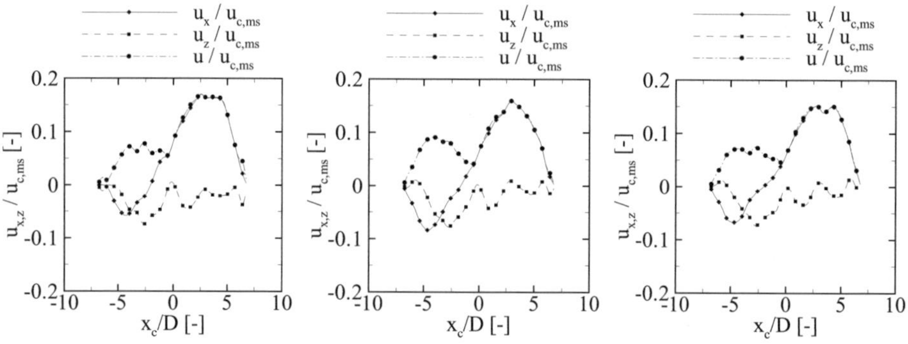

(a) $Re_{c,Dh} = 10000$ (b) $Re_{c,Dh} = 30000$ (c) $Re_{c,Dh} = 60000$

Abbildung 7.21: Normierte Geschwindigkeitskomponenten u_x/u_c und u_z/u_c in einem wandnormalen Schnitt bei $z_c/D = 0.1$ oberhalb der Filmlöcher, mittlere Rippenposition $s/D = 7.5$ und $M = 0.00$ bei Variation der Reynoldszahl

In Abb. 7.21 sind die einzelnen Geschwindigkeitskomponenten in der Mittelschnittsebene des Kühlkanals beim Durchströmen ohne Ausblasung und für drei verschiedene Reynoldszahlen in einer wandnormalen Schnittebene $z_c/D = 0.1$ aufgetragen. Dabei geben die Geschwindigkeiten in dieser Ebene das Verhalten der wandnahen Strömung wieder. Zunächst kann festgestellt werden, dass für alle Reynoldszahlen trotz der unmittelbaren Wandnähe eine wandnormale Geschwindigkeitskomponente $u_z \neq 0$ existiert. Diese schwankt um den Nullpunkt, ist jedoch für alle Betriebspunkte über eine große axiale Erstreckung kleiner als Null. Dies entspricht einer Strömung in Richtung Kanalwand. Anhand der wandnormalen Geschwindigkeitskomponente lässt sich die typische Struktur des Rezirkulationswirbels, gekennzeichnet durch eine aufwärts gerichtete Strömung im unmittelbaren Rippennachlauf und abwärts strömendem Fluid weiter stromab, nicht nachweisen. Dies kann in Wandnähe auf eine zu geringe Gitterauflösung sowie niedrige Partikelverschiebungen in Wandnormalenrichtung zurückgeführt werden, die die Genauigkeit der korrelierten Ergebnisse herabsetzt.

Betrachtet man allerdings die axiale Strömungskomponente u_x/u_c, so lässt sich das typische Bild einer wiederanlegenden Rippenumströmung erkennen. Hierbei zeigt sich direkt stromab der Rippe ein Rückströmgebiet mit $u_x < 0$, was sich von der

Rippenhinterkante ($x_c/D = -6.75$) bis zum Wiederanlegepunkt (WAP) der Strömung erstreckt. Dieser Staupunkt ist durch $u_x = 0$ gekennzeichnet und befindet sich für die drei dargestellten Reynoldszahlen im Bereich von $-2 < x_c/D < -1.3$. Die Wandgrenzschicht wird stromab durch die Scherkräfte an deren Grenzfläche zur schneller fließenden Kernströmung beschleunigt, bis sie im Bereich $2.8 < x/D < 3.2$ durch den Aufstau an der folgenden Rippe wieder verzögert und in Richtung Kanalmitte abgelenkt wird. Mit Variation der Kühlkanal-Reynoldszahl zeigt sich, dass die axiale Lage des Wiederanlegepunktes Änderungen unterworfen ist. Jedoch lässt sich aus den gewonnenen Daten keine direkte Abhängigkeit zwischen Reynoldszahl und Position ermitteln, da die Lage des Staupunktes ein zyklisches Verhalten über die Reynoldszahl zeigt. Der Abstand des Wiederanlegepunktes zur Hinterkante der stromauf gelegenen Rippe $x_{R,WAP}$ normiert auf die Rippenhöhe e ist in Tab. 7.1 für alle untersuchten Reynoldszahlen aufgelistet.

Tabelle 7.1: Axialer Abstand des Wiederanlegepunktes zur Hinterkante der Rippe, normiert auf die Rippenhöhe $x_{R,WAP}/e$ für verschiedene Reynoldszahlen

$Re_{c,Dh}$ [−]	$x_{R,WAP}/e$ [−]
10000	3.14
30000	3.37
60000	3.12
90000	3.58

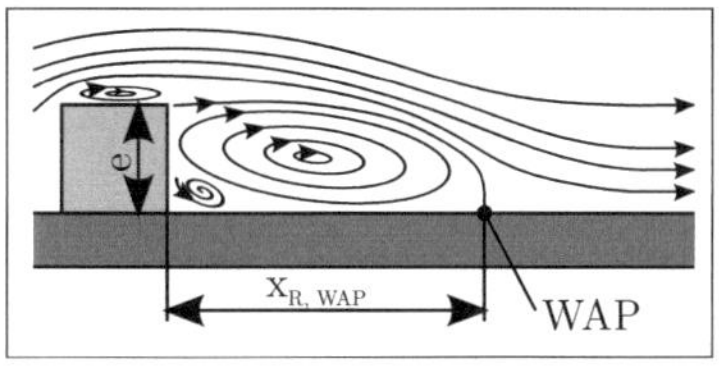

Eine Erhöhung der Reynoldszahl führt neben dem Verschieben des Wiederanlegepunktes auch zu einer Verstärkung des Rezirkulationswirbels. Dies ist an einer kleiner werdenden Axialkomponente der Kühlluftgeschwindigkeit u_x/u_c in Abb. 7.21 erkennbar. Trägt man nun die Minima der axialen Geschwindigkeitskomponente über der Reynoldszahl auf, so verhält sich die Rückströmgeschwindigkeit annähernd linear und nimmt mit größer werdender Reynoldszahl zu. Dies deutet auf eine stärker werdende Rezirkulation im Bereich des Rippennachlaufs hin. Mit Normierung auf die Mittelschnittsgeschwindigkeit zeigt sich ein oszillierendes Verhalten über der Reynoldszahl.

7.3.3 Kühlluftextraktion im berippten Kanal

Den deutlichen Einfluss der Ausblasrate auf das Strömungsfeld im Rippenfach ist in Abb. 7.22 klar zu erkennen und gestaltet sich für alle Fälle qualitativ ähnlich.

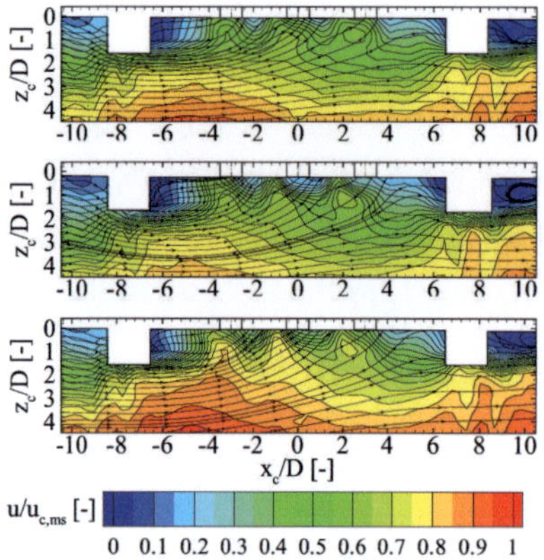

(a) $Re_{c,Dh} = 10000$

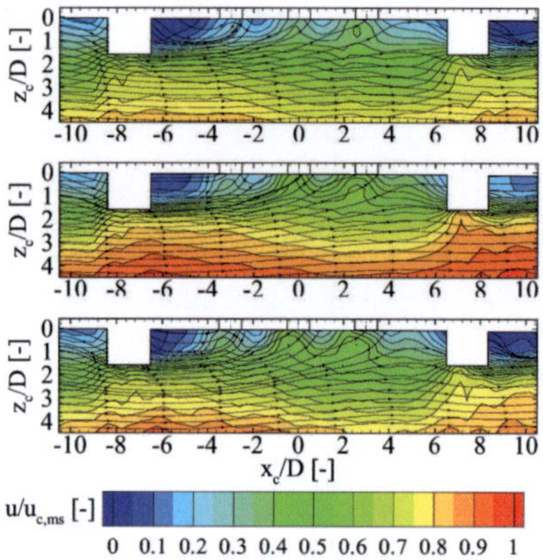

(b) $Re_{c,Dh} = 30000$

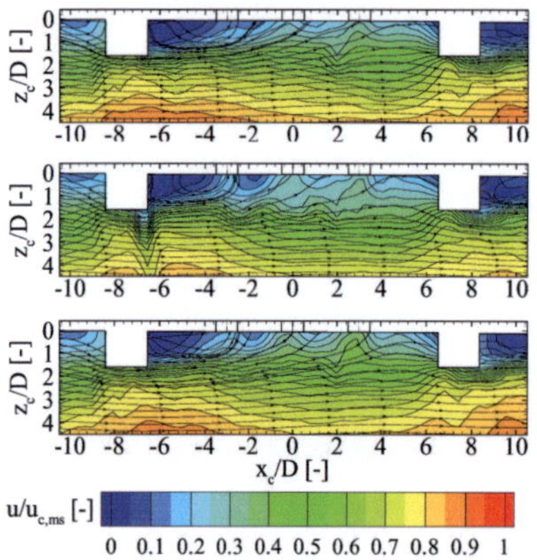

(c) $Re_{c,Dh} = 60000$

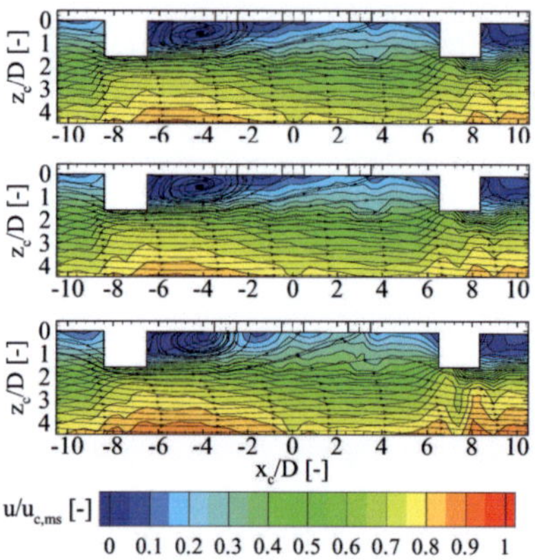

(d) $Re_{c,Dh} = 90000$

Abbildung 7.22: Normiertes Geschwindigkeitsfeld im Kühlkanal mit Filmlochausblasung, mittlere Rippe-zu-Lochposition $s/D = 7.5$ bei Variation der Ausblasrate $M = 0.5$, 0.75 und 1.00 (von oben nach unten) und Kühlkanal-Reynoldszahl $Re_{c,Dh}$ in der Messebene $y_c/D = 0$

Daher werden die einzelnen Effekte anhand ausgewählter Testfälle erläutert. Am ausgeprägtesten zeigen sich, wie auch zu erwarten, die Strömungsphänomene bei der größten Ausblasrate und geringsten Kühlluft-Reynoldszahl, ergo bei maximaler Saugrate der Löcher. Dabei sind in Abb. 7.22 die normalisierten Geschwindigkeitsfelder, überlagert mit Stromlinien, für die mittlere Kanalebene $y_c/D = 0$ dargestellt. Der Vergleich wird für die drei untersuchten Ausblasraten $M = 0.5$, 0.75 und 1.00 sowie für drei Reynoldszahlen $Re_{c,Dh} = 10000$, 30000 und 60000 durchgeführt. Der Fall bei $Re_{c,Dh} = 90000$ liefert bezüglich des Einflusses der Reynoldszahl auf die Lochansaugung keine weiteren Erkenntnisse und wird daher von den weiteren Betrachtungen ausgeklammert.

Die Filmkühlausblasung im Heißgaskanal wird durch Erhöhung des Totaldruckes nahe am Locheintritt im Kühlkanal bereitgestellt. Dies hat einen Anstieg des Druckverhältnisses über die Bohrung zur Folge, wobei der statische Gegendruck im Heißgaskanal konstant bleibt. Weiterhin wird auch die Kühlluft-Reynoldszahl und damit der Kanalmassenstrom konstant gehalten. Übersteigt das Druckverhältnis den Wert 1, so wird eine Lochdurchströmung initiert. Die Einströmgeschwindigkeit nimmt dabei stark zu, was zu einem statischen Druckabfall am Locheintritt führt. Der für die Befüllung der Bohrungen notwendige Massenstrom wird durch Ansaugen von Kühlluft aus der näheren Umgebung der Locheintrittskanten bereitgestellt. Die örtliche Ausdehnung und die Geschwindigkeitsüberhöhungen am Locheintritt sind dabei abhängig von dem gewählten Impulsverhältnis zwischen Kühlkanal- und Bohrungsströmung.

Mit Aktivierung der Lochabsaugung im Kühlkanal ($Re_{c,Dh} = 10000$) wird das sonst periodische Strömungsfeld im Rippenfach erheblich durch die Kühlluftbohrungen gestört. Dabei wird Fluid aus dem wandnahen Bereich fast über die gesamte Erstreckung des Rippenfachs ($-6 < x_c/D < 6$) und zusätzlich noch aus dem Kernströmungsbereich außerhalb des Rippensegmentes angesaugt. Dabei kann sich zwar noch eine Nachlaufströmung hinter der Rippe ausbilden, ähnlich dem Fall ohne Kühlluftextraktion, aber die Entwicklung der Rezirkulationszone und deren räumliche Ausdehnung über einen weiten Bereich des Rippenfachs wird durch die Präsenz der Locheintritte fast völlig unterbunden. Nur bei sehr hoher Reynoldszahl von 90000 ist eine wirbelartige Strömungsstruktur im leeseitigen Bereich der Rippe erkennbar. Der Grund dafür wird in einem späteren Abschnitt diskutiert. Weiterhin werden durch den Ansaugeffekt auch die Stromlinien im Kernbereich der Strömung beeinflusst, sodass dies zu einer Bahnänderung mit stärkerer Krümmung in Richtung Wand führt.

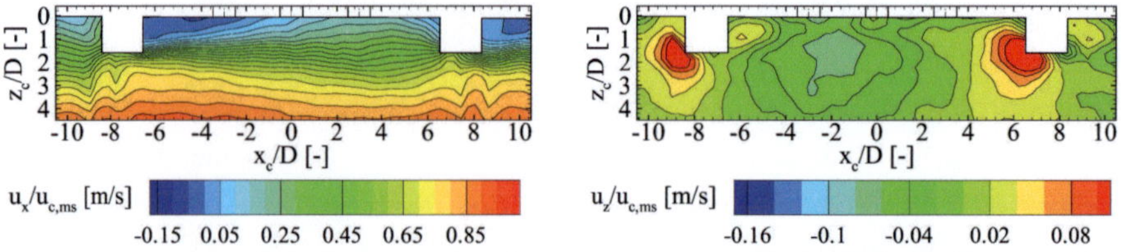

(a) $M = 0.00$

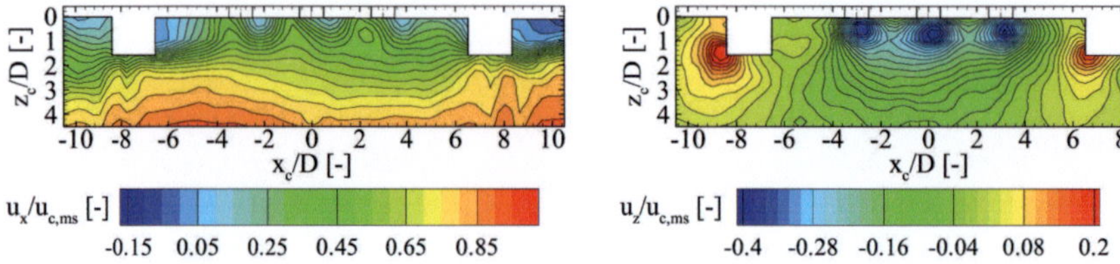

(b) $M = 0.50$

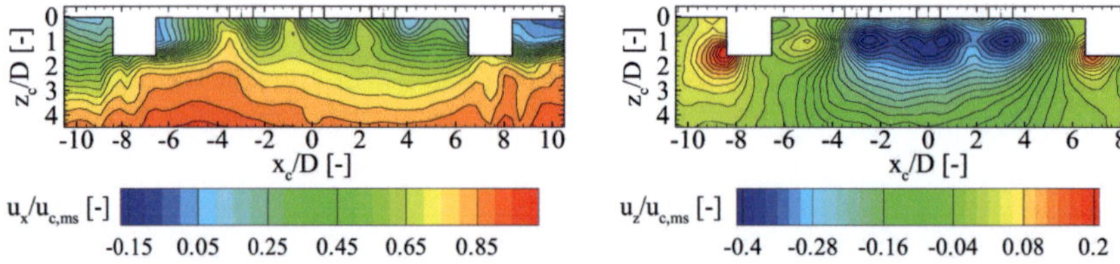

(c) $M = 1.00$

Abbildung 7.23: Axiale und wandnormale Geschwindigkeitskomponente im Kühlkanal mit Filmlochausblasung, mittlere Rippe-zu-Lochposition $s/D = 7.5$ bei Variation der Ausblasrate M und für Kühlkanal-Reynoldszahl $Re_{c,Dh} = 10000$ in der Messebene $y_c/D = 0$

Zwischen den Filmlöchern bildet sich ein Gebiet niedriger Strömungsgeschwindigkeit aus. In diesem Bereich legt sich die Strömung kurzzeitig wieder an die Kanalwand an und wird bei der Umlenkung verzögert. Mit Annäherung an das nächste stromab gelegene Loch erfährt die Strömung durch den Ansaugeffekt eine erneute Beschleunigung. Stromab des dritten Filmlochs kommt es zum Anlegen der Strömung an die Kanalwand einhergehend mit der Wiederausbildung einer Wandgrenzschicht. Mit Annäherung an die nächste Rippe wird die Wandgrenzschicht wieder verzögert, während die Kernströmung erneut beschleunigt wird.

Durch die Beschleunigung des Fluides beim Eintritt in die Filmkühlbohrung steigt durch die Querschnittsverengung die Geschwindigkeit signifikant an. Dabei entstehen drei nahezu periodische Strömungsbereiche mit erhöhten axialen wie auch wandnormalen Geschwindigkeitskomponenten (siehe Abb. 7.23). Sie werden für die weitere Diskussion der Einfachheit halber als Saugregionen bezeichnet. Diese Gebiete erstrecken sich bis etwa einem Lochdurchmesser unterhalb des Bohrungseintrittes. Bemerkenswerterweise befindet sich das Gebiet maximaler axialer Geschwindigkeit nahe der stromaufgelegenen Lochkante, wogegen für die radiale Geschwindigkeitskomponente diese Position zentriert über den Löchern angeordnet ist und damit sehr gut mit den Lochmittelpunkten übereinstimmt. Für das Loch 1, positioniert bei $x_c/D = -3$, ist die maximale Peakgeschwindigkeit mit $0.56\,u/u_c$ (Wert entnommen bei einem Wandabstand von $z_c/D = 0.8$) für $M = 0.50$ etwa 50 % größer als im Fall ohne Ausblasung ($M = 0.00$). Es zeigt sich weiterhin bei der Ausbildung der Sauggebiete eine leichte Unsymmetrie über die axiale Erstreckung der Bohrungsreihe. Dabei scheint das erste Loch mit etwa 9 % größeren Geschwindigkeiten einzusaugen als das letzte Loch in der Reihe. Mit größerer Ausblasrate wird auch die Geschwindigkeitsüberhöhung und die Unsymmetrie mit etwa 13 % zwischen den einzelnen Bohrungen deutlich ausgeprägter. Zusätzlich nimmt auch die räumliche Ausdehnung der Sauggebiete und damit deren Einflussgebiet auf die Kernströmung zu. Exemplarisch hierfür sei die Peakgeschwindigkeit für das Loch 1 angeführt, die mit $u/u_c = 0.80$ bei $M = 1.0$ etwa 25 % größer ist als für die kleine Ausblasrate $M = 0.5$.

Betrachtet man die Verteilung der radialen Geschwindigkeitskomponente in Abb. 7.23, so zeigt sich, im Gegensatz zur axialen Komponente, eine periodische Ausbildung der radialen Sauggebiete, die sich mittig unterhalb der Locheintritte anordnen. Bei geringer Ausblasrate ($M = 0.50$) entwickeln sich diese separiert voneinander und beschränken sich auf eine laterale Erstreckung von ca. $\pm\,1D$. Die Peakwerte für die radiale Geschwindigkeitskomponente sind für alle drei Löcher mit $-0.38\,u_c$ in etwa identisch. Das negative Vorzeichen der Geschwindigkeitskomponente zeigt hier einen zur Wand hin gerichteten Strömungsvektor an. Erhöht sich der aus dem Kühlkanal über die Bohrungen entnommene Massenstrom, so steigen die radialen Geschwindigkeitswerte nur geringfügig um etwa $2 - 5\,\%$ an. Außerdem lässt sich durch eine größere räumliche Ausdehnung der Locheinflussgebiete ein Zusammenwachsen dieser zu einem einzelnen Absauggebiet feststellen. Dessen Wirkungsbereich reicht weit in die Kernströmung des Kühlkanals hinein. Mit größerer Ausblasrate befinden sich die lokalen Peaks der axialen wie auch radialen Sauggebiete um ca. $0.4D$ weiter entfernt von der Wandoberfläche.

Interessanterweise beeinflusst die Absaugung von Kühlluft durch die Filmbohrungen auch die Formation der Rezirkulationszone im Nachlauf der Rippe. Dabei spielt das Loch, welches am nächsten zur Rippenhinterkante positioniert ist, eine entscheidene Rolle, indem es versucht Kühlfluid aus der gesamten näheren Umgebung des Locheintrittes anzusaugen. Da es in Strömungsrichtung aber von den anderen Bohrungen in der Reihe bei der Kühlluftentnahme behindert wird, verlagert sich die Ansaugregion stromauf der Lochkante. Hierbei entnimmt das erste Loch hauptsächlich Fluid mit geringem Impuls aus dem Eckenbereich zwischen Rippe und Wand. Es entfernt damit einen Großteil der Rezirkulationszone. Mit größerer Ausblasrate nimmt dieser Effekt noch zu und die Nachlaufzone der Rippe wird in Größe und Ausdehnung erheblich reduziert.

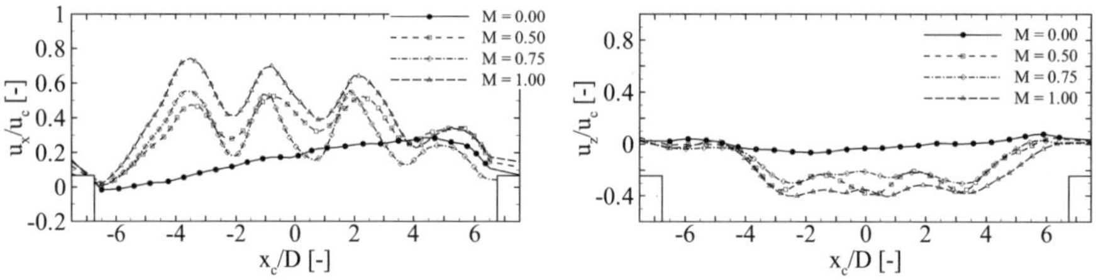

(a) $Re_{c,Dh} = 10000$

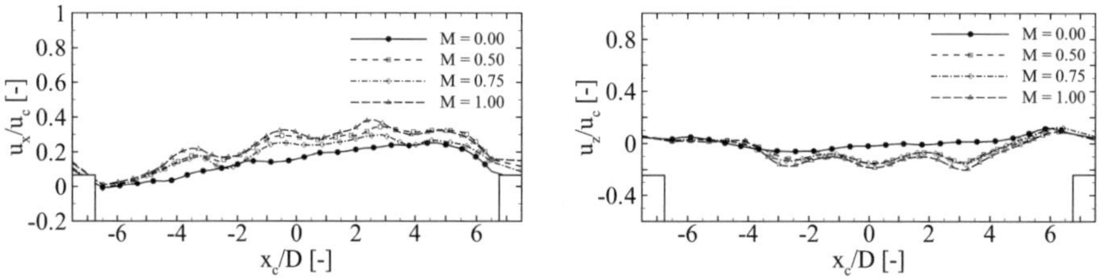

(b) $Re_{c,Dh} = 60000$

Abbildung 7.24: Axiale und wandnormale Geschwindigkeitskomponente im mittleren Rippensegment für einen konstanten Wandabstand von $z_c/D = 0.80$ und zwei verschiedene Reynoldszahlen mit Variation der Ausblasrate M

Diese Schlussfolgerungen lassen sich auch in den Verteilungen der axialen u_x/u_c und radialen Geschwindigkeitskomponente u_z/u_c wiederfinden. Die Daten sind an einem konstanten Wandabstand von $z_c/D = 0.8$ dem Strömungfeld entnommen und in Abb. 7.24 entlang der Strömungsrichtung für alle untersuchten Ausblasraten und zwei verschiedene Reynoldszahlen dargestellt. Ohne Kühlluftextraktion stellen sich nahe der Rippe bei $x_c/D < -5$ leicht negative axiale Geschwindigkeiten ein. In Strömungsrichtung steigt dann die axiale Komponente kontinuierlich auf $0.30\,u_c$ an, bis die nächste Rippe erreicht wird. Im Aufstaubereich vor der Rippe wird die Strömung über die Rippe hin abgelenkt, sodass sich hier die axiale Geschwindigkeit wieder etwas reduziert und die radiale Komponente ins Positive tendiert. Mit Einbringung der Kühlbohrungen steigen die Geschwindigkeiten in Strömungsrichtung kontinuierlich auf ein positives Niveau mit bis zu $0.4\,u_c$ in der eigentlichen Ablösezone. Auch dies verdeutlicht eine erhebliche Reduzierung der Ablösung hinter der Rippe.

Aufgrund der Sauggebiete unterhalb der Bohrungen bilden sich bei diesem Wandabstand drei prägnante Maxima in der axialen wie auch radialen Geschwindigkeitskomponente aus. Dabei zeigt sich bei höchster Ausblasrate ein gewisser Gradient in der Geschwindigkeit von etwa 9 % über die Durchströmrichtung des Kühlkanals. Die Peaks für die axiale Geschwindigkeitskomponente sind dabei leicht stromauf und damit außerhalb des Lochmittelpunktes positioniert. Neben den Geschwindigkeitsüberhöhungen an den jeweiligen Locheintritten wird ein weiteres Maximum stromab des dritten Loches detektiert. In diesem Gebiet legt sich durch die Kühlluftabsaugung beschleunigtes aber nicht entnommenes Fluid wieder an die Kanalwand an. In radialer Richtung bilden sich diskrete Zuströmgebiete aus mit über 40 % erhöhten radialen Geschwindigkeiten gegenüber dem Fall einer reinen Rippenumströmung. Obwohl die Geschwindigkeitsmaxima für geringe Ausblasraten für die einzelnen Bohrungen noch deutlich zu erkennen sind, verschmelzen diese zu einem einzigem Plateau mit hoher radialer Geschwindigkeit in Richtung Wand. Mit Steigerung der Ausblasrate erhöhen sich auch die axiale wie auch die radiale Geschwindigkeitskomponente, was vor allem aus dem höheren Druckgradienten über die Bohrungen und damit aus deren stärkerer Saugkraft resultiert.

Anhand der Abb. 7.22 und Abb. 7.25 lässt sich deutlich erkennen, dass der Einfluss der Ausblasrate und damit der Kühlluftextraktion durch die Filmkühlbohrungen im Allgemeinen bei der kleinsten Reynoldszahl $Re_{c,Dh} = 10000$ am stärksten ausgeprägt ist. Mit größer werdender Kühlkanal-Reynoldszahl nimmt der Einflussbereich immer

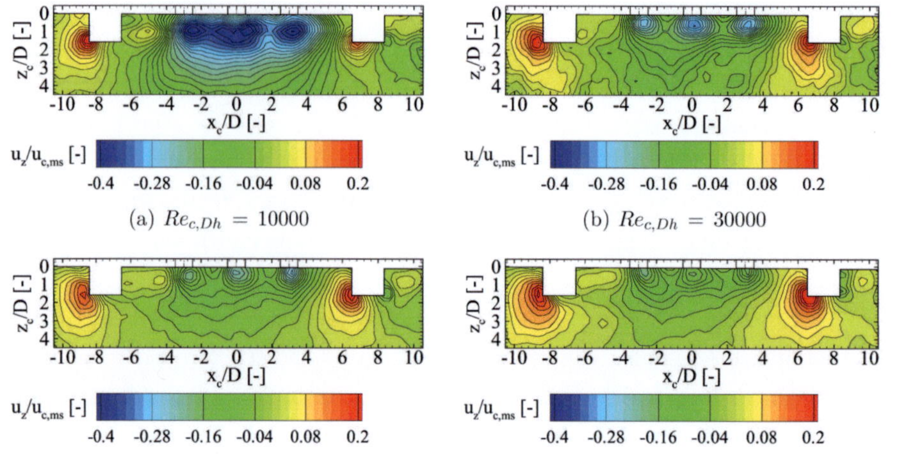

(a) $Re_{c,Dh} = 10000$ (b) $Re_{c,Dh} = 30000$

(c) $Re_{c,Dh} = 60000$ (d) $Re_{c,Dh} = 90000$

Abbildung 7.25: Einfluss der Kühlluft-Reynoldszahl auf das Strömungsfeld mit Ausblasung anhand der wandnormalen Geschwindigkeitskomponente $u_z/u_{c,ms}$, mittlere Rippe-zu-Lochposition $s/D = 7.5$ und Ausblasrate $M = 1.00$, Messebene $y_c/D = 0$

weiter ab und die Geschwindigkeitsüberhöhungen nahe der Locheintritte werden immer weiter reduziert. In Abb. 7.25 ist dies anhand der radialen Geschwindigkeitskomponente dargestellt. Die Schlussfolgerungen lassen sich aber ohne Einschränkung auch auf die axiale Komponente übertragen und gelten dort gleichermaßen.

Mit steigender Kühlkanal-Reynoldszahl aber konstanter Ausblasrate reduzieren sich die Sauggebiete in örtlicher Ausdehnung und zeigen deutlich geringere Geschwindigkeitsüberhöhungen. Dies führt dazu, dass in Abb. 7.22 für die $Re_{c,Dh} = 60000$ bzw. $Re_{c,Dh} = 90000$ die Ausprägung der Absauggebiete unterhalb der Löcher in den Strömungsfeldern nicht mehr zu erkennen ist. Auch für die radialen Sauggebiete zeigen die Ergebnisse in Abb. 7.25 c) und d) einen Abfall des radialen Geschwindigkeitsverhältnisses um 25 % von $-0.4\,u_c$ bei $Re_{c,Dh} = 10000$ auf $-0.15\,u_c$ bei 90000. Auch ist die räumliche bzw. wandnormale Erstreckung des Sauggebietes deutlich kleiner geworden. Reichte es noch bei kleiner Reynoldszahl weit über vier Lochdurchmesser in die Kernströmung, ist bei höchster Reynoldszahl kaum noch ein Einfluss bei einem Wandabstand von zwei Lochdurchmessern zu erkennen. Dieser Effekt hängt primär mit der höheren Kühlluftgeschwindigkeit im Kühlkanal zusammen. Obwohl bei konstanter Ausblasrate und damit konstanten Bohrungsmassenstrom die absoluten Werte der Geschwindigkeitskomponenten auch konstant bleiben müssen, sinken aber die Geschwindigkeitsverhältnisse für die axiale u_x/u_c und die radiale Komponente u_z/u_c mit steigender Reynoldszahl. Dieser Einfluss der Reynoldszahl lässt sich auch in der axialen Verteilung der Geschwindigkeitskomponenten wiederfinden, wie sie in Abb. 7.24 b) für die höhere Reynoldszahl von 60000 dargestellt ist. Es zeigen sich stark verminderte Verhältnisse für axiale wie radiale Geschwindigkeitskomponente. Eine Reduktion von 20 % bis zu 60 % im axialen Geschwindigkeitsverhältnis lassen sich für höhere Reynoldszahlen beobachten. Das Geschwindigkeitsverhältnis der radialen Komponente ist dabei weniger stark betroffen und zeigt nur einen Abfall von etwa 15 % bis 20 %.

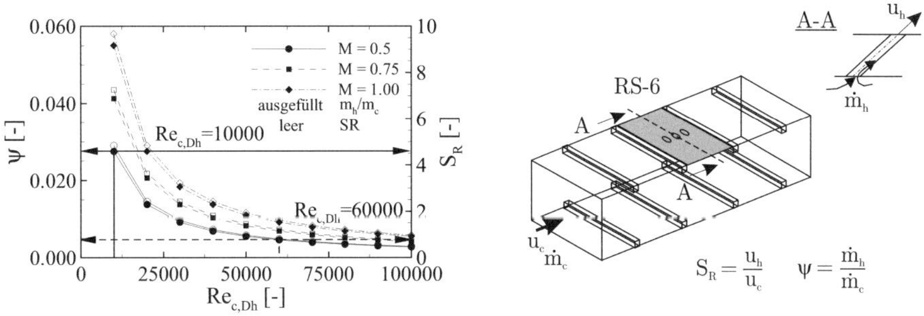

Abbildung 7.26: Massenstromverhältnis ψ und Saugrate S_R der Filmbohrung als Funktion der Kühlluft-Reynoldszahl $Re_{c,Dh}$ und der Ausblasrate M

Hinsichtlich der oben stehenden Schlussfolgerung sind die Effekte, die durch Veränderung der Kühlkanal-Reynoldszahl hervorgerufen werden, unvermeidlich mit dem steigenden Durchsatz in der internen Kühlkanalpassage verbunden. Nach beispielsweise Byerley [20] oder Scheepers und Morris [105] lässt sich der lokale Einfluss von Extraktionsbohrungen durch dimensionlose Parameter wie die Saugrate $S_R = u_h/u_c$ oder das Massenstromverhältnis $\psi = \dot{m}_h/\dot{m}_c$ ausdrücken. Bei der Saugrate ist es wichtig klar zu definieren, wo das Geschwindigkeitsverhältnis gebildet wird. Die Geschwindigkeit der Strömung in der Bohrung u_h ist dabei an dessen Austritt definiert. Da diese im Experiment nur schwierig zu messen ist, wird ausgehend vom Totaldruckverhältnis über die Bohrung anhand einer isentropen Expansion über das Loch auf diese Geschwindigkeit zurückgerechnet. Für die PIV-Messungen wurden beide Stoffströme in Heißgas- und Kühlkanal isotherm bei annähernd gleichem Temperaturniveau bereitgestellt.

Das Verhalten der beiden angegebenen Parameter der Saugrate S_R und des Massenstromverhältnisses ψ sind in Abb. 7.26 über die Reynoldszahl für drei verschiedene Ausblasraten aufgetragen. Dabei gehören die Linien mit nicht ausgefüllten Symbolen zur Saugrate. Da die einzelnen Kurven für eine bestimmte Ausblasrate fast zusammenfallen, besteht ein direkter Zusammenhang zwischen beiden Parametern. Dabei wird bei Betrachtung des Diagramms klar dass beide Parameter exponentiell schnell mit Erhöhung der Kühlkanal-Reynoldszahl abfallen. Das liegt hauptsächlich in dem größeren Massenstrom und damit in den höheren Geschwindigkeitsniveaus in der Kühlkanalpassage begründet. Für den Fall mit $Re_{c,Dh} = 10000$ und höchster Ausblasrate $M = 1.00$ werden in etwa 6 % des Kühlkanalmassenstromes durch die Kühlbohrungen in den Heißgaskanal abgeleitet. Damit steigt auch das Saugverhältnis der Bohrungen auf über 10, wobei die Geschwindigkeiten im Kühlkanal bei nur etwa $1.5\,m/s$ liegen. Es lässt sich daher gut vorstellen, dass bei solchen Verhältnissen die Lochabsaugung mit Faktor 11 höheren Geschwindigkeiten einen dramatischen Einfluss auf das Kernströmungsfeld im Kühlkanal haben muss. Mit Anstieg der Reynoldszahl und damit der Geschwindigkeit im Kühlkanal wird der Massenanteil exponentiell kleiner, der durch die Bohrungen transportiert wird. Bei $Re_{c,Dh} = 60000$ und gleicher Ausblasrate $M = 1.00$ beträgt das Massenstromverhältnis nur noch etwa 1 % und die Saugrate liegt leicht unterhalb von 2. Damit wird auch das Strömungsfeld im Kühlkanal weniger durch die Absaugung beeinflusst. Dies hängt vor allem mit dem gestiegenen Impuls der Kanalströmung im Vergleich zum konstanten Impuls des durch die Bohrungen abgesaugten Fluides zusammen.

7.3.4 Einfluss der Rippe-zu-Lochposition

Da der Einfluss der Kühlluftextraktion für den Fall der minimalen Reynoldszahl am stärksten ausgeprägt ist, wird die Diskussion der Rippe-zu-Lochposition auf die Messungen bei $Re_{c,Dh} = 10000$ und höchster Ausblasrate $M = 1.00$ beschränkt. Zum Vergleich ist in Abb. 7.27 trotzdem noch einmal der Testfall mit höherer Reynoldszahl ($Re_{c,Dh} = 60000$) gegenübergestellt, damit dessen verminderter Einfluss bei höheren

Kühlkanalmassenströmen sichtbar wird. Weiterhin wird in den Darstellungen von oben nach unten die relative Position zwischen stromaufliegende Rippe und mittlerer Bohrung zwischen $4.5 < s/D < 10.5$ variiert.

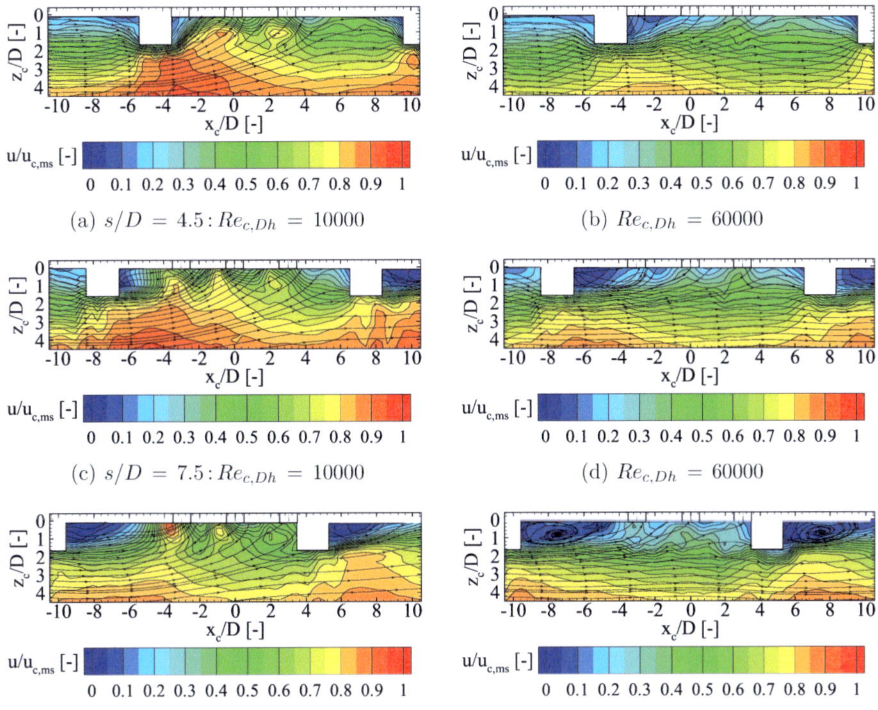

(a) $s/D = 4.5 : Re_{c,Dh} = 10000$

(b) $Re_{c,Dh} = 60000$

(c) $s/D = 7.5 : Re_{c,Dh} = 10000$

(d) $Re_{c,Dh} = 60000$

(e) $s/D = 10.5 : Re_{c,Dh} = 10000$

(f) $Re_{c,Dh} = 60000$

Abbildung 7.27: Normierte Geschwindigkeitsfelder mit Stromlinien bei $M = 1.00$ und Kühlkanal-Reynoldszahl $Re_{c,Dh} = 10000$ im mittleren Rippensegment mit Variation der Rippe-zu-Lochposition s/D

Bei Rippenposition $s/D = 4.5$ befindet sich der Eintritt des ersten Filmlochs ($x_c/D = -3$) unmittelbar an der Hinterkante der stromauf gelegenen Rippe und somit im unmittelbaren Einflussgebiet des Rippennachlaufs. Durch dessen Kühlluftansaugung wird einer Entwicklung des Rezirkulationsgebietes im Nachlauf der Rippe entgegengewirkt, indem in diesem Bereich vorhandenes Fluid direkt in die

Bohrung abgeführt wird. Damit ist die Ablösezone kleiner und deutlich weniger ausgeprägt als im Vergleich zu den anderen untersuchten Rippenpositionen. Ursache hierfür ist die verstärkte Ansaugwirkung der ersten Bohrung, die zu einer Anhebung des Absolutgeschwindigkeitsniveaus führt. Weiterhin reduziert sich aufgrund der Blockage der Wandgrenzschicht, die durch die Rippe hervorgerufen wird, die axiale Geschwindigkeitskomponente maßgeblich. Ein deutlich ausgeprägtes axiales Sauggebiet ist nur noch für die beiden stromabliegenden Bohrungen 2 ($x_c/D = 0$) und 3 ($x_c/D = 3$) erkennbar. Für die erste Bohrung wird die axiale Zuströmung fast komplett unterbunden. Dabei wird das Filmloch beinahe nur noch aus wandnormaler Richtung angeströmt. Der Saugeinfluss der Bohrung führt zu einer verstärkten Umlenkung von Fluid direkt an der Rippenhinterkante und einer erhöhten Krümmung der Stromlinien in diesem Bereich. Die an der Rippenhinterkante ablösende Strömung wird unmittelbar vom Loch in Richtung Kanalwand abgesaugt. Auf diese Weise wird schnell fließendes Fluid außerhalb des Rippenfachs in den Rippennachlauf befördert, um den notwendigen Lochmassenstrom bereitzustellen.

Durch den Einsaugeffekt des ersten Loches weisen auch die weiter in der Kernströmung liegenden Stromlinien eine verstärkte Krümmung auf, was daraufhin deutet dass auch die Scherschicht zwischen Rezirkulationszone und Kernströmung beeinflusst wird. Das an die Wand transportierte Fluidmaterial wird von den beiden ersten Filmlöchern abgesaugt. Die dritte Bohrung entfernt vor allem Kühlluft aus dem Randbereich des Rippenfachs zur Kernströmung. Die radialen Ansauggebiete zeigen eine periodische Ausprägung auch bei der kleinsten Rippe-zu-Lochposition s/D. Hierbei ergibt sich eine geringfügige Verschiebung des lokalen Peaks für die erste Bohrung in Strömungsrichtung (siehe Abb. 7.28). Für die beiden anderen Filmlöcher ist solch ein Effekt nicht zu beobachten. Hier sind die Peakwerte der radialen Geschwindigkeitsüberhöhung auf Höhe des Lochmittelpunktes platziert. Interessanterweise zeigt sich aber eine Erhöhung der maximalen Geschwindigkeitsverhältnisse in den radialen Sauggebieten im Vergleich zur zentralen Rippenposition $s/D = 7.5$. Hierbei steigt der Peakwert der radialen Geschwindigkeitskomponente von $-0.40\,u_c$ bei $s/D = 7.5$ um ca. 15 % auf $-0.55\,u_c$ bei der kleinen Rippenposition $s/D = 4.5$. Dies deutet auf eine verstärkte Locheinströmung aus wandnormaler Richtung hin.

Wird nun bei gleicher Rippenposition die Reynoldszahl auf 60000 erhöht, so ändern sich die Geschwindigkeitsverhältnisse im Rippennachlauf sichtbar. Durch die geringere Ansaugwirkung des ersten Loches sinkt die Absolutgeschwindigkeit direkt hinter der

Rippe und die Ausdehnung der Ablösezone in Strömungsrichtung wird mit höherer Reynoldszahl größer. Damit steigt durch das höhere Kernströmungsgeschwindigkeitsniveau die Blockagewirkung der Rippen, was dazu führt dass die Strömung hinter der Rippe zum ersten Filmloch hin noch stärker umgelenkt wird und das erste Filmloch senkrecht zur Eintritssfläche angeströmt wird. Das zweite und dritte Loch zeigen einen flacheren Einsaugwinkel.

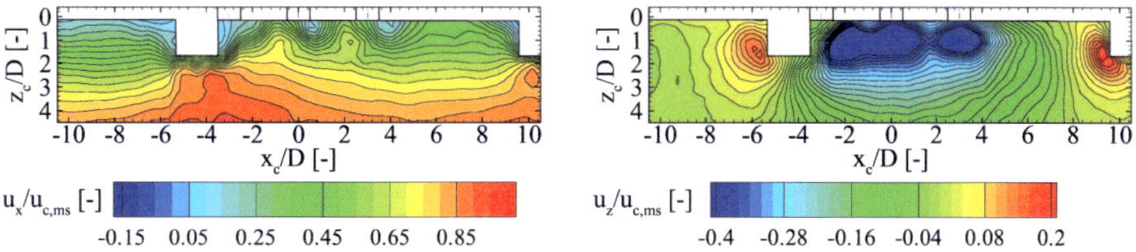

(a) $s/D = 4.5$

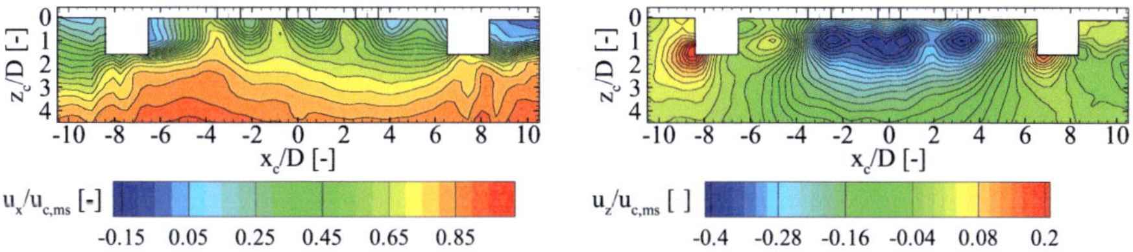

(b) $s/D = 7.5$

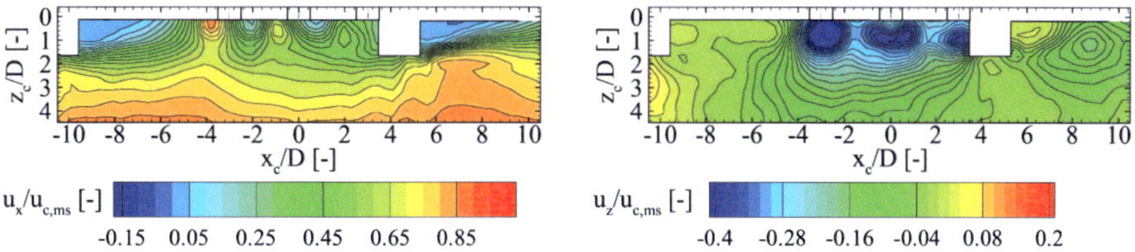

(c) $s/D = 10.5$

Abbildung 7.28: Axiale und wandnormale Geschwindigkeitskomponente im mittleren Rippensegment bei $M = 1.00$ und Kühlkanal-Reynoldszahl $Re_{c,Dh} = 10000$ mit Variation der Rippe-zu-Lochposition s/D

Betrachtet man sich die Strömungsverhältnisse bei der mittleren Rippenposition $s/D = 7.5$, so fällt auf, dass sich das Rezirkulationsgebiet größer ausbildet als im Vergleich zu $s/D = 4.5$. Durch den größeren Abstand der ersten Bohrung zur Rippenhinterkante kann sich der Ansaugeffekt dieses Loches nicht mehr so stark auf die Ablösezone im Rippennachlauf auswirken. Dies führt zu einem geringeren Absolutgeschwindigkeitsniveau hinter Rippe und zu einer andeutungsweisen Ausbildung des eigentlichen Ablösegebietes. Aufgrund der geringeren Blockage durch die Rippe steigt auch wieder die axiale Geschwindigkeit in der Nähe des Locheintrittes für die erste Bohrung. Es bildet sich wieder ein axiales Sauggebiet aus, was daraufhin deutet, dass das Filmloch wieder Kühlluft aus axialer Richtung aufnimmt. Durch den größeren Abstand zur Rippe fällt auch die Umlenkung der Strömung in die Bohrungen deutlich geringer aus als noch bei der kleinen Rippenposition. Die axialen und radialen Geschwindigkeitsüberhöhungen unterhalb des Lochtrittes für die Bohrung 2 und 3 fallen annähernd gleich aus bei dieser Rippenposition. Eine geringfügige Unsymmetrie von etwa 10 % ist in der axialen Geschwindigkeitskomponente zu beobachten. Bei Erhöhung der Reynoldszahl gilt auch für diese Rippenposition ein ähnlicher Mechanismus wie schon zuvor bei $s/D = 4.5$ besprochen. Durch den konstanten Einsaugimpuls sind die Effekte auf das Strömungsfeld deutlich vermindert ausgeprägt. So ist der Ansaugeffekt der ersten Bohrung bei $Re_{c,Dh} = 60000$ immer noch groß genug, um dem Wirbel ausreichend Fluid zu entziehen, so dass ein Rückströmen in Richtung Rippenhinterkante unterbunden wird.

Werden nun die Bohrungen weiter in Strömungrichtung bis zur nächsten Rippe verschoben ($s/D = 10.5$), so vergrößert sich der Abstand zwischen der ersten Bohrung und der stromaufliegenden Rippe weiter. Dies hat erhebliche Auswirkungen auf das Einsaugverhalten dieses Loches, dass nun ungehindert Fluid in axialer Richtung aus der Kernströmung entnehmen kann. Damit steigt natürlich auch die Geschwindigkeitsüberhöhung am Locheintritt dieser Bohrung um etwa 15 % auf $0.90\,u_c$ im Vergleich zur Bohrung 2 ($0.75\,u_c$) an. Dies hat eine geringere Umlenkung des Fluides in die Bohrung zur Folge. Es fällt weiterhin auf, dass sich auch das radiale Einsauggebiet vergrößert und höhere radiale Geschwindigkeitskomponenten festzustellen sind. Hierbei steigt die radiale Geschwindigkeit für die erste Bohrung im $s/D = 10.5$ um $8 - 10\,\%$ gegenüber den anderen beiden Bohrungen an. Weiterhin ist ein Blockageeffekt der nachfolgenden Rippe auf die dritte Bohrung bei ($x_c/D = 3$) zu erkennen. Dabei deuten verringerte axiale Geschwindigkeiten auf einen Aufstaueffekt im Bereich dieser Bohrung hin. Die radiale Geschwindigkeitskomponente bleibt für diese Bohrung nahezu konstant, obwohl sich das Sauggebiet räumlich etwas weniger ausdehnt. Durch die geringe Entfernung zur nächsten Rippe wird das sich aufstauende, verlangsamende Fluid sofort durch die Bohrung entfernt. Es lassen daher in den lokalen Geschwindigkeitsplots keine Gebiete erhöhter radialer Komponente identifizieren, was den Schluss zulässt, dass die Umlenkung der Strömung um die Rippenvorderkante durch die Absaugung immens gestört wird.

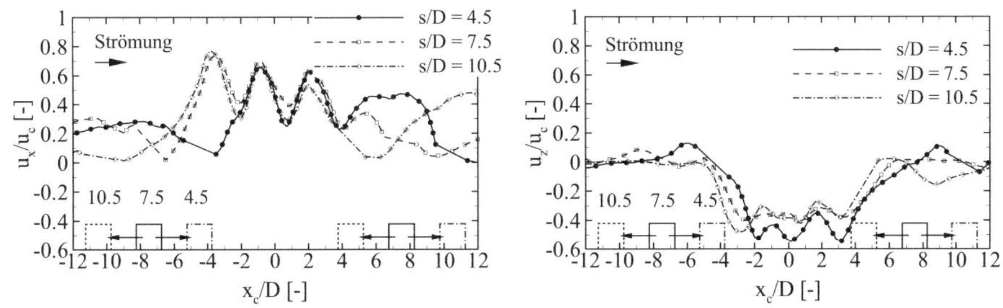

(a) $Re_{c,Dh} = 10000$

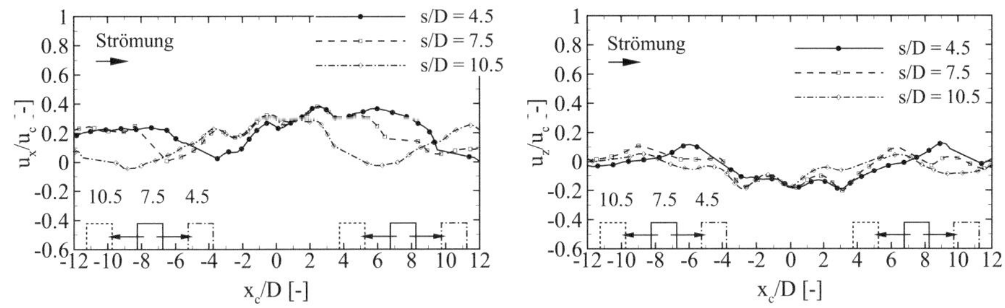

(b) $Re_{c,Dh} = 60000$

Abbildung 7.29: Axiale und wandnormale Geschwindigkeitskomponente im mittleren Rippensegment für einen konstanten Wandabstand von $z_c/D = 0.80$ bei einer Ausblasrate von $M = 1.00$ mit Variation der Rippe-zu-Lochposition s/D

Durch den großen axialen Abstand zwischen der ersten Bohrung und der stromaufliegenden Rippe kann sich auf der Luvseite ein deutlich größeres Nachlaufgebiet ausbilden als im Vergleich zu den anderen Rippenpositionen. Damit wird auch die Wirkung der Kühlluftansaugung durch die erste Bohrung in diesem Bereich erheblich reduziert. Sie ist jedoch immer noch präsent genug, um die vollständige Ausbildung des Rezirkulationswirbels zu verhindern. Erst mit Erhöhung der Reynoldszahl auf $Re_{c,Dh} = 60000$ wird eine vollständige Ausbildung der Rückströmung in Richtung Rippenhinterkante durch die größere Kernströmungsgeschwindigkeit und die stärkere Anfachung des Wirbels ermöglicht. Auch eine Staupunktsausbildung stromauf der ersten Loches ist bei dieser Konfiguration zu beobachten. Die fehlende Saugwirkung in der Nähe der stromauf gelegenen Rippe hat zudem eine im Vergleich zu den anderen Rippenpositionen verringerte Beschleunigung der Kernströmung über der Rippe bei $-12 < x/D < -5$ zur Folge. Der Blockageeffekt auf die Lochzuströmung ist bei dieser Rippenposition minimal, was zu hohen Axialgeschwindigkeiten und geringer Umlenkung der Stromlinien in Richtung Wand stromauf der Löcher führt. Damit trifft die Scherschicht erst bei etwa $x/D = -4.8$ hinter der Rippe auf die Kanalwand. Daraufhin wird die wandnahe Strömung durch die Ansaugwirkung des ersten Filmlochs stark beschleunigt.

Diese Phänomene lassen sich auch in anderer Auftragung der Messdaten wiederfinden. Dazu sind in Abb. 7.29 die axiale und radiale Geschwindigkeitskomponente in Strömungsrichtung für das mittlere Rippenfach mit Kühlbohrungen dargestellt. Hierbei wurde ein konstanter Wandabstand von $z_c/D = 0.80$ gewählt, was einer ungefähren Position des Sauggebietszentrums unterhalb der Locheintritte entspricht. Es lässt sich damit der maximal mögliche Einfluss der veränderten Rippenposition auf das Strömungsfeld diskutieren. Zu beachten ist dabei noch, dass natürlich in dem Bereich, wo sich die Rippen befinden, keine Messdaten für das Strömungsfeld vorliegen können. Ausgehend von der mittleren Rippenposition $s/D = 7.5$ entwickeln sich drei Maximas für die axiale wie auch wandnormale Geschwindigkeit. Diese ordnen sich periodisch in axialer Richtung mit der Bohrungsteilung an. Die axialen Ansauggebiete sind mit ihren Peaks immer etwas stromauf dem Locheintritt vorgelagert, wie die Peaks in der radialen Verteilung sehr gut zentrisch unterhalb der Lochmittelpunkte positioniert sind. Durch den geringen Gradienten in der axialen Geschwindigkeit in Strömungsrichtung verringert sich der Peak von $0.73\,u_c$ beim ersten Loch auf $0.63\,u_c$ für das letzte Loch in der Reihe.

Werden nun die Bohrung stromauf auf die Luvseite der Rippe verschoben, so hat dies einen wie schon erwähnten erheblichen Effekt auf das wandnahe Strömungsfeld der ersten Bohrung ($x_c/D = -3$). Dabei lässt sich für diese Bohrung nicht die Ausbildung eines Peaks in der axialen Geschwindigkeit nahe des Locheintrittes beobachten.

Dies liegt vor allem in der direkten Nähe zur Rippe begründet, welche zwar die axiale Zuströmung zum Loch fast völlig unterbindet aber immer noch Kühlluft aus radialer Richtung eingesaugt werden kann. Daher lässt sich auch bei dieser Rippenposition noch ein etwas verstärkter Peak in der radialen Geschwindigkeit für alle Löcher finden. Dieser Effekt deutet darauf hin, dass sich die wandnormale Einsaugung gegenüber der axialen Kühlluftentnahme verstärkt haben muss. Die Ergebnisse deuten daraufhin, dass die axiale Kühlluftextraktion durch ein Hindernis, wie einen Rippenturbulator, unterbunden wird. Daher muss sich die radiale Fluideinsaugung verstärken damit der Gesamtmassenstrom für die Bohrungsreihe in jeder Rippenposition gewährleistet ist. Dies ist nur teilweise der Fall, wenn die Löcher in Richtung der stromabgelegenen Rippe verschoben werden. Hier zeigt sich die Ausbildung des axialen Geschwindigkeitspeak, der hier etwa 3 % größer ist als im Fall von $s/D = 7.5$. Für das dritte Loch zeigt sich in der axialen Komponente eine Verringerung von etwa 12 %. Die Einschränkung der axialen Fluidzufuhr zum Loch ist wesentlich geringer als im Fall $s/D = 4.5$, sodass es den Löchern ermöglicht deutlich freier aus dem Kernströmungsbereich in axialer Richtung einzusaugen.

Eine Veränderung in der Rippenposition zu $s/D = 7.5$ oder 10.5 lässt wieder eine axiale Absaugung durch die erste Bohrung zu, sodass sich das Sauggebiet unterhalb des Locheintrittes wieder ausbilden kann. Es zeigt sich, dass der Anstieg der Geschwindigkeitskomponente in Strömungsrichtung an der Position des Loch 1 in Größe und Tiefe für beide Rippenpositionen fast identisch ist. Auch die beiden anderen Peaks für Loch 2 und 3 stimmen in ihrer Position recht gut überein für die Rippenpositionen $s/D = 7.5$ and 10.5. Zu bemerken sind hierbei für das Loch 3 etwas geringere Strömungsgeschwindigkeiten in axialer Richtung. Der Blockageeffekt der direkt stromabliegenden Rippe hat auch einen Einfluss auf die wandnormale Geschwindigkeitskomponente. Sie verringert sich um etwa 9 % verglichen mit dem Wert von $-0.47\, u_z/u_c$ am Locheintritt der ersten Bohrung. Schlussfolgernd zeigt sich, dass der Blockageeffekt der durch die Turbulatoren initiert wird, deutlich schwächer ist, wenn die Kühlluftbohrung stromauf der Rippe platziert wird verglichen mit der Position im Rippennachlauf. Diese Erkenntnisse decken sich mit den Resultaten von Bunker und Bailey [18], wobei der Durchflusskoeffizient sich drastisch verringerte, sobald das Kühlluftloch hinter der Rippe platziert wurde. Dies deutet auf veränderte Einströmbedingungen in das Loch hin, die den Autoren zufolge durch die Rippenblockage hervorgerufen werden.

Um zusätzliche Informationen über die Entwicklung des Strömungsfeldes in lateraler Richtung zu gewinnen, wurden die Ergebnisse der einzelnen Geschwindigkeitskomponenten in der $x-y$-Ebene bei $z_c/D = 0.80$ dargestellt (siehe Abb. 7.30). Dafür wurde eine Schnittebene auf diesem Wandabstand eingeführt, worauf die Strömungsfelder von Messebene 1 bis 9 in lateraler Richtung interpoliert wurden. Hierbei ist zu beachten, dass bei den lochferneren Messebenen ($2 < |y/D| < 6$) die laterale Auflösung gröber ist als direkt um den Lochaustritt herum, was natürlich zu Fehlinterpretationen während der Interpolation führen kann. Ausserdem lässt sich aus den erhaltenen Daten keine Aussage über die laterale Geschwindigkeitskomponente treffen.

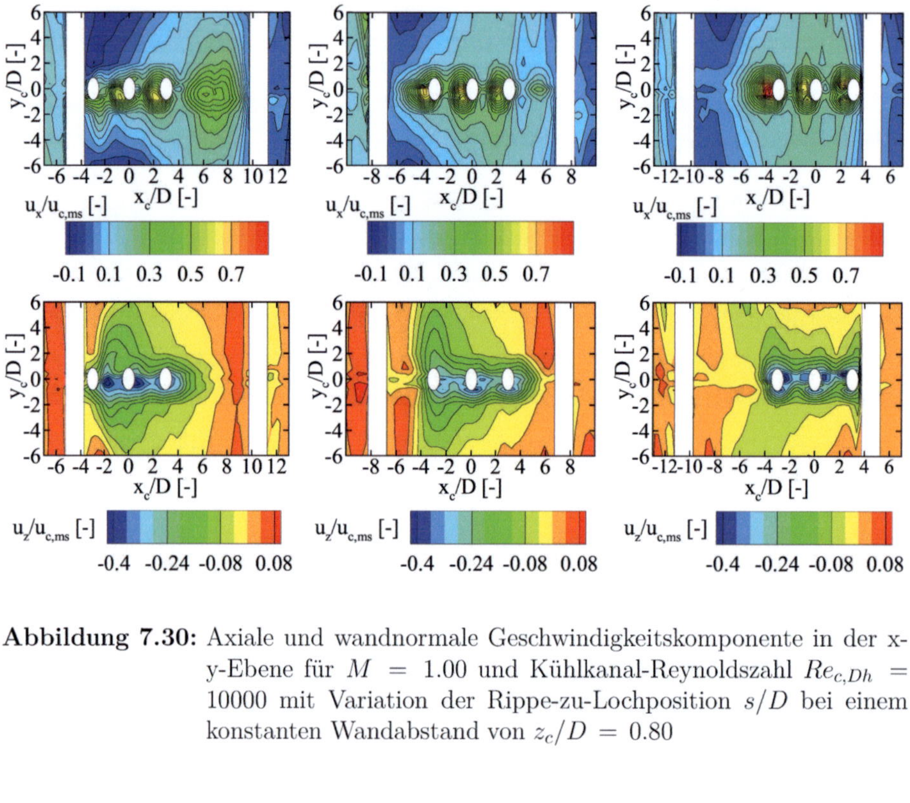

Abbildung 7.30: Axiale und wandnormale Geschwindigkeitskomponente in der x-y-Ebene für $M = 1.00$ und Kühlkanal-Reynoldszahl $Re_{c,Dh} = 10000$ mit Variation der Rippe-zu-Lochposition s/D bei einem konstanten Wandabstand von $z_c/D = 0.80$

Bei der Rippenposition $s/D = 4.5$ zeigen sich über dem zweiten und dritten Filmloch eine starke Erhöhung der wandnormalen Geschwindigkeitskomponente. Zwischen dem ersten und zweiten Filmloch bildet sich ein weiteres Maximum von $-u_z/u_c$ aus. Bedingt durch die Nähe des Lochs zur stromauf gelegenen Rippe wird dessen wandnormale Zuströmung behindert und das Ansauggebiet verschiebt sich hinter das Loch. Der Ansaugeffekt genügt jedoch nicht zur Ausbildung einer axialen Rückströmung, so dass die vom ersten Loch hervorgerufene Erhöhung der wandnormalen Anströmung vor allem vom zweiten Loch in den Heißgaskanal abgeführt wird. Dies steht im Einklang mit den Untersuchungen von Cukurel et al. [29], die an einer einzelnen senkrechten Kühlluftbohrung den Einfluss der Fluidextraktion auf Strömungsfeld und Wärmeübergangsanfachung untersucht hatten. Hierbei verhält sich das Loch, welches in der Nähe der stromauf gelegenen Rippe positioniert war, als potentielle Strömungssenke. Durch diesen Effekt wird in der näheren Umgebung des Locheintrittes Material aus lateraler Richtung entnommen. Mit steigender Saugrate wird damit die Größe der Rezirkulationszone soweit verringert dass sie partiell fast ganz verschwindet. Daraus resultiert ein frühzeitigeres Wiederanlegen der Strömung im nachfolgenden Rippenfach. Am Verlauf der axialen Geschwindigkeitskomponente ist erkennbar, dass sich bei einem geringen lateralen Abstand zum Filmloch, ab $y/D >$ 1.6 bzw. $y/D < -4$, wieder ein Rezirkulationswirbel ausbildet. Die Asymmetrie des Geschwindigkeitsfeldes um die Mittelebene $y = 0$ ist eine Folge des Lochinklinationswinkels. Dieser bewirkt auch ein Verschiebung der axialen Ansauggebiete der Löcher in negative y-Richtung.

Die Blockage der axialen Zuströmung zum ersten Filmloch bei $s/D = 4.5$ äußert sich in Form einer kaum merklichen Erhöhung von u_x/u_c im Locheinflussgebiet. Für die Bereitstellung des erforderlichen Lochmassenstroms erfolgt deshalb am ersten und zweiten Filmloch die Ausbildung eines lateral erweitertes Ansauggebietes, was durch stark überhöhte radiale Geschwindigkeitskomponenten außerhalb der Kanalmittellinie gekennzeichnet ist. Das deutet auf eine großflächige Ansaugung von Fluid aus lateraler Richtung hin, die aus dem langsam strömenden Rippennachlauf gespeist wird. Hierbei sorgt die Blockage der Rippe für eine Verdrängung der Einsaugung in laterale Richtung, die sich ohne Störung ungehindert stromauf ausweitet (siehe Abschnitt 7.3.1, Strömungsfeld im glatten Kühlkanal). Zum dritten Filmloch hin nimmt der laterale Ansaugeffekt deutlich ab, da die Blockageeffekt durch die Rippe deutlich geringer wird und die Axialgeschwindigkeit wieder ansteigt. Es ist stromab des dritten Filmlochs ein lateral und axial weit ausgedehntes Gebiet erhöhter axialer

Geschwindigkeit erkennbar. Hier legt sich von den Löchern beschleunigtes jedoch nicht abgesaugtes Fluid an die Kanalwand an und wird durch Scherkräfte zur schneller fließenden Kernströmung beschleunigt. Bei Annäherung an die stromab gelegene Rippe und der damit verbundenen Ablenkung der Strömung zur Kanalmitte wird die wandnahe Strömung wieder verzögert.

Mit Veränderung der Rippenposition auf $s/D = 7.5$ zeigt sich immer noch ein großflächig ausgeprägtes Ansauggebiet in lateraler Richtung, was durch etwas weniger erhöhte wandnormale Geschwindigkeitskomponenten gekennzeichnet ist. Auch für diese Rippenposition muss demzufolge Fluid aus der Umgebung angesaugt werden, um den erforderlichen Lochmassenstrom bereitzustellen. Im Vergleich zur Rippenposition $s/D = 4.5$ weist das stromab des dritten Lochs ausgebildete Wiederanlegegebiet, eine erheblich geringere räumliche Ausbreitung auf. Ursächlich hierfür ist die Aufstauung und Ablenkung der Strömung an der stromab gelegenen Rippe. Werden die Bohrungen weiter in Strömungsrichtung hin zur nächsten Rippe verschoben ($s/D = 10.5$), ist an der Verteilung der wandnormalen Komponente erkennbar, dass sich annähernd ein gleichförmiges Ansauggebiet unterhalb jedes Loches ausbildet. Durch die nahezu blockagefreie Zuströmung der Bohrungen ist die laterale Ausdehnung der Ansauggebiete im Vergleich zu den anderen Rippenpositionen erheblich geringer. Da die Löcher aus schnell fließender wandnaher Strömung gespeist werden, ist großflächiges, laterales Ansaugen von Fluid nicht mehr erforderlich, um den Lochmassenstrom bereitzustellen. Anhand der axialen Geschwindigkeitskomponente ist erkennbar, dass der unmittelbare Nachlauf der stromauf gelegenen Rippe nur noch vergleichsweise gering von der Lochansaugung beeinflusst wird. Jedoch reicht diese weiterhin aus, um Rückströmung und somit die Ausbildung eines Rezirkulationswirbels im Rippennachlauf im Bereich $-2 < y_c/D < 1.8$ zu verhindern.

7.4 Wärmeübergang im Kühlkanal

7.4.1 Glatter Kanal

Im Vorfeld der Messungen zum Einfluss der Rippenposition auf den Wärmeübergang wurden, als Referenzfall zur Konfiguration mit Rippen, transiente Flüssigkristallversuche im glatten Kühlkanal durchgeführt. Das Ziel hierbei war einerseits eine Datenbasis zu schaffen für den Vergleich mit Korrelationen und andererseits den Einfluss der Einsaugung von anderen Effekten zu separieren, die durch die rippeninduzierte Strömung hervorgerufen werden. Hierzu wurden alle Rippen aus dem Kanal entfernt und der Wärmeübergang im selben Messfeld erfasst. Diese Konfiguration stellt dabei einen glatten Einlaufkanal dar und weist eine gleichförmige Verteilung des Wärmeübergangs mit geringen lateralen wie axialen Gradienten auf. Sie ist außerdem schon vielfältig experimentell wie numerisch untersucht worden, sodass zahlreiche Korrelationen dazu aufgestellt worden sind. In Abschnitt 2.2.1 sind hierzu zwei für die Untersuchungen geeignete Korrelationsfunktionen vorgestellt worden.

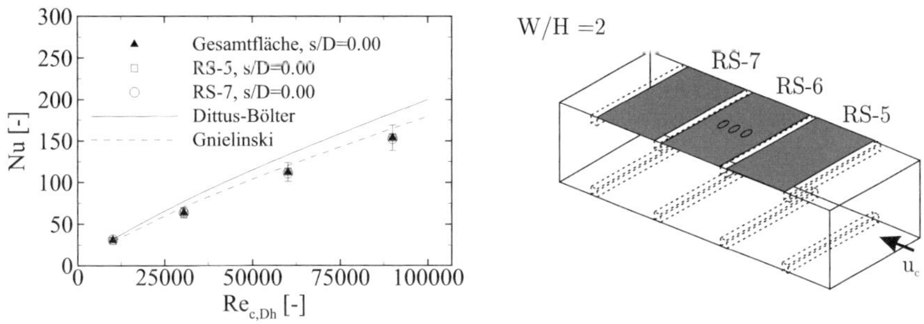

Abbildung 7.31: Vergleich des Wärmeübergangs im glatten Kanal ohne Filmlochausblasung mit Korrelationen für $s/D = 0.00$, $M = 0.00$

Für den Vergleich wird der Wärmeübergang auf der Deckfläche des Kühlkanals im Bereich der mittleren drei Rippensegmente gemessen. Danach wird der Wärmeübergangskoeffizient sowie die daraus resultierende Nusseltzahl erst pro Rippensegment und zusätzlich über die gesamte Fläche von drei Rippenteilungen gemittelt. Die dazu verwendeten Messbereiche und die Ergebnisse sind in Abb. 7.31 dargestellt.

Aufgrund der geringen Unterschiede in den flächengemittelten Daten für die einzelnen Rippensegmente sind der Übersichtlichkeit halber nur die Werte für Rippensegment 5 und 6 in das Diagramm eingezeichnet.

Es zeigt sich hier eine gute Übereinstimmung mit der Korrelation von Gnielinski [41], obwohl die Messdaten für alle untersuchten Reynoldszahlen leicht unterhalb der Korrelationsfunktion liegen. Die Abweichungen variieren geringfügig über den Reynoldszahlbereich und betragen im Mittel für die flächengemittelte Nusseltzahl ca. 8 %, was innerhalb der Messgenauigkeit für die transiente Flüssigkristallmethode liegt. Für den Vergleich mit der oft als Bezugsgröße verwendeten Dittus-Bölter-Korrelation, wie sie durch McAdams [82] vorgestellt wurde, zeigen sich größere Differenzen und der Wärmeübergang wird durch die Korrelation vor allem im Bereich der höheren Reynoldszahlen deutlich überschätzt. Dabei beträgt die mittlere Abweichung zwischen den Messwerten und der durch die Dittus-Bölter-Korrelation berechneten Nusseltzahl ca. 15 – 20 %. Die Unterschiede im flächengemittelten Wärmeübergang zwischen den einzelnen Rippensegmenten und im Vergleich zur Mittelung über die Gesamtfläche sind marginal und ordnen sich mit 0.3–2 % als sehr gering und innerhalb der Messgenauigkeit ein. Anhand der guten Übereinstimmung mit den Messdaten wurde gezeigt, dass die für Rohre bestimmten Korrelationen auch für einen nicht kreisrunden Querschnitt angewendet werden können. Da ein Grossteil des Wärmeübergangsprozesses in den Subschichten der Wandgrenzschicht nahe der Oberfläche stattfindet, ist der hydraulische Durchmesser ein günstigerer Parameter für die Modellierung als die eigentliche Kanalform.

Weiterhin wurden für drei Ausblasraten von $M = 0.50$, 0.75 und 1.00 der Einfluss der Kühlluftextraktion auf den internen Wärmeübergang mit Variation der Reynoldszahl untersucht. Die mit der eingestellten Ausblasrate sich ergebenen dimensionslosen Parameter für Bohrung-zu-Kühlkanalmassenstrom $\psi = \dot{m}_h/\dot{m}_c$ sowie für das Saugverhältnis $S_R = u_h/u_c$ sind in Tab. 7.2 zusammengestellt. Hierbei ist zu beachten, dass mit dem Temperatursprung, der für die transiente Flüssigkristallmethode notwendig ist, auch das Saugverhältnis mit höherer Temperatur ansteigt. Einen nicht zu vernachlässigen Einfluss hat die höhere Dichte, was zu einer etwas erhöhten Austrittsgeschwindigkeit der Kühlluft am Lochaustritt führt für den Bereich geringerer Reynoldszahlen $Re_{c,Dh} < 50000$. Der Grund liegt hier in dem höheren Temperatursprung im Vergleich zu den hohen Reynoldszahlen, um den Farbumschlag der Flüssigkristalle auch in den Gebieten mit sehr geringen Wärmeübergängen unter

Tabelle 7.2: Zusammenhang zwischen Ausblasrate und Saugrate S_R bzw. Massenstromverhältnis ψ der Filmkühlbohrungen

$Re_{c,Dh}$	Ausblasrate M	ψ [−]	S_R [−]
	0.50	0.0275	5.66
10000	0.75	0.0412	8.48
	1.00	0.0550	11.31
	0.50	0.0046	0.88
60000	0.75	0.0069	1.31
	1.00	0.0091	1.75

Einhaltung der Forderung der halbunendlichen Wand zu gewährleisten. Für die in Tab. 7.2 angegebenen Werte ist der Temperatureinfluss berücksichtigt worden.

Die Ergebnisse für den lokalen Wärmeübergang mit Absaugung über die Kühlbohrungen sind in Abb. 7.32 in Form des Wärmeübergangsanfachungsparameters Nu/Nu_0 dargestellt. Zum Vergleich der Messdaten werden die Testfall mit geringster Reynoldszahl $Re_{c,Dh} = 10000$ sowie mit höherer Reynoldszahl $Re_{c,Dh} = 60000$ herangezogen, um den Einfluss der Locheinströmung bei verändertem Durchsatz im Kühlkanal zu diskutieren. Da die Effekte bei höchstem Bohrungsmassenstrom am stärksten ausgeprägt sind, wird die Gegenüberstellung der lokalen Wärmeübergangskoeffizienten auf die größte Ausblasrate $M = 1.00$ beschränkt. Dies entspricht bei $Re_{c,Dh} = 10000$ nach Tab. 7.2 einem Massenstromverhältnis $\psi = 0.055$ und einer Saugrate von $S_R = 11$. Bei Erhöhung der Reynoldszahl sinken die Werte drastisch ab und betragen nur noch etwa 16 % im Vergleich zur kleinsten Reynoldszahl.

Für den Fall eines glatten Kanals ohne die Absaugung von Kühlluft zeigt sich eine homogene Verteilung des Wärmeübergangs in axialer wie lateraler Richtung. Dabei liegen die ermittelten Nusseltzahlverhältnisse leicht unterhalb von 1. Diese Differenz wird durch die Überschätzung des Wärmeübergangs durch die Dittus-Bölter-Korrelation hervorgerufen, da dadurch der Referenzwert Nu_0 zu groß berechnet wird. Obwohl in diesem Fall keine Kühlluft aus dem Kanal entnommen und das Saugverhältnis damit zu Null wird, lässt sich doch im Bereich der Lochkanten eine leichte Erhöhung des Wärmeübergangs feststellen. Dies ist auf eine erhöhte Turbulenz innerhalb der Wandgrenzschicht zurückzuführen, die aus dem Überströmen der Lochkanten resultiert. Mit Einschalten der Kühlluftabsaugung ändert sich die Verteilung des

Wärmeübergangskoeffizienten deutlich gegenüber dem glatten Kanal. Dabei lässt sich ein Gebiet stark erhöhter Wärmeübergänge um und zwischen den Locheintritten erkennen, das sich bei maximaler Ausblasrate von $M = 1.00$ ca. vier Lochdurchmesser in jede laterale Richtung erstreckt. Weiterhin erstreckt sich der Einfluss der Absaugung auch auf den Wärmeübergang stromab der Bohrungen. Hier ist eine extensive Anfachung des Wärmeübergangs, auch schon bei geringen Ausblasraten, direkt stromab der Löcher sichtbar. Dies führt hier zu gemessenen Nusseltzahlverhältnissen von weit über 10 für die Ausblasrate $M = 1.00$. Die axiale Ausdehnung dieses Gebietes mit erhöhtem Wärmeübergang beträgt mehr als $28\,D$ für den Fall hoher Ausblasrate.

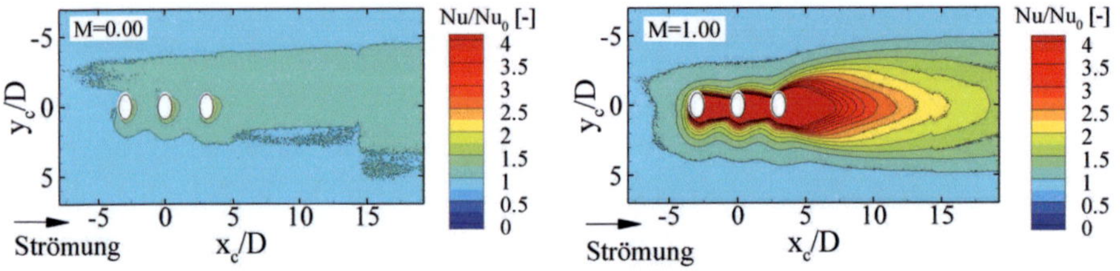

(a) $Re_{c,Dh} = 10000$

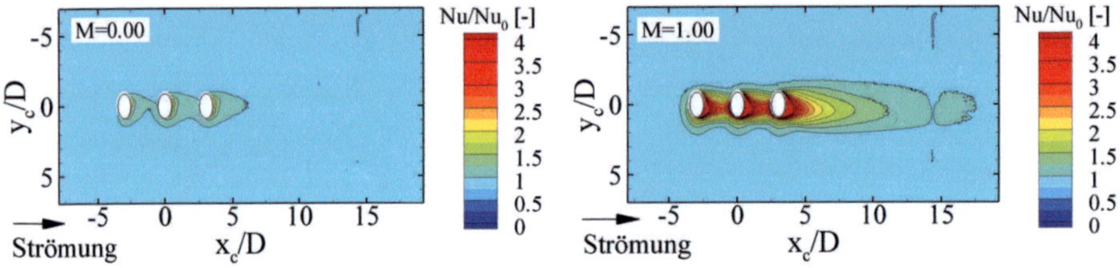

(b) $Re_{c,Dh} = 60000$

Abbildung 7.32: Wärmeübergang im glatten Kanal ($W/H = 2$) mit Kühlluftextraktion durch die Bohrungen ($M = 1.00$) für zwei verschiedene Kühlluft-Reynoldszahlen

Wird nun bei identischem Bohrungsmassenstrom, d.h. gleicher Ausblasrate, die Reynoldszahl im Kühlkanal und damit dessen Durchsatz erhöht, so verringert sich der Einfluss der Absaugung auf den Wärmeübergang dramatisch. Durch den größeren

Anteil an Kühlfluid das durch den Kühlkanal transportiert wird, sinken die Wärmeübergänge um den Faktor drei direkt stromab der Bohrungen. An der Stromabposition $x_c/D = 5$ und $y_c/D = 0$ verringert sich beispielsweise die Nusseltzahl von $Nu/Nu_0 = 7.6$ bei geringer Reynoldszahl auf $Nu/Nu_0 = 2.43$ für den Fall hoher Reynoldszahl ($Re_{c,Dh} = 60000$). Dies ist, wie im vorangegangenen Kapitel 7.3.3 für die Strömungsfeldmessungen mittels PIV schon erläutert, auf den größeren Impuls der Kühlkanalströmung mit größerer Reynoldszahl im Vergleich zur Strömung durch die Bohrung zurückzuführen. Auch die axiale wie laterale Ausdehnung verringert sich sichtbar und beträgt $\pm 2D$ in y-Richtung bzw. nur noch 11 Lochdurchmesser in Strömungsrichtung. Weiterhin kann eine etwas stärkere Anfachung des Wärmeübergangs auf der Leeseite der Bohrung (positive y_c-Richtung) beobachtet werden. Da die Achse des Filmkühlloches senkrecht zum Kühlkanal in Strömungsrichtung des Heißgaskanals um 35° geneigt ist, kommt es für die lateral entnommene Kühlluft in diesem Bereich der Locheintrittskante zu einer stärkeren Umlenkung von 145° in die Bohrung hinein. Durch die damit erhöhte Turbulenz wird auch der Wärmeübergang stärker angefacht als auf der gegenüberliegenden Seite, wo die Umlenkung in die Bohrung mit nur 35° deutlich geringer ist.

Hierbei scheinen die Ergebnisse daraufhin zu deuten, dass dreidimensionale Strömungseffekte den Nachlauf der Kühlbohrung im glatten Kanal beeinflussen. Zu dieser Thematik wurden von Byerley [20] umfangreiche Wärmeübergangsstudien an einer Einzelbohrung mit unterschiedlicher Orientierung und mit Variation der Saugrate durchgeführt. Durch die Locheinsaugung entsteht ein Druckgradient in Richtung Wand, der zu einer stärkeren Krümmung der Stromlinien hin zur Oberfläche führt. Dabei werden nicht nur die wandnahen Strompfade beeinflusst, sondern auch bei kleiner Reynoldszahl die wandferneren Bereiche der Kernströmung. Dies wird auch durch die Strömungsfelder im glatten Kanal mit Ausblasung bestätigt.

Anhand der Strömungsvisualizierungsversuchen von Byerley [20] und numerischen Untersuchungen von Scheepers und Morris [105] lässt sich die Ausprägung eines Staupunktes in unmittelbarer Nähe stromab des Locheintrittes erkennen, was in Zusammenhang mit den sehr hohen Wärmeübergängen direkt am Loch steht. Dessen Lage verschiebt sich in Strömungsrichtung weiter stromab der Lochkante mit größerer Saugrate. Ferner proklamiert Byerley [20] auf Basis von numerischen CFD-Studien die Existenz eines Wirbelpaares im Nachlauf der Bohrung, was vor allem die hohen Wärmeübergänge weiter stromab der Löcher erklärt. Durch die Anordnung einer

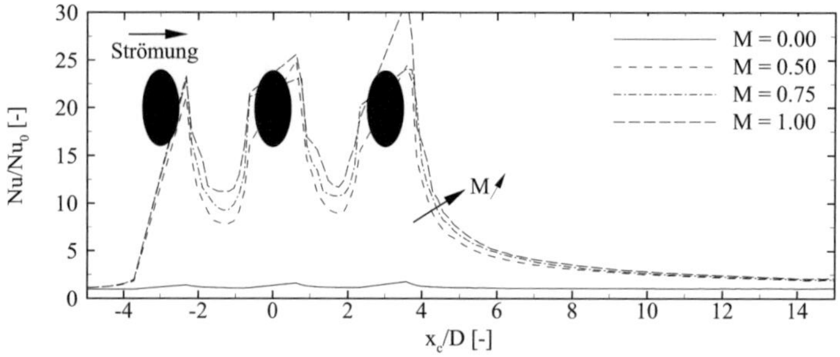

(a) $Re_{c,Dh} = 10000$

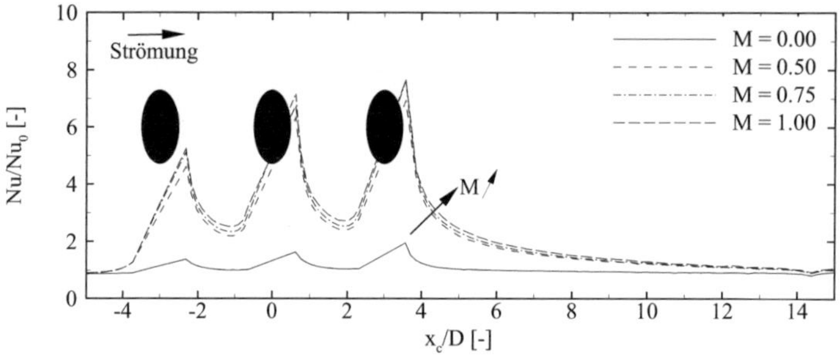

(b) $Re_{c,Dh} = 60000$

Abbildung 7.33: Wärmeübergangsanfachung Nu/Nu_0 entlang der Mittellinie eines glatten Kanal mit Kühlluftextraktion für zwei verschiedene Reynoldszahlen

Lochreihe mit drei hintereinandergeschalteten, querangeströmten Bohrungen wird dieses Wirbelsystem aufgrund des erhöhten Absaugmassenstromes deutlich angefacht. Durch die Entfernung von langsam fließenden Grenzschichtmaterial nahe der Wand infolge der Absaugung kommt es im Bohrungsnachlauf zur Ausbildung einer Querströmung von den Seitenbereichen des Kanals in Richtung dessen Mittellinie, die durch die Entwicklung zweier Wirbeläste in Richtung Kanalmitte fortgesetzt wird. Dabei rotieren die Wirbeläste entgegen dem Uhrzeigersinn bei einer Blickrichtung stromauf hin zur Bohrung. Dies führt zu einem vermehrten Transport von Fluid in die Kanalmitte, die dadurch von sehr hohen Wärmeübergängen geprägt ist. Mit größerer Entfernung zur Bohrung nimmt die Wärmeübergangsanfachung aufgrund der Dissipation der wirbelbehafteten Querbewegung exponentiell ab.

Dies zeigt sich sehr gut in den Wärmeübergangsergebnissen entlang der Kanalmittellinie, wie sie in Abb. 7.33 dargestellt sind. Die lokale Wärmeübergangsanfachung direkt hinter dem Loch ist vor allem für die kleine Reynoldszahl von 10000 durch sehr hohe Nusseltzahlverhältnisse gekennzeichnet. Mit steigender Reynoldszahl nimmt diese Anfachung deutlich ab und die Nusseltzahlverhältnisse sinken bis auf 6 ab. Dabei sind die Bereiche direkt an den Lochkanten durch sehr kurze Indikationszeiten der Flüssigkristalle ($\leq 3.5\,s$) geprägt und daher mit einem höheren Fehler im Wärmeübergang verbunden. Die Erhöhung der Ausblas- bzw. Saugrate der Bohrungen führt zu einem Anstieg in der Nusseltzahl entlang der Kanalmittellinie, wobei der Effekt sich auf den Nahbereich des Locheintrittes beschränkt. In Strömungsrichtung fällt die Wärmeübergangsanfachung wieder ab und nach 14 Lochdurchmessern werden bei großer Reynoldszahl von 60000 die Werte für die ungestörte Kanalströmung erreicht. Im Falle geringerer Reynoldszahlen erstreckt sich dieses Gebiet weiter stromab. Weiterhin wird durch die Beschleunigung des Fluides in die Löcher der Wärmeübergang im Zwischenraum der Bohrungen stark angefacht. Bei kleiner Reynoldszahl ist der Wärmeübergang mehr als 10 mal so groß wie der glatte, turbulent durchströmte Kanal. Mit größer werdender Reynoldszahl nimmt dieser Effekt in seiner Wirkung auf den Wärmeübergang deutlich ab und beträgt im Nusseltzahlverhältnis für $Re_{c,Dh} = 60000$ nur noch etwa 2.5.

Zur Einordnung der Effekte wurde ein Vergleich mit Messdaten von Scheepers und Morris [105] durchgeführt. Die Autoren untersuchten den Wärmeübergang stromab von verschiedenen Filmlöchern mittels transienter Flüssigkristallmethode. Dabei wurden zwei unterschiedliche Inklinationswinkel einer einzelnen Bohrung sowohl senkrecht zur Strömung ($\alpha = 90°$) und schräg angestellt ($\alpha = 150°$) untersucht, wobei die Bohrungsachse parallel zur Durchströmrichtung des Kühlkanals angeordnet ist. Für den Vergleich kommt aber nur das senkrechte Loch, aufgrund seiner quer zur Durchströmrichtung orientierten Bohrungsachse, der in dieser Arbeit benutzte Bohrungskonfiguration noch am nächsten. Die bei Scheepers und Morris verwendete Lochgeometrie ist mit $L/D = 8$ und einem Durchmesser von $5mm$ den hier untersuchten Bohrungen ähnlich.

Deren Ergebnisse wurden über einen Bereich von $\pm 1D$ in lateraler Richtung gemittelt und als Nusseltzahlverhältnis Nu/Nu_{ref} dargestellt. Hierbei ist zu beachten, dass der Referenzwert für die Nusseltzahl Nu_{ref} nicht einer Korrelation entnommen

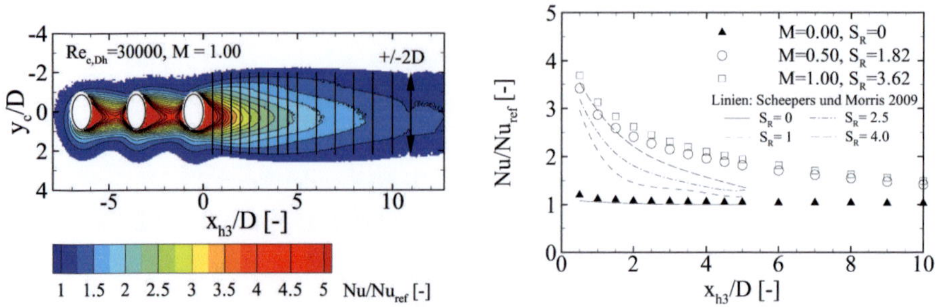

Abbildung 7.34: Einfluss der Kühlluftextraktion auf die Wärmeübergangsanfachung stromab der Bohrungen (links) und Vergleich mit Messdaten von Scheepers und Morris [105] (rechts) für $Re_{c,Dh} = 30000$, Ausblasrate $0 < M < 1.00$

wurde, sondern durch Mittelung in einem Gebiet mit vollständig ausgeprägter Strömung aber ohne den Einfluss der Bohrungen ermittelt wurde. Dazu wurde für die eigenen Messdaten die Nusseltzahlverteilung in einem Bereich von $-25 < x_c < -15$ und $-5 < y_c/D < 5$ gemittelt und der erhaltene Wert als Referenz benutzt. Die Messungen wurden für eine Reynoldszahl von 25000 und für eine Variation des Saugverhältnisses von $S_R = 0$, 1.0, 2.5, 4.0 und 5.0 durchgeführt. Um nun Vergleichbarkeit zu den eigenen Messwerten garantieren zu können, wurde die Bezugswerte und die laterale Mittelung identisch zur Vorgehensweise bei Scheepers und Morris durchgeführt (siehe Abb. 7.34 links). Das verwendete Koordinatensystem wird auf die stromabgelegene Kante des Locheintrittes der letzten Bohrung (Loch 3) transformiert, die Achsenrichtungen allerdings bleiben identisch.

Anhand der in Abb. 7.34 (rechts) dargestellten Ergebnisse zeigt sich für die eigene Bohrungskonfiguration ein deutlich stärkere Anfachung des Wärmeübergangs im Nahbereich des Bohrungseintrittes. Vergleicht man die Wärmeübergänge bei ähnlichen Saugverhältnissen der Bohrungen, so ist bei $M = 1.00$ und einer Saugrate von $S_R = 3.63$ nahe der Bohrung ($x_{h3}/D = 1$) ein 15 % größeres Nusseltzahlverhältnis als bei Scheepers und Morris zu erkennen. In Strömungsrichtung zeigt sich außerdem ein deutlich geringerer Abfall des Wärmeübergangs, was auf einen größeren Einflussbereich der Lochabsaugung stromab der Löcher hindeutet. Damit werden auch die Unterschiede zu der von Scheepers und Morris untersuchten Konfiguration weiter stromab immer größer. Hier fallen die Wärmeübergänge deutlich rascher wieder auf das Niveau eines glatten Kanals ab, sodass bei Scheepers und Morris die Wärmeübergangsanfachung durch die Bohrungen nur noch in etwa 17 % (stromab von $x_{h3}/D = 5$) für die kleinen Absaugraten beträgt. Im Vergleich dazu, sind in den hier vorgestellten Ergebnissen des glatten Kanals Nusseltzahlverhältnisse von über 2 zu beobachten. Mit größerem Bohrungsmassenstrom vergrößert sich auch das Einflussgebiet um den Locheintritt, was zu erhöhten Wärmeübergängen stromab führt.

Bei $x_{h3}/D = 5$ ist die Differenz von $1.94\,Nu_{ref}$ bei $S_R = 3.63$ im Vergleich zu Scheepers und Morris mit $Nu/Nu_{ref} = 1.37$ (bei $S_R = 4.00$) um 57 % angestiegen. Der Grund liegt hierbei in der größeren Anzahl von Bohrungen ($N = 3$), die die Effekte noch verstärken. Obwohl die Saugverhältnisse zwischen den beiden Untersuchungen ähnlich sind, so ist der abgesaugte Massenstrom bei gleicher Reynoldszahl ungefähr um den Faktor 3 größer. Damit erweitert sich auch der Einflussbereich der Absaugung auf den Wärmeübergang, wo nach zehn Lochdurchmessern in Strömungsrichtung immer noch eine deutliche Anfachung des Wärmeübergangs mit $Nu/Nu_{ref} = 1.50$ zu verzeichnen ist. Der Einfluss einer variierenden Ausblasrate auf den Wärmeübergang stromab des Locheintrittes ist in den Messdaten zwar sichtbar und zeigt auch einen systematischen Trend, ist aber durch die kleinen Änderungen in der Nusseltzahl als relativ gering einzuschätzen.

7.4.2 Berippter Kanal

Um den Einfluss der Rippen auf den inneren Wärmeübergang von dem der Filmlochabsaugung trennen zu können, wurden Messungen des Wärmeübergangskoeffizienten mit verschlossenen Filmbohrungen durchgeführt. Dazu wurden die Bohrungsauslässe auf der Heißgasseite mit Klebeband vollständig und luftdicht abgeklebt. Mittels der transienten Flüssigkristallmethode wurden für vier Kühlluft-Reynoldszahlen die Verteilungen des Wärmeübergangskoeffizienten in den drei der Kanalmitte am nächsten befindlichen Rippenfächern $5 - 7$ bestimmt. Die drei Filmbohrungen sind nur im mittleren Rippensegment 6 positioniert. Die Rippe-zu-Lochposition wird mit $s/D = 7.5$ für diese Untersuchung konstant gehalten. Die Abb. 7.35 zeigt die Ergebnisse in Form der lokalen Nusseltzahl auf der Kanaloberfläche mit Variation der Reynoldszahl. Der Bereich der Rippen ist durch die Maskierung ausgespart und die Flüssigkristallreaktion in dieser Region wird nicht mit ausgewertet.

Es zeigt sich in den lokalen Verteilungen die Ausbildung einer typischen rippenin-

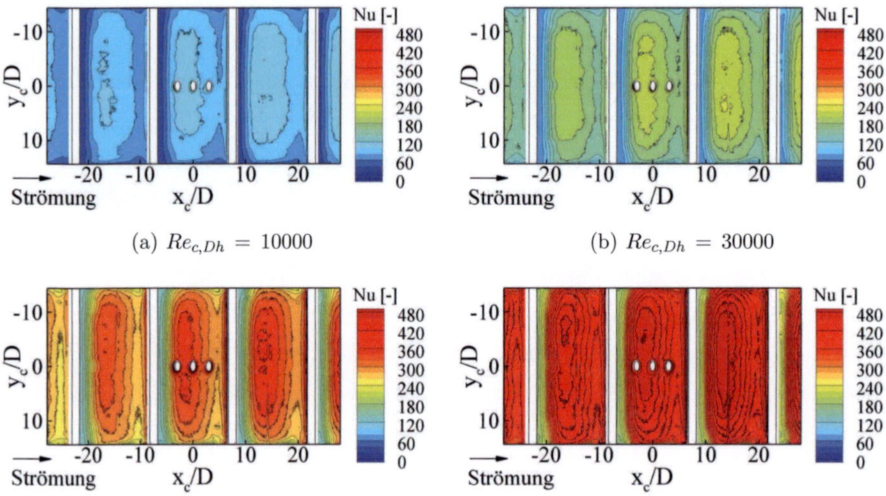

(a) $Re_{c,Dh} = 10000$ (b) $Re_{c,Dh} = 30000$

(c) $Re_{c,Dh} = 60000$ (d) $Re_{c,Dh} = 90000$

Abbildung 7.35: Wärmeübergang im berippten Kühlkanal ($W/H = 2:1$, $P/e = 10$) in Abhängigkeit der Kühlluft-Reynoldszahl ohne Kühlluftentnahme durch die Filmbohrungen und für die mittlere Rippe-zu-Lochposition $s/D = 7.5$

duzierten Strömung sowie die Störung der thermischen Grenzschicht durch die Rippe. Die stärkere Wirbelbildung und erhöhte Turbulenz in der Strömung erzeugen damit einen höheren Wärmeübergang. Für die drei mittleren Rippensegmente zeigt sich eine periodisch ausgebildete Verteilung der Nusseltzahl. Im Bereich des Rippennachlaufes sind aufgrund der Rezirkulationszone die Wärmeübergänge sehr gering. Sie steigen zur Rippensegmentmitte hin wieder an bevor durch die erneute Ablenkung der Strömung über die nächste Rippe der Wärmeübergang wieder abfällt. Die geringsten Wärmeübergangskoeffizienten sind dabei mit $\alpha = 10\,W/m^2K$ bei einer Reynoldszahl von 10000 erkennbar. Weiterhin lässt sich auch der Wiederanlegebereich detektieren, der durch die höchsten Wärmeübergänge pro Rippenfach gekennzeichnet ist.

Für die Variation der Reynoldszahl zeigt sich lokal ein fast linearer Anstieg der maximalen Wärmeübergänge von $25\,W/m^2K$ ($Re_{c,Dh} = 10000$) auf $128\,W/m^2K$ bei $Re_{c,Dh} = 90000$. Die Position des Staupunktsbereiches liegt im mittleren Rippenseg-

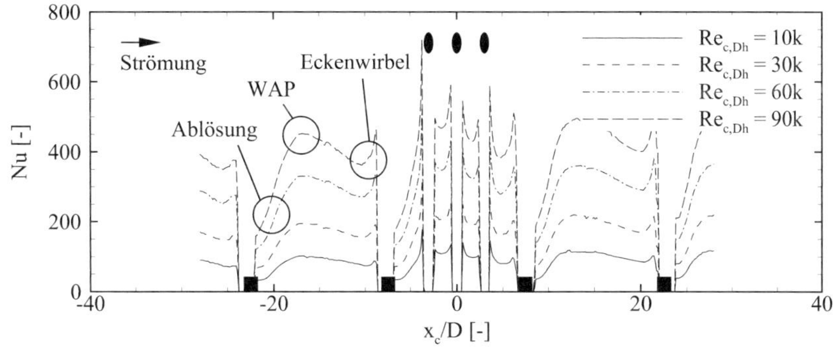

Abbildung 7.36: Nusseltzahl Nu entlang der Kanalmittellinie im Bereich der mittleren drei Rippensegmente für verschiedene Kühlluft-Reynoldszahlen und die mittlere Rippe-zu-Lochposition $s/D = 7.5$

ment bei etwa $x_c/D = -1.95$[1], was gut mit den Daten aus den PIV-Messungen (siehe Tab. 7.1) übereinstimmt. Im direkten Bereich um die Lochkanten herum steigt der Wärmeübergang aufgrund der turbulenten Überströmung der Bohrungseintritte noch einmal an. Stromab der Löcher sinkt der Wärmeübergang hin zur nächsten Rippe aufgrund der Wiederausbildung der Wandgrenzschicht ab. Zusätzlich dazu ist ein kleines Gebiet erhöhten Wärmeübergangs nahe der nächsten stromabgelegenen Rippe zu erkennen. Dies wird durch einen spiralförmigen Längswirbel hervorgerufen, der sich in der Ecke zwischen der Kanalwand und der Stirnseite der Rippe ausbildet. Dieser Wirbel wird durch die Scherschicht zwischen dem energiearmen Fluid in Wandnähe und der über die Rippe abgelenkten, beschleunigten Strömung angetrieben.

Der Verlauf der Nusseltzahl entlang der Kanalmittellinie ist in Abb. 7.36 über die drei Rippensegmente $5-7$ aufgetragen. Sehr deutlich zu erkennen ist der Ablösebereich stromab der Rippe, wo die Nusseltzahl für alle Reynoldszahlen klein ist. Dann steigt der Wärmeübergang innerhalb von wenigen Lochdurchmessern stark an bis im Staupunktsbereich die höchsten Nusseltzahlen erreicht werden. Dessen Position aber verändert sich über die Reynoldszahl nicht. Weiterhin ist der Einfluss des Eckenwirbels an der stromab gelegenen Rippe zu sehen, der bei der höchsten Reynoldszahl

[1]umgerechnet auf die Position bezüglich der stromauf liegenden Rippenhinterkante, wie in Abschnitt 7.3.2 beschrieben, ergibt sich $x_{R,WAP} = 3.20$.

am stärksten ausgeprägt ist und zu einem Wiederanstieg in der Nusseltzahl um ca. 12 % führt. Außerdem ist der Anstieg im Wärmeübergang um den Bohrungseintritt erkennbar, wobei direkt am Eintritt die Auswertung durch *TLCoat* über die Maskierung unterbunden wurde und daher dort die Nusseltzahlen zu Null werden. Der mittlere Wärmeübergang entlang der Kanalmittellinie ist im Rippensegment mit Filmbohrungen nur minimal größer als für die Segmente mit glatter Wand.

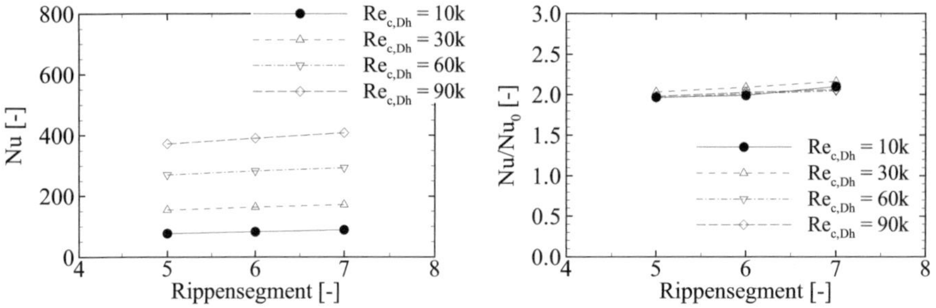

Abbildung 7.37: Flächengemittelte Nusseltzahl Nu und Wärmeübergangsanfachung Nu/Nu_0 im Bereich der mittleren drei Rippensegmente für verschiedene Kühlluft-Reynoldszahlen und die mittlere Rippe-zu-Lochposition $s/D = 7.5$

Für den Vergleich der Rippensegmente untereinander eignet sich gut der flächengemittelte Wärmeübergang in Form der Nusseltzahl, wie es in Abb. 7.37 (links) dargestellt ist. Dabei wird eine arithmetische Mittelung des gemessenen Wärmeübergangskoeffizienten über den Messbereich innerhalb jedes Rippenfachs durchgeführt. Die Ergebnisse zeigen qualitativ ähnliche Werte für die flächengemittelte Nusseltzahl in jedem Rippenfach. Es ist ein linearer Anstieg der flächengemittelten Nusseltzahl mit Erhöhung der Kühlluft-Reynoldszahl feststellbar. Dabei steigt die Nusseltzahl um ca. 100 Punkte für eine Erhöhung der Reynoldszahl um 30000. Im Vergleich zwischen den drei gemessenen Rippensegmenten ist ein geringer Anstieg der Nusseltzahl in Strömungsrichtung mit ca. 4 – 6 % erkennbar. Der lokal erhöhte Wärmeübergang im Bereich der Bohrungen hat keinen Einfluss auf die flächengemittelte Nusseltzahl. Werden die flächengemittelten Wärmeübergangsergebnisse auf die Nusseltzahl in einer glatten, turbulenten Rohrströmung mit vollausgebildeter Grenzschicht bezogen, so fallen die einzelnen Nusseltzahlen aufeinander. Die zur Berechnung benutzte Dittus-Bölter-Korrelation wurde schon im Kapitel 2.2.1 ausführlich vorgestellt. Die damit errechnete Wärmeübergangsanfachung Nu/Nu_0 zeigt einen über die Reynoldszahl konstanten Wert von 1.96 für das Fach 5, der bis auf 2.1 im Rippenfach 7 noch leicht ansteigt.

Der berippte Kühlkanal mit senkrecht zur Strömungsrichtung angeordneten Rippen ist in der Vergangenheit schon mehrfach untersucht worden. Daher existiert eine umfangreiche Datenbasis auf die für einen Vergleich mit den hier gemessenen Wärmeübergangswerten zurückgegriffen werden kann. Die Untersuchungen von Rau et al. [95, 96] Mitte der Neunziger Jaher beinhalten nicht nur umfangreiche Wärmeübergangsmessungen mittels einer stationären Flüssigkristallmessmethode sondern auch Druckverlust- und detaillierte Strömungsfeldmessungen, die mit Laser-Doppler-Velocimetrie (LDV) erfasst wurden. Die Wärmeübergänge wurden für verschiedene Rippenteilungsverhältnisse, darunter auch $P/e = 9$ und 12, bei einer konstanten Kühlluft-Reynoldszahl von 30000 aufgenommen. Die Rippen wurden entweder auf einer (1s) oder beiden Kanalseiten (2s) aufgebracht und dessen Einfluss untersucht. Interessant für den Vergleich ist hierbei vor allem die Konfiguration mit beidseitig beripptem Kanal (2s). Weiterhin wurden die gemessenen Wärmeübergangsdaten mit den Ergebnissen von Sewall et al. [111] verglichen. Die Messungen wurden in einem

Bezeichnung	e [mm]	e/D_h [-]	P/e [-]	AR [-]	$Re_{c,Dh}$ [-]
eigene Messungen	7.5	0.078	10	2:1	10000-90000
Rau et al. [96]	5	0.1, 0.2	9 (2s), 12 (1s)	1:1	30000
Sewall et al. [111]	14.9	0.1	10	1:1	20000, 30000

Tabelle 7.3: Geometrie- und Strömungsrandbedingungen für den Messdatenvergleich mit Literaturergebnissen

beidseitig beripptem Zweistrangkanal mit 180°-Umlenkung durchgeführt. Die Wärmeübergangsdaten die zum Vergleich herangezogen worden sind, wurden im hinteren Teil der geraden Einlaufstrecke ($24\,D_h$) stromauf der Umlenkung entnommen. Der Vergleich erfolgt im Bereich der hydraulisch voll entwickelten Strömung, die nach

Angaben der Autoren erst ab Rippe 7 gewährleistet ist. Die Rippen besitzen einen quadratischen Querschnitt mit einem Rippenhöhen-zu-hydraulischem Durchmesserverhältnis $e/D_h = 0.1$ und einem Teilungsverhältnis von $P/e = 10$. Die untersuchten Reynoldszahlen, basierend auf der Kerngeschwindigkeit und dem hydraulischen Durchmesser, betragen 20000 bzw. 30000. Tab. 7.3 gibt noch einmal eine Zusammenstellung aller Geometrie- und Strömungsrandbedingungen für die Ergebnisse aus der Literatur im Vergleich zu den eigenen Messungen.

Für den Vergleich mit den Literaturdaten wurden die Nusseltzahlen entlang der Mittellinie des Kühlkanals ausgetragen und für das Rippensegment 5 in Abb. 7.38 (a) dargestellt. Es zeigt sich eine sehr gute Übereinstimmung der gemessenen Wärmeübergänge mit den Daten von Sewall et al. [111] und Rau et al. [96] für das kleinere Rippenteilungsverhältnis $P/e = 12$, wo der Kanal nur auf einer Seite mit Rippen versehen wurde. Vor allem der Anstieg des Wärmeübergangs und der Staupunktsbereich mit den höchsten Wärmeübergängen stimmen gut überein. Weiterhin ist im Vergleich mit den Daten von Sewall et al. [111] auch der Wiederanstieg im Wärmeübergang aufgrund des Eckenwirbels erkennbar. Es lässt sich daraus schließen, dass in den genannten Testfällen eine hydrodynamische und thermische Ähnlichkeit zwischen den Strömungsfeldern und dem Wärmeübergang besteht. Geringe Differenzen sind im stromabgelegenen Teil des Rippenfachs ersichtlich, wo der Abfall im Wärmeübergang in den Literaturdaten kleiner ist als in den eigenen Messungen. Außerdem sind die Wärmeübergänge nach der Rippe im Ablösebereich deutlich geringer als bei Sewall et al. [111]. Für die anderen Literaturstellen lagen in dem Bereich keine Daten zum Vergleich vor.

Abschließend werden in Abb. 7.38 (b) die Nusseltzahlen für den Fall ohne Ausblasung ($M = 0.00$) und die mittlere Rippe-zu-Lochposition $s/D = 7.5$ mit zwei verschiedenen Korrelationen für berippte Kanäle in Abhängigkeit der Kühlluft-Reynoldszahl verglichen. Zur Überprüfung der transienten Flüssigkristallmethode wird der Wärmeübergang auf der Deckoberfläche des Kanals in den drei mittleren Rippensegmenten gemessen, wo sich ohne Kühlluftentnahme durch die Bohrungen bereits eine vollausgebildete Strömung entwickelt hat. Der Wärmeübergang wird über die vermessene Wandoberfläche gemittelt und der Mittelwert aus den drei untersuchten Rippenfächern über die Reynoldszahl aufgetragen. Bis $Re_{c,Dh} = 60000$ zeigt sich eine sehr gute Übereinstimmung zwischen den flächengemittelten Nusseltzahlen im Experiment und den Korrelationen von Han [46] und von Han und Park [49]. Ge-

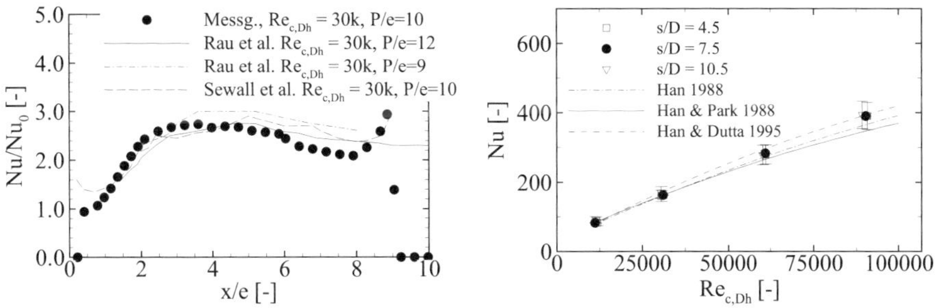

(a) Vergleich mit früheren Untersuchungen (b) Vergleich mit Korrelationen

Abbildung 7.38: Vergleich zwischen den eigenen experimentellen Daten und Ergebnissen aus der Literatur für a) Wärmeübergangsanfachung Nu/Nu_0 entlang der Kanalmittellinie für $Re_{c,Dh} = 30000$, $M = 0.00$ und b) Vergleich der Nusseltzahl Nu in Abhängigkeit der Reynoldszahl mit Korrelationen von Han [46], Han und Park [49] und Han und Dutta [47]

ringe Abweichungen können für den Fall mit hoher Reynoldszahl $Re_{c,Dh} = 90000$ beobachtet werden. Anhand der Korrelation von Han und Dutta [47] wird der Wärmeübergang für den vorliegenden Testfall etwas zu hoch vorhersagt, wobei dieser Effekt im Bereich $10000 < Re_{c,Dh} < 40000$ nur minimal ausgeprägt ist. Dies gilt vorrangig für höhere Reynoldszahlen ab $Re_{c,Dh} = 50000$, wo die Abweichungen mit zunehmender Reynoldszahl größer werden.

7.4.3 Einfluss der Ausblasrate

Der Einfluss des durch die Bohrungen abgesaugten Kühlluftmassenstromes bzw. der äquivalenten Ausblasrate für die Filmkühlung ist anhand von drei Stützpunkten bei $M = 0.50$, 0.75 und 1.00 untersucht worden. Auf eine weitere Erhöhung der Ausblasrate wurde hier verzichtet, da ab diesem Punkt der Strahl sich schon zum Großteil von der Wand abgelöst hat und die Schaufeloberfläche kaum noch durch den Filmstrahl gekühlt wird. Unter realen Maschinenbedingungen ist solch ein Fall zu vermeiden, da mit dem Entstehen von Hotspots im Nachlauf der Bohrung die thermische Belastung der Schaufel immens steigt und deren Lebensdauer verringert wird.

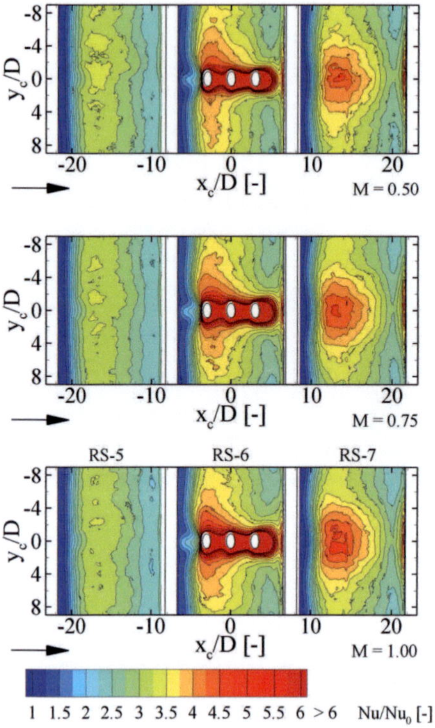

(a) $Re_{c,Dh} = 10000$

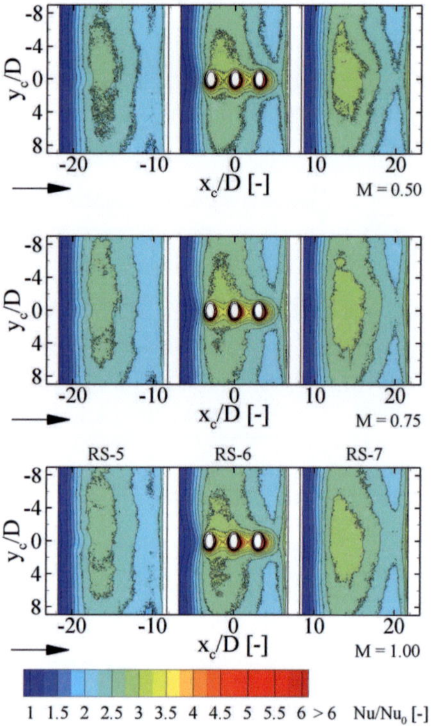

(b) $Re_{c,Dh} = 60000$

Abbildung 7.39: Nusseltzahlverteilung in den mitteleren Rippensegmenten mit Kühlluftextraktion durch die Filmbohrungen, mittlere Rippe-zu-Lochposition $s/D = 7.5$

Die Ergebnisse der Wärmeübergangsmessungen sind für zwei der vier untersuchten Kühlluft-Reynoldszahlen in Abb. 7.39 dargestellt. Bei höherer Reynoldszahl nimmt dabei die Anfachung des Wärmeübergangs durch die Absaugung von Kühlluft deutlich ab. Schon bei einer Reynoldszahl von 60000 ist kaum noch eine Überhöhung des Wärmeübergangs im mittleren Rippenfach feststellbar. Daher wurde auf die Diskussion der Ergebnisse für die höchste Reynoldszahl von 90000 in den folgenden Abschnitten verzichtet. Anhand der dargestellten Verteilungen lässt sich generell ein signifikante Erhöhung des Wärmeübergangs im Rippensegment mit angeschalteter Kühlluftabsaugung erkennen. Durch die erhöhte Beschleunigung des Fluides beim Absaugen in das Loch steigt der Wärmeübergang lokal um den Bohrungseintritt um den Faktor $6\,Nu_0$ und mehr. Dieser Effekt liegt vor allem in der erhöhten Turbulenz innerhalb der Einsauggebiete begründet. Weiterhin zeigt sich ein laterales Gebiet erhöhter Wärmeübergänge seitlich der Kühlbohrung, was vor allem im Bereich des Staupunktes der Rippenumströmung lokalisiert werden kann. Hier führt der Blockageeffekt der stromaufgelegenen Rippe zu einer lateral verbreiterten Einsaugung von Fluid aus den Seitenwandbereichen des Kühlkanals, was zu erhöhten Wärmeübergängen in diesem Wandbereich führt.

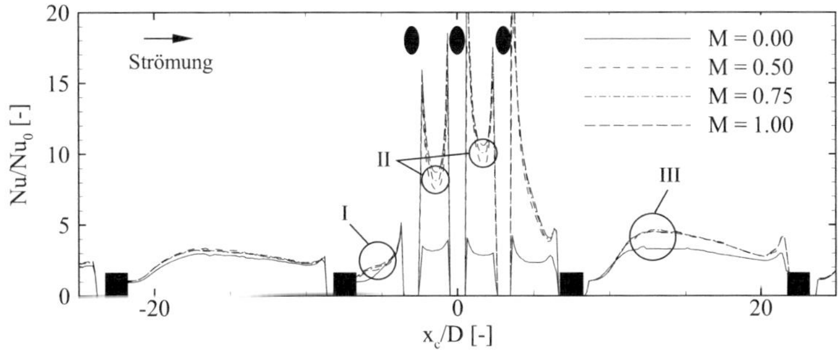

(a) $Re_{c,Dh}$ = 10000

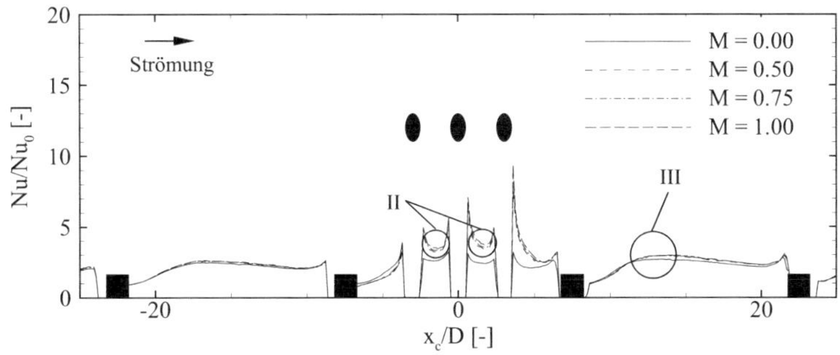

(b) $Re_{c,Dh}$ = 60000

Abbildung 7.40: Wärmeübergangsanfachung Nu/Nu_0 entlang der Mittellinie des berippten Kanal mit Kühlluftextraktion für zwei verschiedene Reynoldszahlen, mittlere Rippe-zu-Lochposition $s/D = 7.5$

Dies stimmt mit erhöhten wandnormalen Geschwindigkeitskomponenten in lateraler Richtung überein, wie sie in den Strömungsfelder mittels PIV gefunden wurden (siehe Abb. 7.41). Mit steigender Ausblasrate ist aber hier kein merklicher Zuwachs in der Gebietsausdehnung beobachtbar. Durch Wiederanlegen der Strömung zwischen den Bohrungen kommt es zu einem geringfügigem Abfall und Wiederanstieg des Wärmeübergangs in Lochteilungsrichtung. Mit größerer Ausblasrate steigt aber auch das gesamte Wärmeübergangsniveau zwischen den Bohrungen, wie es im Gebiet II in Abb. 7.40 zu beobachten ist. Anhand der Wärmeübergangsdaten entlang der Kanalmittellinie lässt sich auch für den Bereich I stromauf der Löcher eine geringe Erhöhung des Wärmeübergangs mit größerer Ausblasrate erkennen.

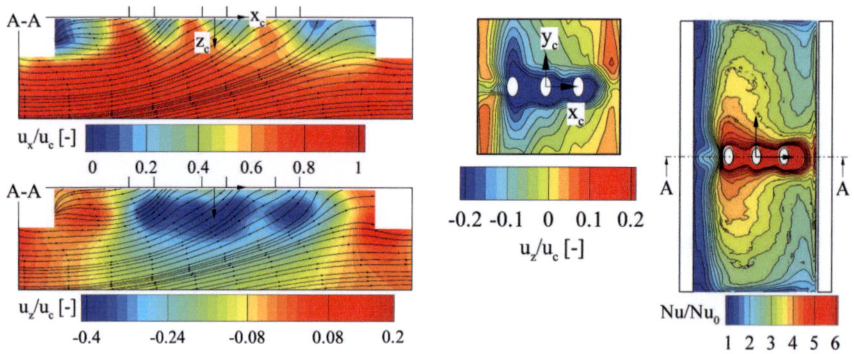

(a) Strömungsfeld entlang der Kanalmittelebene (A-A) und in lateraler Richtung y_c

(b) Wärmeübergang in RS-6

Abbildung 7.41: Strömungsfeld und Wärmeübergang im Rippenfach RS-6 mit Kühlluftextraktion, Ausblasrate $M = 1.00$, Reynoldszahl $Re_{c,Dh} = 10000$, mittlere Rippenposition $s/D = 7.5$

Weiterhin zeigt sich ein deutlicher Einfluss der Kühlluftabsaugung auf das stromabgelegene Rippensegment RS-7 (siehe auch Abb. 7.40). Der entsprechende Bereich erhöhter Wärmeübergänge in Strömungsrichtung ist mit III gekennzeichnet. Durch die Extraktion von Fluid aus dem Kühlkanal muss aus dem Kernströmungsgebiet Kühlluftmaterial in Richtung Wand transportiert werden. Das führt zu einer stärkeren Krümmung der wandferneren Stromlinien und zu einem ausgeprägteren Staupunkt im nächsten Rippenfach. Damit wird auch der Wärmeübergang lokal um den Faktor $4.5\,Nu_0$ erhöht, der somit ca. 1.5mal größer ist als im berippten Kanal ohne Absaugung. Hierbei ist zu beachten, dass dieser Effekt im Fall der geringsten Reynoldszahl am ausgeprägtesten ist. Der Grund liegt im deutlich größeren Verhältnis des Einsaugimpulses zum Durchsatz im Kühlkanal. Aufgrunddessen konzentrieren sich die Einsauggebiete der Bohrungen nicht nur auf das eigentliche Rippenfach, sondern erstrecken sich auch teilweise bis in die Kernströmung hinein. Mit größer werdender Reynoldszahl wird das Verhältnis von eingesaugtem Massenstrom zum Massenstrom im Kühlkanal exponentiell kleiner und somit auch der Einfluss der Absaugung auf den Wärmeübergang. Im Testfall mit Reynoldszahl von 60000 ist ein deutliches Abklingen des Einflusses der Lochabsaugung zu finden. Dabei zeigt sich um den Bohrungseintritt herum nur noch eine geringe Anfachung des Wärmeübergangs um den Faktor $4 - 5$ im Vergleich zum glatten Kanal. Auch im stromabgelegenen Rippensegment ist der Einfluss nahezu verschwunden und die Nusseltzahl steigt nur noch auf $2.9\,Nu_0$.

Um den Einfluss der Ausblasung auf den Wärmeübergang von dessen Anfachung durch die Rippen zu separieren, werden die in Rippensegment RS-6 und RS-7 flächengemittelten Nusseltzahlen nicht auf die Dittus-Bölter-Korrelation bezogen sondern auf das Flächenmittel der Nusseltzahl aus Rippensegment RS-5. Dieser Wert wird im folgenden als Nu_{ref} bezeichnet. An dieser Stelle wird vorrausgesetzt, was durch Untersuchungen im berippten Kanal ohne Absaugung (siehe Abschnitt 7.4.2) bestätigt worden ist, dass hier eine periodische Rippenumströmung und damit auch Periodizität im Wärmeübergangsverhalten vorherrscht. Betrachtet man das Rippenfach mit den Filmkühlbohrungen (RS-6), so ist erwartungsgemäß ein deutlicher Einfluss der Absaugung im flächengemittelten Wärmeübergang erkennbar, der aber stark abhängig ist von der Kühlkanal-Reynoldszahl. Im Fall der geringsten Reynoldszahl ($Re_{c,Dh} = 10000$) wird durch die Beschleunigung des Fluides in die Löcher hinein die Turbulenz in diesem Strömungsgebiet so stark erhöht, dass der Wärmeübergang schon bei kleiner Ausblasrate um etwa 22 % gegenüber dem berippten Kanal angefacht wird. Mit Anstieg des extrahierten Lochmassenstromes vergrößert sich die Wärmeübergang nochmals leicht um 6 % auf $Nu/Nu_{ref} = 1.27$. Dieser Einfluss verringert sich nichtlinear mit steigender Kühlkanal-Reynoldszahl, beträgt für die maximale Reynoldszahl von 90000 weniger als 2 % und ist damit ab dieser Reynoldszahl vernachlässigbar klein. Interessanterweise zeigt auch das stromabgelegene Rippensegment einen sichtbaren Einfluss durch die Absaugung von Fluid aus dem Kühlkanal. Der Effekt ist, wie

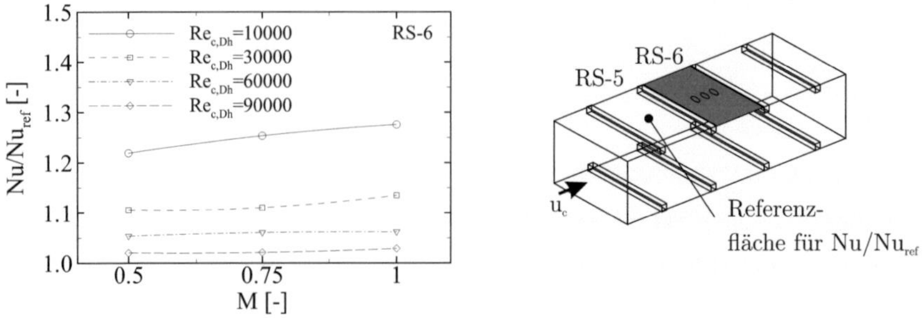

(a) Rippensegment mit Filmbohrungen (RS-6)

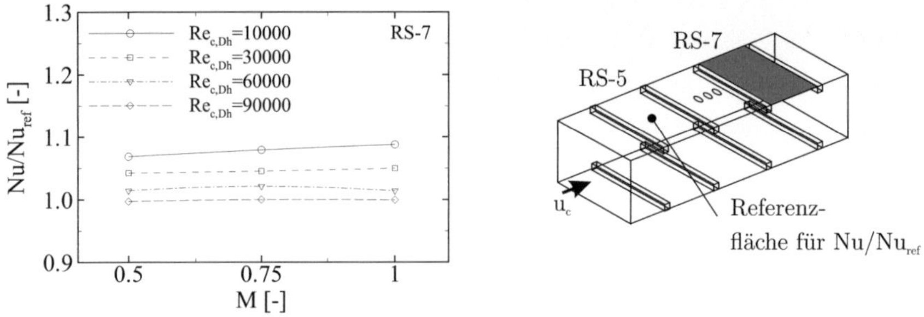

(b) Rippensegment RS-7

Abbildung 7.42: Flächengemittelter Wärmeübergang in Form des Nusseltzahlverhältnisses Nu/Nu_{ref} im Rippenfach mit Kühlluftextraktion (RS-6) und im Rippensegment stromab (RS-7)

auch in RS-6 beobachtet, bei minimaler Reynoldszahl mit dem Verstärkungsfaktor $EF = Nu/Nu_0$ von $1.07 - 1.09$ für $M = 0.5 - 1.00$ am stärksten ausgeprägt. Der Einfluss verringert sich exponentiell mit größerer Reynoldszahl und strebt gegen den Wert 1, was einem mittleren Wärmeübergang pro Fach in berippten Kanal entspricht.

7.4.4 Einfluss der Rippe-zu-Lochposition

Der vorangegangene Abschnitt zum Einfluss der Ausblasrate auf den Wärmeübergang hat gezeigt, dass sich die Effekte mit größerem Bohrungsmassenstrom nur geringfügig stärker ausbilden. Weiterhin wird der Effekt der Absaugung von Kühlfluid aus dem berippten Kanal mit steigender Reynoldszahl exponentiell kleiner.

Es ist daher zu vermuten, dass die Strömungs- und Wärmeübergangsphänomene

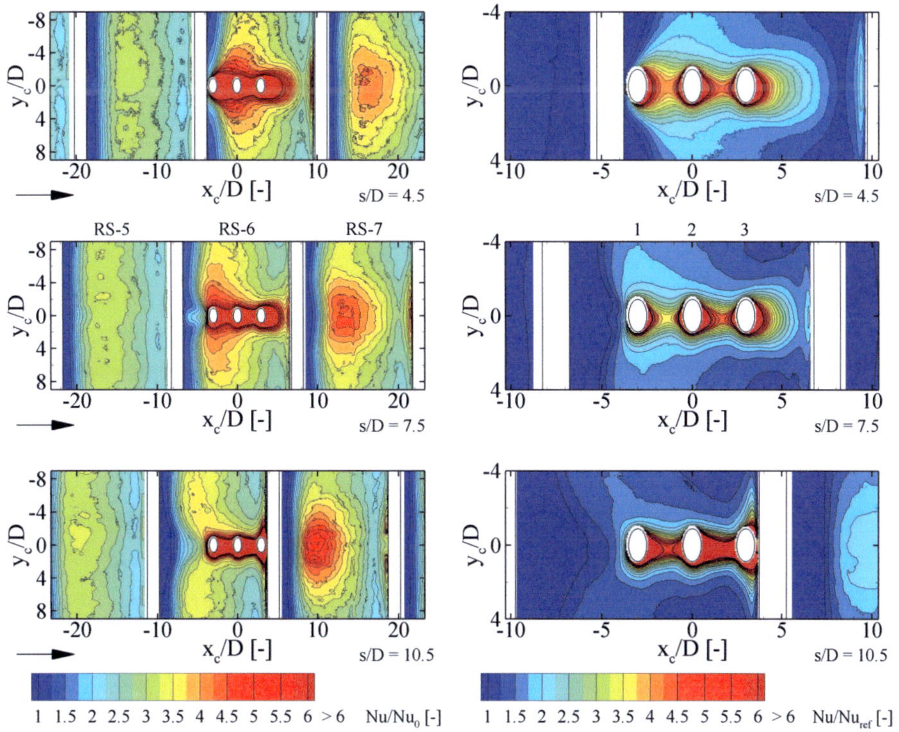

(a) Nusseltzahlverteilung bezogen auf Dittus-Bölter

(b) Nusseltzahlverteilung bezogen auf Wärmeübergang in Rippensegment 5

Abbildung 7.43: Nusseltzahlverteilung in den mitteleren Rippensegmenten für die Variation der Rippe-zu-Lochposition s/D bei konstanter Ausblasrate $M = 1.00$ und Kühlluft-Reynoldszahl $Re_{c,Dh} = 10000$

mit Variation der Rippenposition bei der größten untersuchten Ausblasrate $M = 1.00$ und der geringsten Reynoldszahl $Re_{c,Dh} = 10000$ am deutlichsten ausgeprägt sind. Daher wird die anschließende Ergebnissdiskussion der lokalen Wärmeübergänge und der Nusseltzahlverteilung entlang der Kanalmittellinie auf diesen Betriebspunkt beschränkt. Die Rippenposition bezüglich des mittleren Loches wurde in drei diskreten Schritten von $s/D = 4.5$, 7.5 und 10.5 verändert. Die Messdaten sind dafür als lokale Nusseltzahlverteilungen in Form des Verstärkungsparameters Nu/Nu_0 in Abb. 7.43 (links) dargestellt. Da sich aufgrund der hohen Wärmeübergänge nahe des Locheintrittes ein starker Gradient der Nusseltzahl im Rippensegment ausbildet, sind zur besseren Visualisierung des Einflusses der Rippenposition die Nusseltzahlverteilungen in Abb. 7.43 (rechts) zusätzlich auf den flächengemittelten Wärmeübergang aus dem stromauf liegenden Rippenfach 5 normiert. Dadurch wird der erhöhte Wärmeübergang, der durch die Rippen verursacht wird, vom Einfluss des Absaugung und der Veränderung der Rippenposition separiert.

Die Positionierung der Filmkühlbohrungen im dafür vorgesehenen Rippenfach hat primär einen deutlichen Effekt auf den lokalen Wärmeübergang. Da die Absaugung durch die Bohrungen eine lokale Beschleunigung des angesaugten Fluids bewirkt, überhöht sich der Wärmeübergang um den Bereich der Locheintrittskonturen sehr stark. Mit Bezug auf die Dittus-Bölter-Korrelation übersteigen in diesem Bereich die Nusseltzahlen Werte über $20\,Nu_0$. Im Zwischenraum der Bohrungen sinkt der Wärmeübergang geringfügig in axialer Richtung ab, was durch ein partielles Wiederanlegen der Strömung begründet ist. Mit Annäherung zur nächsten Bohrung steigt der Wärmeübergang durch die erhöhte Turbulenz im Locheinströmbereich wieder stark an. Dieser Effekt ist dabei in der Nusseltzahlverteilung entlang der Kanalmittellinie gut erkennbar, wie sie in Abb. 7.44 dargestellt ist. Das Einflussgebiet zwischen den Bohrungen ist in dieser Abbildung mit I bezeichnet. Einen Einfluss der Kühlluftentnahme auf die Nusseltzahlen entlang der Mittellinie im Rippenfach 5 ist nicht erkennbar.

Mit Positionsänderung der Bohrungen in Richtung der stromaufgelegenen Rippe ($s/D = 4.5$) sind erhöhte Wärmeübergänge im Bereich der Rezirkulationszone hinter der Rippe erkennbar. Diese Strömungszone ist im Fall ohne Filmkühlung durch sehr geringe Wärmeübergänge charakterisiert. Aufgrund der Locheinsaugung ins erste Loch wird die Ablösezone der Rippe im Einflussbereich der Bohrung fast vollständig entfernt (siehe auch Abb. 7.45) und die erhöhten turbulenten Strukturen des stark beschleunigten Kühlfluides führen zu einem deutlich verstärkten Wärmeübergang. Damit wird das zur Filmkühlung benötige Fluidmaterial primär aus der Ablösezone und aus der über die Rippe beschleunigten Kernströmung entnommen. Weiterhin zeigt sich ein in lateraler Richtung um etwa $\pm 2D$ verbreitertes Gebiet mit erhöhtem Wärmeübergang (vgl. Abb. 7.43). Dies korrespondiert interessanterweise sehr gut mit den erhöhten wandnormalen Geschwindigkeitskomponenten, die für diesen lateralen Bereich für RS-6 in den PIV-Strömungsfeldmessungen (siehe auch vorherigen Abschnitt 7.3.4) festgestellt worden sind. Es ist zu vermuten, dass bei der Lochposition

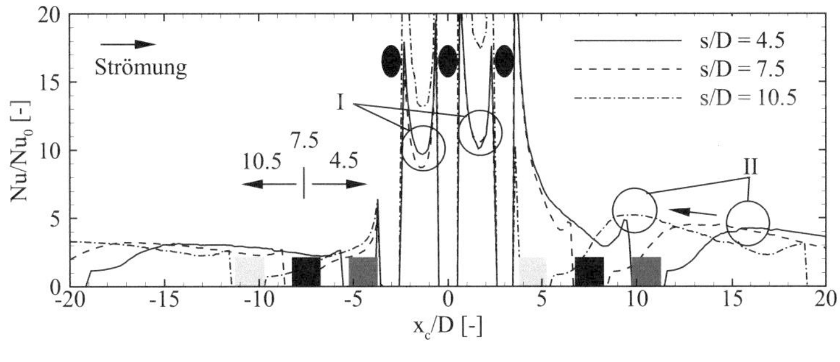

Abbildung 7.44: Wärmeübergangsanfachung Nu/Nu_0 entlang der Mittellinie des berippten Kanals mit Variation der Rippe-zu-Lochposition s/D, Ausblasrate $M = 1.00$ und Kühlkanal-Reynoldszahl $Re_{c,Dh} = 10000$

nahe der stromaufgelegenen Rippe und in der Rippenfachmitte der Blockageeffekt zusätzlich in einer verstärkten lateralen Einsaugung ins Loch resultiert. Das hat weiterhin eine Vergrößerung der lateralen Geschwindigkeitskomponente und damit eine weitere Anfachung des Wärmeübergangs zur Folge.

Werden die Bohrungen dagegen zur stromabgelegenen Rippe verschoben ($s/D = 10.5$), reduziert sich der Effekt der Absaugung auf das hinter der stromaufgelegenen Rippe liegende Ablösegebiet deutlich und es ist eine Reformierung der Wirbelstruktur zu erkennen. Damit verringert sich auch die Verstärkung des Wärmeübergangs in der Rezirkulationszone hinter der Rippe hin zu einer Struktur, wie es von einer ungestörten Rippenumströmung bekannt ist. Leicht erhöhte laterale Wärmeübergänge außerhalb der Kanalmitte in Abb. 7.43 deuten im Bereich des Wiederanlegepunktes bei $x_c/D = -5$ auf einen verringerten aber dennoch sichtbaren Einfluss der Absaugung auf den maximalen Wärmeübergang im Staugebiet stromab der Rippe hin. Durch das Verschieben der Bohrungseintritte bis zur Vorderkante der Rippe steigt der Wärmeübergang direkt stromauf der Rippenstirnfläche. Das in Strömungsrichtung erste Loch kann dabei frei aus dem Kernbereich der Kanalströmung einsaugen, was in den Strömungsfeldern anhand höherer axialer Geschwindigkeitskomponenten am Locheintritt zu erkennen ist. Dies erklärt auch den Einfluss der ersten Bohrung auf das Gebiet maximalen Wärmeübergangs im Wiederanlegepunkt stromab der Rippe. Die anderen beiden Löcher entnehmen dagegen ihre zur Filmkühlung benötige

Luft aus dem Strömungsgebiet direkt stromauf der nächsten Rippe. Aufgrund des Blockageffektes auf die letzte Bohrung zeigen sich leicht erhöhte Wärmeübergänge in Querrichtung, die auf eine verstärkte laterale Einsaugung ins Loch hindeuten.

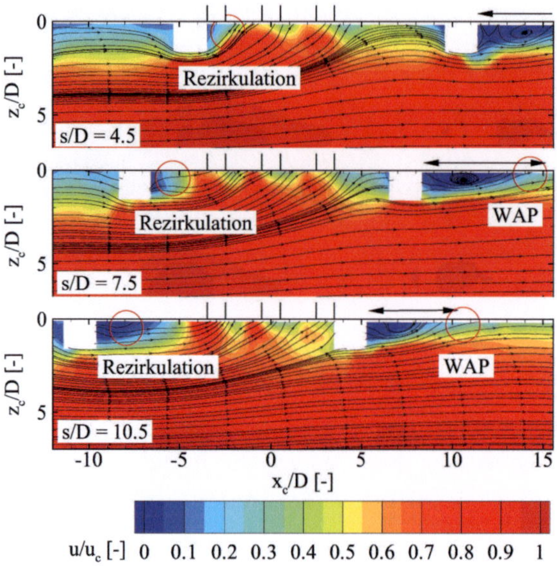

Abbildung 7.45: Strömungfeld im Kühlkanal mit Absaugung $M = 1.00$ sowie konstanter Reynoldszahl von $Re_{c,Dh} = 10000$ dargestellt für Rippensegment 6 und 7

Betrachtet man die Wärmeübergangsverteilungen im nächsten Rippenfach (RS-7), so lässt sich ein weiterer interessanter Effekt der Kühlluftabsaugung feststellen. Mit geringerer Entfernung zur stromabgelegenen Rippe nimmt der Wärmeübergang im stromabgelegenen Rippenfach lokal zu. Dabei prägt sich ein kreisförmiges Gebiet erhöhter Nusseltzahlen aus, was in der Kanalmitte im Bereich der Wiederanlegezone der Rippenumströmung gelegen ist. Mit zunehmender Rippe-zu-Lochposition steigt für $s/D = 10.5$ der maximale Wärmeübergang in diesem Gebiet von 4.2 auf 5.2 im Nusseltzahlverhältnis Nu/Nu_0 (siehe Abb. 7.44, Einflusszone in RS-7 gekennzeichnet mit II). Die Erhöhung durch die Rippen selbst ist dabei um den Faktor 3 größer als im glatten Kanal. Wird allerdings die Nusseltzahl auf den flächengemittelten Wert aus RS-5 bezogen (wie in Abb. 7.43 (rechts) dargestellt), so ist die Erhöhung im Wärmeübergang deutlich geringer, da hier der Effekt der Rippen auf die Nusseltzahl schon herausgerechnet wurde. Es ist bemerkenswert, dass die Erhöhung im Wärmeübergang aufgrund der Kühlluftabsaugung in RS-7 dabei aber immer noch um den Faktor $1.8 - 2.1$ höher ist als im berippten Kanal. Schlussendlich kann, für eine Kühlluftextraktion bei $s/D = 10.5$, ein um 22 % höherer Wärmeübergang im nachfolgenden Rippenfach im Vergleich zu der Bohrungsposition bei 4.5 konstatiert werden.

Eine physikalische Erklärung für dieses Phänomen findet sich in den Strömungsfeldern im Rippenfach RS-7 mit Variation der Rippenposition, wie sie in Abb. 7.45 nochmals gezeigt sind. Mit Positionierung der Löcher an der stromabgelegenen Rippe von Rippenfach 6 wird die Kühlluft von den beiden letzten Löchern primär aus dem wandnahen Gebiet an der Rippenstirnseite wie auch teilweise aus dem darüberliegenden Kernströmungsgebiet extrahiert. Dies hat einen Druckgradienten in Richtung Wand zur Folge, der zu einer stärkeren Krümmung der Stromlinien führt. Dies hat dabei Auswirkungen auf die Lage des Wiederanlegepunktes und damit auch auf die Größe des Rezirkulationsgebietes im nächsten Rippenfach. Es lässt sich aus Abb. 7.45 eindeutig erkennen, dass mit Verschieben der Lochposition zu $s/D = 10.5$ sich das Ablösegebiet um 1.5 Lochdurchmesser im Vergleich zur Rippenposition $s/D = 7.5$ verkleinert. Damit wandert auch der Wiederanlegepunkt (WAP) um denselben Betrag entgegen der Strömungsrichtung. Dies führt zu einem deutlich früheren Wiederanlaufen der hydrodynamischen wie auch thermischen Grenzschicht und einer verstärkten Ausprägung des Staupunktes der Strömung.

Die vorab diskutierten Ergebnisse gelten im allgemeinen nur für niedrige Kühlkanalmassenströme und damit kleine Reynoldszahlen. Für höhere Reynoldszahlen sinkt die Steigerung des Wärmeüberganges gegenüber dem glatten Kanal immens. Damit verringert sich bei konstantem Lochmassenstrom auch das Massenstrom- bzw. das Saugverhältnis der Bohrungen, was dazu führt, dass der Effekt der Absaugung gegenüber der stärkeren Kanalströmung deutlich verringert wird. Dies zeigt sich sehr schön im flächengemittelten Wärmeübergang innerhalb des Rippensegmentes stromauf der platzierten Kühlbohrungen (RS-5). Die Ergebnisse dazu sind in Abb. 7.46 (links) dargestellt. Die Erhöhung im Wärmeübergang wird in diesem Rippenfach nur durch die Störung der Wandgrenzschicht aufgrund der eingebrachten Rippen

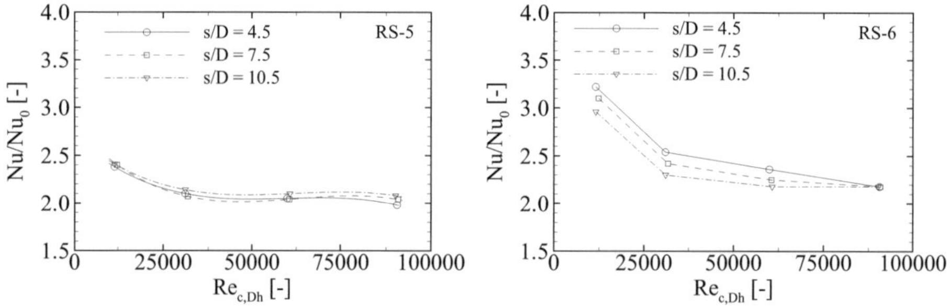

Abbildung 7.46: Flächengemittelter Wärmeübergang Nu/Nu_0 im Rippenfach RS-5 und RS-6, Ausblasrate $M = 1.00$

verursacht. Infolgedessen werden die turbulenten Strukturen angefacht und wirbelbehaftete Strömungsgebiete im Nachlauf der Rippen erzeugt. Damit steigt der Wärmeübergang um den Faktor $2 - 2.5$ gegenüber dem glatten Kanal. Die größte Steigerung im Wärmeübergang um den Faktor 2.5 lässt sich für den Testfall mit geringster Reynoldszahl beobachten. Für höhere Reynoldszahlen wird der Verstärkungsfaktor kleiner und liegt nahezu konstant bei 2.0. Einen Einfluss der Rippenposition auf den Wärmeübergang in RS-5 ist anhand der Ergebnisse in Abb. 7.46 nicht nachweisbar. Die beobachteten Änderungen bewegen sich innerhalb der Messungenauigkeit der transienten Flüssigkristallmethode und sind damit zu vernachlässigen.

Wird zusätzlich noch über die Filmkühlbohrungen Fluidmaterial aus dem Kanal extrahiert, so steigt der Wärmeübergang um den Faktor $3 - 3.2$ was eine nochmalige Erhöhung um ca. 35 % gegenüber dem berippten Kanal bedeutet. Mit größerer Kühlkanal-Reynoldszahl sinkt die Anfachung des Wärmeübergangs durch die Absaugung deutlich und erreicht bei 90000 nur noch geringfügig höhere Nusseltzahlen wie im rein berippten Kanal. Zwar ist der Einfluss der Rippenposition auf den Wärmeübergang erkennbar aber die Differenzen in den flächengemittelten Werte sind über den untersuchten Bereich der Rippenpositionen doch eher gering im Vergleich zu dem Effekt der Absaugung. In Abb. 7.47 ist daher der Wärmeübergang im Vergleich zum glatten Kanal über die untersuchten Rippenpositionen s/D aufgetragen. Für den Fall der geringsten Reynoldszahl ($Re_{c,Dh} = 10000$) lässt sich bei Ausblasrate $M = 1.00$ eine Änderung von $\pm 12\%$ im Wärmeübergang ($\pm 0.12\, Nu/Nu_0$) mit Variation der Rippenposition beobachten. Dabei sinkt mit größerer Rippe-zu-Lochposition das Nusseltzahlverhältnis von 3.21 ($s/D = 4.5$) für die Lochposition nahe der stromauf gelegenden Rippe auf 2.96 ($s/D = 10.5$) wenn die Bohrungen zur nächsten stromabgelegenen Rippe verschoben werden. Ein ähnliches Verhalten lässt sich auch für die nächstgrößere Reynoldszahl von 30000 beobachten, wobei hier das gesamte Niveau des Wärmeübergangs mit 2.4 bei $s/D = 7.5$ deutlich niedriger liegt. Mit größer werdender Reynolszahl nimmt auch der Einfluss der Rippenposition ab, bis er bei 90000 nahezu ganz verschwindet.

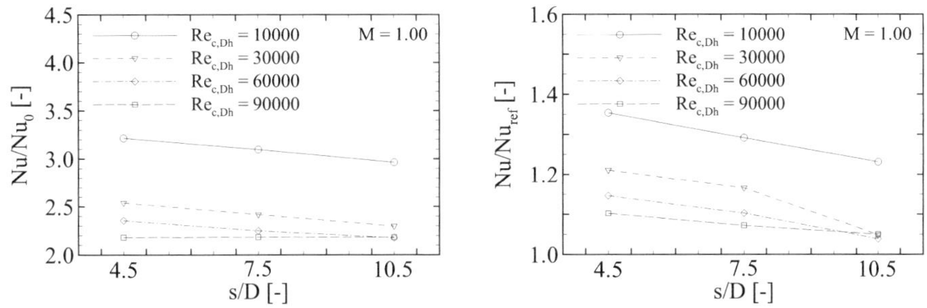

Abbildung 7.47: Einfluss der Rippenposition auf Wärmeübergang im Rippensegment RS-6 mit Kühlbohrungen, Ausblasrate $M = 1.00$

Wird die Nusseltzahl auf den flächengemittelten Wert im Rippensegment 5 bezogen, so zeigt sich in Abb. 7.47 (rechts) der überlagerte Effekt aus Kühlluftextraktion und Positionsänderung der Bohrungen auf den Wärmeübergang. Hier ist die verkleinerte Skale der y-Achse im Vergleich zum linken Diagramm zu beachten. Auch hier ist anhand der Ergebnisse ein geringer Abfall des Wärmeübergangs mit größerer Entfernung zur stromaufliegenden Rippe erkennbar. Bedingt wird dieser Effekt durch den stark erhöhten Wärmeübergang im Bereich des Locheintrittes. Wird dabei die Bohrung im Bereich der Rezirkulationszone mit sehr geringen Wärmeübergangskoeffizienten positioniert, so erhöhen sich in diesem Gebiet lokal die Wärmeübergänge. In Kombination mit der lateralen Anfachung des Wärmeübergangs in Kanalquerrichtung führt dies bei kleinen s/D zu leicht höheren Nusseltzahlen im Flächenmittel über das gesamte Rippenfach. Durch die Verlagerung der Bohrung in Strömungsrichtung werden die Locheintrittskonturen in Bereiche mit schon erhöhten Wärmeübergängen verschoben. Außerdem kann sich durch den verschwindenen Absaugeffekt auch wieder die Rezirkulationszone hinter der Rippe ausbilden. Dies führt lokal zu niedrigeren Wärmeübergängen an dieser Stelle, was sich auch im flächengemittelten Beiwert niederschlägt. Mit höherem Kanalmassenstrom und Reynoldszahl nimmt der Einfluss durch Kühlluftextraktion und Rippenpositionsänderung dann wiederum ab.

7.4.5 Einfluss des Rippenteilungsverhältnis

Zusätzlich zu den oben beschriebenen Untersuchungen mit Variation der Rippenposition wurden weitere Wärmeübergangsmessdaten bei verändertem Teilungsverhältnis der Rippen generiert. Das Ziel dieser Experimente lag darin, zu untersuchen wie sich der Einfluss der Absaugung bei geringerer Rippenteilung verhält und ob durch die Extraktion der Ablösezonen hinter der Rippe eine Erhöhung im mittleren Wärmeübergang erzielt werden kann. Dazu wurden zwei Testfälle, einer bei kleinerer Rippenteilung von $P/e = 7.2$ und einer bei größerer Teilung von $P/e = 12$ ausgewählt. Dies entspricht der minimal und maximal einstellbaren Rippenteilung für die verwendete Kanallänge, um noch genügend Rippen (mindestens 5 Rippen stromauf des filmgekühlten Segments) einfügen zu können, sodass sich eine periodisches Strömungsfeld im Kühlkanal einstellt. Es wurden sowohl die Reynoldszahl im Bereich $10000 < Re_{c,Dh} < 90000$ und die Ausblasrate in vier diskreten Schritten von $M = 0.00$ bis 1.00 variiert. Eine Veränderung der Rippenposition wurde nicht durchgeführt. Da die Effekte bei größtem Absaugmassenstrom am ausgeprägtesten sind, werden die in Abb. 7.48 dargestellten lokalen Wärmeübergangsverteilungen nur für diese Testbedingungen diskutiert.

Der Effekt der Kühlluftabssaugung auf das mittlere Rippensegment ist in Abb. 7.48 eindeutig zu erkennen, wobei sich das Einflussgebiet bei kleiner Rippenteilung großflächig im Rippenfach ausdehnt. Da hier durch den geringen Abstand zwischen den Rippen die Bohrungen sowohl im Nachlaufgebiet der stromaufgelegenen Rippe als auch direkt vor der nächsten Rippe positioniert sind, wird in diesen Gebieten verstärkt Fluidmaterial entfernt. Aufgrund der Beschleunigung des Fluides in die Bohrungen hinein, steigt auch der Wärmeübergang signifikant um den Faktor $3.4\,Nu_0$ im Vergleich zum ungekühlten Rippenfach RS-5 ($Nu/Nu_0 = 2.3$) an. Erhöhte Wärmeübergänge sind vor allem in lateraler Richtung auf Höhe der beiden ersten Löcher und im Bereich der Vorderkante der nächsten stromab gelegenen Rippe zu erkennen. Dies ist auf einen erhöhten Blockageffekt der Locheinsaugung durch die Rippen zurückzuführen. Sehr interessant ist auch der Effekt der Kühlluftabsaugung auf die

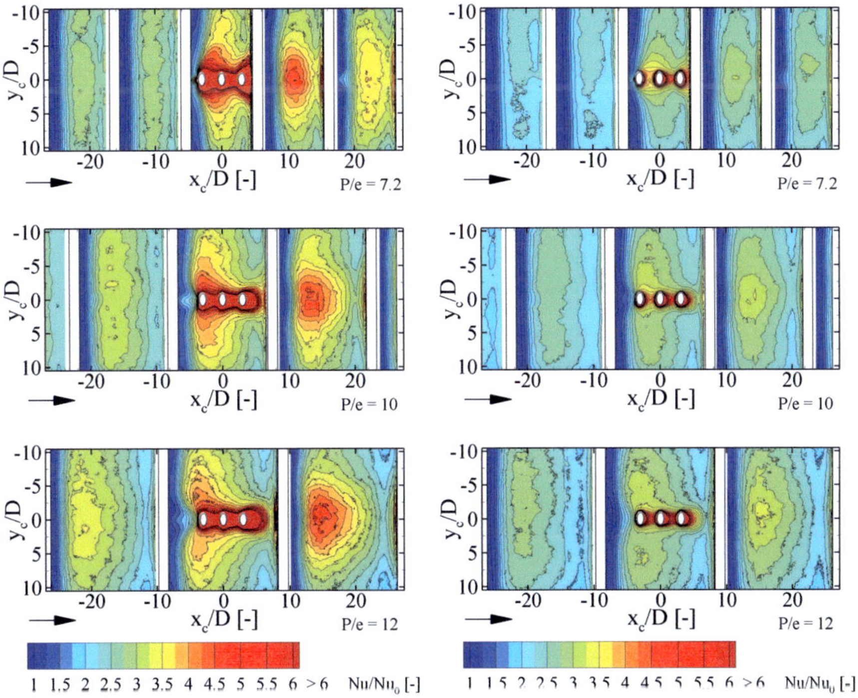

(a) $Re_{c,Dh} = 10000$ (b) $Re_{c,Dh} = 30000$

Abbildung 7.48: Nusseltzahlverteilung für die Variation des Teilungsverhältnisses P/e bei konstanter Ausblasrate $M = 1.00$ und zwei verschiedenen Kühlluft-Reynoldszahlen $Re_{c,Dh} = 10000$ und 30000

nächsten Rippenfächer in Strömungsrichtung. Hierbei zeigt vor allem die Messung bei kleinem Teilungsverhältnis und $Re_{c,Dh} = 10000$ deutlich höhere Wärmeübergänge nicht nur im Rippenfach nach den Bohrungen (RS-7) sondern auch noch eine Rippenteilung später. Dieser Effekt ist auch bei Vergrößerung der Teilung in ähnlicher Weise zu beobachten. Die Ursache dieser Anfachung im Wärmeübergang wurde im vorangegangenen Abschnitt 7.4.4 ausführlich erläutert und scheint sich auch mit längerer Strömungsdistanz innerhalb des Rippensegmentes nicht merklich zu verringern.

Mit Erhöhung der Reynoldszahl nimmt der Einfluss der Kühllufextraktion systematisch für alle Rippenteilungen ab. Bemerkenswerterweise zeigt sich bei kleinem

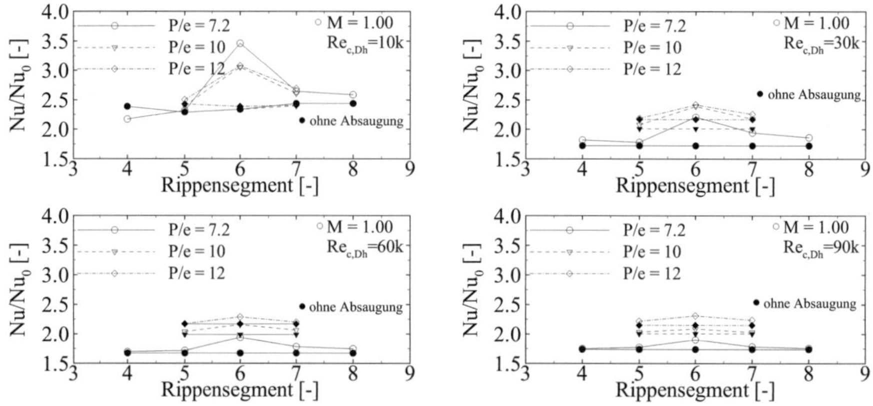

Abbildung 7.49: Flächengemittelter Wärmeübergang Nu/Nu_0 über die untersuchten Rippenfächer mit Variation von Kühlkanal-Reynoldszahl $Re_{c,Dh}$ und Teilungsverhältnis P/e

Teilungsverhältnis ($P/e = 7.2$) im Rippenfach RS-5 stromauf der Filmkühlbohrungen sowie in RS-7 ein leicht niedriger Wärmeübergang im Vergleich zu $P/e = 10$ und 12. Dieser Effekt ist auch bei höheren Reynoldszahlen detektierbar. Dies deutet auf eine Veränderung in der Rippenumströmung und in der Ausbildung des Wiederanlegepunktes bei Verringerung der Rippenteilung hin. Die beobachteten Effekte lassen sich auch in den flächengemittelten Wärmeübergängen gut nachvollziehen. Dafür ist in Abb. 7.49 die über die Wandoberfläche zwischen den Rippen gemittelte Nusseltzahl in Bezug auf den glatten Kanal dargestellt. Die Werte sind über das jeweilige Rippensegment sowohl für die drei untersuchten Konfigurationen mit verschiedener Teilung ($P/e = 7.2$, 10 und 12) als auch für die höchste Ausblasrate $M = 1.00$ aufgetragen. Als Vergleichswert ist die gemessene Nusseltzahl für den berippten Kanal ohne Kühlluftabsaugung (rote Linien) angegeben.

Betrachtet man die Ergebnisse für die kleine Rippenteilung ($P/e = 7.2$) bei geringster Reynoldszahl ist, wie auch schon in der lokalen Verteilung, die höchste Anfachung des Wärmeübergangs mit Entnahme von Kühlfluid durch die Bohrungen festzustellen. Der Wärmeübergang im Rippenfach mit Filmlöchern (RS-6) steigt dabei um den Faktor 3.5 im Vergleich zum glatten Kanal. Vergrößert sich die Rippenteilung von $P/e = 10$ auf 12, so ist dieser Faktor mit etwa 3.0 etwas kleiner. Auch der Wärmeübergang im nächsten Rippenfach ist durch die, aufgrund der Absaugung von

Fluid aus der Kernströmung, verkleinerten Ablösezone und dem stromaufverlagerten Staupunkt um den Faktor 2.7 Nu_0 gegenüber dem glatten Kanal größer. Bezieht man diesen Wert auf den flächengemittelten Wärmeübergang für den Fall ohne Absaugung, der mit 2.4 Nu_0 bestimmt wurde, so steigt die Nusseltzahl immer noch um etwa 12.5 %. Diese Einflüsse lassen sich auch bei der nächsthöheren Reynoldszahl beobachten, obwohl hier eine Trendwende bei kleiner Rippenteilung zu sehen ist (siehe auch Abb. 7.50 links). Dabei liegt der flächengemittelte Wärmeübergang im Rippenfach RS-5 mit 1.7 Nu_0 um etwa 20 % niedriger als bei der größeren Rippenteilung. Auch das Rippenfach mit Kühlluftextraktion zeigt ein solches Verhalten, wobei die Differenzen im Wärmeübergang zwischen kleiner und großer Teilung mit etwa 5 % deutlich geringer sind. Mit Erhöhung der Reynoldszahl setzt sich dieser Trend für $P/e = 7.2$ weiter fort, die Unterschiede zwischen dem Fall ohne Absaugung und mit Kühlluftextraktion werden immer geringer.

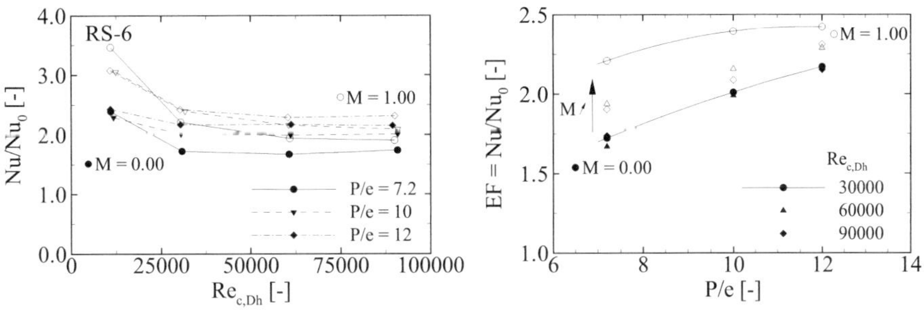

Abbildung 7.50: Einfluss der Absaugung im Rippenfach RS-6 auf den Wärmeübergang mit Variation von Kühlkanal-Reynoldszahl $Re_{c,Dh}$ und Teilungsverhältnis P/e

Die Anfachung im Wärmeübergangs liegt hier bei etwa 2.2 Nu_0, wobei dagegen mit größerer Teilung die Nusseltzahl auf 2.4 Nu_0 ansteigt. Dabei ändern sich die Nusseltzahlen ab $Re = 30000$ für den Fall ohne Absaugung nur noch geringfügig. Dagegen wird die Anfachung des Wärmeübergangs durch die Kühlluftextraktion mit größerer Reynoldszahl immer geringer und nähert sich den Werten des berippten Kanals an. Weiterhin ist bei $Re_{c,Dh} = 30000$ immer noch der Einfluss der Absaugung auf die Rippenumströmung und auf den Wärmeübergang in den stromabgelegenen Rippensegmenten (RS-7 und RS-8) zu erkennen. Damit ist der Effekt bei kleiner Rippenteilung mit einem Anstieg von 1.72 auf 1.95 Nu_0 am größten. Mit Erhöhung der Reynoldszahl verschwinden diese Einflüsse aber sehr rasch. Begründet liegt dies in dem steigenden Impuls der Kühlluftströmung im Vergleich zum konstanten Massenstrom, der durch die Bohrungen abgeführt wird. Bei der maximalen Reynoldszahl lässt sich für das Rippenfach RS-6 nur noch etwa $0.08 - 0.15\,Nu_0$ Erhöhung im Wärmeübergang bei Variation der Rippenteilung feststellen.

In Abb. 7.50 (rechts) wird noch einmal der Einfluss des Turbulatorenabstandes auf den Wärmeübergang dargestellt. Schematisch lässt sich dieser Effekt, wie in Abb. 7.51 a) gezeigt, anhand drei markanter Punkte für das Teilungsverhältnis bei $P/e \rightarrow 0$, $P/e \rightarrow \infty$ sowie bei einer optimalen Rippenteilung von ungefähr $P/e = 10$ erläutern. Mit kleiner werdender Rippenteilung sinkt die Anfachung im Wärmeübergang, wobei in der anderen Richtung bei Rippenteilung $P/e = 12$ das Maximum im Wärmeübergang noch nicht erreicht ist. Mit Einsatz der Kühlluftextraktion lässt sich der Wärmeübergang für alle untersuchten Teilungsverhältnisse um weitere $30 - 40\,\%$ gegenüber dem glatten Kanal anheben. Dabei ist der Effekt bei geringen Reynoldszahlen und einer Rippenteilung von $P/e = 7.2$ am stärksten ausgeprägt. Wird ein genügend großer Abstand zwischen den Rippen gewährleistet, damit sich eine Staupunkts- und Wiederanlegezone der Strömung ausbildet, so steigt der Wärmeübergang kontinuierlich an. Der Grund liegt in dem geringer werdenden Flächenanteil der Zone geringer Wärmeübergänge im Nachlauf der Rippe bei größer werdender Teilung. Bei einem Teilungsverhältnis im Bereich von $P/e = 10 - 12$ erreicht der Verstärkungsfaktor $EF = Nu/Nu_0$ (engl. enhancement factor) dabei seinen Maximalwert. Wird die Teilung darüberhinaus vergrößert, fällt der Wärmeübergang, durch die sich wiederanlegende Grenzschicht in Strömungsrichtung, über eine größere Lauflänge ab. Dies führt zu einem flächenmäßig größerem Anteil an Wandbereichen mit verringertem Wärmeübergang bei der Mittelung und damit zu geringeren flächengemittelten Wärmeübergängen pro Rippenfach.

Intuitiv lässt sich daraus auch ableiten, dass wenn der Abstand zwischen einem Rippenpaar verkleinert wird, sich die Strömungslänge vom Wiederanlegepunkt bis zur nächsten Rippe verkürzt. Damit sinkt ab diesem Punkt der Wärmeübergang stetig ab, da das flächenmäßige Verhältnis zwischen Rezirkulationsbereich und Wiederanlegezone mit hohen Wärmeübergängen sich zu Gunsten des Rippennachlaufs verschiebt. Verringert sich die Teilung aber über ein gewisses Maß hinaus, so kann sich die Strömung aufgrund der geringeren Lauflänge nicht wieder anlegen und springt sozusagen über das Rippenfach hinweg. Der Verstärkungsfaktor strebt in diesem Fall gegen den Wert 1, was dem Wärmeübergang eines glatten Kanals entspricht. Strebt aber das Teilungsverhältnis P/e gegen unendlich, so wird sich, aufgrund der immer größer werdender Lauflänge zwischen WAP und nächster Rippe, der Wärmeübergang und damit der Verstärkungsfaktor EF soweit verringern bis er wieder den Wert 1 erreicht.

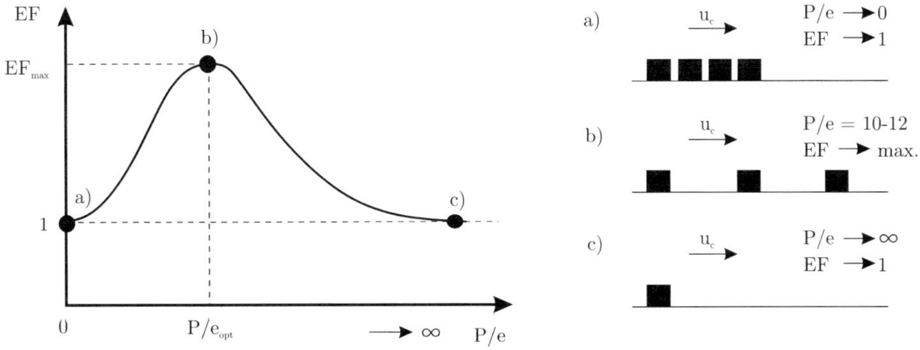

(a) Veränderung der Rippenteilung nach Taslim und Spring [116]

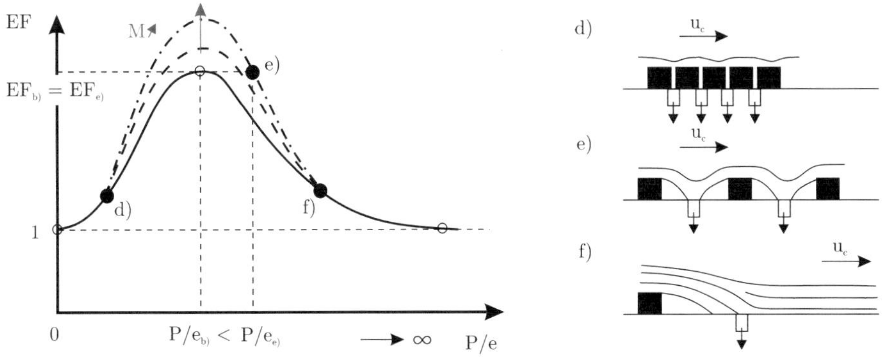

(b) Einfluss der Absaugung auf den Verstärkungsfaktor

Abbildung 7.51: Konzeptioneller Zusammenhang zwischen Rippenteilung, Kühlluftextraktion im Rippenfach und dem Verstärkungsfaktor $EF = Nu/Nu_0$ für den Wärmeübergang

Mit der Platzierung von Kühlbohrungen ist eine deutliche Anfachung des Wärmeübergangs bei gegebenem Teilungsverhältnis möglich. Mit größer werdender Rippenteilung nimmt der Effekt erst einmal zu, bis das Maximum im Wärmeübergang erreicht ist. Durch die Kühlbohrungen wird bei richtiger Platzierung ein Teil der Ablösezone entfernt und durch die Beschleunigung des entnommenen Kühlfluides im Bereich um die Löcher der Wärmeübergang gesteigert (Fall e in Abb. 7.51 b)). Dies führt durch eine großflächigere Beeinflussung der Wärmeübergangsverteilung in der Umgebung der Bohrungseintritte zu einer Erhöhung im flächengemittelten Wärmeübergang. Mit weiterer Vergrößerung des Rippenabstandes sinkt der flächenmäßige Anteil des Einflussgebietes der Locheinsaugung im Verhältnis zur gesamten Wandoberfläche im Rippenfach, wodurch sich deren Strömungs- und Wärmeübergangseffekte nur noch sehr lokal begrenzt auswirken (siehe Fall f) in Abb. 7.51 b). Damit fällt auch der Verstärkungsfaktor wieder auf das Wärmeübergangsniveau einer Konfiguration ohne Kühlluftextraktion.

Ausgehend von dem Fall einer Rippenteilung mit optimaler Wärmeübergangsanfachung ist bei Verringerung des Teilungsverhältnis nur bis zu einem gewissen Punkt eine Beeinflussung durch die Absaugung zu erwarten. Dieser Fall wird dann erreicht wenn die Rippenteilung gegen den Bohrungsdurchmesser strebt, (Fall d) in Abb. 7.51 b), wodurch die Rippen so nahe zusammenstehen, dass die Strömung darüber hinweggeleitet wird. Bei weiterer Verringerung der Rippenteilung wird der Locheintritt teilweise oder auch gänzlich durch die Rippe bedeckt. Dies führt zu einer teilweise Verringerung des Lochmassenstromes bzw. einem kompletten Verschließen der Bohrung und damit zu einem Ausfall der Kühlluftabsaugung. An diesem Punkt nähert sich der mittlere Wärmeübergang wieder dem Wert für einen berippten Kanal ohne Kühlluftextraktion an. Die beschriebenen Absaugeffekte erzielen vor allem bei niedrigen Kühlkanal-Reynoldszahlen und hoher Absaugrate eine sichtbare Erhöhung des mittleren Wärmeübergangs, wobei der Effekt mit steigender Reynoldszahl exponentiell schwindet.

Hinsichtlich der Optimierung eines Turbinenkühlsystems ist für den Entwicklungsingenieur eher die Konfiguration (Fall e) in Abb. 7.51 b) interessant. Hierbei kann mit einer größeren Rippenteilung durch die Kühlluftabsaugung dieselbe mittlere Anfachung im Wärmeübergang erzielt werden wie im Fall ohne Extraktion. Dadurch müssten weniger Turbulatoren pro internem Kühlkanal eingebracht werden, was zu einer Ersparnis im Druckverlust bei gleichem internem Wärmeübergang führen würde.

Durch gezielte Staffelung der Bohrungen von einem zum anderen Rippenfach lässt sich ausserdem die Veränderung der Staupunktslage im nächstfolgenden Rippenfach durch die Absaugung auch auf stromabliegende Bereiche des Kühlkanals erweitern. Dies würde ohne zusätzliche Kosten zu einer zusätzlichen Erhöhung des flächengemittelten Wärmeübergangs führen. Die Steigerung in der Wärmeübergangsanfachung durch die Kühlluftextraktion kann aber auch in einer anderen Weise hinsichtlich der Optimierung der Turbinenkühltechnologie interpretiert werden. Dazu lässt sich, unter Berücksichtigung einer konstanten Kühlleistung des konvektiven Innenkühlsystems, die Reynoldszahl in den Kanälen und damit der notwendige Kühlluftmassenstrom reduzieren. Auf Basis der hier ermittelten Messdaten ist beispielweise für die Kühlluftextraktion mit $M = 1.00$, bei gleicher flächengemittelter Nusseltzahl pro Rippenfach, eine Verringerung der Reynoldszahl von $Re_{c,Dh} = 30000$ auf 23000 und damit eine Einsparung von etwa 21 % im Kühlluftmassenstrom theoretisch möglich. Da aber unter maschinentypischen Bedingungen nicht mehrere sondern nur eine einzelne Bohrung pro Rippensegment mit Kühlluft versorgt wird, ist anzunehmen dass diese theoretische Einsparung geringer ausfällt.

8 Zusammenfassung

Im Rahmen dieser Arbeit wurden experimentelle Untersuchungen zum Einfluss der Turbulatorposition in einem berippten Kühlkanal mit Kühlluftextraktion durch drei Filmbohrungen durchgeführt. Dabei wurde das Strömungsfeld im Hauptkanal im Bereich der Ausblasestelle wie auch im Kühlkanal nahe der Bohrungseintritte mittels laseroptischer Messmethoden erfasst. Weiterhin wurde der Wärmeübergangskoeffizient in den mittleren Rippenfächer mit und ohne Kühlluftbohrungen mittels der transienten Flüssigkristallmethode gemessen. Diese Messtechnik wurde eigens für diese Experimente am Lehrstuhl entwickelt und erfolgreich etabliert. Dazu wurde das komplexe Auswertetool *TLCoat* auf Basis der Softwareumgebung $MATLAB^{©}$ programmiert, mit dem die doch recht umfangreiche Auswertung der Messdaten durchgeführt werden konnte. Anhand des Wärmeübergangs im glatten und berippten Kanal mit periodischer Rippenumströmung wurden die Messdaten sowohl an bekannten, weit verbreiteten Korrelationen als auch an Ergebnissen aus der Literatur eingehend validiert. Für die Untersuchung des Effektes der Kühlbohrungsposition relativ zu den Rippen wurde eine indirekte Variation des mittleren Abstandes der stromauf gelegenen Rippe zur mittleren Bohrung durchgeführt. Weiterhin wurden auch Kühlluft-Reynoldszahl und Ausblasrate systematisch in maschinentypischen Bereichen verändert.

Das Strömungsfeld mit Kühlluftausblasung und die Entwicklung des gegensinnig drehenden Nierenwirbelpaars (CVP) zeigte nur geringe Änderungen mit Variation der Rippe-zu-Lochposition. Dabei sind die Effekte, die sich in den Geschwindigkeitsprofilen erkennen lassen, nur gering ausgeprägt und stark auf das Nahfeld der Bohrung bei $x/D \leq 2$ beschränkt. Mit größer werdendem Strömungsabstand zur Ausblasestelle werden die Differenzen immer geringer und sind schon nach 5 Lochdurchmessern nicht mehr erkennbar. Werden die Bohrungen direkt hinter der stromauf gelegenen Rippe oder nahe der nächsten Rippe im Bereich ihrer Vorderkante platziert, so zeigt sich eine leichte Verringerung in der Strahlgeschwindigkeit für die am nächsten zur Rippe gelegene Bohrung. Aufgrund des geringen Druckgradienten zwischen zwei Rippen von ca. 0.1 % ändert sich auch mit Variation der Rippenposition auch der statische Wanddruck und damit das Druckverhältnis über die Bohrungen. Auch die numerisch berechneten Strömungsfelder wie auch die Filmkühleffektivitäten entlang der Strahlmittellinie zeigten nur einen geringen, fast vernachlässigbaren Einfluss durch die Änderung in der Rippenposition. Für die Variation der Kühlluft-Reynoldszahl von $Re_{c,Dh} = 10000$ auf 90000 zeigt sich eine Erhöhung des Turbulenzgrades im Strahlkern um etwa 3 %. Die Ursache für den erhöhten Turbulenzgrad bei größerer Reynoldszahl ist in der turbulenzanfachenden Wirkung der Rippen zu suchen. Mit Steigerung des Kühlluftmassenstroms wird auch die turbulente Fluidbewegung und der Einfluss der Rippen auf die Strömung verstärkt. Dabei wird ein Teil des hochturbulenten Fluids aus dem Kühlkanal abgezapft und durch die Kühlbohrungen in den Heißgaskanal transportiert. Dies bedingt auch vermutlich eine Anfachung des Wärmeübergangs innerhalb des Kühlfilmstrahles.

Das Strömungsfeld im Kühlkanal zeigt ohne die Absaugung über die Kühlbohrungen eine charakteristische Strömungsstruktur, die durch das Einbringen der Rippen und deren Störwirkung auf die Grenzschicht hervorgerufen wird. Es ist geprägt von einer typischen Ablösung der Strömung vor der Rippe und Staupunktsausbildung mit Wiederanlegen der hydrodynamischen wie thermischen Grenzschicht stromab. Dabei stimmt die Lage des Wiederanlegepunktes mit den Gebieten maximaler Wärmeübergänge, die den Staupunktsbereich kennzeichnen, sehr gut überein. Mit Platzierung der Kühlbohrungen im mittleren Rippenfach bilden sich drei, nicht vollständig periodische Sauggebiete unterhalb der Locheintritte heraus, die anhand erhöhter axialer und wandnormaler Geschwindigkeitskomponenten erkennbar sind. Bei geringen Reynoldszahlen reicht der Einfluss der Absaugung weit in den Kernströmungsbereich des Kühlkanals hinein und vergrößert sich noch weiter mit höherer Ausblasrate. Die Verteilung der Geschwindigkeitskomponenten in Strömungsrichtung bei einem konstanten Wandabstand von $z/D = 0.8$ zeigt dabei drei prägnant ausgebildete Maxima in der Geschwindigkeit, die eine leichten Abfall in Strömungsrichtung aufweisen. Die Ausdehnung und Tiefe dieser Peaks wird um 25 % größer mit Steigerung der Ausblasrate. Wird im Gegenzug die Reynoldszahl bei konstanter Ausblasrate erhöht, so verringert sich die örtliche Ausdehnung und die Verhältnisse der Geschwindigkeitskomponenten in den Sauggebieten. Ihr abnehmender Einfluss auf die Kanalströmung ist dabei bedingt durch das exponentiell über die Reynoldszahl sinkende Massenstromverhältnis zwischen Bohrung und Kühlkanal.

Wird die Lochposition in Richtung der stromauf gelegenen Rippe geändert ($s/D = 4.5$), hat dies signifikante Änderungen der Locheinströmung für das erste Filmloch zur Folge. Durch den Blockageeffekt der Rippe wird die axiale Zuströmung zum Loch verhindert und mit steigender Absaugrate wird ein Grossteil der Rezirkulationszone im Nachlauf der Rippe entfernt. Die erste Bohrung nimmt daher vor allem Fluid aus der wandnormalen Richtung auf. Dies macht sich durch erhöhte radiale Geschwindigkeitskomponenten im Bereich des Locheintrittes und eine vergrößerte laterale Einsaugregion bemerkbar. Werden die Bohrungen dagegen in Strömungsrichtung hin zur nächsten Rippe verschoben ($s/D = 10.5$), kann das erste Loch wieder frei aus axialer Richtung einsaugen, was an erhöhten Geschwindigkeiten am Locheintritt erkennbar ist. Die Bohrung, die am nächsten zur Rippe positioniert ist, hat durch deren Blockageeffekt eine etwas schwächere Fluideinsaugung zu verzeichnen. Ein leicht vergrößertes laterales Gebiet mit erhöhten radialen Geschwindigkeitskomponenten lässt sich auch hier feststellen. Dabei ist die Behinderung der Locheinsaugung deutlich geringer, da hier die Bohrungen immer noch zum Großteil Fluid aus axialer Richtung extrahieren können.

Aus den Untersuchungen des Wärmeübergangs zeigt sich für den berippten Kanal ohne Kühlluftextraktion eine typische Verteilung der Nusseltzahl, die hinter in der Rippenablösezone sehr geringe Wärmeübergänge und ein Maximum im Bereich des Staupunktes aufweist. Auch lässt sich die Wärmeübergangsanfachung der Wirbelstruktur in der Ecke zwischen Rippe und Wand detektieren. Der flächengemittelte Wärmeübergang entspricht dabei den angegebenen Werten in der Literatur oder allgemeingültigeren Korrelationen. Mit Absaugung von Fluid aus dem Kühlkanal kommt es im Bereich der Locheintritte zu einer dramatischen Steigerung des Wärmeübergangs. Hier wird durch die immense Beschleunigung der Kühlluft in die Bohrung hinein, der Wärmeübergang um den Faktor 6 und mehr im Vergleich zum glatten Kanal angefacht. Weiterhin zeigt sich ein laterales Gebiet erhöhter Wärmeübergänge seitlich der ersten Kühlluftbohrung, was mit der verstärkten lateralen Einsaugung in wandnormaler Richtung übereinstimmt.

Die Untersuchungen mit Variation der Ausblasrate zeigen aber auch, dass sich zwar das generelle Wärmeübergangsniveau um 21 % erhöht, es sich aber nur begrenzt mit größerem Bohrungsmassenstrom um nochmals 7 % anfachen lässt. Zusätzlich hat die Absaugung auch einen Effekt auf das nächste, stromab gelegene Rippensegment.

Durch die Entfernung von Kühlluft über die Bohrungen wird die Kanalströmung oberhalb der Rippen verändert. Die damit verstärkte Krümmung der Stromlinien in Richtung Wand führt zu einem ausgeprägteren Staupunkt und damit zu einem maximal 10 % höheren Wärmeübergang im nächsten Rippenfach. Mit Erhöhung der Reynoldszahl nimmt generell die Wärmeübergangsanfachung durch die Absaugung im berippten Kanal ab.

Wird die Rippenposition verändert und die Bohrungen zur stromauf positionierten Rippe verschoben, dann wird über die erste Bohrung ein Teil der Rezirkulationszone hinter der Rippe mit den geringen Wärmeübergängen entfernt. Zusätzlich steigt nochmals lokal der Wärmeübergang durch die hochturbulente Einströmung der Kühlluft in das Filmloch. Für die flächengemittelte Nusseltzahl im Rippensegment im Kühlluftbohrungen bedeutet dies eine Steigerung um maximal 12 % bei geringster Reynoldszahl und höchster Ausblasrate. Für die Position der Löcher direkt stromauf der nächste Rippe ist der Effekt nicht mehr so prägnant, da hier das gesamte Niveau des Wärmeübergangs deutlich höher ist. Ausserdem kann sich durch den kleiner werdenden Absaugeffekt der ersten Bohrung die Ablösezone hinter Rippe wieder ausbilden. Dies führt integral betrachtet zu geringeren Wärmeübergängen. Weiterhin finden sich interessanterweise bei dieser Rippe-zu-Lochposition erhöhte Wärmeübergänge im nächsten Rippenfach. Dabei steigt der Wärmeübergang um 22 % gegenüber der Lochposition direkt im Nachlauf der Rippe. Eine Ursache hierfür findet sich in den Strömungsfeldern, wobei die Absaugung direkt stromauf der Rippe zu einem früheren Wiederanlegen der Strömung im nächsten Rippenfach führt.

Damit ist die kleine Rippenposition hinsichtlich des Wärmeübergangs am günstigsten. Bezüglich des Druckverlustes im Kühlkanal spielt die Position der Bohrungen aber keine Rolle. Generell gesehen ist zwar der Einfluss der Rippenposition in den Wärmeübergangsverteilungen quantifizierbar aber die integrale Änderung ist doch eher gering im Vergleich zur Steigerung durch die Implementierung der Kühlluftabsaugung.

Literaturverzeichnis

[1] Albrecht, H. E.: *Laser - Doppler- Strömungsmessung.* Akademie-Verlag, Berlin, 1986.

[2] Amro, M.; Weigand, B.; Poser, R.; Schnieder, M.: *An Experimental Investigation of the Heat Transfer in a Ribbed Triangular Channel.* Int. J. Thermal Sciences, 46:491–500, 2007.

[3] Andrei, L.; Carcasci, C.; Da Soghe, R.; Facchini, B.; Maiuolo, F.; Tarchi, L.; Zecchi, S.: *Heat Transfer Measurements in a Leading Edge Geometry With Racetrack Holes and Film Cooling Extraction.* ASME Paper GT2012-69581, 2012.

[4] Andreopoulos, J.: *On the Structure of Jets in a Cross flow.* Journal of Fluid Mechanics, Cambridge University Press, 157:163–197, 1985.

[5] Andreopoulos, J.; Rodi, W.: *Experimental Investigation of Jets in a Crossflow.* Journal of Fluid Mechanics, Cambridge University Press, 138:93–127, 1984.

[6] ANSYS CFX, Release 14: *ANSYS CFX - Solver Theory Guide.* 2011.

[7] Baldauf, S.: *Filmkühlung thermisch hochbelasteter Oberflächen: Korrelation thermographischer Messungen.* Ph.D. thesis, Universität Karlsruhe, Universität Karlsruhe, Institut für Thermische Strömungsmaschinen, 2001.

[8] Bertrand C.; Desevaux, P., Prenel, J. P.: *Micropositioning of a measuring volume in laser Doppler anemometry.* Experiments in Fluids, 16:70–72, 1993.

[9] Bevington, P.R.; Robinson, D.K.: *Data Reduction and Error Analysis for the Physical Sciences.* 3rd Ed., McGraw Hill, New York, 2002.

[10] BLANCHARD, J. N.; BRUNET, Y.; MERLEN, A.: *Influence of a Counter Rotating Vortex Pair on the Stability of a Jet in a Cross Flow: An Experimental Study by Flow Visualizations.* Experiments in Fluids, 26:63–74, 1999.

[11] BLUMRICH, F.: *Optische korrelationsbasierte Messtechnik mittels zufälliger Punktemuster.* Dissertation, Universität Stuttgart, 2009.

[12] BOGARD, D. G.; THOLE, K. A.: *Gas Turbine Film Cooling.* AIAA, Journal of Propulsion and Power, 22:249–270, 2006.

[13] BOUSSINESQ, J.: *Theorie de l'ecoulement tourbillant.* Presentes par Divers Savants Acad. Sci. Inst. Fr., 23:46–50, 1877.

[14] BRITTINGHAM, R. A.; LEYLEK, J. H.: *A Detailed Analysis of Film-Cooling Physics: Part IV - Compound-Angle Injection With Shaped Holes.* ASME J. Turbomach., 122:133–145, 2000.

[15] BÄRWOLFF, G.: *Höhere Mathematik für Naturwissenschaftler und Ingenieure.* Elsevier GmbH, Spektrum Akademischer Verlag, München, 2006.

[16] BÖTTGER, M.; KUNZE, M.: *Numerische Untersuchungen zum Einfluss der Rippen eines Innenkühlkanals auf die Filmkühlung.* Institutsinterner Bericht B1771, 2011.

[17] BUNKER, R. S.: *A Review of Shaped Hole Turbine Film-Cooling Technology.* ASME J. Heat Transfer, 127:441–453, 2005.

[18] BUNKER, R. S.; BAILEY, J. C.: *Film Cooling Discharge Measurements in a Turbulated Passage with Internal Crossflow.* ASME J. Turbomach., 123:774–780, 2001.

[19] BURD, S.; SIMON, T.: *The Influence of Coolant Supply Geometry on Film Cooling Exit Flow and Surface Adiabatic Effectiveness.* ASME Paper 97-GT-026, 1997.

[20] BYERLEY, A. R.: *Heat Transfer Near The Entrance to a Film-Cooling Hole in a Gas Turbine Blade.* Ph.D. thesis, University of Oxford, 1989.

[21] Byerley, A. R.; Jones, T. V.; Ireland, P. T.: *Internal Cooling Passage Heat Transfer Near The Entrance to a Film Cooling Hole: Experimental and Computational Results.* International Gas Turbine and Aeroengine Congress and Exposition, Cologne, Germany, June 1-4, 1992.

[22] Carslaw, H. S.; Jaeger, J. C.: *Conduction of Heat in Solids.* Oxford University Press, London, 2008.

[23] Casarsa, L.; Arts, T.: *Aerodynamic Performance Investigation of a Rib Roughened Cooling Channel Flow With High Blockage Ratio.* Proceedings of 11th Symposium on Applications of Laser Techniques to Fluid Mechanics, Lissabon, Portugal, 8th-11th July, 2002.

[24] Casarsa, L.; Cakan, M.; Arts, T.: *Characterization of the Velocity and Heat Transfer Fields in an Internal Cooling Channel With High Blockage ratio.* ASME Paper GT-2002-30207, 2002.

[25] Chang, S. W.; Yang, T. L.; Huang, R. F.; Sung, K. C.: *Influence of Channel Height on Heat Transfer in Rectangular Channels with Skewed Ribs at Different Bleed Conditions.* Int. J. Heat Mass Transfer, 50:4581–4599, 2007.

[26] Chanteloup, D.; Bölcs, A.: *Experimental Investigation of Heat Transfer in Two-Pass Coolant Passages With Ribs and Film Cooling Hole Ejection.* ASME-CIE-ES2002 Conference, Montreal, Canada, Paper No. DETC2002/CIE-34417, Sept. 29-Oct. 3, 2002.

[27] Chanteloup, D.; Bölcs, A.: *Flow Characteristics in Two-Leg Internal Coolant Passages of Gas Turbine Airfoils With Film-Cooling Hole Ejection.* J. Turbomach., 124:499–507, 2002.

[28] Cortelezzi, L.; Karagozian, A. R.: *On the Formation of the Counter-Rotating Vortex Pair in Tranverse Jets.* Journal of Fluid Mechanics, Cambridge University Press, 446:347–373, 2001.

[29] Cukurel, B.; Selcan, C.; Arts, T.: *Film Cooling Extraction Effects on the Aerothermal Characteristics of Rib Roughened Cooling Channel Flow.* ASME Paper GT2012-68680, 2012.

[30] DROST, U.: *An Experimental Investigation of Gas Turbine Airfoil Aero-Thermal Film Cooling Performance.* Ph.D. thesis, L'École Polytechnique Fédérale de Lausanne, Laboratoire de Thermique Appliquèe et de Turbomachines, 1998.

[31] DURST, F.; MELLING, A.; WHITELAW, H.: *Theorie und Praxis der Laser-Doppler-Anemometrie.* G.Braun Verlag, Karlsruhe, 1987.

[32] EICHLER, H.-J.: *Laser - Grundlagen, Systeme.* Springer Verlag, Berlin-Heidelberg, 1991.

[33] EKKAD, S. V.; HUANG, Y.; HAN, J. C.: *Detailed Heat Transfer Distributions in Two-Pass Square Channels With Rib Turbulators and Bleed Holes.* Int. J. Heat Mass Transfer, 41:3781–3791, 1998.

[34] EKKAD, S. V.; ZAPATA, D.; HAN, J. C.: *Film Effectiveness Over a Flat Surface With Air and CO_2 Injection Through Compound Angle Holes Using a Transient Liquid Crystal Image Method.* ASME J. Turbomach., 119:580–586, 1997a.

[35] EKKAD, S. V.; ZAPATA, D.; HAN, J. C.: *Heat Transfer Coefficients Over a Flat Surface With Air and CO_2 Injection Through Compound Angle Holes Using a Transient Liquid Crystal Image Method.* ASME J. Turbomach., 119:587–593, 1997b.

[36] ELFERT, M.; VOGES, M.; KLINNER, J.: *Detailed Flow Investigations Using PIV in a Rotating Square-Sectioned Two-Pass Cooling System With Ribbed Walls.* ASME Paper GT2008-51183, 2008.

[37] FERGASON, J.: *Liquid Crystals.* Scientific American, 211:77–285, 1964.

[38] FOSTER, N. W.; LAMPARD, D.: *The Flow and Film Cooling Effectiveness Following Injection Through a Row of Holes.* ASME J. Eng. Power, 102:584–588, 1980.

[39] FRIC, T. F.; ROSHKO, A.: *Structure in the Near-Field of the Transverse Jet.* Proc. of 7th Symp on Turbulent Shear Flow, Seiten 6.4.1–6.4.6, 1989.

[40] FRIC, T. F.; ROSHKO, A.: *Vortical Structure in the Wake of a Transverse Jet.* Journal of Fluid Mechanics, Cambridge University Press, 279:1–47, 1994.

[41] GNIELINSKI, V.: *Neue Gleichungen für den Wärme- und Stoffübergang in turbulent durchströmten Rohren und Kanälen.* Forschung im Ingenieurwesen, 41:145–153, 1975.

[42] GOLDSTEIN, R. J.; ECKERT, E. R. G.; BURGGRAF, F.: *Effects of Hole Geometry and Density on Three-Dimensional Film Cooling.* Int. J. Heat Mass Transfer, 17:595–607, 1974.

[43] GRITSCH, M.; SAUMWEBER, C.; SCHULZ, A.; WITTIG, S.; SHARP, E.: *Effect of Internal Coolant Crossflow Orientation on the Discharge Coefficient of Shaped Film-Cooling Holes.* J. Turbomach., 122:146–152, 2000.

[44] GRITSCH,M. ; SCHULZ, A.; WITTIG, S.: *Adiabatic Wall Effectiveness Measurements of Film-Cooling Holes with Expanded Exits.* ASME J. Turbomach., 120:549–556, 1998.

[45] HAN, J. C.: *Heat transfer and Friction in Channels with Two Opposite Rib-Roughened Walls.* ASME J. Heat Transfer, 106:774–781, 1984.

[46] HAN, J. C.: *Heat Transfer and Friction Characteristics in Rectangular Channels with Rib Turbulators.* ASME J. Heat Transfer, 110:321–328, 1988.

[47] HAN, J. C.; DUTTA, S.: *Internal Convection Heat Transfer and Cooling: An Experimental Approach.* Lecture Series 1995-05 on Convective Heat Transfer and Cooling in Gas Turbines, May 8-12, van Karman Institute for Fluid Dynanics, Belgium, 1995.

[48] HAN, J. C.; GLICKSMAN, L. R.; ROHSENOW, W. M.: *An Investigation of Heat Transfer and Friction for Rib-Roughened Surfaces.* Int. J. Heat Mass Transfer, 21:1143–1156, 1978.

[49] HAN, J. C.; PARK, J. S.: *Developing Heat Transfer in Rectangular Channels with Rib Turbulators.* Int. J. Heat Mass Transfer, 31 no.1:183–195, 1988.

[50] HAY, N.; LAMPARD, D.: *The Discharge Coefficient of flared film cooling holes.* ASME Paper 95-GT-15, 1995.

[51] HENEKA C.; SCHULZ, A.; BAUER, H. J.: *Effect of Internal Rib Configurations on the Discharge Coefficient of a 30-Degree Inclined Film Cooling Hole.* Heat Transfer Research, 41(7):769–786, 2010.

[52] HERMANN, N.: *Höhere Mathematik.* Oldenbourg Wissenschaftsverlag, München, Wien, 2007.

[53] HUCHO, W.H.: *Aerdodynamik stumpfer Körper.* Vieweg+Teubner, 2.Auflage, 2011.

[54] HUH, M.; LIU, Y. H.; HAN, J. C.; CHOPRA, S.: *Effect of Rib Spacing on Heat Transfer in a Two-Pass Rectangular Channel (AR = 1.4) With a Sharp Entrance at High Rotation Numbers.* ASME Paper GT2008-50311, 2008.

[55] HUH, M.; LIU, Y. H.; HAN, J. C.; CHOPRA, S.: *Effect of Rib Spacing on Heat Transfer in a Two-Pass Rectangular Channel (AR=1:4) With a Sharp Entrance at High Rotation Numbers.* ASME Paper GT2008-50311, 2008.

[56] HYAMS, D. G.; LEYLEK, J. H.: *A Detailed Analysis of Film-Cooling Physics: Part III - Streamwise Injection With Shaped Holes.* ASME J. Turbomach., 122:122–132, 2000.

[57] IDELCHIK, I. E.: *Handbook of Hydraulic Resistance.* Begell House Inc., 3rd Edition, New York, 1996.

[58] IRELAND, P. T.; JONES, T. V.: *Liquid Crystal Measurements of Heat Transfer and Surface Shear Stress.* Meas. Sci. Technol., 11:969–986, 2000.

[59] JENKINS, S.; ZEHNDER, F.; SEVCHUK, I.: *The Effect of Ribs and Tip Wall Distance on Heat Transfer for a Varying Aspect Ratio Two-Pass Ribbed Internal Cooling Channel.* ASME Paper GT2008-51207, 2008.

[60] JIJI, L. M.: *Heat Conduction.* Springer Verlag, Berlin Heidelberg, 2009.

[61] KAMOTANI, Y.; GREBER, I.: *Experiments on a Turbulent Jet in a Cross Flow.* AIAA Journal, 10:1425–1429, 1972.

[62] KASZETA, R. W.: *Measurements in Film Cooling Flows with Lateral Injection.* Ph.D. thesis, University of Minnesota, University of Minnesota, Heat Transfer Laboratory, Minneapolis, MN 55455, USA, 1998.

[63] KAYS, W.; CRAWFORD, M.; WEIGAND, B.: *Convective Heat and Mass Transfer.* McGraw Hill Book Co., New York, 2004.

[64] KELSO, R. M.; LIM, T. T.; PERRY, A. E.: *An Experimental Study of Round Jets in Cross-Flow.* Journal of Fluid Mechanics, Cambridge University Press, 306:111–144, 1996.

[65] KISSEL, H.: *Filmkühlung bei komplexen Innenströmungen.* Ph.D. thesis, Universität Stuttgart, Universität Stuttgart, Institut of Thermodynamcis, 2007.

[66] KISSEL, H. P.; WEIGAND, B.; VON WOLFERSDORF, J.; NEUMANN, S. O.; UNGEWICKELL, A.: *An Experimental and Numerical Investigation of the Effect of Cooling Channel Crossflow on Film Cooling Performance.* ASME Paper GT2007-27102, 2007.

[67] KNIENCKE, U.; SCHWARZ, M.; WEICKERT, T.: *Signalverarbeitung/ Zeit-Frequenz-Analyse und Schätzverfahren.* Oldenbourg Wissenschaftsverlag, München, 2008.

[68] KÖNIG F. X.; KUNZE, M.: *Entwicklung des Flüssigkristall-Messsystems für die Bestimmung von Wärmeübergangszahlen.* Institutsinterner Bericht B1851, 2012.

[69] KÖNIG F. X.; KUNZE, M.: *Experimentelle Untersuchungen zum Einfluss von Rippen in internen Turbinenkühlkanälen.* Institutsinterner Bericht D1881, 2013.

[70] KUNZE, M.: *Experimental Investigations of Platform Film-Cooling in Highly-Loaded Turbine Vanes.* Dissertation, Technische Universität Dresden, Fakultät für Maschinenwesen, Institut für Strömungsmechanik, 2013.

[71] KUNZE M.; PREIBISCH, S.; VOGELER, K.; LANDIS, K.; HESELHAUS, A.: *A new test rig for film cooling experiments on turbine endwalls.* ASME Paper GT2008-51096, 2008.

[72] LARSSON, S.; THOMÈE, V.: *Partielle Differenzialgleichungen und numerische Methoden.* Springer Verlag, Berlin Heidelberg, 2005.

[73] LEE, S. W.; PARK, S. W.; LEE, J. S.: *Flow Characteristics Inside Circular Injection Holes Normally Oriented To a Cross Flow: Part I Flow Visualizations and Flow Data in the Symmetry Plane.* ASME Paper 2000-GT-256, 2000.

[74] LEHMANN, I.: *Strömungsuntersuchungen in stehenden und rotierenden Schaufelkanälen mittels Laser-Doppler-Anemometrie.* VDI Verlag, Düsseldorf, 2003.

[75] LIGRANI, P. M.; CIRIELLO, S.; BISHOP, D. T.: *Heat Transfer, Adiabatic Effectiveness and Injectant Distributions Downstream of a Single Row and Two Staggered Rows of Compound Angle Film-Cooling Holes.* ASME J. Turbomach., 114:687–701, 1992.

[76] LIU, X.; TAO, Z.; DING, S.; XU, G.: *Experimental Investigations of Heat Transfer Characteristics in a Variable Cross-Sectioned Two-Pass Channel with Combined Film Cooling Holes and Inclined Ribs.* Applied Thermal Engineering, 50:1186–1193, 2013.

[77] LIU, Y. H.; WRIGHT, L. M.; FU, W. L.; HAN, J. C.: *Rib Spacing Effect on Heat Transfer and Pressure Loss in a Rotating Two-Pass Rectangular Channel (AR = 1:2) With 45-Degree Angled Ribs.* ASME Paper GT2006-50311, 2006.

[78] LUTUM, E.: *Experimentelle Filmkühlungsuntersuchungen zylindrischer und konturierter Bohrungsgeometrien an gekrümmten Oberflächen.* Shaker Verlag, Aachen, 2001.

[79] LUTUM, E.; JOHNSON B. V.: *Influence of the Hole Length-to-Diameter Ratio on Film Cooling With Cylindrical Holes.* ASME J. Turbomach., 121:206–216, 1999.

[80] MARGASON, R.: *Fifty Years of Jet in Cross Flow Research.* Proc. AGARD Meeting on Computational and Experimental Assessment of Jet in Cross Flow, 1993.

[81] MAURER, M.; VON WOLFERSDORF, J.; GRITSCH, M.: *An Experimental and Numerical Study of Heat Transfer and Pressure Loss of V- and W-shaped Ribs at High Reynolds Numbers.* ASME Paper GT2007-27167, 2007.

[82] MCADAMS: *Heat Transmission.* 1st Ed., McGraw-Hill, New York, 1942.

[83] MCGOVERN, K. T.; LEYLEK, J. H.: *A Detailed Analysis of Film-Cooling Physics: Part II - Compound-Angle Injection With Cylindrical Holes.* ASME J. Turbomach., 122:113–121, 2000.

[84] MEHTA,P.; BRADSHAW, R. D.: *Design Rules for Small Low Speed Wind Tunnels.* Aeronautical Journal of Royal Aeronautical Society, Seiten 442–449, 1979.

[85] MENTER, F. R.; KUNTZ, M.; LANGTRY R.: *Ten Years of Industrial Experience with the SST Turbulence Model.* Turbulence, Heat and Mass Transfer 4, Seiten 625–632, 2003.

[86] MERZIGER, G.; MÜHLBACH, G.; WILLE, D.; WIRTH, T.: *Formeln und Hilfen zur höheren Mathematik.* Binomi Verlag, Hannover, 2010.

[87] METZGER D. E.; LARSON, D. E.: *Use of Melting Point Surface Coatings for Local Convection Heat Transfer Measurements in Rectangular Channel Flows With 90-deg Turns.* ASME J. Heat Transfer, 108:48–54, 1986.

[88] NITSCHE, W.: *Strömungsmeßtechnik.* Springer Verlag, Berlin, 2006.

[89] PAPE, D.: *Experimentelle Untersuchung der Strömung und der Wärmeübertragung in* 180 °*-Umlenkungen* . Dissertation, Universität Stuttgart, Institut für Thermodynamik der Luft- und Raumfahrt, 2009.

[90] PARK, J. S.; HAN, J. C.; HUANG, Y.; OU, S.: *Heat Transfer Performance Comparisons of Five Different Rectangular Channels With Parallel Angled Ribs.* Int. J. Heat Mass Transfer, 35, no. 11:2891–2903, 1992.

[91] PARK, J. S.; HAN, J. C.; HUANG, Y.; OU, S.; BOYLE, R. J.: *Heat Transfer Performance Comparisons of Five Different Rectangular Channels with Parallel Angled Ribs.* Int. J. Heat Mass Transfer, 35, no. 11:2891–2903, 1992.

[92] PEDERSEN, M. C.; ECKERT, E. R. G.; GOLDSTEIN, R. J.: *Film Cooling With Large Density Differences Between Mainstream And Secondary Fluid Measured By Heat Transfer.* ASME J. Heat Transfer, 99:620–627, 1977.

[93] PETUKHOV, B. S.: *Experimental Validation of Large Eddy Simulations of Flow and Heat Transfer in a Stationary Ribbed Duct.* Adv. Heat Transfer, 6:503–565, 1970.

[94] POSER, R.: *Transient Heat Transfer Experiments in Complex Geometries Using Liquid Crystal Thermography.* Dissertation, Universität Stuttgart, Institut für Thermodynamik der Luft- und Raumfahrt, 2010.

[95] RAU, G.: *Einfluss der Rippenanordnung auf das Strömungsfeld und den Wärmeübergang in einem Kühlkanal mit quadratischem Querschnitt.* Dissertation, Technische Universität Darmstadt, Fachgebiet Gasturbinen, Luft- und Raumfahrtantriebe, 1998.

[96] RAU, G.; CAKAN, M.; MOELLER, D.; ARTS, T.: *The Effect of Periodic Ribs on the Local Aerodynamic and Heat Transfer Performance of a Straight Cooling Channel.* ASME J. Turbomach., 120:368–375, 1998.

[97] REYNOLDS, O.: *On the dynamical theory of incompressible viscous fluids and the determination of the criterion.* Philosophical Transactions of the Royal Society, 186-I:123–164, 1895.

[98] ROACHE, P. J.: *Perspective: A Method for Uniform Reporting of Grid Refinement Studies.* ASME Journal of Fluids Engineering, 116, 1994.

[99] ROACHE, P. J.: *Quantification of Uncertainty in Computational Fluid Dynamics.* Annual Review of Fluid Mechanics, 29:123–160, 1997.

[100] ROACHE, P.J.: *Verification and Validation in Computational Science and Engineering.* Hermosa Publishers, Albuquerque, New Mexico, 1998.

[101] ROLLS ROYCE PLC.: *The Jet Engine.* 5th edition, Derby, England, 1996.

[102] RUCK, B.: *Laser-Doppler-Anemometer - Eine berührungslose optische Strömungsmesstechnik.* AT-Fachverlag, Stuttgart, 1987.

[103] RUCK, B.: *Einfluß der Tracerteilchengröße auf die Signalformation in der Laser-Doppler-Anemometrie.* Sonderdruck aus Technisches Messen - tm", 7/8, 1990.

[104] SAUMWEBER, C.; SCHULZ, A.; WITTIG, S.: *Free-Stream Turbulence Effects On Film Cooling With Shaped Holes.* ASME Paper GT-2002-30170, 2002.

[105] SCHEEPERS, G.; MORRIS, R. M.: *Experimental Study of Heat Transfer Augmentation Near the Entrance to a Film Cooling Hole in a Turbine Blade Passage.* ASME J. Turbomach., 131:044501–1–044501–11, 2009.

[106] Schüler, M.; Neumann, S. O.; Weigand, B.: *Pressure Loss and Heat Transfer in a 180 deg Bend of a Ribbed Two-Pass Internal Cooling Channel with Engine-Similar Cross Sections, Part I: Experimental Investigations.* 8th European Conference on Turbomachinery, Fluid Dynamics and Thermodynamics, ETC8-115, Graz, Austria, March 23-27, 2009.

[107] Schüler, M.; Neumann, S. O.; Weigand, B.: *Pressure Loss and Heat Transfer in a 180 deg Bend of a Ribbed Two-Pass Internal Cooling Channel with Engine-Similar Cross Sections, Part I: Numerical Investigations.* 8th European Conference on Turbomachinery, Fluid Dynamics and Thermodynamics, ETC8-115, Graz, Austria, March 23-27, 2009.

[108] Schüler, M.; Zehnder, F.; Weigand, B.; von Wolfersdorf, J.; Neumann, S. O.; Schnieder, M.: *The Effect of Side Wall Mass Extraction on Pressure Loss and Heat Transfer of a Ribbed Rectangular Two-Pass Internal Cooling Channel.* ASME J. Turbomach., 133:021002–1 – 021002–11, 2011.

[109] Schmidt, D. L.; Sen, B.; Bogard, D. G.: *Film Cooling with Compound Angle Holes: Adiabatic Effectiveness.* ASME J. Turbomach., 118:807–813, 1996.

[110] Schultz D. L.; Jones, T. V.: *Heat Transfer Measurements in Short Duration Hypersonic Facilities.* NATO Advisory Group Aeronautical RD AGARDOGRAPH, 165, 1973.

[111] Sewall, E. A.; Tafti, D. K.; Graham, A. B.; Thole, K.: *Experimental Validation of Large Eddy Simulations of Flow and Heat Transfer in a Stationary Ribbed Duct.* Int. J. Heat and Fluid Flow, 27:243–258, 2006.

[112] Shah, D. N.; Beals, J. T.; Marcin, J. J.; Murray, S. D.: *Cores for Use in Precision Investment Casting.* United States Patent No. US 6.637.500 B2, 2003.

[113] Shen, J. R.; Wang, Z.; Ireland, P. T.; Jones, T. V.; Byerly, A. R.: *Heat Transfer Enhancement Within a Turbine Blade Cooling Passage Using Ribs and Combination of Ribs With Film Cooling Holes.* ASME J. Turbomach., 118:428–434, 1996.

[114] SINHA, A. K.; BOGARD, D. G.; CRAWFORD, M. E.: *Film Cooling Effectiveness Downstream of a Single Row of Holes With Variable Density Ratio.* ASME J. Turbomach., 113:442–449, 1991.

[115] SMITH, S. H.; MUNGAL, M. G.: *Mixing, Structure and Scaling of the Jet in Crossflow.* Journal of Fluid Mechanics, Cambridge University Press, 357:83–122, 1998.

[116] TASLIM, M. E.; SPRING, S. D.: *Effects of Turbulator Profile and Spacing on Heat Transfer and Friction in a Channel.* J. Thermophysics Heat Transfer, 8:555–562, 1994.

[117] THOLE, K.; GRITSCH, M.; SCHULZ, A.; WITTIG, S.: *Effect of a Crossflow at the Entrance to a Film-Cooling Hole.* ASME J. Fluid. Eng., 119:533–540, 1997.

[118] THURMAN, D.; POINSATTE, P.: *Experimental Heat Transfer and Bulk Air Temperature Measurements for a Multipass Internal Cooling Model With Ribs and Bleed.* ASME J. Turbomach., 123:90–96, 2001.

[119] VOGEL G. B.; WEIGAND, B., BÖLCS, A.: *A New Evaluation Method for Transient Liquid Crystal Exeriments.* 35th ASME National Heat Transfer Conference, 2001.

[120] VOGELER, K.: *Zukunftsperspektiven für die Hochtemperatur-Gasturbine.* VGB Powertech PT-10/2011, 2011.

[121] WALTERS, D. K.; LEYLEK, J. H.: *A Detailed Analysis of Film-Cooling Physics: Part I - Streamwise Injection With Cylindrical Holes.* ASME J. Turbomach., 122:102–112, 2000.

[122] WANG, L.; SALEWSKI, M.; SUNDÉN, B.: *Turbulent Flow in a Ribbed Channel: Flow Structures in the Vicinity of a Rib.* Experimental Thermal Fluid Science, 34:165–176, 2010.

[123] WENDT, F.W.: *Computational Fluid Dynamics.* Springer Verlag, New York, 1992.

[124] WILCOX, D. C.: *Multiscale Model for Turbulent Flows.* AIAA 24th Aerospace Sciences Meeting, American Institute of Aeronautics and Astronautics, 1986.

[125] WILFERT, G.; WOLFF, S.: *Influence of Internal Flow on Film Cooling Effectiveness.* ASME J. Turbomach., 122:327–333, 2000.

[126] WINTERTON, R. H. S.: *Where did the Dittus and Boelter equation come from?* Int. J. Heat Mass Transfer, 41:809–810, 1998.

[127] WISCHNAT F.; KUNZE, M.: *Untersuchung des Strömungsfeldes in einem berippten Kühlkanal mittels Particle Image Velocimetry (PIV).* Institutsinterner Bericht B1854, 2013.

[128] YEH, Y.; CUMMINS, H.: *Localised fluid flows measurements with a He-Ne laser spectrometer.* Appl. Phys. Lett., 4:176–178, 1964.

[129] YUAN, L. L.; STREET, R. L.; FERZIGER, J. H.: *Large-eddy Simulations of a Round Jet in Crossflow.* Journal of Fluid Mechanics, Cambridge University Press, 379:71–104, 1999.

[130] YUEN, C. H. N.: *Measurement of local heat transfer coefficient and effectiveness in film cooling geometries.* Ph.D. thesis, University of Higher Education, University of London, Imperial College of Science, Technology and Medicine, 2000.

[131] ZHANG Z.; EISELE, K.: *Off-axis alignment of an LDA-probe and the effect of astigmatism on measurements.* Experiments in Fluids, 19:89–94, 1995.

A Anhang

A.1 Bestimmung des Wärmeübergangs

In diesem Abschnitt werden auf Basis der Ausführungen von Drost [30] die notwendigen Berechnungsgleichungen zur Bestimmung des Wärmeübergangskoeffizienten mittels der transienten Flüssigkristallmessmethode ausführlich hergeleitet. Als Grundlage dient dabei die instationäre Fouriersche Wärmeleitungsdifferentialgleichung, wobei hier der Spezialfall eines eindimensionalen Wärmeleitungsproblems ohne innere Wärmequellen nach

$$\frac{\partial T}{\partial t} = a \, \frac{\partial^2 T}{\partial z^2} \quad \text{mit} \quad a = \frac{\lambda}{\rho \, c} \tag{A.1}$$

gilt. Diese Beziehung besitzt ihre Gültigkeit sowohl für instationäre als auch für stationäre Vorgänge. Hierbei beschreibt die linke Seite der Gleichung (A.1) die zeitliche Änderung der Temperatur und die rechte Seite den eindimensionalen Transportterm für die Wärmeleitung. Die zur Beschreibung des Vorgangs notwendigen Stoffparameter des Wandmaterials wie Wärmeleitfähigkeit λ, Dichte ρ und spezifische Wärmekapazität c werden in dem Parameter Temperaturleitfähigkeit a zusammengefasst.

Nachdem in der Messanordnung ein thermodynamisches Gleichgewicht erreicht ist, wird durch den initierten Temperatursprung und den darausfolgenden Wandwärmestrom die Wandtemperatur sich über die Zeit an die Fluidtemperatur angleichen. Dabei steigt aber durch die Wärmeleitungsprozesse in der Wand die Materialtemperatur. Die Geschwindigkeit dieses Prozesses hängt vom jeweiligen Wärmeübergangskoeffizienten am Messort ab. Um einen Einfluss des Wärmeübergangs an der zur Umgebung grenzenden Außenseite auf die Wärmeausbreitung in der Wand vernachlässigen zu können, sind kurze Messzeiten notwendig in denen der Wärmestrom nur zu einem geringen Teil in die Wand eindringen kann. Ist diese Vorraussetzung erfüllt, kann die Wand als einseitig, unendlich ausgedehnt (halbunendlich) angesehen werden. Dies resultiert in einer Vereinfachung der zu lösenden Differentialgleichung mit folgender

Randbedingung

$$\lim_{z \to \infty} T(z,t) = T_0, \tag{A.2}$$

wobei T_0 die Temperatur zum Startzeitpunkt des Versuches bezeichnet. Mit der Forderung, dass sich vor dem Versuch ein thermodynamisches Gleichgewicht einstellt, resultiert folgende Anfangsbedingung

$$T(z,0) = T_0 \tag{A.3}$$

und aus dem zu untersuchenden Wärmeübergang an der Wandoberfläche zwischen Fluid und Festkörper ergibt sich die konvektive Randbedingung zu

$$-\lambda \, \frac{\partial T(z,t)}{\partial z} = \alpha \, \left(T_B - T_W(t)\right) \qquad \text{mit} \qquad z = 0. \tag{A.4}$$

Hierbei bezeichnet $T_W(t)$ die zeitabhängige Temperatur direkt an der Oberfläche und T_B die massenstromgemittelte Fluidtemperatur. Die Randbedingung (A.4) setzt vorraus, dass die Wärmeleitung im Festkörper allein durch den konvektiv induzierten Wärmestrom verursacht wird. Es werden somit innere Wärmequellen vernachlässigt und nur kleine Gradienten in der lateralen Wärmeübergangsverteilung im Objekt angenommen. Somit es möglich den konvektiven mit dem konduktiven Wärmestrom direkt an der Oberfläche ($z = 0$) gleichzusetzen und als eindimensional zu betrachten. Um die Gleichung (A.1) zu lösen, wird die homogene und lineare partielle Differenzialgleichung zweiter Ordnung mittels einer Laplace-Transformation vom Zeit- in den Frequenzbereich überführt. Hierzu wird als erster Schritt eine Substitution der Temperaturen mit einer auf die Ausgangstemperatur normierten Variante

$$T^* = \frac{T - T_{Ausgang}}{T_{Ausgang}} \tag{A.5}$$

$$T_B^* = \frac{T_B - T_{B,Ausgang}}{T_{B,Ausgang}} \tag{A.6}$$

durchgeführt. Im Falle eines idealen Temperatursprunges (Anfangsbedingung (A.3)) entspricht die jeweilige Ausgangstemperatur der Temperatur im thermodynamischen Gleichgewicht T_0. Mit Hilfe der Laplace-Transformation und der Substitutionsmethode in (A.5) vereinfacht sich die partielle Differenzialgleichung zu folgender gewöhnlicher Differentialgleichung für die Spektralfunktion

$$\frac{\partial^2 \hat{T}^*(z,s)}{\partial z^2} - \frac{s}{a}\,\hat{T}^*(z,s) + \frac{1}{a}\,T^*(z,0) = 0\ . \tag{A.7}$$

Die Substitutionsmethode und Transformation in den Laplace-Raum wird nun zur Lösung von Gleichung (A.7) auf die Anfangs- und Randbedingungen erweitert, sodass sich die Beziehungen folgendermaßen darstellen lassen

$$\lim_{z\to\infty} \hat{T}^*(z,s) = T_0 \tag{A.8}$$

$$T^*(z,0) = 0 \tag{A.9}$$

$$-\,\lambda\,\frac{\partial \hat{T}^*(z,s)}{\partial z} = \alpha\,\left(\frac{T_B^*}{s} - \hat{T}_W^*(s)\right) \quad \text{mit} \quad z = 0. \tag{A.10}$$

Mit dem Lösungsansatz für lineare Differentialgleichungen mit konstanten Koeffizienten, beschrieben in Merziger [86],

$$\hat{T}^*(x) = \mathrm{e}^{z\,k} \quad \text{mit} \quad k = m + i\,n \tag{A.11}$$

kann die Gleichung (A.7) in die charakteristische Gleichung

$$k^2 - \frac{s}{a} = 0 \tag{A.12}$$

überführt werden. Die Lösung dieser quadratischen Gleichung liefert zwei reelle Nullstellen

$$k_1 = -\sqrt{\frac{s}{a}} \quad \text{und} \quad k_2 = \sqrt{\frac{s}{a}}\ , \tag{A.13}$$

weswegen die Ansatzfunktion

$$\hat{T}^*(z,s) = A\ \mathrm{e}^{-z\sqrt{\frac{s}{a}}} + B\ \mathrm{e}^{z\sqrt{\frac{s}{a}}} \tag{A.14}$$

als Lösung der Differenzialgleichung gewählt werden kann. Die Variablen A und B sind hierbei Integrationskonstanten. Durch Anwendung der Randbedingung für die halbunendliche Wand, wie in Gleichung (A.8) definiert, kann die Intergrationskonstante B zu Null bestimmt werden. Damit entfällt der letzte Term in der Gleichung (A.14). Ist im zu untersuchenden Wärmeleitungsproblem allein die Oberfläche des

Objekts von Interesse, so kann die zu analysierende Dimension z durch die geschickte Wahl des Koordinatenursprungs auf der Wandoberfläche zu Null gesetzt werden. Diese Definition kann auf die Ansatzfunktion (A.14) angewendet werden, wodurch sie sich in die Beziehung

$$\hat{T}^*(z=0,s) = \hat{T}^*_W(s) = A \tag{A.15}$$

weiter vereinfachen lässt. Die Integrationskonstante A kann mit Hilfe der konvektiven Randbedingung (A.10) bestimmt werden. Hierzu wird die Ansatzfunktion (A.14) zur Lösung des Differentials verwendet und die Laplace-transformierte Oberflächentemperatur $\hat{T}^*_W$ durch die Beziehung (A.15) ersetzt. Es resultiert die Konstante A zu

$$A = \frac{\alpha}{\lambda} \frac{\hat{T}^*_B}{s\left(\frac{\alpha}{\lambda} + \sqrt{\frac{s}{a}}\right)}. \tag{A.16}$$

Damit erhält man als Lösung der Fourierschen Differentialgleichung (A.1) die folgende Gleichung im Laplace-Raum

$$\hat{T}^*(z,s) = \frac{\alpha}{\lambda} \frac{\hat{T}^*_B}{s\left(\frac{\alpha}{\lambda} + \sqrt{\frac{s}{a}}\right)} \, \mathrm{e}^{-z\sqrt{\frac{s}{a}}}. \tag{A.17}$$

Abschließend muss diese Beziehung zurück in den Zeitbereich transformiert werden. Hierzu wird die von Carslaw und Jaeger [22] beschriebene Rücktransformation[1]

$$\frac{\mathrm{e}^{-q\,x}}{p\,(q+h)} \;\bullet\!\!-\!\!\circ\; \frac{1}{h}\,\mathrm{erfc}\left(\frac{x}{2\sqrt{\kappa\,t}}\right) - \frac{1}{h}\,\exp\left(h\,x + \kappa\,t\,h^2\right)\,\mathrm{erfc}\left(\frac{x}{2\sqrt{\kappa\,t}} + h\sqrt{\kappa\,t}\right) \tag{A.18}$$

$$\text{mit} \quad q = \sqrt{\frac{s}{\kappa}} \quad \text{und} \quad \kappa, x > 0;\ \kappa, x \in \mathbb{R}$$

durchgeführt. Daraus erhält man die gesuchte Bestimmungsgleichung des Wärmeübergangskoeffizienten für einen idealen Temperatursprung unter den angenommenen Anfangs- und Randbedingungen, welche durch ihre implizite Schreibweise nur

[1] Vgl. Carslaw und Jaeger [22] Anhang 5, Transformation 14

numerisch gelöst werden kann

$$\Theta = \frac{T(z,t) - T_0}{T_B - T_0} = \operatorname{erfc}\left[\frac{z}{2\sqrt{a\,t}}\right] - \exp\left[\frac{\alpha}{\lambda}\,z + a\,t\left(\frac{\alpha}{\lambda}\right)^2\right]\,\operatorname{erfc}\left[\frac{z}{2\sqrt{a\,t}} + \frac{\alpha}{\lambda}\sqrt{a\,t}\right]. \tag{A.19}$$

Zur Bestimmung der Wärmeübergangskoeffizienten ist es ausreichend, allein die Vorgänge direkt an der Oberfläche des Objekts zu untersuchen. Es lässt sich daher die Bestimmungsgleichung (A.19) für den Spezialfall ($z = 0$) in folgende Form

$$\Theta(z=0,t) = \frac{T(z=0,t) - T_0}{T_B - T_0} = 1 - \exp\left[a\,t\left(\frac{\alpha}{\lambda}\right)^2\right]\,\operatorname{erfc}\left[\sqrt{a\,t}\,\frac{\alpha}{\lambda}\right]. \tag{A.20}$$

überführen. Durch ihre implizite Schreibweise lässt sich aber die letztere Gleichung durch ihre Überbestimmheit nur numerisch bspw. mittels eines Gauss-Newton-Verfahren oder eines Sekantenverfahren lösen.

A.2 Erweiterung auf reale Fluidtemperaturverläufe (Duhamel-Prinzip)

In der im vorherigen Kapitel beschriebenen Herleitung wird zur Berechnung der Wär meübergangskoeffizienten von einem idealen Fluidtemperatursprung ausgegangen. In realen Versuchsaufbauten kann diese Bedingung i.d.R. nicht erfüllt werden. Selbst wenn durch sprunghaftes Umschalten zwischen zwei Fluidströmen oder dem Einsatz einer schnell ansprechenden Netzgewebeheizung eine geringe Auslöseverzögerung des Systemverhaltens erreicht wird. Der Grund hierfür liegt in der Wärmeabgabe durch vorgeschaltete Prüfstandskomponenten begründet, wodurch sich über die Lauflänge des betrachteten Kanals die Temperaturdifferenz zwischen Fluid und Bauteiloberfläche mit zunehmenden Abstand zur Heizung deutlich verringert. Dabei stellt sich ein nach oben beschränkter, degressiver Temperaturverlauf über die Lauflänge im Kanal ein (vgl. Abbildung A.1(b)).

Es finden sich in der Literatur dabei verschiedene Methoden, um diese sich zeitlich veränderlichen Randbedingungen im Experiment in die Lösung des Wärmeübergangsproblems mit einzubeziehen. Hierbei bietet sich aufgrund der Linearität des vorliegenden Anfangsrandwertproblems das Duhamel-Theorem (Metzger u. Larson [87]) zur numerischen Umsetzung der Berücksichtigung des realen Fluidtemperaturverlaufs besonders an. Der Kerngedanke dieses Prinzips ist die Approximation der Lösung für

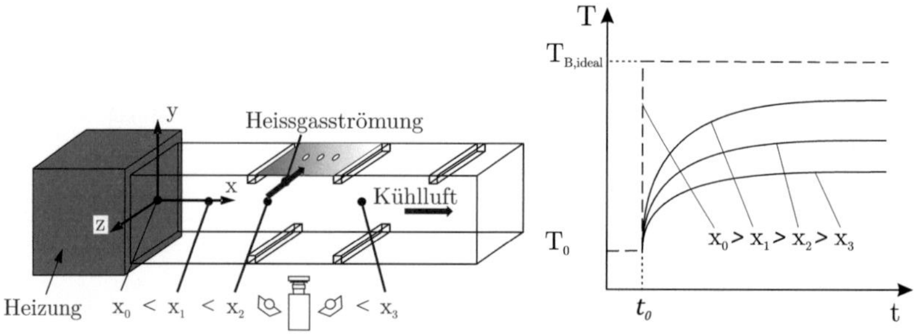

(a) Positionen entlang der Lauflänge

(b) Fluidtemperaturverlauf in Abhängigkeit der Messposition

Abbildung A.1: Einfluss der Messposition auf den Fluidtemperaturverlauf

die Wärmeleitungsgleichung mit zeitabhängigen Randbedingungen aus der Superpostion von Vergleichsproblemen mit konstanten Randbedingungen. Im ersten Schritt kann für eine grundlegenden Erläuterung die Problematik am Beispiel eines idealen Temperatursprunges in zwei Schritten aufgezeigt werden, wie er in Abbildung A.2(a) dargestellt ist.

Zum Zeitpunkt $t < 0$ befindet sich das gesamte Untersuchungsgebiet in einem thermodynamischen Gleichgewicht auf einer Temperatur T_0. Aus mathematischen Gründen wird diese Ausgangstemperatur des Systems zu Null gesetzt, wobei alle für das Problem notwendigen Temperaturen mit dieser Anfangstemperatur subtrahiert werden. In den folgenden Ausführungen wird aus Gründen der Übersichtlichkeit von der daraus notwendigen Differenzschreibweise jedoch abgesehen.

Für die Zeit $t > 0$ erreicht die Fluidtemperatur einen konstanten Wert $T_B(\tau_1)$, bis sie zum Zeitpunkt $t = \tau_1$ auf einen konstant höheren Wert $T_B(\tau_2)$ springt. Da es sich bei der Wärmeleitungsgleichung um eine lineare Beziehung handelt, kann die Lösung des Gesamtsprunges durch die Zerlegung in Teilsprünge erzielt werden (siehe auch Bärwolff [15][2]). Unter der Annahme, dass der Wärmeübergangskoeffizient über den zeitlichen Wandtemperaturverlauf $T_W(t)$ konstant ist, lässt sich mit dem bekannten Indikationsereignis der TLC zum Zeitpunkt $t = \tau_{TLC}$ eine definierte Wandtemperatur $T_W = T_{TLC}$ zuordnen. Durch den realen, kontinuierlichen Verlauf der Fluidtemperatur ändert sich auch der zeitliche Verlauf der Festkörpertemperatur, respektive der Wandtemperatur. Unter Berücksichtigung der Approximation des

[2]Vgl. Bärwolff [15] S. 636

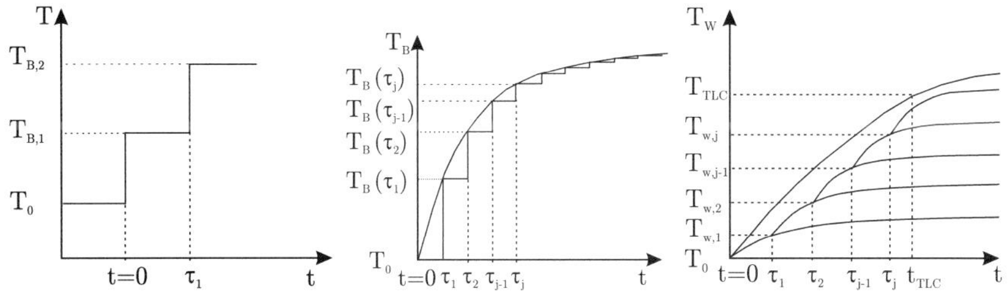

(a) idealer Temperatursprung in zwei Schritten

(b) Approximation des Fluidtemperaturverlaufs T_B

(c) Superposition des Wandtemperaturverlaufs T_W

Abbildung A.2: Approximation eines realen Temperaturverlaufs durch endlich viele, ideale Temperatursprünge (Duhamel-Theorem)

Fluidtemperaturverlaufs durch endlich viele Temperatursprünge ($T_{B,j}-T_{B,j-1}$), wie in Abb. A.2(b) dargestellt, kann zu dem zeitlichen Indikationsereignis der Wärmeübergangskoeffizient explizit berechnet werden. Durch Superposition aller Einzelwandtemperaturverläufe mit konstanter Temperaturrandbedingung (siehe Abb. A.2(c)) ergibt sich dann der gesuchte Wandtemperaturverlauf des Festkörpers zu

$$T_W(z,t) - T_0 = [T_{W,1}(z,t) - T_{W,1}(z,t=0)] + [T_{W,2}(z,t-\tau_1) - T_{W,2}(z,t=\tau_1)] \,. \tag{A.21}$$

Laut Definition für einen idealen Temperatursprung ist die Temperatur im Festkörper für $t \leq 0$ gleich der jeweiligen Anfangstemperatur. Aus diesem Grund muss, dem zeitlichen Auftreten entsprechend, in der Beziehung für den zweiten Temperaturverlauf die Zeitvariable t durch $t - \tau_1$ substituiert werden. Diesbezüglich wirkt sich der zweite Term des Ansatzes erst beim Erreichen des Zeitpunktes $t = \tau_1$ auf den Gesamttemperaturverlauf aus.

Wie bereits aus der Anpassung der Zeit ersichtlich wird, handelt es sich bei den betrachteten Einzeltemperaturverläufen um die selbe allgemeine Problemstellung, die sich nur in der Größe und dem zeitlichen Auftreten der Randbedingungen unterscheidet. Es liegt somit die Idee nahe das Problem als Erstes in einer allgemeinen und normierten Form zu lösen, sodass mit dieser Hilfslösung die einzelnen Temperaturverläufe auf eine einfache Art und Weise bestimmt werden können. Hierzu wird eine dimensionslose Temperatur Θ entsprechend

$$\Theta(z, t-\tau_{j-1}) = \frac{T_{W,j}(z, t-\tau_{j-1}) - T_{W,j}(z, \tau_{j-1})}{T_{B,j} - T_{B,j-1}} \tag{A.22}$$

eingeführt, die auf die jeweilige Änderung in der Fluidtemperatur bezogen wird. Für den ersten Temperaturterm ergibt sich für diese Vorgehensweise folgende Beziehung

$$T_{W,1}(z,t) - T_{W,1}(z, t=0) = (T_{B,1} - T_0)\,\Theta(z,t) = \Delta T_{B,1}\,\Theta(z,t) \tag{A.23}$$

und für den zweiten Temperaturterm bei einem Temperatursprung von $T_{B,1}$ auf $T_{B,2}$ die Gleichung

$$T_{W,2}(z, t-\tau_1) - T_{W,2}(z, t=\tau_1) = (T_{B,2} - T_{B,1})\,\Theta(z, t-\tau_1) = \Delta T_{B,2}\,\Theta(z, t-\tau_1)\ . \tag{A.24}$$

Werden die Beziehungen (A.23) und (A.24) in den Ansatz (A.21) eingesetzt, so folgt daraus die Gleichung

$$T_W(z,t) - T_0 = \Delta T_{B,1}\,\Theta(z,t) + \Delta T_{B,2}\,\Theta(z, t-\tau_1)\ . \tag{A.25}$$

Analog dem beschriebenen Vorgehen bei der Berücksichtigung des zweiten Temperatursprungs, kann der Ansatz für unendlich viele Temperatursprünge durch Superpositionierung erweitert werden. Somit lässt sich die Beziehung der Gesamtlösung (A.25) für n Temperatursprünge in die Form

$$T_W(z,t) - T_0 = \Delta T_{B,1}\,\Theta(z,t) + \sum_{j=2}^{n} \Delta T_{B,j}\,\Theta(z, t-\tau_{j-1}) \tag{A.26}$$

überführen. Mit dieser Gleichung ist es ebenfalls möglich, stetige Änderungen in der Fluidtemperatur als Randbedingung zu berücksichtigen.

Hierzu wird der kontinuierliche Temperaturverlauf, wie in Abbildung A.2(b) dargestellt, durch die Zerlegung in kleine aufeinanderfolgende Änderungen über die Zeit angenähert. Durch Erweiterung der Summe in der Gleichung (A.26) um den Faktor $\Delta\tau_j = \tau_j - \tau_{j-1}$, entsprechend

$$T_W(z,t) - T_0 = \Delta T_B(0)\,\Theta(z,t) + \sum_{j=1}^{n} \frac{\Delta T_B(\tau_j)}{\Delta\tau_j}\,\Theta(z, t-\tau_j)\,\Delta\tau_j\ , \tag{A.27}$$

können für die Annahme unendlich vieler Zeitschritte $n \to \infty$ die Differenzen in Differentiale überführt werden. Somit wird die Summe durch ein Integral ersetzt und es resultiert der Lösungsansatz bei einem kontinuierlichen Fluidtemperaturverlauf als Randbedingung

$$T_W(z,t) - T_0 = \Delta T_B(0)\,\Theta(z,t) + \int_0^t \frac{\mathrm{d}T_B(\tau)}{\mathrm{d}\tau}\,\Theta(z,t-\tau)\,\mathrm{d}\tau\ . \tag{A.28}$$

Sowohl bei Carslaw und Jaeger [22] als auch bei Larsson und Thomèe [72] und Jiji [60] wird dieser Gleichungstyp als Duhamel-Integral bzw. als Duhamel-Prinzip bezeichnet. Es kann dabei auch in folgender Variante

$$T_W(z,t) = \int_0^t T_B(\tau)\,\frac{\partial}{\partial t}\Theta(z,t-\tau)\,\mathrm{d}\tau \tag{A.29}$$

vorliegen, die aus der Beziehung (A.28) mit Hilfe der Umformungsregel der partiellen Integration überführt werden kann.

Für die numerische Bestimmung des Wärmeübergangskoeffizienten bei der transienten Flüssigkristallmethode bietet sich der Lösungsansatz (A.26) an. Zur Berücksichtigung des realen kontinuierlichen Fluidtemperaturverlaufs muss er dazu in die Form

$$T_W(z,t)-T_0 = (T_B(t=0) - T_0)\ \Theta(z,t)+\sum_{j=1}^{n}\,(T_B(\tau_i) - T_B(\tau_{j-1}))\ \Theta(z,t-\tau_j) \tag{A.30}$$

überführt werden. Bei realen Temperaturverläufen kann davon ausgegangen werden, dass zum Zeitpunkt $t = 0$ am Ort der Messung eine Änderung der Oberflächentemperatur nur marginal klein ausfällt. Wird diese Annahme in Gleichung (A.19) für $t \to +0$ berücksichtigt, so kann der erste Summand als vernachlässigbar klein angenommen werden und entfallen. Es ergibt sich somit die im Auswertungsprogramm verwendete Berechnungsgleichung des Wärmeübergangskoeffizienten für den Spezialfall auf der Wand ($z = 0$) zu

$$T_W(z=0,t) - T_0 = \sum_{j=1}^{n}\,(T_B(\tau_j) - T_B(\tau_{j-1}))\ \Theta(t-\tau_j). \tag{A.31}$$

Als dimensionslose Temperatur wird auf die hergeleitete Beziehung (A.20) für einen idealen Fluidtemperatursprung zurückgegriffen. Sie kann jedoch nicht direkt in der

Gleichung (A.31) verwendet werden, da die Temperaturen auf den Anfangszustand T_0 bezogen sind. Aus diesem Grund gelten für den Verlauf der dimensionslosen Temperatur folgende Gleichungen

$$\Theta(z=0, t-\tau_j) = \frac{T_W(t-\tau_j) - T_W(\tau_j)}{T_B(\tau_j) - T_B(\tau_{j-1})} \tag{A.32}$$

$$= 1 - \exp\left[a\,(t-\tau_j)\left(\frac{\alpha}{\lambda}\right)^2\right] \operatorname{erfc}\left[\sqrt{a\,(t-\tau_j)}\,\frac{\alpha}{\lambda}\right]. \tag{A.33}$$

Hierin sind die Temperaturverläufe von Wand und Fluid auf die jeweilige Ausgangstemperatur des Approximationsschritts bezogen. Aus der Struktur der Lösung wird deutlich, dass der Wärmeübergangskoeffizient nur auf iterativen Weg bestimmbar ist. Zu diesem Zweck müssen alle anderen Variablen für die Auswertung bekannt sein oder während des Experimentes bestimmt werden.

A.3 Fehleranalyse

Die in diesem Abschnitt durchgeführte Fehlerabschätzungen für die Betriebsparameter des Prüfstandes und des zu vermessenen Strömungsfeldes in Heißgas- und Kühlluftkanal beruhen generell auf der von Bevington and Robinson [9] vorgeschlagenen Methode unter Einbeziehung aller möglichen Fehlerquellen. Die maximalen absoluten Fehler wie auch die Unsicherheiten werden für die einzelnen Parameter der experimentellen Ergebnisse wie Ausblasrate, Reynoldszahlen und Strömungsgeschwindigkeiten berechnet.

Jede Meßgröße bei einem Experiment ist von Fehlern geprägt, die sich folgendermaßen in absolute, zufällige und generelle Fehler unterteilen lassen. Unter der Vorraussetzung, dass eine Ergebnisgröße y durch eine fehlerbehaftete Eingangsgröße x bestimmt wird, kann der Einfluss von x auf das zu ermittelnde Endergebnis y durch eine Taylor-Reihenentwicklung für geringe absolute Fehleranteile Δx nach

$$y(x+\Delta x) = y(x) + \frac{1}{1!}\frac{dy}{dx}\,\Delta x... \tag{A.34}$$

$$\Delta y = y(x+\Delta x) - y(x) = \frac{dy}{dx}\,\Delta x \tag{A.35}$$

berechnet werden. Ist die Ergebnisgröße y eine Funktion mehrerer unabhängiger, fehlerbehafteter Eingangsvariablen x_1, ..., x_i wird die Taylorreihenentwicklung nach dem linearen Term abgebrochen. Der Fehler der Ergebnisgröße lässt sich dann durch das totale Differential seiner Bestimmungsgleichung mit den partiellen Ableitungen nach

$$\Delta y = \left|\frac{\partial y}{\partial x_1}\right| \Delta x_1 + \left|\frac{\partial y}{\partial x_2}\right| \Delta x_2 + ... + \left|\frac{\partial y}{\partial x_i}\right| \Delta x_i \tag{A.36}$$

bestimmen. Hierbei beschreibt Δy den maximalen Fehler von y als Funktion der Eingangsvariablen $(x_1, ... x_i)$, wobei alle Fehler der einzelnen Meßgrößen auch in den absoluten Fehler der Ergebnisgröße miteingehen. Anhand des Gauß'schen Fehlerfortpflanzungsgesetz wird jede Eingangsgröße x_i als nicht korreliert und damit als statistisch unabhängig betrachtet. Sie unterliegt außerdem einer gewissen Streuung der erfassten Einzelwerte ν_j. Aus diesem Grund wird für die Bestimmung des zufälligen Fehlers, die Eingangsgröße durch ihren Mittelwert zusammen mit der Standardabweichung u_i ersetzt, die anhand der Stichprobenvarianz bestimmt wird

$$u_i^2 = var(x_i) = \frac{1}{(N-1)} \sum_{j=1}^{N} (\nu_j - \overline{\nu})^2. \tag{A.37}$$

Der zufällige Fehler der Ergebnisgröße y wird dann durch quadratische Summation der Einzelunsicherheiten u_i berechnet

$$u_y = \sqrt{\left(\frac{\partial y}{\partial x_1} u_1\right)^2 + \left(\frac{\partial y}{\partial x_2} u_2\right)^2 + ... + \left(\frac{\partial y}{\partial x_i} u_i\right)^2}. \tag{A.38}$$

Diese Gleichung lässt sich weiterhin durch einige algebraische Umformungen in eine äquivalente, relativ formulierte Definition für die Ergebnisgröße umstellen

$$\frac{var(y)}{y^2} = \sum_{i=1}^{N} \frac{var(x_i)}{x_i^2} \frac{x_i^2}{y^2} \left(\frac{\partial y}{\partial x_i}\right)^2. \tag{A.39}$$

Mit Einführung des Sensitivitätskoeffizienten $S_i = \frac{x_i}{y} \frac{\partial y}{\partial x_i}$ gestaltet sich Glg. (A.39) folgendermaßen

$$\frac{var(y)}{y^2} = \sum_{i=1}^{N} S_i^2 \frac{var(x_i)}{x_i^2}. \tag{A.40}$$

A.3.1 Messgenauigkeit der erfassten Größen

Zur Erfassung der Vielzahl von Einzeldruckwerten in beiden Kanälen kommen ausschließlich Differenzdrucksensoren der Fa. Setra mit verschiedenen Messbereichen zum Einsatz (siehe Tab. A.1). Die Messgenauigkeit aller Sensoren beträgt 0.1 % des Gesamtmessbereiches. Zur Berechnung der Genauigkeit des Absolutdruckes muss noch der Fehler bei der Bestimmung des barometrischen Druckes addiert werden.

Fluid	Messgröße	Sensorbereich [Pa]	Sensor-genauigkeit %FS	Sensor-genauigkeit [Pa]	Genauigkeit des Absolutdruckes [Pa]
Heißgas	Δp_{tm}	0 ... 7500	0.10	7.5	16.5
	Δp_m	0 ... 7500	0.10	7.5	16.5
	$p_{dyn,m}$	0 ... 1200	0.10	1.2	1.2
	$\Delta p_{m,w}$	0 ... 7500	0.10	7.5	16.5
Kühlluft	Δp_{tc}	0 ... 34000	0.10	34	43
	Δp_c	0 ... 34000	0.10	34	43
	$p_{dyn,c}$	0 ... 250	0.10	0.25	0.25
	$\Delta p_{c,w}$	0 ... 7500	0.10	7.5	16.5
	$p_{c,w} - p_{m,w}$	± 1900	0.10	3.8	3.8
	$\Delta p_{TRZ\,1,2}$	0 ... 34000	0.10	34	43
	$\Delta p_{DV\,1,2}$	0 ... 34000	0.10	34	43
Sonstiges	p_{bar}	80 ... 110 kPa	0.03	9	9
	T_{tm}	Typ K	-	0.2K	0.2K
	T_{tc}	Typ K	-	0.2K	0.2K
	T_{Fc}	Typ K	-	0.2K	0.2K
	$T_{TRZ\,1,2}$	Typ K	-	0.2K	0.2K

Tabelle A.1: Messgrößen und deren Messgenauigkeit für die berippten Kühlkanaluntersuchungen

Bei den dynamischen Drücken im Heißgas- wie auch Kühlluftkanal fallen die dynamischen Druckdifferenzen, die an den Prandtl-Sonden gemessen werden, aufgrund der geringen Machzahlen der Strömung $Ma < 0.06$ sehr klein aus. Dies gilt insbesondere für den Kühlluftkanal, wo ein Reynoldszahlbereich von $10000 < Re_{c,Dh} < 90000$ untersucht wird. Die kleinste Reynoldszahl 10000 entspricht dabei einer Kernströmungsgeschwindigkeit von etwa $1.5\,m/s$, was äquivalent zu einem dynamischen Druck von nur $1.3\,Pa$ ist. Daher wird hier ein Sensor mit sehr kleinem Messbereich von maximal nur $250\,Pa$ eingesetzt.

Da der Radiallüfter für die Versorgung des Hauptkanals eine maximale Druckaufbau von 5000 Pa liefert, werden die statischen wie Totaldrücke durch Sensoren mit 7.5 kPa-Messbereich erfasst. Aufgrund der hohen Druckverluste, die durch die Einbauten stromauf des Kühlkanals generiert werden, müssen die Messbereiche der Sensoren zur Erfassung der Drücke am Turbinenradzähler 1 und des ersten Druckstellventils größer ausgeführt sein. Da ein Großteil der Drücke in der Anlage in Differenzweise gegenüber barometrischen Umgebungbedingungen gemessen werden, muss zusätzlich der barometrische Druck über einen separaten Drucksensor erfasst werden. Damit lässt sich dann ausgehend von den Differenzdrücken auf die absoluten Werte zurückrechnen.

Alle verwendeten Drucksensoren wurden im Vorfeld der Messungen über ihren Druckmessbereich kalibriert. Die Transferfunktion von Sensorspannung zu Differenzdruck wurde mit Hilfe eines hochpräzisen Druckkalibratorsystems der Fa. Druck Messtechnik GmbH mit einer Genauigkeit von 0.01 % des Gesamtmessbereichs ermittelt. Weiterhin wurden auch alle Temperatursensoren im Vorfeld der Messungen mittels eines Temperaturkalibrators der Fa. Wika im Temperaturbereich von $-10 < T < 120°$C gegen ein hochgenaues Pt100-Widerstandsthermometer mit einer Messgenauigkeit von $\pm\, 0.01\, K$ kalibriert.

A.3.2 Reynoldszahl

Im Heissgaskanal wird die Reynoldszahl auf den Filmbohrungsdurchmesser bezogen und mit den gemessenen Drücken an der Prandtl-Sonde ermittelt. Dieser Parameter ist konstant für alle untersuchten Testfälle und berechnet sich nach

$$Re_{m,D} = \frac{u_m D \rho_m}{\eta_m} = \frac{\sqrt{2p_{dyn_m}}D}{\eta_m}\left[\frac{p_m}{R_m T_{tm}}\left(\frac{p_{tm}}{p_m}\right)^{\frac{\kappa-1}{\kappa}}\right]^{\frac{1}{2}}. \tag{A.41}$$

Im Gegensatz dazu ist die Reynoldszahl im Kühlkanal auf den hydraulischen Durchmesser bezogen nach folgender Definition

$$Re_{c,Dh} = \frac{u_c D_h \rho_c}{\eta_c} = \frac{\sqrt{2p_{dyn,c}}D_h}{\eta_c}\left[\frac{p_c}{R_c T_{tc}}\left(\frac{p_{tc}}{p_c}\right)^{\frac{\kappa-1}{\kappa}}\right]^{\frac{1}{2}}. \tag{A.42}$$

Bei Anwendung der Gauß´schen Fehlerfortpflanzungmethode lassen sich die partiellen Ableitungen nach den einzelnen Eingangsgrößen x_i analog für beide Gleichungen (A.41) und (A.42) bestimmen. Die Ableitungen sind hier beispielhaft mit der charakteristischen geometrischen Größe des hydraulischen Durchmessers für den Kühlluftkanal durchgeführt. Für die Heissgas-Reynoldszahl wird dieser Parameter dementsprechend mit dem Lochdurchmesser ersetzt.

$$\frac{\partial Re}{\partial D_h} = \frac{u\,\rho}{\eta} \tag{A.43}$$

$$\frac{\partial Re}{\partial \eta} = -\frac{u\,\rho\,D_h}{\eta^2} \tag{A.44}$$

$$\frac{\partial Re}{\partial p_{dyn}} = \frac{\sqrt{2\rho}\,D_h}{2\eta}\,\frac{1}{\sqrt{p_{dyn}}} \tag{A.45}$$

$$\frac{\partial Re}{\partial p_t} = \frac{\sqrt{2p_{dyn}}\,D_h}{\eta}\sqrt{\frac{p}{R\,T_t}\left(\frac{1}{p}\right)^{\frac{\kappa-1}{2\kappa}}\left(\frac{\kappa-1}{2\kappa}\right)p_t^{\frac{-\kappa-1}{2\kappa}}} \tag{A.46}$$

$$\frac{\partial Re}{\partial p} = \frac{\sqrt{2p_{dyn}}\,D_h}{\eta}\sqrt{\frac{1}{R\,T_t}\,p_t^{\frac{\kappa-1}{2\kappa}}\,\frac{1}{2\kappa}\,p^{\frac{1-2\kappa}{2\kappa}}} \tag{A.47}$$

$$\frac{\partial Re}{\partial T_t} = -\frac{\sqrt{2p_{dyn}}\,D_h}{\eta}\sqrt{\frac{p}{R}\left(\frac{p_t}{p}\right)^{\frac{\kappa-1}{\kappa}}}\,\frac{1}{2}\,\frac{1}{\sqrt{T_t^3}} \tag{A.48}$$

Der relative Fehler der Reynoldszahl im Hauptkanal $\frac{\Delta Re_{m,D}}{Re_{m,D}}$ liegt aufgrund des konstanten Betriebspunktes mit $u_m = 19.3\,m/s$ bei $2.4\,\%$. Die Unsicherheit in der

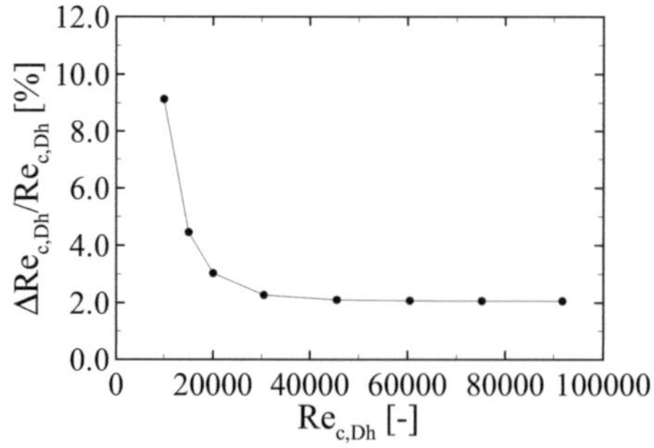

Abbildung A.3: Fehler für die Kühlluft-Reynoldszahl $Re_{c,Dh}$

Reynoldszahl im Kühlkanal ist vom gewählten Betriebspunkt und damit vom dynamischen Druck $p_{dyn,c}$ abhängig. Die Fehlerkurve in Abhängigkeit von der Kühlkanal-Reynoldszahl ist in Abbildung A.3 dargestellt. Hierbei zeigen sich bei geringen Kühlluft-Reynoldszahlen erhöhte Fehler bis zu 9 %, was auf sehr kleine dynamische Drücke am Eintritt des Kühlluftkanals und deren dominierenden Messfehler zurückzuführen ist. Mit steigender Reynoldszahl bis $Re_{c,Dh} = 30000$ verringert sich der Fehler auf 2 % und bleibt für größere Reynoldszahlen annähernd konstant.

A.3.3 Widerstandsbeiwert

Für gerade Kanäle mit nicht kreisförmigem Durchströmquerschnitt wird der Widerstandsbeiwert als normierter Druckabfall für einen Kanalabschnitt der Länge ΔL in Abhängigkeit vom hydraulischen Durchmesser D_h angegeben als

$$f = \frac{\frac{\Delta p_{c,w}}{\Delta L} D_h}{2\rho_c u_c^2} = \frac{\frac{\Delta p_{c,w}}{\Delta L} D_h}{4 p_{dyn,c}}. \tag{A.49}$$

Durch Anwendung der Gauß'schen Fehlerfortpflanzungsmethode bestimmen sich die partiellen Ableitungen von obiger Gleichung zu

$$\frac{\partial f}{\partial D_h} = \frac{\frac{\Delta p_{c,w}}{\Delta L}}{4 p_{dyn,c}}, \tag{A.50}$$

$$\frac{\partial f}{\partial \Delta L} = \frac{\frac{\Delta p_{c,w}}{-\Delta L^2} D_h}{4 p_{dyn,c}}, \tag{A.51}$$

$$\frac{\partial f}{\partial \Delta p_{c,w}} = \frac{\frac{D_h}{\Delta L}}{4 p_{dyn,c}} \quad \text{und} \tag{A.52}$$

$$\frac{\partial f}{\partial \Delta p_{dyn,c}} = \frac{-\frac{\Delta p_{c,w}}{\Delta L} D_h}{4 p_{dyn,c}^2}. \tag{A.53}$$

Der Fehler für den Widerstandsbeiwert is primär abhängig von den gemessenen Größen des dynamischen Druckes und des statischen Druckabfalls. Da mit größerer Reynoldszahl diese Messwerte immer stärker ansteigen, fällt die Messgenauigkeit der verwendeten Sensoren bei der Fehlerbetrachtung weniger ins Gewicht. Daher sinkt auch der Fehler für den Widerstandsbeiwert von $\pm\,0.0071$ für $Re_{c,Dh} = 10000$ auf $\pm\,0.00084$ für die maximale Kühlluft-Reynoldszahl von 100000.

A.3.4 Ausblasrate

Die Ausblasrate als Verhältnis der Massenstromdichte zwischen Kühlluft und Heissgas wird berechnet durch

$$M = \frac{\dot{m}_h}{A_h\, u_m\, \rho_m} = \frac{4\dot{m}_h}{N\,\pi\, D^2\,\sqrt{2p_{dyn,c}}}\left[\frac{p_m}{R_m\, T_{tm}}\left(\frac{p_{tm}}{p_m}\right)^{\frac{\kappa-1}{\kappa}}\right]^{-\frac{1}{2}}. \qquad \text{(A.54)}$$

Hierbei ist A_h die Gesamtquerschnittsfläche und $\dot{m}_h$ der gemessene Gesamtmassenstrom durch die drei zylindrischen Filmbohrungen. Wird nun die Gauß'sche Fehlerfortpflanzungsmethode auf die Definition der Ausblasrate angewendet, so ergeben sich die folgenden partiellen Ableitungen. Um die Messungenauigkeit der Ausblasrate zu ermitteln, wird im ersten Schritt die Messungenauigkeit des berechneten Lochmassenstroms $\dot{m}_h$ bestimmt durch

$$\dot{m}_h = \dot{m}_{TRZ1} - \dot{m}_{TRZ2}. \qquad \text{(A.55)}$$

Die Massenströme für die beiden Turbinenradgaszähler werden anhand der Volumenstrommessung per Impulszähler und durch Messung der Drücke und Temperaturen am Austritt der Turbinenradgaszähler ermittelt. Damit lässt sich dann die Dichte des Kühlfluides an beiden Messpositionen bestimmen und der jeweilige Wert für den Massenstrom berechnet sich wie folgt

$$\dot{m}_{TRZ\,1,2} = \dot{V}_{TRZ\,1,2}\,\frac{p_{TRZ\,1,2}}{R_c\, T_{TRZ\,1,2}}. \qquad \text{(A.56)}$$

Mit Hilfe der Gauß'schen Fehlerfortpflanzungsmethode ergeben sich die Ableitungen zur Bestimmung des Fehlers in der Ausblasrate infolge der Messung des Bohrungsmassestroms wie folgt für den ersten Turbinenradgaszähler stromauf des Kühlluftkanals mit

$$\frac{\partial M}{\partial \dot{V}_{TRZ\,1}} = \frac{1}{A_h\,\rho_m\,u_m}\,\frac{p_{TRZ\,1}}{R_c\,T_{TRZ\,1}}, \qquad \text{(A.57)}$$

$$\frac{\partial M}{\partial p_{TRZ\,1}} = \frac{1}{A_h\,\rho_m\,u_m}\,\frac{\dot{V}_{TRZ\,1}}{R_c\,T_{TRZ\,1}} \quad \textit{und} \qquad \text{(A.58)}$$

$$\frac{\partial M}{\partial T_{TRZ\,1}} = \frac{1}{A_h\,\rho_m\,u_m}\left(-\frac{\dot{V}_{TRZ\,1}\,p_{TRZ\,1}}{R_c\,T^2_{TRZ\,1}}\right). \qquad \text{(A.59)}$$

Ein identisches Vorgehen wurde auch für den Turbinenradgaszähler 2 am Austritt der Kühlluftstrecke gewählt und die Gleichungen ergeben sich zu

$$\frac{\partial M}{\partial \dot{V}_{TRZ\,2}} = \frac{1}{A_h\,\rho_m\,u_m}\left(-\frac{p_{TRZ\,2}}{R_c\,T_{TRZ\,2}}\right), \tag{A.60}$$

$$\frac{\partial M}{\partial p_{TRZ\,2}} = \frac{1}{A_h\,\rho_m\,u_m}\left(-\frac{\dot{V}_{TRZ\,2}}{R_c\,T_{TRZ\,2}}\right) \quad und \tag{A.61}$$

$$\frac{\partial M}{\partial T_{TRZ\,2}} = \frac{1}{A_h\,\rho_m\,u_m}\,\frac{\dot{V}_{TRZ\,2}\,p_{TRZ\,2}}{R_c\,T_{TRZ\,2}^2}. \tag{A.62}$$

Die Ableitungen für die restlichen Messgrößen zur Berechnung der Ausblasrate sind dann nachfolgend aufgelistet.

$$\frac{\partial M}{\partial \dot{m}_h} = \frac{1}{A_h\,\rho_m\,u_m} \tag{A.63}$$

$$\frac{\partial M}{\partial D} = -\frac{8\,\dot{m}_h}{N\,\pi\,D^3\,\rho_m\,u_m} \tag{A.64}$$

$$\frac{\partial M}{\partial p_{dyn,m}} = -\frac{\dot{m}_h}{2\,A_h\,\sqrt{2p_{dyn,c}^3}}\left[\frac{p_m}{R_m\,T_{tm}}\left(\frac{p_{tm}}{p_m}^{\frac{\kappa-1}{\kappa}}\right)\right]^{-\frac{1}{2}} \tag{A.65}$$

$$\frac{\partial M}{\partial p_{tm}} = \frac{\dot{m}_h}{A_h\,\sqrt{2p_{dyn,c}}}\left(\frac{p_m}{R_m\,T_{tm}}\right)^{-\frac{1}{2}}\left(\frac{1}{p_m}\right)^{-\frac{\kappa-1}{2\kappa}}\left(-\frac{\kappa-1}{2\kappa}\right)p_{tm}^{\frac{-3\kappa+1}{2\kappa}} \tag{A.66}$$

$$\frac{\partial M}{\partial p_m} = \frac{\dot{m}_h}{A_h\,\sqrt{2p_{dyn,c}}}\left(\frac{1}{R_m\,T_{tm}}\right)^{-\frac{1}{2}} p_{tm}^{-\frac{\kappa-1}{2\kappa}}\left(-\frac{\kappa-1}{2\kappa}\right)p_m^{\frac{-1-2\kappa}{2\kappa}} \tag{A.67}$$

$$\frac{\partial M}{\partial T_{tm}} = \frac{\dot{m}_h}{A_h\,\sqrt{2p_{dyn,c}}}\left[\frac{p_m}{R_m}\left(\frac{p_{tm}}{p_m}^{\frac{\kappa-1}{\kappa}}\right)\right]^{-\frac{1}{2}}\frac{1}{2}\,\frac{1}{\sqrt{T_{tm}}}. \tag{A.68}$$

Dabei ist der Fehler in der Ermittlung der Ausblasrate primär (mit einem Anteil von 99 %) von der Genauigkeit der Messung für die Kühlluft-Volumenströme und damit des Bohrungsmassestroms abhängig. Die Messgenauigkeit beider Turbinenradgaszähler wurde a-priori durch eine Herstellerkalibrierung bestimmt. Diese ist über den gesamten Volumenstrommessbereich von $25 < \dot{V} < 650\,m^3/h$ mit 0.24 % des Messwertes konstant angenommen worden. Der Einfluss der anderen Messgrößen liegt weit unter 1 %. Die Fehlerabschätzung hat gezeigt, dass dabei für eine konstante Kühlluft-Reynoldszahl $Re_{c,Dh} = 11500$ die Messunsicherheit des Bohrungsmassestroms nahezu konstant ist über einen Ausblasratenbereich von $0.3 < M < 1.5$

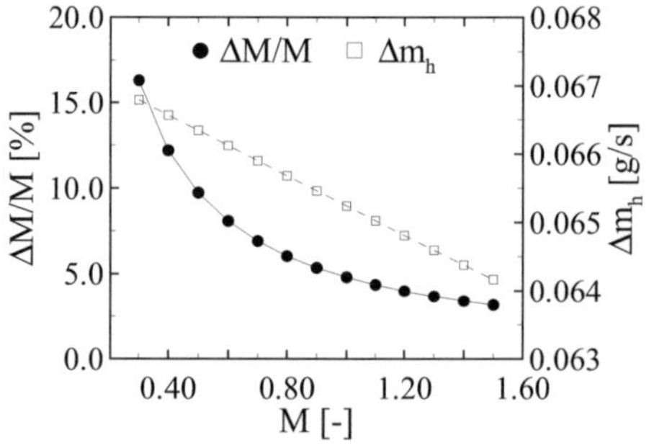

Abbildung A.4: Unsicherheit bei der Bestimmung des Bohrungsmassestroms $\dot{m}_h$ und der Ausblasrate M in einem Bereich von $0.3 < M < 1.5$ für eine konstante Kühlluft-Reynoldszahl $Re_{c,Dh} = 11500$

(siehe Abb. A.4). Damit ist auch dessen Einfluss auf die Ausblasrate nahezu konstant und beträgt für eine Ausblasrate von $M = 1 \pm 0.048$. Dies entspricht einem relativen Fehler von 4.8 %, der mit größer werdender Ausblasrate bis auf unter 3.5 % absinkt. Für geringere Ausblasraten bishin zu $M = 0.3$ steigt der Fehler auf über 15 %. Die Verteilung der Unsicherheit in der Bestimmung der Ausblasrate ist in Abb. A.4 dargestellt.

A.3.5 Strömungsfeld (LDA/PIV)

In einer turbulenten Strömung lässt sich der Geschwindigkeitsverlauf anhand des Reynolds´schen Mittelungsansatzes nach O. Reynolds [97] beschrieben werden. Die mittlere, zeitlich konstante, Geschwindigkeit $\overline{u}$ wird dabei von der Schwankungsgeschwindigkeit $u'(t)$ überlagert

$$u(t) = \overline{u} + u'(t). \tag{A.69}$$

Die mittlere Geschwindigkeit wird dann mittels Integration über einen Zeitintervall, welches üblicherweise der Gesamtmesszeit pro Messpunkt entspricht, nach

$$\overline{u} = \frac{1}{T} \int_0^T u(t) \mathrm{d}t \tag{A.70}$$

bestimmt. Dabei muss dieses Zeitintervall so gewählt werden, dass es im Vergleich zur charakteristischen Periode der Schwankungsgeschwindigkeit groß genug ist, um eine Abhängigkeit des Mittelwertes von der Integrationszeit zu vermeiden. Da die Integration der Schwankungsgeschwindigkeit null ergibt, wird diese mittels des RMS-Wertes (Root-Mean-Square-Wert)

$$u_{RMS} = \sqrt{\frac{1}{T}\int_0^T (u(t) - \overline{u})^2 \, \mathrm{d}t} \tag{A.71}$$

beschrieben. Bei einer LDA-Messung wird eine große Anzahl an Messsignalen (in der Regel mehrere tausend Burstsignale) mit einem zugeordneten Geschwindigkeitswert für jeden Messpunkt aufgezeichnet. Die mittlere Geschwindigkeit lässt sich dann aus dem arithmetischen Mittel der Einzelwerte nach

$$\overline{u} = \frac{1}{N}\sum_{i=0}^{N-1} u_i \tag{A.72}$$

ermitteln. Dabei ist N die Anzahl der Einzelmesswerte der Geschwindigkeitskomponenten u_i. Ein Maß für die turbulenten Fluktuationen in der Strömung kann durch die Streuung bzw. Varianz der gemessenen Geschwindigkeit gefunden werden und berechnet sich für einen endlichen Stichprobenumfang zu

$$var(u) = S^2 = \sigma_u^2 = \frac{1}{N-1}\sum_{i=0}^{N} (u_i - \overline{u})^2 \,. \tag{A.73}$$

Der Parameter S beschreibt die Streuung des Messwertes, der mit der Schwankungsgeschwindigkeit u' bzw. der Standardabweichung σ_u einer normalverteilten Grundgesamtheit gleichgesetzt werden kann. Danach stellt der erhaltene Mittelwert $\overline{x}$ nur den statistisch gesehenen Schätzwert des wahren Mittelwertes μ_x dar, da die Mittelung nur auf einer begrenzten Anzahl von Einzelmessungen basiert. In der mathematischen Statistik wird dabei von einer Zufallsvariablen bei unbekannter Streuung der Grundgesamtheit, die der Student-Verteilung nach Gosset unterliegt, gesprochen. Diese Verteilung ermöglicht die Berechnung der maximalen Abweichung des gemessenen Mittelwertes $\overline{x}$ vom wahren Mittelwert μ durch die Vertrauensgrenzen bei vorgegebener Wahrscheinlichkeit P (typischerweise 95 % oder 99 %). Die Abweichung wird im Allgemeinen durch die Vergrößerung des Stichprobenumfangs (hier die Anzahl der Einzelmessungen) verringert. Sie ist jedoch in der Praxis meist aufgrund begrenzter

Messzeiten limitiert. Für die LDA-Messungen beträgt die Anzahl der aufgenommenen Messsignale maximal $N = 15000$ Werte pro Messpunkt. Für die PIV-Untersuchungen wird der Mittelwert der Geschwindigkeitskomponente sowie deren Schwankungsgröße aus den einzelnen Messbildern pro Auswertefenster ermittelt. Durch eine begrenzte Aufnahmekapazität des internen Kameraspeichers lassen sich maximal 131 Bilder in einer zeitlich zusammenhängenden Sequenz aufnehmen. Damit beträgt auch die Anzahl an Einzelwerten pro Auswertefenster $N = 131$. Das Konfidenzintervall des berechneten Mittelwertes kann unter Verwendung statistischer Beziehungen auf Basis der Student-Verteilung erfolgen. Unter der Bedingung, dass der Stichprobenumfang N einer Gauss'schen Normalverteilung genügt, lässt sich der Abstand des Mittelwertes von Mittelwert der Grundgesamtheit folgendermaßen darstellen

$$\overline{x} - t_{n,\alpha/2}\frac{S}{\sqrt{N}} \leq \mu_x < \overline{x} + t_{n,\alpha/2}\frac{S}{\sqrt{N}} \tag{A.74}$$

Dabei ist $t_{\alpha/2;n-1}$ das Quantil zur Irrtumswahrscheinlichkeit bei zweiseitiger Fragestellung. Es gilt eine Irrtumswahrscheinlichkeit α von 5 % bzw. 1 % bei einem Freiheitsgrad von $n = N - m$, wobei m die Schätzung der Stichprobenparameter beschreibt. Für die LDA-Messungen ist der Freiheitsgrad $n \to \infty$ aufgrund des sehr großen Stichprobenumfanges. Damit beträgt das Quantil der Students-t-Verteilung für eine Wahrscheinlichkeit von 95 % bzw. 99 % $t_{n,\alpha/2} = 1.96$ bzw. 2.58. Aufgrund des geringeren Stichprobenumfanges bei der Ermittlung der Geschwindigkeitsmittelwerte in den PIV-Messungen wird der Freiheitsgrad mit $n = N - 1 = 130$ ermittelt. Das Quantil der t-Verteilung bei zweiseitiger Fragestellung beträgt damit $t_{n,\alpha/2} = 1.978$ bzw. 2.614 bei $\alpha = 0.05$ bzw. 0.01. Durch Annahme einer normalverteilten Grundgesamtheit lässt sich das in Glg. (A.74) umschreiben.

Ein ähnliches Kriterium lässt sich auch für das Konfidenzintervall der Varianz σ^2 und damit der Schwankungsgeschwindigkeiten u' mit Hilfe der Chi-Quadrat-Verteilung aufstellen. Basierend auf der Varianz des Stichprobenumfanges bei einer Anzahl an Einzelbeobachtungen N lässt sich das Vertrauensintervall für quadrierte, standardnormalverteilte Zufallszahlen mit $n = N - 1$ Freiheitsgraden schreiben als

$$\frac{n\,S^2}{\chi^2_{n,1-\alpha/2}} \leq \sigma^2 < \frac{n\,S^2}{\chi^2_{n,1+\alpha/2}}. \tag{A.75}$$

Die Abweichungen der oberen und unteren Vertrauensgrenze in Bezug zur Varianz des

Stichprobenumfanges lässt sich durch das Quantil der Students-t-Verteilung $\chi^2_{n,1\pm\alpha/2}$ ausdrücken und kann analog zu einer Unsicherheit der Schwankungsgeschwindigkeiten in den optischen Messungen betrachtet werden. Sie müssen aber aufgrund der Asymmetrie der Chi-Quadrat-Verteilung für obere $(1+\alpha/2)$ und untere Vertrauensgrenze $(1-\alpha/2)$ individuell ermittelt werden

$$\epsilon_{n,1\pm\alpha/2} = \sqrt{\frac{n\,S^2}{\chi^2_{n,1\pm\alpha/2}}} - \sigma. \tag{A.76}$$

Für die obere Vertrauensgrenze $(1+\alpha/2)$ beträgt das Chi-Quadrat-Quantil 100.331 (PIV-Messungen) und 7261.854 (LDA-Messungen) für eine Wahrscheinlichkeit von 95 %. Für die untere Vertrauensgrenze ist das Quantil etwas größer mit Werten von 163.453 (PIV-Messungen) und 7741.934 (LDA-Messungen). Es lässt sich erkennen, dass im Gegensatz zum Mittelwert der Geschwindigkeit, das Konfidenzintervall der Schwankungsgröße nicht vom Turbulenzniveau der Strömung abhängig ist.

LDA-Messtechnik

Für die LDA-Messungen ist in Tabelle A.2 eine Beispielrechnung für die axiale und laterale Geschwindigkeitskomponente im Heissgaskanal für den Betriebsfall der größten Ausblasrate $M = 1.00$ und der kleinsten Reynoldszahl $Re_{c,Dh} = 10000$ dargestellt. Die Messunsicherheiten sind für zwei verschiedene Orte im Strömungsfeld ermittelt worden, um auch die Gradienten im Strömungsfeld Richtung Wand und im Kühlfilmstrahl mit zu berücksichtigen. Daher wurde auf der einen Seite eine Position ausserhalb der Einflusszone des Kühlstrahls in der Aussenströmung ausgewählt und andererseits die zweite Position in die Strahlmitte gelegt. Hierbei sind die relativen Unsicherheiten einerseits auf die resultierende Geschwindigkeit in der freien Strömung bezogen, die auch als Bulkgeschwindigkeit u_B bezeichnet wird. Andererseits sind zum Vergleich auch die relativen Fehler bezogen auf die lokale Geschwindigkeit aufgezeigt. Für den hier betrachteten Testfall mit Ausblasrate $M = 1.00$ wird dieser Wert bei $x/D = -2$ stromauf der Lochausblasung und bei $z/D = 3$ am Rande des Messfeld entnommen. An dieser Position sind die Geschwindigkeitsgradienten im Wandgrenzschichtprofil kleiner als 1 % ($u/u_m = 0.99$), kennzeichnend für den Grenzschichtrand. Die ermittelte Bezugsgeschwindigkeit ist dort äquivalent zur mit der Prandtl-Sonde gemessenen Mittengeschwindigkeit von 19.8 m/s. Es zeigt sich, dass die laterale Geschwindigkeitskomponente in der Strahlmitte und die wandnormale Komponente im

Pos.	Komponente	Anzahl N [-]	Mittelwert $\overline{X}$ [m/s]	RMS S [m/s]	absolute Un. Δu [m/s]	relative Unsicherheit $\Delta u/u_l$ [%]	$\Delta u/u_B$ [%]
	u_x	15000	18.20	3.63	0.076	0.42	0.37
a)	u_y	6541	0.229	1.72	0.055	24.02	0.27
	u_z	15000	8.75	1.91	0.040	0.46	0.19
	u_x	15000	19.78	0.93	0.020	0.10	0.10
b)	u_y	15000	0.17	0.62	0.013	7.65	0.07
	u_z	15000	0.38	0.33	0.007	1.84	0.04

Tabelle A.2: Beispielrechnung der Messunsicherheit für die axiale wie laterale Geschwindigkeitskomponente u_x bzw. u_y bei einer Wahrscheinlichkeit von 99 % ($\alpha = 1\,\%$, $t_{\alpha/2;n-1} = 2.58$) für zwei verschiedene Punkte im Strömungsfeld a) im Kern des Kühlluftstrahls bei $x/D = 0$, $y/D = 0$, $z/D = 0.25$ und b) in der freien Aussenströmung bei $x/D = 2$, $y/D = 0$, $z/D = 3$

Bereich der ungestörten Aussenströmung sehr klein ist, sodass die relativen Fehler in der Auftragung mit der lokalen Geschwindigkeit über 100 % betragen können und damit die Aussage über die Messunsicherheit verfälschen.

Die in Tab. A.2 aufgeführte Beispielrechnung zeigt sehr eindrucksvoll, dass bei einer ebenen Strömung die in der Ebene entlang der Strahlmittellinie vorhanden ist, durch die sehr kleinen absoluten Beträge der lateralen wie auch wandnormalen Geschwindigkeitskomponente deren relative Messunsicherheit im Bezug auf den lokalen Geschwindigkeitsbetrag deutlich ansteigt. Im Strahlkern zeigen sich daher relative Messunsicherheiten für u_y von bis zu 24 %. Auch in der ungestörten Aussenströmung kann der relative Fehler für u_y mehr als 7 % betragen. Die wandnormale Geschwindigkeitskomponente ist davon weniger betroffen, da der senkrechte Anteil am Strahlaustrittsimpuls größer ist als dessen lateraler Anteil. Daher beträgt die Messunsicherheit an der Position a) oberhalb des Lochaustrittes nur 0.50 % und in der Aussenströmung bei b) etwa 1.9 %. Dagegen liegen die absoluten Messunsicherheiten in Wandferne für alle Komponenten unterhalb von $0.1\,m/s$. Bezieht man diese Werte auf die Kernströmungsgeschwindigkeit, so liegen auch die relativen Messunsicherheiten unterhalb von 0.5 %. Verringert sich der Wandabstand des Messvolumens, so steigt die Messunsicherheit bis auf maximal $0.5\,m/s$ an, was durch zusätzliche Reflektionen des Laserlichtes an der Plexiglasoberfläche und verringerte Partikeldatenraten in

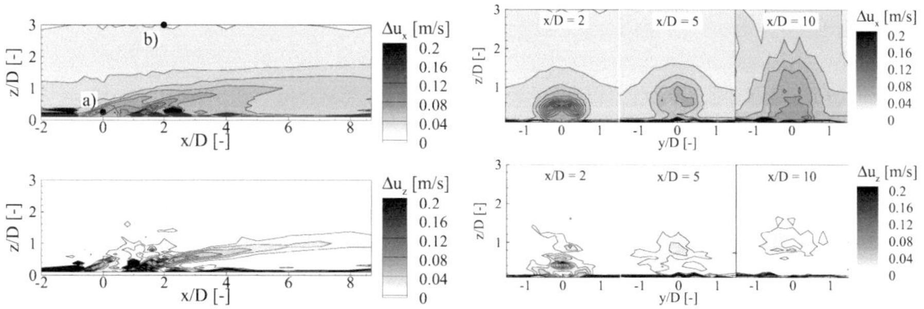

(a) Mittelschnittsebene Loch 2: $y/D = 0$ (b) Querebene Loch 2: $x/D = 2$, 5 und 10

Abbildung A.5: Messunsicherheit der axialen und wandnormalen Geschwindigkeitskomponente für den Testfall mit $Re_{c,Dh} = 10000$ und Ausblasrate $M = 1.00$

Wandnähe hervorgerufen wird.

Ein ähnliches Bild zeichnet sich ab, wenn die Messunsicherheiten für die Geschwindigkeitskomponenten anhand der lokalen Verteilung berechnet werden (siehe Abb. A.5). Leicht erhöhte Messunsicherheiten für die axiale Komponente u_x sind im Bereich des Strahlnachlaufes und des Lochaustrittes zu beobachten, die aber unterhalb von $0.16\,m/s$ liegen. Auch nimmt die Messunsicherheit mit zunehmender Stromabposition immer weiter ab, da durch Dissipation der Strahlkernturbulenz die Schwankungsgeschwindigkeiten sich dem Niveau der ungestörten, freien Strömung anpassen. Betrachtet man die Ausbreitung des Strahles in lateraler Richtung, so bestätigt sich diese Beobachtung. Direk stromab der Ausblasestelle sind in der Mitte des Strahlnachlaufes höhere Messunsicherheiten von bis zu $0.12\,m/s$ (entspricht einem relativen Fehler von ungefähr $0.9\,\%$ in Bezug auf den Betrag der lokalen Geschwindigkeit) erkennbar, die entsprechend dem Strahlprofil nach außen hin abnehmen. Im Bereich der ungestörten Strömung ist die Messunsicherheit mit ca. $0.02\,m/s$ sehr klein, was sich auch im relativen Fehler von weniger als $0.12\,\%$ bemerkbar macht. Mit größer werdender Stromabposition x/D wird die maximale Messunsicherheit im Strahlkern geringer aber das Gebiet erhöhter Messunsicherheit dehnt sich weiter in lateraler und wandnormaler Richtung aus. Dies stimmt mit der Vergrößerung des Strahlprofiles in Strömungsrichtung überein, was auch schon in den Geschwindigkeitsfelder beobachtet wurde.

Für die wandnormale Geschwindigkeitskomponente u_z zeigen sich in den Verteilungen in Abb. A.5 erhöhte Messunsicherheiten vor allem an den Strahlrändern stromauf der Bohrung und in deren Strömungsnachlauf. Die absolute Messunsicherheit steigt hier auf Werte von etwa $0.06 - 0.08\,m/s$, was bei den geringeren Absolutwerten für diese Geschwindigkeitskomponente bis zu 5 % im relativen Fehler ausmachen kann. Nach etwa 10 Lochdurchmessern ist die Messunsicherheit für u_z aufgrund der verringerten Strahlturbulenz, bedingt durch die Ausmischprozesse von Kühlluft und Hauptströmung, auf weniger als $0.01\,m/s$ gesunken. Da sich aber gleichsam auch der Absolutwert der Geschwindigkeitskomponente verringert, steigen die relativen Fehler weiter an.

PIV-Messtechnik

Bei der Analyse von Messfehlern werden die wesentlichen Fehlerquellen ermittelt und ihr Einfluss auf das gewünschte Messergebnis quantifiziert. Dabei wird in systematische und zufällige Messabweichungen unterschieden und sich der gesamte Messfehler aus der Summe beider Anteile zusammensetzt. Die systematischen Fehler sind bedingt durch die Unvollkommenheit der eingesetzten Messgeräte und durch die Einflüsse des Versuchsaufbaus auf die Messeinrichtung. Für den in diesem Fall verwendeten Aufbau der PIV-Messtechnik können nach Wischnat und Kunze [127] drei primäre Gruppen an Einflussparametern auf den systematischen Fehler spezifiziert werden. Hierbei spielt vor allem der optische Aufbau mit Objektivverzeichnung, Brechungseffekten und Optikfehler in der Lichtschnittoptik sowie das Mapping der Bilder und das Partikelfolgevermögen eine Rolle. Unter Vernachlässigung des Fehlers bei der Zeitmessung lässt daher sich folgende Beziehung für den systematischen Fehler der Absolutgeschwindigkeit angeben mit

$$\frac{\Delta u_c}{u_c} = \frac{\Delta r}{|r|} + \frac{\Delta d_P}{d_P} + \frac{\Delta u_{FV}}{u_c}. \tag{A.77}$$

Bei jeder Weglängenmessung treten systematische Fehler auf, die die Genauigkeit der Positionsbestimmung einschränken und zu einem Ortsfehler Δr führen. Dieser beschreibt den Fehler bei der Bestimmung der realen Ortskoordinaten eines beliebigen Punktes im Bildbereich der Aufnahme, der durch seinen Ortsvektor r beschrieben wird. Anhand des Skalierfaktors S kann der Ortsvektor in realen Koordianten aus dem Vektor im Bildbereich mit $r = S\tilde{r}$ ermittelt werden. Hierbei beeinflussen primär zwei Effekte den resultierenden, systematischen Fehler des Ortsvektors. Einerseits treten Verzerrungen und Unschärfen durch die imperfekten Optiken und deren Linsenkrümmungen auf. Der Fehler in der Ortsbestimmung, der durch die Objektivverzeichnung induziert wird, lässt sich dabei durch den Distortionsfaktor ermitteln. Dieser Parameter quantifiziert eine kontinuierliche, rotationssymmetrische Änderung im Abbildungsmaßstab um den Bildmittelpunkt herum. Der Ortsversatz wird dabei am Bildrand bestimmt, wo die größten Verzeichungseffekte auftreten. Der Verzeichnungskoeffizient des verwendeten Nikon-Nikkor Objektives ist mit $-0.107\,\%$ sehr gering, was zu einem kleinen Fehler im Ortsvektor von $\left[\frac{\Delta r}{|r|}\right]_V = \pm\,0.0679\,\%$ aufgrund von Verzeichnungseffekten führt.

Weiterhin wird beim Umrechnen der Bild- in reale Ortskoordinaten ein Skalierfaktor für beide Koordinatenrichtungen benötigt. Dieser wird mit Hile eines Mappings (siehe Kapitel 5.2.1) in der Auswertesoftware bestimmt, wobei dieses Verfahren auf eine Genauigkeit von $\pm\,0.5\,Pixel$ limitiert ist. Dies resultiert in einem Ortsfehler bei der Umrechnung der Koordinatensysteme, der durch Wischnat und Kunze [127] mit $\left[\frac{\Delta r}{|r|}\right]_{Map} = \pm\,0.1732\,\%$ ermittelt wurde. Damit lässt sich nun auch der systematische Gesamtfehler für den Ortsvektor mit $\frac{\Delta r}{|r|} = \pm\,0.2411\,\%$ angeben. Mit Kenntnis der maximalen Verzeichnung und des daraus resultierenden Fehlers für den Ortsvektor lässt sich auch der Fehler im Partikelversatz $\frac{\Delta d_P}{d_P}$ berechnen. Da die Weglänge direkt aus der Ortslage des Partikels zum Zeitpunkt der beiden Lichtblitze bestimmt wird, lässt sich unter Zuhilfenahme der Beziehungen im allgemeinen Dreieck der Fehler im Partikelversatz aufgrund von Verzeichnung mit $\left[\frac{\Delta d_P}{d_P}\right]_V = \pm\,0.0559\,\%$ ermitteln.

Weiterhin ist die gemessene Geschwindigkeit der Partikel aufgrund unvollständigem Folgevermögens bereits mit einem Fehler Δu_{FV} behaftet. Die quantitative Abschätzung der Effekte beruht auf dem Kräftegleichgewicht an einem einzelnen Tracerpartikel. Da auf jedes Partikel die Gravitationskraft wirkt, existiert eine Kraftkomponente die, aufgrund von Dichteunterschieden zwischen Partikel und umgebender Luft, zur Ausbildung einer Sinkgeschwindigkeit führt. Dieser Sedimentationseffekt lässt sich nach Ruck [103] mit der Dichte und dem Partikeldurchmesser des verwendeten DEHS-Tracerzusatzes bestimmen. Die Sinkgeschwindigkeit ist mit $2.73 \cdot 10^{-5}\,m/s$ sehr gering gegenüber dem Geschwindigkeitsniveau im Strömungskanal. Dieser Effekt hat damit auf den systematischen Fehler einen untergeordneten Einfluss und kann vernachlässigt werden. Aufgrund der Trägheit der Partikel und deren Widerstandes kommt es zur Ausprägung von Differenzen zwischen Partikel- und Fluidgeschwindigkeit. Zur Berechnung des Partikelschlupfes wird anhand eines konstruierten Beispiels ein ruhendes Partikel in ein bewegtes Fluid eingebracht, wobei sich die Partikelgeschwindigkeit im weiteren zeitlichen Verlauf der Fluidgeschwindigkeit annähern wird. Die Abschätzung liefert dann die höchste, zu erwartende Schlupfgeschwindigkeit bei unendlich hohem, punktuellen Geschwindigkeitsgradienten. Der maximal mögliche Fehler durch Partikelschlupf tritt bei der geringsten Pulsdistanz auf, weil dem Partikel am wenigsten Zeit zum Beschleunigen verbleibt. Damit ist der maximale, systematische Fehler aus dem Partikelschlupf bei $Re_{c,Dh} = 90000$ zu bestimmen und beträgt $\Delta u_{FV}/u_c = \pm 1.35\,\%$. Für $0 \leq Re_{c,Dh} \leq 60000$ ist dieser Fehler durch die größer werdenden Pulsdistanzen zwischen den beiden Laserblitzen deutlich geringer. Er ist mit $\Delta u_{FV}/u_c = \pm 0.0021\,\%$ vernachlässigbar klein.

Durch Summation der einzelnen Fehleranteile wird für den gegebenen PIV-Messaufbau der Gesamtfehler durch systematische Abweichungen berechnet. Mit der Fallunterscheidung in der Reynoldszahl ergibt sich schlussendlich:

$$\left| \begin{array}{lll} Re_{c,Dh} \leq 60000: & \frac{\Delta u}{u_c} & = \pm 0.299\,\% \\ Re_{c,Dh} > 60000: & \frac{\Delta u}{u_c} & = \pm 1.65\,\% \end{array} \right.$$

Die detaillierten Herleitungen der Bestimmungsgleichungen für die absoluten Fehleranteile von Ortsvektor, Partikelfolgevermögen und Partikelversatz finden sich in Wischnat und Kunze [127].

Für die Analyse der Messunsicherheit in den PIV-Messungen wurden unterschiedliche große Stichprobenumfänge, d.h. verschieden große Sets an Bildsequenzen, untersucht. Damit lässt sich der Einfluss der Bildanzahl auf das mittlere Strömungsfeld quantifizieren und es kann mit diesem Werkzeug festgestellt werden, ab welcher aufgenommenen Bildanzahl das Mittelungsergebnis unabhängig vom Stichprobenumfang wird. Mit dieser Mindestanzahl von Bilder wird dann eine Mittelung der einzelnen Strömungsfelder durchgeführt und die Messunsicherheiten der einzelnen Geschwindigkeitskomponenten für den gesamten Messbereich berechnet. Darüberhinaus werden die relativen Fehler der PIV-Messung über das Messfeld integriert, um die mittlere, zu erwartende Unsicherheit angeben zu können.

In Abb. A.6 zeigt sich für die Variation der Messbildanzahl, die zur Ermittlung herangezogen wird, ein exponentieller Abfall der relativen Messunsicherheit für die resultierende Geschwindigkeit mit dem Faktor $\frac{1}{\sqrt{n_M}}$. Dabei wird deutlich, dass im Fall

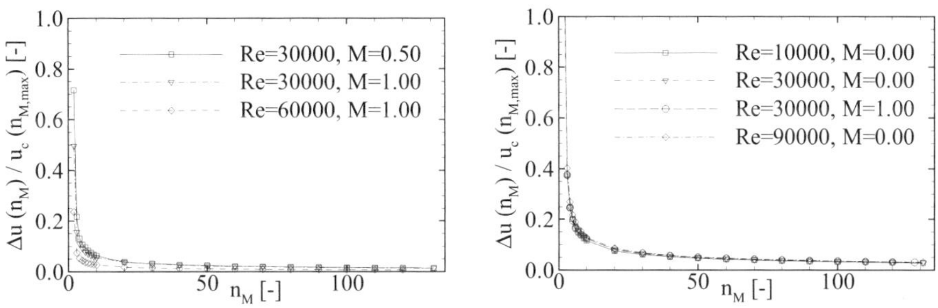

(a) glatter Kanal (b) mit Rippen, $s/D = 7.5$

Abbildung A.6: Integrale Messunsicherheit in Abhängigkeit von der Anzahl der Messbilder

des glatten Kanals der relative Fehler so steil abfällt, dass schon bei etwa 30 Bildern die Messunsicherheit für die resultierende Geschwindigkeit unterhalb von 3.5 % liegt. Werden dagegen nur wenige Bilder ($n_M < 5$) in die Mittelung miteinbezogen, so kann der relativer Fehler bis auf etwa 80 % drastisch ansteigen. Mit Vergrößerung der Anzahl an Messungen fällt die Kurve deutlich flacher ab und damit ändert sich auch der relative Fehler in geringerem Maße bis zum Wert von etwa 1.5 % bei maximaler Bildanzahl $n_{M,max}$.

Mit Turbulatoren im Kühlkanal wird die lokale Turbulenz angeregt und damit erhöhen sich auch die Schwankungsanteile der Geschwindigkeiten. Daher ist der Abfall der Kurven etwas flacher, sodass bei einer Bildanzahl von $n_M = 30$ die Messunsicherheit noch über 6 % beträgt. Erst bei maximaler Bildanzahl von 130 Messbildern wird eine integrale Messunsicherheit von etwa 3 % erreicht. Ausserdem sind die relativen Fehler bei nur wenigen gemittelten Bildern sehr hoch und übersteigen die Größenordnung von 130 %. Der qualitative Verlauf der Kurven für die verschiedenen Reynoldszahlen ist doch sehr ähnlich. Sie unterscheiden sich nur geringfügig im Fehlerniveau. Daher ist es möglich die Betrachtung zur lokalen Verteilung der Messunsicherheit für die PIV-Messtechnik auf jeweils einen Testfall im glatten und einen im berippten Kanal einzuschränken.

Diese Ergebnisse sind für den Fall eines glatten Kanals ($Re_{c,Dh} = 10000$, $M = 1.00$) sowie für die mittlere Rippenposition $s/D = 7.5$ in Abb. A.7 angegeben. Zu beachten ist, dass die absoluten Messunsicherheiten Δu_x und Δu_z für die einzelnen Geschwindigkeitskomponenten hierbei auf die Kernströmungsgeschwindigkeit im Kühlkanal u_c bezogen sind und nicht lokal auf die Gesamtgeschwindigkeit am Auswerteort.

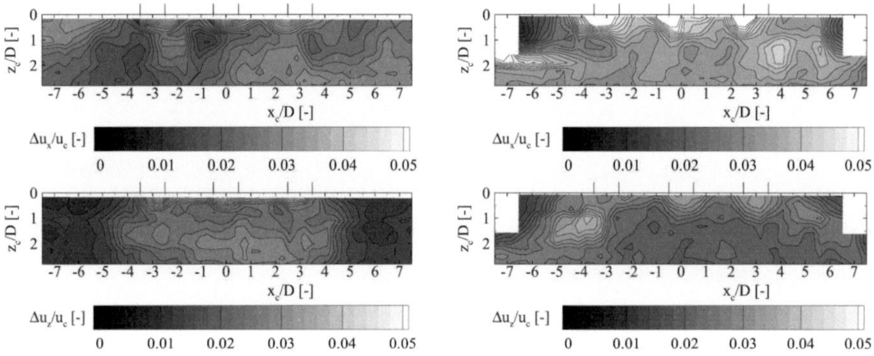

(a) glatter Kanal (b) mit Rippen, $s/D = 7.5$

Abbildung A.7: Messunsicherheit der axialen und wandnormalen Geschwindigkeitskomponente im glatten wie auch berippten Kühlkanal für $Re_{c,Dh} = 10000$ und Ausblasrate $M = 1.00$, mittlere Messebene $y_c/D = 0$

Zunächst wird die Messunsicherheit für den Fall eines glatten Kanals diskutiert. Es lassen sich dabei in der Verteilung der relativen Unsicherheiten für die Geschwindigkeitskomponenten verschiedene Effekte identifizieren. Im Bereich der Kernströmung ($z_c/D > 2$) ist, aufgrund des niedrigen Turbulenzniveaus der ebenen Kanalströmung ohne Rippen, der relative Fehler mit weniger als 2.4 % für u_x und etwa 1.0 % für u_z recht niedrig. Die absoluten Messunsicherheiten im Kernströmungsbereich betragen dabei respektive in etwa 0.04 m/s bzw. 0.015 m/s. Da bei der kleinsten Reynoldszahl auch das geringste Geschwindigkeitsniveau zu erwarten ist, sind in diesem Fall die relativen Messunsicherheiten am größten. Mit steigender Reynoldszahl verringert sich die Messunsicherheit der Geschwindigkeitskomponenten auf 1.5 % für u_x und 0.7 % für u_z. Auch die Maximalwerte der Messunsicherheit nahe des Locheintrittes sinken durch das gestiegende Geschwindigkeitsniveau auf 2 % herab. Weiterhin nimmt mit geringer werdendem Abstand zur Wand die relative Messunsicherheit für u_x geringfügig bis ca. 2.8 % zu. Dies ist bedingt durch den Anstieg des Turbulenzgrades in den reibungsbehafteten Bereichen der Wandgrenzschicht, der bis zu 10 % nahe der Wand erreichen kann (siehe auch Kapitel 4.4).

Im unmittelbaren Einflussbereich der Kühlluftabsaugung unterhalb der Bohrungen ($z_c/D < 1$) steigt die Messunsicherheit deutlich an, was auf größere Schwankungsgeschwindigkeiten und damit auf eine höhere Turbulenz bei der Beschleunigung des Fluides in die Bohrungen hindeutet. Da die Einsaugung im glatten Kanal gleichermaßen in axialer wie auch wandnormaler Richtung stattfindet, erhöhen sich die Messunsicherheiten der beiden Geschwindigkeitskomponenten in ähnlichem Maße auf maximal 4.5 %. Dabei liegt das Maximum der Messunsicherheit der axialen Komponente leicht stromauf der Lochkante, was mit der Lage des Geschwindigkeitsmaximums übereinstimmt. Dagegen ist das Messunsicherheitsmaximum der radialen Komponente nahe des Lochmittelpunktes positioniert. Das Gebiet erhöhter Messunsicherheiten für u_z erstreckt sich symmetrisch über die Bohrungsteilung und in wandnormaler Richtung bis etwa $z_c/D = 4$.

Interessanterweise lässt sich für das Loch 1 bei $x_c/D = -3$ ein vergrößertes Einflussgebiet der Absaugung mit veränderten Messunsicherheiten feststellen. Hierbei zeigt sich im Bereich $z/D = 1 - 4$ eine Verringerung der Messunsicherheit für die axiale Komponente auf 1.5 %. Dies geht einher mit gestiegenen Unsicherheiten bis 2.4 % für die wandnormale Komponente. In diesem Strömungsgebiet führt die freie Ansaugung der ersten Bohrung zu einer stärkeren Krümmung der wandfernen Stromlinien und damit zu einer Beschleunigung des eingesaugten Fluides in wandnormaler Richtung. Dabei verringert sich die axiale Geschwindigkeitskomponente leicht, was zu einer geringeren, turbulenten Schwankung und damit zu einer sinkenden Messunsicherheit führt. Ein ähnlicher Effekt aber mit deutlich schwächer ausgeprägtem Einflussgebiet lässt sich auch für das Loch 2 bei $x_c/D = 0$ beobachten.

Betrachtet man die Konfiguration mit im Kühlkanal aufgebrachten Rippen, so sind anhand der Verteilung der relativen Messunsicherheit in Abb. A.7 b) deutliche Differenzen zu dem Fall ohne Rippen erkennbar. Generell weisen die Ergebnisse für die berippten Seitenwände ein deutlich höheres Niveau der Messunsicherheit auf, welches auf die turbulenzanfachende Wirkung der Rippen zurückgeführt werden kann. Durch diesen Effekt steigt die Messunsicherheit ausserhalb des Rippenfaches auf 3.5 % für die axiale Komponente und 2.0 % für die wandnormale Komponente. Innerhalb des Rippenfaches wird die Verteilung des relativen Fehlers primär durch die Kühlluftabsaugung dominiert. Hier zeigen sich, ähnlich wie beim glatten Kanal, ausgeprägte

Konfiguration	$Re_{c,Dh}$ [-]	M [-]	Δu_x [m/s]	Δu_z [m/s]	$\Delta u_x/u_c$ [%]	$\Delta u_z/u_c$ [%]
glatter Kanal	10000	1.00	0.04	0.02	2.61	1.38
	30000	1.00	0.07	0.04	1.55	0.78
	60000	1.00	0.18	0.09	1.82	0.99
berippter Kanal ($s/D = 7.5$)	10000	0.00	0.08	0.05	3.15	1.98
		0.50	0.07	0.04	3.10	2.04
		1.00	0.07	0.04	3.01	1.92
	30000	0.00	0.25	0.15	3.39	2.05
		0.50	0.25	0.15	3.36	2.05
		1.00	0.24	0.15	3.34	2.06

Tabelle A.3: Integrale Messunsicherheiten für die axiale und wandnormale Geschwindigkeitskomponente für ausgewählte PIV-Messungen in der mittleren Messebene $y_c/D = 0$

Gebiete erhöhten, relativen Fehlers für beide Geschwindigkeitskomponenten. Deren Maxima lassen sich direkt unterhalb des jeweiligen Locheintrittes beobachten. Der Unterschied zum Kanal ohne Rippen liegt in der Höhe der Maxima, die für axiale und wandnormale Geschwindigkeit mit 5.5 % bzw. 2.8 % deutlich verschieden voneinander ist. Weiterhin zeigen sich erhöhte Messunsicherheiten mit bis zu 5 % in der axialen Komponente nahe der Rippenoberfläche, die durch das sich von der Rippenkante ablösende Fluid bedingt sind. Durch die Verengung des Kanalquerschnittes wird es zur Mitte hin beschleunigt und die Umlenkung der Strömung um die Rippenkante herum induziert starke turbulente Schwankungen in dessen Nachlauf. Im Ablösegebiet sind die Messunsicherheiten mit 1.2 % für beide Geschwindigkeitskomponenten, aufgrund geringerer Schwankungsgeschwindigkeiten und damit geringerer Turbulenz, lokal deutlich kleiner als in der restlichen rippeinduzierten Strömung.

Die gemittelten Messunsicherheiten über das Messfeld für die Geschwindigkeitskomponenten sind in Tab.A.3 dargestellt. Dabei werden zwei unterschiedliche Konfigurationen betrachtet: einerseits im glatten Kanal mit Variation der Reynoldszahl und andererseits im Kühlkanal mit Rippen für den Fall ohne und mit Kühlluftextraktion. Wie schon anhand der lokalen Verteilung der Messunsicherheit erkennbar, ist auch der integrale Fehler für u_x im glatten Kanal mit 2.6 % etwa 0.6 Prozentpunkte kleiner als für den berippten Fall. Ähnliches gilt auch für die wandnormale Geschwindigkeitskomponente. Mit Erhöhung der Kühlkanal-Reynoldszahl sinken die Messunsicherheiten mit 1.5 % für u_x und 1.0 % für u_z auf ein deutlich niedrigeres Niveau. Untersucht man den Fall mit Rippen etwas genauer, so stellt sich heraus, dass die lokalen Überhöhungen der Messunsicherheit im Einsaugbereich der Löcher auf den integralen Wert nur einen marginalen Einfluss haben. Die ermittelten relativen Fehler für die beiden Geschwindigkeitskomponenten sind daher für alle Ausblasraten und Reynoldszahlen in etwa gleich gross. Nur die absoluten Messunsicherheiten steigen logischerweise mit der Reynoldszahl an.